卫星轨道绘制

圈椅绘制

挡圈绘制

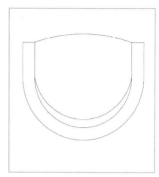

靠背椅

吧椅绘制

八角凳

三角铁绘制

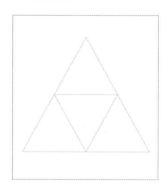

塔形三角形

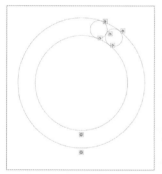

相切及同心的圆

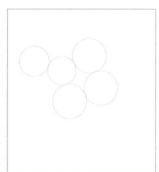

连环圆

哈哈猪

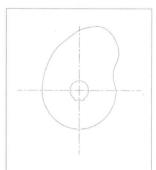

凸轮

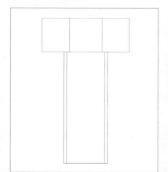

螺栓

雨伞

电冰箱绘制

楼梯

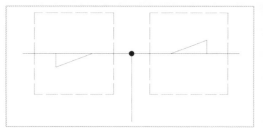

电极探头符号绘制

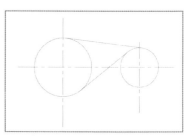

马桶造型

绘制圆公切线

方头平键

汽车简易造型

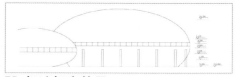

标注标高符号

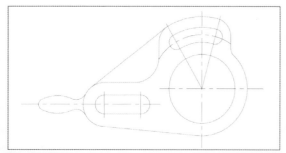

操作杆

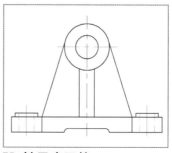

轴承座零件

沙发绘制

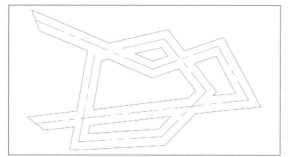

道路网

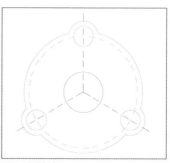

法兰盘

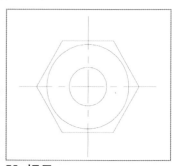

螺母

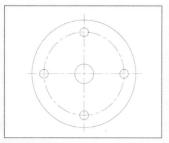

盘盖

天目琼花绘制

紫荆花绘制

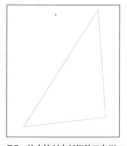

约束控制未封闭的三角形

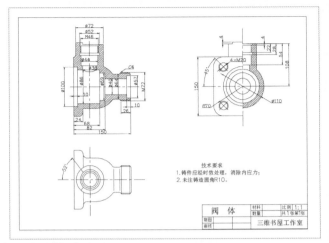

阀体零件图

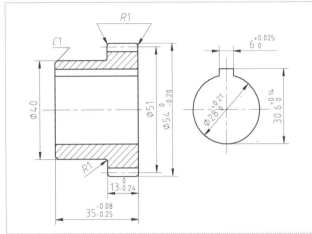

标注轴套

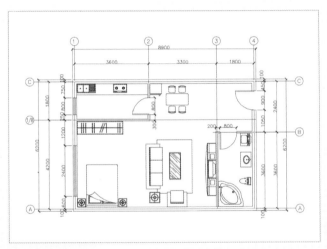

居室布置图

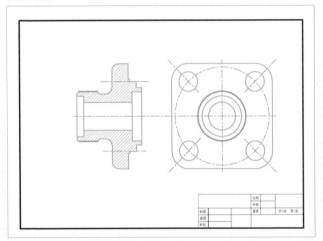

阀盖零件图

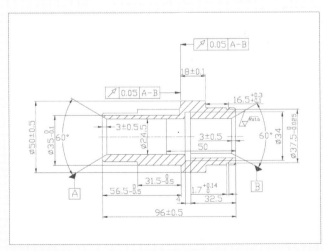

零件图

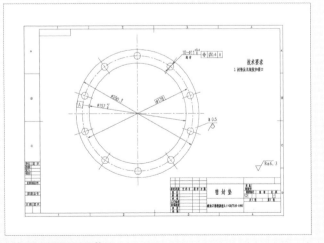

查看图形细节

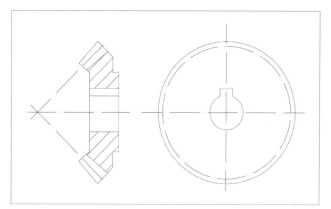

L 圆锥齿轮绘制

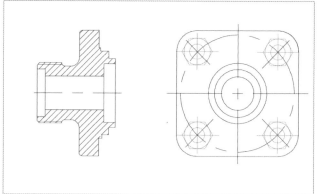

L 将螺母插入到阀盖

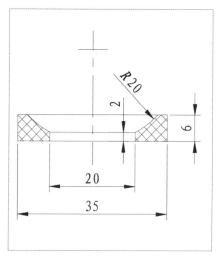

L 标注扳手尺寸

L 标注密封垫尺寸

L 球阀平面装配图

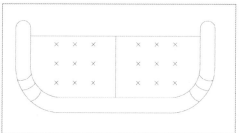

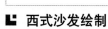

L 西式沙发绘制

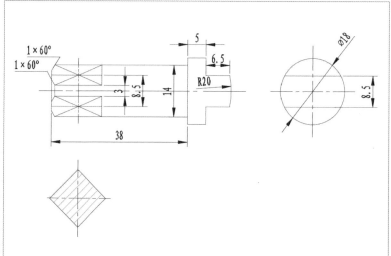

L 蓄电池符号绘制

L 标注阀杆尺寸

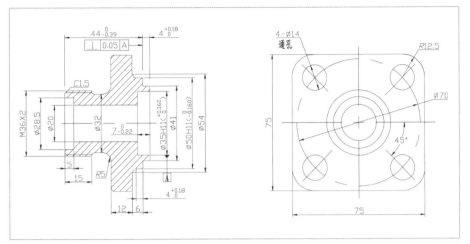

标注阀盖尺寸

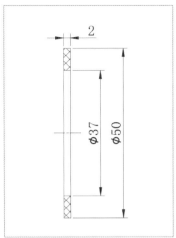

标注胶垫尺寸

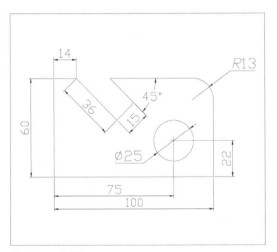

标注卡槽

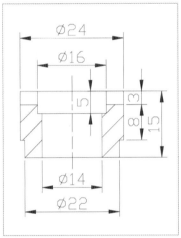

标注压紧套尺寸

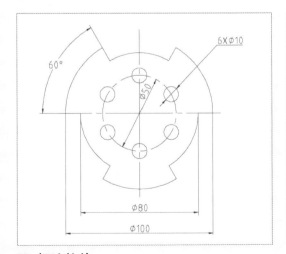

螺母绘制

标注垫片

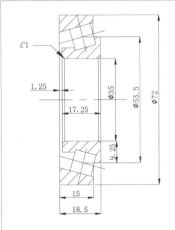

圆锥滚子轴承

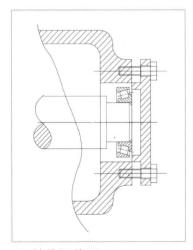

箱体组装图

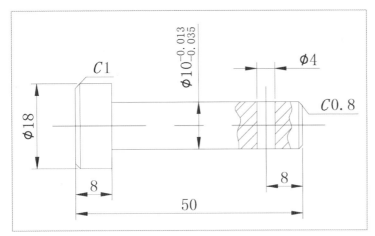

标注销轴尺寸

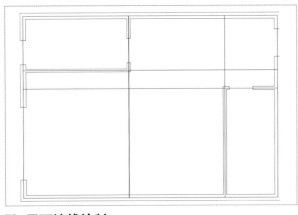

平面墙线绘制

足球门的绘制

利用设计中心绘制盘盖组装图

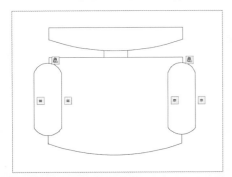

更改椅子扶手长度

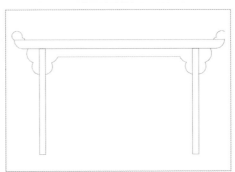

八仙桌

表面粗糙度符号

二极管绘制

球阀扳手绘制

手柄

居室布置平面图

三环旗绘制

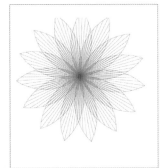

莲花图案绘制

足球门的绘制

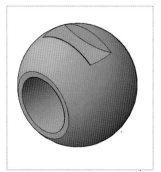

阀芯立体图

吸顶灯

闪盘立体图

阀杆立体图

轴

绘制塔楼

绘制三极管

轴支架

办公椅立体图

绘制牌匾立体图

扳手立体图

绘制罗马柱立体图

绘制睡莲满池

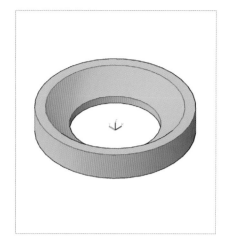

密封圈立体图

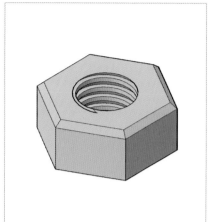

绘制螺母立体图

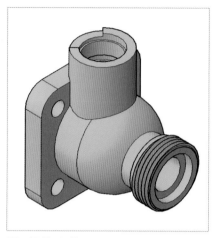

阀体立体图

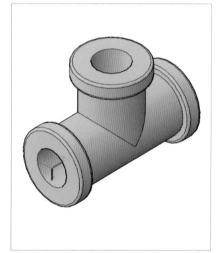

三通管

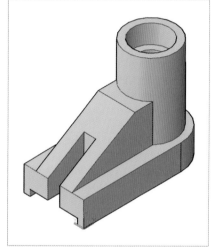

绘制机座

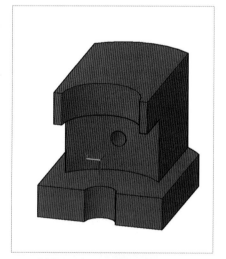

镶块

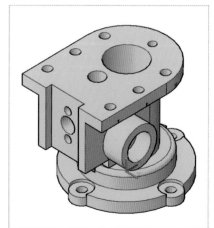

绘制壳体

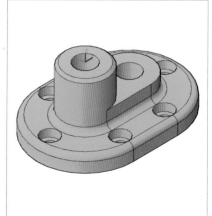

泵盖

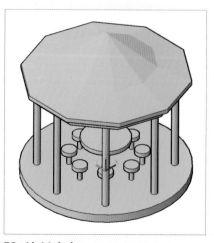

绘制凉亭

AutoCAD 2015 中文版实例教程

CAD/CAM/CAE 技术联盟　编著

清华大学出版社

北　京

内 容 简 介

《AutoCAD 2015 中文版实例教程》一书针对 AutoCAD 认证考试最新大纲编写，重点介绍 AutoCAD 2015 中文版的新功能及各种基本操作方法和技巧。最大的特点是，在大量利用图解方法进行知识点讲解的同时，巧妙地融入工程设计应用案例，使读者能够在工程实践中掌握 AutoCAD 2015 的操作方法和技巧。

全书共 15 章，分别为 AutoCAD 2015 入门，简单二维绘制命令，基本绘图设置，精确绘图，编辑命令，面域与图案填充，高级绘图和编辑命令，文字与表格，尺寸标注，图块、外部参照与光栅图像，辅助绘图工具，三维造型基础知识，基本三维造型绘制，三维实体操作，三维造型编辑等内容。

本书内容翔实、图文并茂、语言简洁、思路清晰、实例丰富，既可以作为初学者的入门与提高教材，也可作为 AutoCAD 认证考试辅导与自学教材。

本书除利用传统的纸面讲解外，随书还配送了多功能学习光盘。光盘具体内容如下：

1. 99 段大型高清多媒体教学视频（动画演示），边看视频边学习，轻松学习效率高。
2. AutoCAD 绘图技巧、快捷命令速查手册、疑难问题汇总、常用图块等辅助学习资料，极大地方便读者学习。
3. 2 套大型图纸设计方案及长达 440 分钟同步教学视频，可以拓展视野，增强实战。
4. 全书实例的源文件和素材，方便按照书中实例操作时直接调用。

图书在版编目（CIP）数据

AutoCAD 2015 中文版实例教程/CAD/CAM/CAE 技术联盟编著. —北京：清华大学出版社，2016
（2016.10 重印）
ISBN 978-7-302-43153-4

I. ①A… II. ①C… III. ①AutoCAD 软件-教材 IV. ①TP391.72

中国版本图书馆 CIP 数据核字（2016）第 034894 号

责任编辑：杨静华
封面设计：李志伟
版式设计：魏 远
责任校对：王 云
责任印制：刘海龙

出版发行：清华大学出版社
　　　　　网　　　址：http://www.tup.com.cn，http://www.wqbook.com
　　　　　地　　　址：北京清华大学学研大厦 A 座　　　邮　　编：100084
　　　　　社 总 机：010-62770175　　　　　　　　　邮　　购：010-62786544
　　　　　投稿与读者服务：010-62776969，c-service@tup.tsinghua.edu.cn
　　　　　质 量 反 馈：010-62772015，zhiliang@tup.tsinghua.edu.cn
印 刷 者：北京鑫丰华彩印有限公司
装 订 者：三河市溧源装订厂
经　　销：全国新华书店
开　　本：203mm×260mm　印　张：28.75　插 页：7　字　　数：866 千字
　　　　　（附 DVD 光盘 1 张）
版　　次：2016 年 5 月第 1 版　　　　　　　印　　次：2016 年 10 月第 2 次印刷
印　　数：4001～6000
定　　价：69.80 元

产品编号：058944-01

前 言

AutoCAD 是美国 Autodesk 公司推出的集二维绘图、三维设计、参数化设计、协同设计及通用数据库管理和互联网通信功能为一体的计算机辅助绘图软件包。AutoCAD 自 1982 年推出以来，从初期的 1.0 版本，经多次版本更新和性能完善，在机械、电子、建筑、室内装潢、家具、园林和市政工程等工程设计领域得到了广泛的应用，而且在地理、气象、航海等特殊图形的绘制，甚至乐谱、灯光和广告等领域也得到了广泛的应用，目前已成为计算机 CAD 系统中应用最为广泛的图形软件之一。同时，AutoCAD 也是一个最具有开放性的工程设计开发平台，其开放性的源代码可以供各个行业进行广泛的二次开发，目前国内一些著名的二次开发软件，如 CAXA 系列、天正系列等无不是在 AutoCAD 基础上进行本土化开发的产品。本书以 2015 版本为基础讲解 AutoCAD 的应用方法和技巧。

一、编写目的

鉴于 AutoCAD 强大的功能和深厚的工程应用底蕴，我们力图为初学者、自学者或想参加 AutoCAD 认证考试的读者开发一套全方位介绍 AutoCAD 在各个行业应用实际情况的书籍。在具体编写过程中，我们不求事无巨细地将 AutoCAD 知识点全面讲解清楚，而是针对本专业或本行业需要，参考 AutoCAD 认证考试最新大纲，以 AutoCAD 大体知识脉络为线索，以"实例"为抓手，由浅入深，从易到难，帮助读者掌握利用 AutoCAD 进行本行业工程设计的基本技能和技巧，并希望能够为广大读者的学习起到良好的引导作用，为广大读者学习 AutoCAD 提供一个简洁有效的捷径。

二、本书特点

1. 专业性强，经验丰富

本书的著作责任者是 Autodesk 中国认证考试中心（ACAA）的首席技术专家，全面负责 AutoCAD 认证考试大纲制定和考试题库建设。编者均为在高校多年从事计算机图形教学研究的一线人员，具有丰富的教学实践经验，能够准确地把握学生的心理与实际需求。有一些执笔者是国内 AutoCAD 图书出版界的知名作者，前期出版的一些相关书籍经过市场检验很受读者欢迎。作者总结多年的设计经验和教学的心得体会，结合 AutoCAD 认证考试最新大纲要求编写此书，具有很强的专业性和针对性。

2. 涵盖面广，"剪裁"得当

本书是一本展现 AutoCAD 2015 在工程设计应用领域方面功能全貌，并与自学结合的指导书。所谓功能全貌，不是将 AutoCAD 所有知识面面俱到，而是根据认证考试大纲，将设计中必须掌握的知识讲述清楚。根据这一原则，本书依次介绍了 AutoCAD 2015 入门，简单二维绘制命令，基本绘图设置，精确绘图，编辑命令，面域与图案填充，高级绘图和编辑命令，文字与表格，尺寸标注，图块、外部参照与光栅图像，辅助绘图工具，三维造型基础知识，基本三维造型绘制，三维实体操作，三维造型编辑等内容。为了在有限的篇幅内提高知识集中程度，作者对所讲述的知识点进行了精心剪裁，确保各知识点为实际设计中用得到、读者学得会的内容。

3．实例丰富，步步为营

作为 AutoCAD 软件在工程设计领域应用的图书，我们力求避免空洞的介绍和描述，每个知识点都根据工程设计实例，通过实例操作使读者加深对知识点内容的理解，并在实例操作过程中牢固地掌握了软件功能。实例的种类也非常丰富，既有知识点讲解的小实例，也有几个知识点或全章知识点结合的综合实例，还有练习提高的上机实例。各种实例交错讲解，达到巩固读者理解的目标。

4．工程案例潜移默化

AutoCAD 是一个侧重应用的工程软件，所以最后的落脚点还是工程应用。为了体现这一点，本书采用的处理方法是：在读者基本掌握各个知识点后，通过球阀工程图设计这个典型案例的练习来体验软件在工程设计实践中的应用方法，对读者的工程设计能力进行最后的"淬火"处理，培养读者的工程设计能力，同时使全书的内容紧凑严谨。

5．技巧总结，点石成金

除了一般技巧说明性的内容外，本书在大部分每章的最后特别设计了"名师点拨"的内容环节，针对本章内容所涉及的知识给出笔者多年操作应用的经验总结和关键操作技巧提示，帮助读者对本章知识进行最后的提升。

6．认证实题训练，模拟考试环境

由于本书作者全面负责 AutoCAD 认证考试大纲的制定和考试题库建设，具有得天独厚的条件，所以本书每一章最后都设计一个模拟考试的环节，所有的模拟试题都来自 AutoCAD 认证考试题库，具有完全真实性和针对性，特别适合参加 AutoCAD 认证考试的人员作为辅导教材。

三、本书光盘

1．99 段大型高清多媒体教学视频（动画演示）

为了方便读者学习，本书针对大多数实例，专门制作了 99 段多媒体图像和语音视频录像（动画演示），读者可以先看视频，像看电影一样轻松愉悦地学习本书内容。

2．AutoCAD 绘图技巧、快捷命令速查手册等辅助学习资料

本书光盘中赠送了 AutoCAD 绘图技巧大全、快捷命令速查手册、常用工具按钮速查手册、常用快捷键速查手册和疑难问题汇总等多种电子文档，方便读者使用。

3．设计常用图块

为了方便读者，本光盘赠送 390 个设计常用图块，读者可根据需要直接或稍加修改后使用，可大大提高绘图效率。

4．2 套大型图纸设计方案及长达 440 分钟的同步教学视频

为了帮助读者拓展视野，本光盘特意赠送多套设计图纸集、图纸源文件和视频教学录像（动画演示），总长 440 分钟。

5．全书实例的源文件和素材

本书附带了很多实例，光盘中包含实例和练习实例的源文件与素材，读者可以安装 AutoCAD 2015 软件，打开并使用它们。

四、本书服务

1．AutoCAD 2015 安装软件的获取

在学习本书前，请先在电脑中安装 AutoCAD 2015 软件（随书光盘中不附带软件安装程序），读者可在 Autodesk 官网 http://www.autodesk.com.cn/下载其试用版本，也可在当地电脑城、软件经销商购买软件使用。安装完成后，即可按照本书上的实例进行操作练习。

2．关于本书和配套光盘的技术问题或有关本书信息的发布

读者朋友遇到有关本书的技术问题，可以加入 QQ 群 379090620 进行咨询，也可以将问题发送到邮箱 win760520@126.com 或 CADCAMCAE7510@163.com，我们将及时回复。另外，也可以登录清华大学出版社网站 http://www.tup.com.cn/，在右上角的"站内搜索"框中输入本书书名或关键字，找到该书后单击，进入详细信息页面，我们会将读者反馈的关于本书和光盘的问题汇总在"资源下载"栏的"网络资源"处，读者可以下载查看。

3．关于本书光盘的使用

本书光盘可以放在电脑 DVD 格式光驱中使用，其中的视频文件可以用播放软件进行播放，但不能在家用 DVD 播放机上播放，也不能在 CD 格式光驱的电脑上使用（现在 CD 格式的光驱已经很少）。如果光盘仍然无法读取，最快的办法是建议换一台电脑读取，然后复制过来，极个别光驱与光盘不兼容的现象是有的。另外，盘面有脏物建议要先行擦拭干净。

五、作者团队

本书由 CAD/CAM/CAE 技术联盟组织编写。CAD/CAM/CAE 技术联盟是一个 CAD/CAM/CAE 技术研讨、工程开发、培训咨询和图书创作的工程技术人员协作联盟，包含 20 多位专职和众多兼职 CAD/CAM/CAE 工程技术专家。其中赵志超、张辉、赵黎黎、朱玉莲、徐声杰、张琪、卢园、杨雪静、孟培、闫聪聪、李兵、甘勤涛、孙立明、李亚莉、王敏、宫鹏涵、左昉、李谨、王玮、王玉秋等参与了具体章节的编写工作，对他们的付出表示真诚的感谢。

CAD/CAM/CAE 技术联盟负责人由 Autodesk 中国认证考试中心首席专家担任，全面负责 Autodesk 中国官方认证考试大纲制定、题库建设、技术咨询和师资力量培训工作，成员精通 Autodesk 系列软件。其创作的很多教材成为国内具有引导性的旗帜作品，在国内相关专业方向图书创作领域具有举足轻重的地位。

六、致谢

在本书的写作过程中，编辑刘利民先生和杨静华女士给予了很大的帮助和支持，提出了很多中肯的建议，在此表示感谢。同时，还要感谢清华大学出版社的所有编审人员为本书的出版所付出的辛勤劳动。本书的成功出版是大家共同努力的结果，谢谢所有给予支持和帮助的人们。

编　者

目　录

Contents

第 1 章

AutoCAD 2015 入门

本章学习 AutoCAD 2015 绘图的基本知识，了解如何设置图形的系统参数、样板图，熟悉创建新的图形文件、打开已有文件的方法等，为进入系统学习做准备。

1.1 操作环境简介

操作环境是指和本软件相关的操作界面、绘图系统设置等一些涉及软件的最基本的界面和参数。本节将进行简要介绍。

【预习重点】

- ☑ 安装软件，熟悉软件界面。
- ☑ 观察光标大小与绘图区颜色。

1.1.1 操作界面

AutoCAD 操作界面是 AutoCAD 显示、编辑图形的区域，一个完整的草图与注释操作界面如图 1-1 所示，包括标题栏、功能区、绘图区、十字光标、导航栏、坐标系图标、命令行窗口、状态栏、布局标签和快速访问工具栏等。

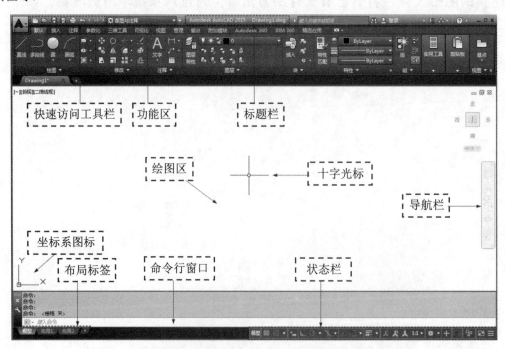

图 1-1 AutoCAD 2015 中文版的操作界面

1. 标题栏

AutoCAD 2015 中文版操作界面的最上端是标题栏。在标题栏中，显示了系统当前正在运行的应用程序和用户正在使用的图形文件。在第一次启动 AutoCAD 2015 时，在标题栏中将显示 AutoCAD 2015 在启动时创建并打开的图形文件 Drawing1.dwg，如图 1-1 所示。

注意　需要将 AutoCAD 的工作空间切换到"草图与注释"模式下（单击操作界面右下角的"切换工作空间"按钮，在弹出的菜单中选择"草图与注释"命令），才能显示如图 1-1 所示的操作界面。本书中的所有操作均在"草图与注释"模式下进行。

2. 菜单栏

在 AutoCAD 快速访问工具栏处调出菜单栏，如图 1-2 所示，调出菜单栏后界面如图 1-3 所示。同其他 Windows 程序一样，AutoCAD 的菜单也是下拉形式的，并在菜单中包含子菜单。AutoCAD 的菜单栏中包含 12 个菜单："文件"、"编辑"、"视图"、"插入"、"格式"、"工具"、"绘图"、"标注"、"修改"、"参数"、"窗口"和"帮助"，这些菜单几乎包含了 AutoCAD 的所有绘图命令，后面的章节将对这些菜单功能进行详细讲解。一般来讲，AutoCAD 下拉菜单中的命令有以下 3 种。

图 1-2　调出菜单栏

图 1-3　菜单栏显示界面

（1）带有子菜单的菜单命令。这种类型的菜单命令后面带有小三角形。例如，选择菜单栏中的"绘图"命令，再选择其下拉菜单中的"圆"命令，系统就会进一步显示出"圆"子菜单中所包含的命令，如图 1-4 所示。

（2）打开对话框的菜单命令。这种类型的命令后面带有省略号。例如，选择菜单栏中的"格式"→"表格样式"命令，如图 1-5 所示，系统就会打开"表格样式"对话框，如图 1-6 所示。

（3）直接执行操作的菜单命令。这种类型的命令后面既不带小三角形，也不带省略号，选择该命令将直接进行相应的操作。例如，选择菜单栏中的"视图"→"重画"命令，系统将刷新所有视口。

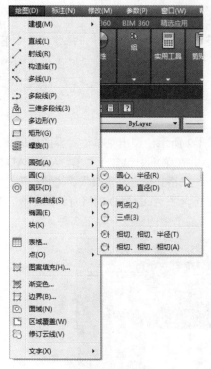

图 1-4 带有子菜单的菜单命令

图 1-5 打开对话框的菜单命令

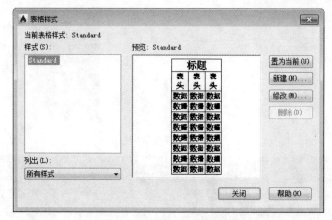

图 1-6 "表格样式"对话框

3. 工具栏

工具栏是一组按钮工具的集合,选择菜单栏中的"工具"→"工具栏"→AutoCAD 命令,调出所需要的工具栏,把光标移动到某个按钮上,稍停片刻即在该按钮的一侧显示相应的功能提示,此时,单击按钮就可以启动相应的命令。

（1）设置工具栏。AutoCAD 2015 提供了几十种工具栏,选择菜单栏中的"工具"→"工具栏"→AutoCAD 命令,调出所需要的工具栏,如图 1-7 所示。单击某一个未在界面中显示的工具栏的名称,系统将自动在界面中打开该工具栏;反之,则关闭工具栏。

（2）工具栏的固定、浮动与打开。工具栏可以在绘图区浮动显示（如图 1-8 所示）,此时显示该工具栏标题，并可关闭该工具栏，可以拖动浮动工具栏到绘图区边界，使其变为固定工具栏，此时该工具栏标题隐藏。也可以把固定工具栏拖出，使其成为浮动工具栏。

图 1-7　调出工具栏

有些工具栏按钮的右下角带有一个小三角形，单击这类按钮会打开相应的工具栏，将光标移动到某一按钮上并单击，该按钮就变为当前显示的按钮。单击当前显示的按钮，即可执行相应的命令（如图 1-9 所示）。

4. 快速访问工具栏和交互信息工具栏

（1）快速访问工具栏。该工具栏包括"新建"、"打开"、"保存"、"另存为"、"打印"、"放弃"、"重做"和"工作空间"等几个常用的工具。用户也可以单击此工具栏后面的下拉按钮选择需要的常用工具。

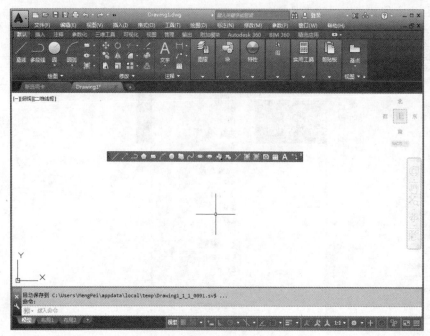

图 1-8　浮动工具栏　　　　　　　　　　　　　　图 1-9　打开工具栏

（2）交互信息工具栏。该工具栏包括"搜索"、"Autodesk 360"、"Autodesk Exchange 应用程序"、"保持连接"和"帮助"等几个常用的数据交互访问工具按钮。

5．功能区

在默认情况下，功能区包括"默认"、"插入"、"注释"、"参数化"、"视图"、"管理"、"输出"、"附加模块"、"Autodesk 360"、"BIM 360"以及"精选应用"选项卡，如图 1-10 所示（所有的选项卡显示面板如图 1-11 所示）。每个选项卡集成了相关的操作工具，方便了用户的使用。用户可以单击功能区选项后面的■按钮控制功能的展开与收缩。

图 1-10　默认情况下出现的选项卡

图 1-11　所有的选项卡

（1）设置选项卡。在面板中任意位置处右击，打开如图 1-12 所示的快捷菜单。单击某一个未在功能区显示的选项卡名，系统自动在功能区打开该选项卡；反之，关闭选项卡（调出面板的方法与调出选项板的方法类似，这里不再赘述）。

图 1-12　快捷菜单

（2）设置选项卡中面板的固定与浮动。面板可以在绘图区"浮动"（如图 1-13 所示），将光标放到浮动面板的右上角，显示"将面板返回到功能区"，如图 1-14 所示。单击此处，使其变为固定面板。也可以把固定面板拖出，使其成为"浮动"面板。

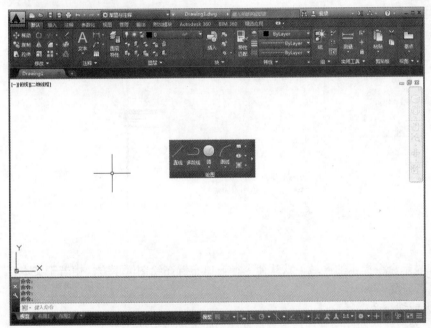

图 1-13　浮动面板

图 1-14　"绘图"面板

【执行方式】

☑　命令行：RIBBON（或 RIBBONCLOSE）。
☑　菜单栏：选择菜单栏中的"工具"→"选项板"→"功能区"命令。

6．绘图区

绘图区是指在标题栏下方的大片空白区域，用于绘制图形，用户要完成一幅设计图形，其主要工作都是在绘图区中完成。

7. 坐标系图标

在绘图区的左下角，有一个箭头指向的图标，称为坐标系图标，表示用户绘图时正使用的坐标系样式。坐标系图标的作用是为点的坐标确定一个参照系。根据工作需要，用户可以选择将其关闭。

【执行方式】

☑　命令行：UCSICON。

☑　菜单栏：选择菜单栏中的"视图"→"显示"→"UCS 图标"→"开"命令，如图 1-15 所示。

图 1-15　"视图"菜单

8. 命令行窗口

命令行窗口是输入命令名和显示命令提示的区域，默认命令行窗口布置在绘图区下方，由若干文本行构成。对命令行窗口，有以下几点需要说明。

（1）移动拆分条，可以扩大或缩小命令行窗口。

（2）可以拖动命令行窗口，布置在绘图区的其他位置。默认情况下在图形区的下方。

（3）对当前命令行窗口中输入的内容，可以按 F2 键用文本编辑的方法进行编辑，如图 1-16 所示。AutoCAD 文本窗口和命令行窗口相似，可以显示当前 AutoCAD 进程中命令的输入和执行过程。在执行 AutoCAD 的某些命令时，会自动切换到文本窗口，列出有关信息。

（4）AutoCAD 通过命令行窗口反馈各种信息，也包括出错信息，因此，用户要时刻关注在命令行窗口中出现的信息。

9. 状态栏

状态栏显示在屏幕的底部，依次有"坐标""模型空间""栅格""捕捉模式""推断约束""动态输入""正交模式""极轴追踪""等轴测草图""对象捕捉追踪""二维对象捕捉""线宽""透明度"
"选择循环""三维对象捕捉""动态 UCS""选择过滤""小控件""注释可见性""自动缩放""注
释比例""切换工作空间""注释监视器""单位""快捷特性""图形性能""全屏显示""自定义"
这 28 个功能按钮。单击部分开关按钮，可以实现这些功能的开关。通过部分按钮也可以控制图形或绘图区
的状态。

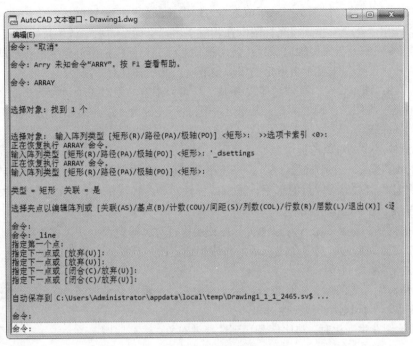

图 1-16　文本窗口

默认情况下，不会显示所有工具，可以通过状态栏上最右侧的按钮，选择要从"自定义"菜单
显示的工具。状态栏上显示的工具可能会发生变化，具体取决于当前的工作空间以及当前显示的是"模型"
选项卡还是"布局"选项卡。下面对部分状态栏上的按钮做简单介绍，如图 1-17 所示。

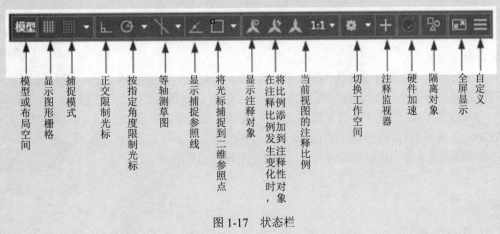

图 1-17　状态栏

（1）模型或布局空间：在模型空间与布局空间之间进行转换。

（2）显示图形栅格：栅格是覆盖用户坐标系（UCS）的整个 XY 平面的直线或点的矩形图案。使用栅格类似于在图形下放置一张坐标纸。利用栅格可以对齐对象并直观显示对象之间的距离。

（3）捕捉模式：对象捕捉对于在对象上指定精确位置非常重要。不论何时提示输入点，都可以指定对象捕捉。默认情况下，当光标移到对象的对象捕捉位置时，将显示标记和工具提示。

（4）正交限制光标：将光标限制在水平或垂直方向上移动，以便于精确地创建和修改对象。当创建或移动对象时，可以使用"正交"模式将光标限制在相对于用户坐标系的水平或垂直方向上。

（5）按指定角度限制光标（极轴追踪）：使用极轴追踪，光标将按指定角度进行移动。创建或修改对象时，可以使用"极轴追踪"来显示由指定的极轴角度所定义的临时对齐路径。

（6）等轴测草图：通过设定"等轴测捕捉/栅格"，可以很容易地沿 3 个等轴测平面之一对齐对象。尽管等轴测图形看似是三维图形，但实际是二维表示，因此不能提取三维距离和面积，也不能从不同视点显示对象或自动消除隐藏线。

（7）显示捕捉参照线（对象捕捉追踪）：使用对象捕捉追踪，可以沿着基于对象捕捉点的对齐路径进行追踪。已获取的点将显示一个小加号（+），一次最多可以获取 7 个追踪点。获取点之后，当在绘图路径上移动光标时，将显示相对于获取点的水平、垂直或极轴对齐路径。例如，可以基于对象端点、中点或者对象的交点，沿着某个路径选择一点。

（8）将光标捕捉到二维参照点（对象捕捉）：使用执行对象捕捉设置（也称为对象捕捉），可以在对象上的精确位置指定捕捉点。选择多个选项后，将应用选定的捕捉模式，以返回距离光标中心最近的点。按 Tab 键可以在这些选项之间循环。

（9）显示注释对象：当图标亮显时表示显示所有比例的注释性对象；当图标变暗时表示仅显示当前比例的注释性对象。

（10）在注释比例发生变化时，将比例添加到注释性对象：注释比例更改时，自动将比例添加到注释对象。

（11）当前视图的注释比例：单击注释比例右侧小三角形按钮，弹出注释比例列表，如图 1-18 所示，可以根据需要选择适当的注释比例。

（12）切换工作空间：进行工作空间转换。

（13）注释监视器：打开仅用于所有事件或模型文档事件的注释监视器。

（14）硬件加速：设定显卡的驱动程序以及设置硬件加速的选项。

（15）隔离对象：当选择隔离对象时，在当前视图中显示选定对象，所有其他对象都暂时隐藏；当选择隐藏对象时，在当前视图中暂时隐藏选定对象，所有其他对象都可见。

（16）全屏显示：该选项可以清除 Windows 窗口中的标题栏、功能区和选项板等界面元素，使 AutoCAD 的绘图窗口全屏显示，如图 1-19 所示。

（17）自定义：状态栏可以提供重要信息，而无须中断工作流。使用 MODEMACRO 系统变量可将应用程序所能识别的大多数数据显示在状态栏中。使用该系统变量的计算、判断和编辑功能，可以完全按照用户的要求设置状态栏。

| ✓ 1:1 |
| 1:2 |
| 1:4 |
| 1:5 |
| 1:8 |
| 1:10 |
| 1:16 |
| 1:20 |
| 1:30 |
| 1:40 |
| 1:50 |
| 1:100 |
| 2:1 |
| 4:1 |
| 8:1 |
| 10:1 |
| 100:1 |
| 自定义… |
| 外部参照比例 |
| 百分比 |

图 1-18 注释比例列表

10．布局标签

AutoCAD 系统默认设定一个"模型"空间和"布局 1""布局 2"两个图样空间布局标签，这里有两个概念需要解释一下。

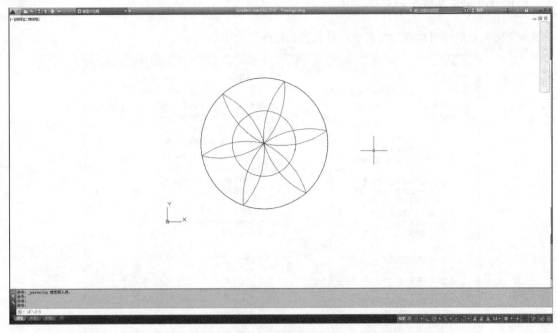

图 1-19　全屏显示

（1）布局。布局是系统为绘图设置的一种环境，包括图样大小、尺寸单位、角度设定、数值精确度等，在系统预设的 3 个标签中，这些环境变量都按默认设置。用户可以根据实际需要改变变量的值，也可设置符合自己要求的新标签。

（2）模型。AutoCAD 的空间分模型空间和图样空间两种。模型空间是通常绘图的环境，而在图样空间中，用户可以创建浮动视口，以不同视图显示所绘图形，还可以调整浮动视口并决定所包含视图的缩放比例。如果用户选择图样空间，可打印多个视图，也可以打印任意布局的视图。AutoCAD 系统默认打开模型空间，用户可以通过单击操作界面下方的布局标签选择需要的布局。

11．光标大小

在绘图区中，有一个作用类似光标的“十”字线，其交点坐标反映了光标在当前坐标系中的位置。在 AutoCAD 中，将该“十”字线称为十字光标，如图 1-1 中所示。

⭐ **贴心小帮手**

> AutoCAD 通过十字光标坐标值显示当前点的位置。十字光标的方向与当前用户坐标系的 X、Y 轴方向平行，其长度系统预设为绘图区大小的 5%，用户可以根据绘图的实际需要修改大小。

【操作实践——设置十字光标大小】

（1）选择菜单栏中的“工具”→“选项”命令，打开“选项”对话框。

（2）选择“显示”选项卡，在“十字光标大小”文本框中直接输入数值，或拖动文本框后面的滑块，即可对十字光标的大小进行调整，如图 1-20 所示。

此外，还可以通过设置系统变量 CURSORSIZE 的值修改其大小，命令行提示与操作如下：

命令：CURSORSIZE✓
输入 CURSORSIZE 的新值 <5>: 5

在提示下输入新值即可修改光标大小，默认值为绘图区大小的 5%。

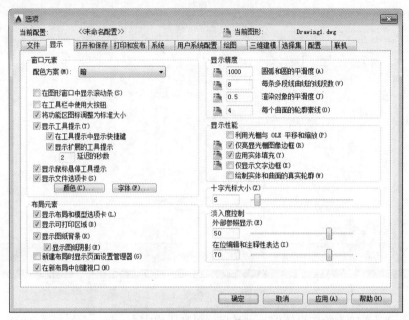

图 1-20   "显示"选项卡

1.1.2   绘图系统

每台计算机所使用的显示器、输入设备和输出设备的类型不同，用户喜好的风格及计算机的目录设置也不同。一般来讲，使用 AutoCAD 2015 的默认配置就可以绘图，但为了方便使用用户的定点设备或打印机，以及提高绘图的效率，推荐用户在作图前进行必要的配置。

【执行方式】

☑   命令行：PREFERENCES。
☑   菜单栏：选择菜单栏中的"工具"→"选项"命令。
☑   快捷菜单：在绘图区右击，系统打开快捷菜单，如图 1-21 所示，
        选择"选项"命令。

【操作实践——设置绘图区的颜色】

在默认情况下，AutoCAD 的绘图区是黑色背景、白色线条，这不符合大多数用户的习惯，因此修改绘图区颜色是大多数用户都要进行的操作，具体步骤如下。

（1）选择菜单栏中的"工具"→"选项"命令，打开"选项"对话框，选择如图 1-22 所示的"显示"选项卡，再单击"窗口元素"选项组中的"颜色"按钮，打开如图 1-23 所示的"图形窗口颜色"对话框。

图 1-21   快捷菜单

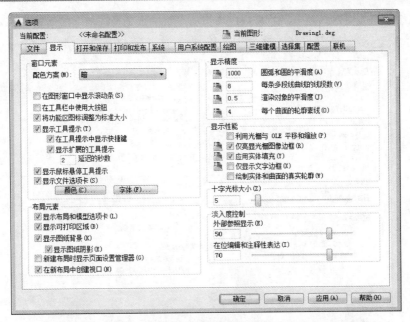

图 1-22　"显示"选项卡

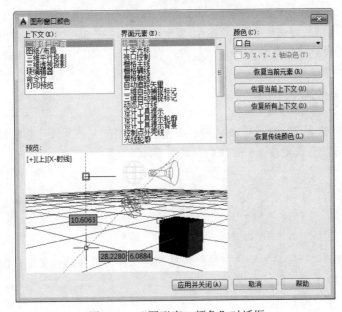

图 1-23　"图形窗口颜色"对话框

（2）在"颜色"下拉列表框中选择需要的窗口颜色，然后单击"应用并关闭"按钮，此时 AutoCAD 的绘图区就变换了背景色，通常按视觉习惯选择白色为窗口颜色。

【选项说明】

选择"选项"命令后，系统打开"选项"对话框。用户可以在该对话框中设置有关选项，对绘图系统进行配置。下面就其中主要的两个选项卡加以说明，其他配置选项在后面用到时再做具体说明。

（1）系统配置。"选项"对话框中的第 5 个选项卡为"系统"选项卡，如图 1-24 所示。该选项卡用来设置 AutoCAD 系统的相关特性。其中，"常规选项"选项组确定是否选择系统配置的基本选项。

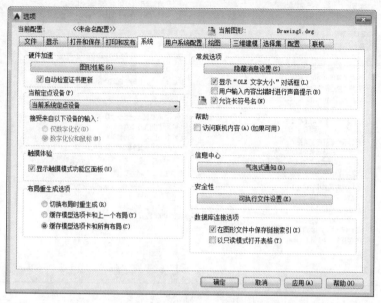

图 1-24　"系统"选项卡

（2）显示配置。"选项"对话框中的第 2 个选项卡为"显示"选项卡，该选项卡用于控制 AutoCAD 系统的外观，可设定滚动条、文件选项卡等显示与否，设置绘图区颜色、十字光标大小、AutoCAD 的版面布局设置、各实体的显示精度等。

高手支招

设置实体显示精度时请务必注意，精度越高（显示质量越高），计算机计算的时间越长，建议不要将精度设置得太高，将显示质量设定在一个合理的程度即可。

1.2　文件管理

本节介绍有关文件管理的一些基本操作方法，包括新建文件、打开已有文件、保存文件、删除文件等，这些都是应用 AutoCAD 2015 最基础的知识。

【预习重点】

☑　了解有几种文件管理命令。
☑　简单练习新建、打开、保存、退出等方法。

1.2.1　新建文件

【执行方式】

☑　命令行：NEW。

- ☑　菜单栏：选择菜单栏中的"文件"→"新建"命令。
- ☑　工具栏：单击"标准"工具栏中的"新建"按钮 。
- ☑　快捷键：Ctrl+N。

【操作步骤】

执行上述操作后，系统打开如图 1-25 所示的"选择样板"对话框。

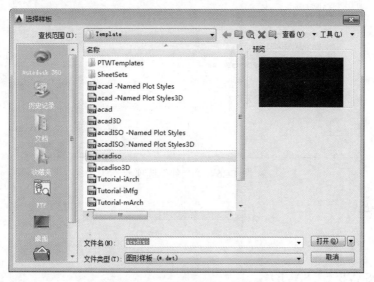

图 1-25　"选择样板"对话框

1.2.2　快速新建文件

如果用户不愿意每次新建文件时都选择样板文件，可以在系统中预先设置默认的样板文件，从而快速创建图形，该功能是创建新图形最快捷的方法。

【执行方式】

- ☑　命令行：QNEW。

【操作实践——快速创建图形设置】

要想使用快速创建图形功能，必须首先进行如下设置。

（1）在命令行输入"FILEDIA"，按 Enter 键，设置系统变量为 1；在命令行输入"STARTUP"，设置系统变量为 0。

（2）选择菜单栏中的"工具"→"选项"命令，弹出"选项"对话框，选择"文件"选项卡，单击"样板设置"前面的"+"图标，在展开的选项列表中选择"快速新建的默认样板文件名"选项，如图 1-26 所示。单击"浏览"按钮，打开"选择文件"对话框，然后选择需要的样板文件即可。

（3）在命令行进行如下操作：

命令: QNEW✓

执行上述命令后，系统立即从所选的图形样板中创建新图形，而不显示任何对话框或提示。

图 1-26　"文件"选项卡

1.2.3　保存文件

【执行方式】

☑ 命令名：QSAVE（或 SAVE）。

☑ 菜单栏：选择菜单栏中的"文件"→"保存"命令。

☑ 工具栏：单击"标准"工具栏中的"保存"按钮■。

☑ 快捷键：Ctrl+S。

执行上述操作后，若文件已命名，则系统自动保存文件；若文件未命名（即为默认名 Drawing1.dwg），则系统打开"图形另存为"对话框，如图 1-27 所示，用户可以重新命名并保存。在"保存于"下拉列表框中指定保存文件的路径，在"文件类型"下拉列表框中指定保存文件的类型。

图 1-27　"图形另存为"对话框

【操作实践——自动保存设置】

（1）在命令行输入"SAVEFILEPATH"，按 Enter 键，设置所有自动保存文件的位置，如"D:\HU\"。

（2）在命令行输入"SAVEFILE"，按 Enter 键，设置自动保存文件名。该系统变量存储的文件名文件是只读文件，用户可以从中查询自动保存的文件名。

（3）在命令行输入"SAVETIME"，按 Enter 键，指定在使用自动保存时多长时间保存一次图形，单位是"分"。

注意 本实例中输入"SAVEFILEPATH"命令后，若设置文件保存位置为"D:\HU\"，则在 D 盘下必须有"HU"文件夹，否则保存无效。

在没有相应的保存文件路径时，命令行提示与操作如下。

```
命令: SAVEFILEPATH
输入 SAVEFILEPATH 的新值，或输入"."表示无<"C:\Documents and Settings\Administrator\local settings\temp\">:
d:\hu\（输入文件路径）
SAVEFILEPATH 无法设置为该值
```

1.2.4　另存文件

【执行方式】

☑　命令行：SAVEAS。

☑　菜单栏：选择菜单栏中的"文件"→"另存为"命令。

执行上述操作后，打开"图形另存为"对话框，将文件重命名并保存。

高手支招

系统打开"选择样板"对话框，在"文件类型"下拉列表框中有 4 种格式的图形样板，后缀分别是".dwt"、".dwg"、".dws"和".dxf"。

1.2.5　打开文件

【执行方式】

☑　命令行：OPEN。

☑　菜单栏：选择菜单栏中的"文件"→"打开"命令。

☑　工具栏：单击"标准"工具栏中的"打开"按钮 。

☑　快捷键：Ctrl+O。

【操作步骤】

执行上述操作后，打开"选择文件"对话框，如图 1-28 所示。

【选项说明】

在"文件类型"下拉列表框中可选择".dwg"、".dwt"、".dxf"和".dws"文件格式。".dws"文件是包含标准图层、标注样式、线型和文字样式的样板文件；".dxf"文件是用文本形式存储的图形文件，能够被其他程序读取，许多第三方应用软件都支持".dxf"格式。

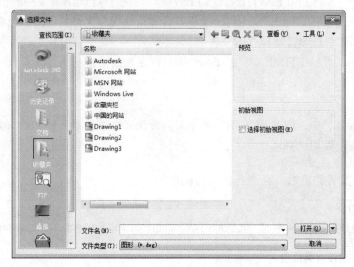

图 1-28　"选择文件"对话框

🎓 高手支招

有时在打开".dwg"文件时，系统会打开一个信息提示对话框，提示用户图形文件不能打开，在这种情况下先取消打开操作，然后选择菜单栏中的"文件"→"图形实用工具"→"修复"命令，或在命令行中输入"RECOVER"，接着在"选择文件"对话框中输入要恢复的文件，确认后系统开始执行恢复文件操作。

1.2.6　退出

【执行方式】

- ☑　命令行：QUIT 或 EXIT。
- ☑　菜单栏：选择菜单栏中的"文件"→"退出"命令。
- ☑　按钮：单击 AutoCAD 操作界面右上角的"关闭"按钮❌。

执行上述操作后，若用户对图形所做的修改尚未保存，则会打开如图 1-29 所示的系统警告对话框。单击"是"按钮，系统将保存文件，然后退出；单击"否"按钮，系统将不保存文件；若用户对图形所做的修改已经保存，则直接退出。

图 1-29　系统警告对话框

1.2.7　图形修复

【执行方式】

- ☑　命令行：DRAWINGRECOVERY。
- ☑　菜单栏：选择菜单栏中的"文件"→"图形实用工具"→"图形修复管理器"命令。

执行上述命令后，系统打开"图形修复管理器"选项板，如图 1-30 所示，打开"备份文件"列表框中的文件，可以重新保存，从而进行修复。

1.2.8　图形加密

加密有助于在进行工程协作时确保图形数据的安全。如果保留图形密码，则将该图形发送给其他用户时，可以防止未经授权的人员对其进行查看。

当绘图者准备发布某个图形（例如，某个许可证图形）时，可以使用 AutoCAD 附加数字签名的方法。要附加数字签名，首先需要从认证机构（例如，VeriSign）获得一个数字 ID。

只要图形未被更改，数字签名就有效。接收图形的任何用户都可以验证图形是否确实由原始绘图者提供。接收具有无效签名图形的任何用户都能很容易地看出图形经附加数字签名后已被更改。

图 1-30　"图形修复管理器"选项板

【执行方式】

☑　命令行：SECURITYOPTIONS。

☑　快捷菜单：在如图 1-31 所示"图形另存为"对话框的"工具"下拉菜单中选择"安全选项"命令。

图 1-31　"图形另存为"对话框的"工具"下拉菜单

【操作实践——为保存文件设置密码】

操作步骤如下：

（1）在如图 1-31 所示"图形另存为"对话框的"工具"下拉菜单中选择"安全选项"命令，系统打开"安全选项"对话框，如图 1-32 所示。

（2）在"密码"选项卡的"用于打开此图形的密码或短语"文本框中输入密码。

（3）单击"高级选项"按钮，打开"高级选项"对话框，如图 1-33 所示。从中选择加密提供者，输入密钥长度，单击"确定"按钮。

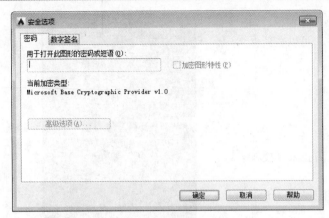

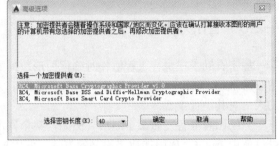

图 1-32　"安全选项"对话框　　　　　　　　图 1-33　"高级选项"对话框

（4）系统打开"确认密码"对话框，如图 1-34 所示，再次输入刚才输入的密码。密码丢失后不能恢复，因此在添加密码之前，用户应该创建没有密码保护的备份。

（5）单击"确定"按钮，系统回到"图形另存为"对话框，输入文件名进行保存。

（6）单击"标准"工具栏中的"打开"按钮，选择刚才保存的文件，如图 1-35 所示，单击"打开"按钮，系统打开"密码"对话框，如图 1-36 所示，输入正确的密码，系统打开文件。

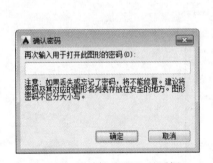

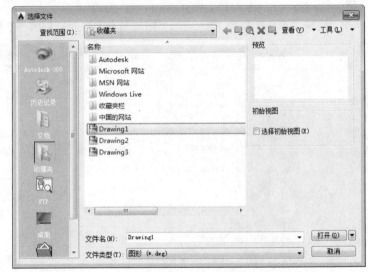

图 1-34　"确认密码"对话框　　　　　　　　图 1-35　选择文件

【选项说明】

　　"安全选项"对话框中还有一个"数字签名"选项卡，用于在保存图形时为图形添加数字签名，如图 1-37 所示。其中各选项含义如下。

（1）"保存图形后附着数字签名"复选框：保存图形时为图形附加数字签名。

（2）"选择数字 ID（证书）"列表框：显示可用于签名文件的数字 ID 的列表。

（3）"签名信息"选项组：提供时间服务列表（可用于在数字签名中添加时间戳）、时间服务器的连接状态和"注释"区域（包含与签名或正在签名的文件相关的信息）。

图 1-36　输入密码

图 1-37　"数字签名"选项卡

1.3　显　示　图　形

恰当地显示图形的最一般方法就是利用缩放和平移命令。使用这两个命令可以在绘图区域放大或缩小图像显示，或者改变观察位置。

【预习重点】

☑　了解有几种图形显示命令。

☑　简单练习缩放、平移图形。

1.3.1　实时缩放

AutoCAD 2015 为交互式的缩放和平移提供了可能。有了实时缩放，就可以通过垂直向上或向下移动光标来放大或缩小图形。利用实时平移，可通过单击和移动光标重新放置图形。在实时缩放状态下，可以通过垂直向上或向下移动光标来放大或缩小图形。

【执行方式】

☑　命令行：ZOOM。

☑　菜单栏：选择菜单栏中的"视图"→"缩放"→"实时"命令。

☑　工具栏：单击"标准"工具栏中的"实时缩放"按钮 。

☑　功能区：单击"视图"选项卡"导航"面板中"范围"下拉菜单中的"实时"按钮 （如图 1-38 所示）。

【操作步骤】

按住"实时缩放"按钮垂直向上或向下移动，从图形的中心向顶端垂直地移动光标就可以将图形放大一倍，向底部垂直地移动光标就可以将图形缩小 1/2。

【选项说明】

在"标准"工具栏"缩放"下拉列表（如图 1-39 所示）和"缩放"工具栏（如图 1-40 所示）中还有一

些类似的缩放命令，读者可以自行操作体会，这里不再一一赘述。

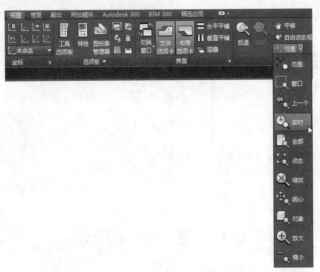

图 1-38　下拉菜单

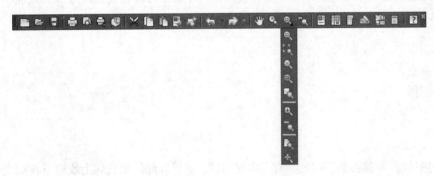

图 1-39　"缩放"下拉列表

图 1-40　"缩放"工具栏

1.3.2　实时平移

【执行方式】

- ☑　命令行：PAN。
- ☑　菜单栏：选择菜单栏中的"视图"→"平移"→"实时"命令。
- ☑　工具栏：单击"标准"工具栏中的"实时平移"按钮🖐。
- ☑　功能区：单击"视图"选项卡"导航"面板中的"平移"按钮🖐（如图 1-41 所示）。

执行上述命令后，用鼠标按下"实时平移"按钮，然后移动手形光标即可平移图形。当移动到图形的边沿时，光标就变成一个三角形显示。

另外，在 AutoCAD 2015 中，为显示控制命令设置了一个右键快捷菜单，如图 1-42 所示。在该菜单中，用户可以在显示命令执行的过程中透明地进行切换。

【操作实践——查看图形细节】

查看如图 1-43 所示图形的细节，操作步骤如下：

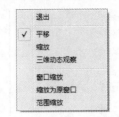

图 1-41　"导航"面板　　　　　　　图 1-42　右键快捷菜单

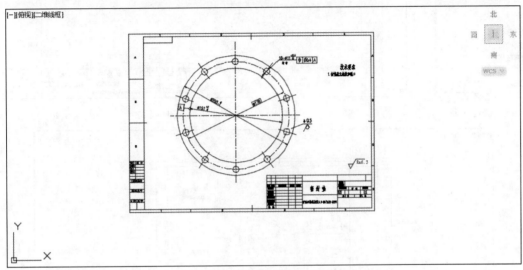

图 1-43　原始图形

（1）单击"标准"工具栏中的"实时平移"按钮 ，用鼠标将图形向左拖动，如图 1-44 所示。

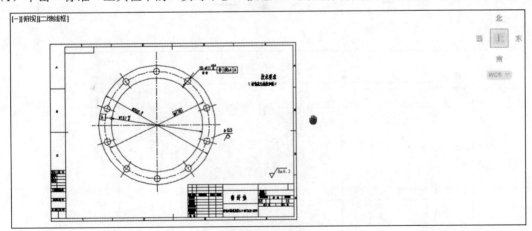

图 1-44　平移图形

（2）右击鼠标，系统打开快捷菜单，选择其中的"缩放"命令，如图 1-45 所示。

　绘图平面出现缩放标记，向上拖动鼠标，将图形实时放大，单击"标准"工具栏中的"实时平移"按钮 ，将图形移动到中间位置，结果如图 1-46 所示。

（3）单击"标准"工具栏中"缩放"下拉列表中的"窗口缩放"按钮 ，用鼠标拖出一个缩放窗口，如图 1-47 所示。单击确认，窗口缩放结果如图 1-48 所示。

图 1-45 快捷菜单

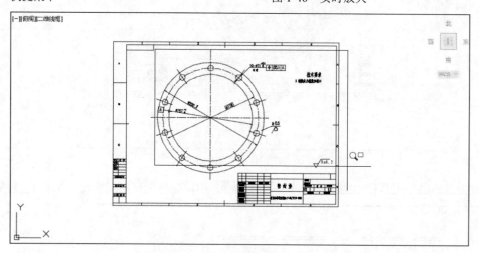

图 1-46 实时放大

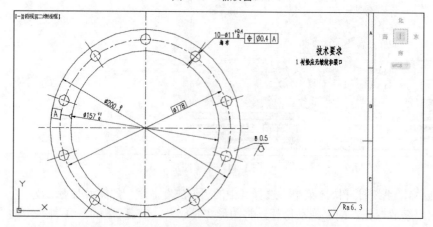

图 1-47 缩放窗口

图 1-48 窗口缩放结果

（4）单击"标准"工具栏中"缩放"下拉列表中的"中心缩放"按钮，在图形上要查看大体位置并指定一个缩放中心点，如图 1-49 所示。在命令行提示下输入"2X"为缩放比例，缩放结果如图 1-50 所示。

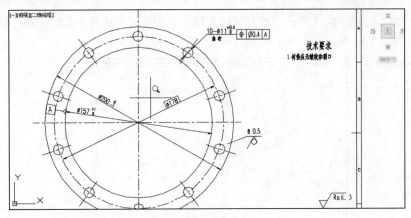

图 1-49   指定缩放中心点

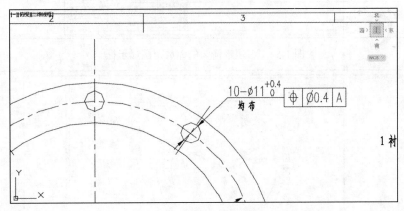

图 1-50   中心缩放结果

（5）单击"标准"工具栏中的"缩放上一个"按钮 ，系统自动返回上一次缩放的图形窗口，即中心缩放前的图形窗口。

（6）单击"标准"工具栏中"缩放"下拉列表中的"动态缩放"按钮 ，这时，图形平面上会出现一个中心有小叉的显示范围框，如图 1-51 所示。

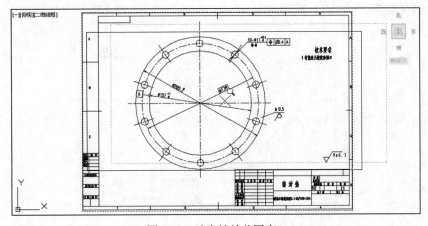

图 1-51   动态缩放范围窗口

（7）单击鼠标左键，会出现右边带箭头的缩放范围显示框，如图 1-52 所示。拖动鼠标，可以看出带箭头的范围框大小在变化，如图 1-53 所示。松开鼠标左键，范围框又变成带小叉的形式，可以再次按住鼠标左键平移显示框，如图 1-54 所示。

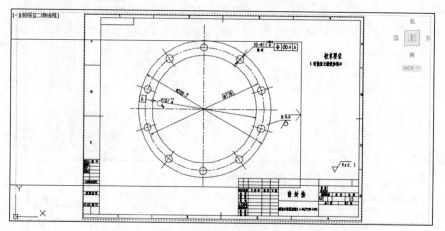

图 1-52　右边带箭头的缩放范围显示框

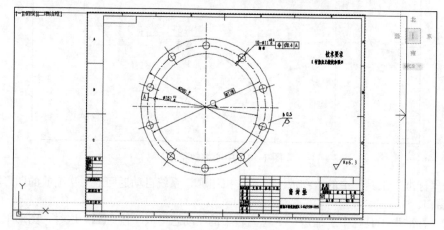

图 1-53　变化的范围框

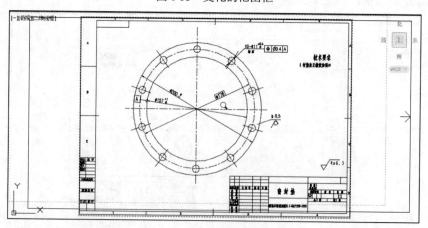

图 1-54　平移显示框

按 Enter 键，则系统显示动态缩放后的图形，结果如图 1-55 所示。

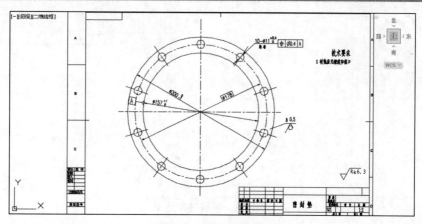

图 1-55　动态缩放结果

（8）单击"标准"工具栏中"缩放"下拉列表中的"全部缩放"按钮 ，系统将显示全部图形画面，最终结果如图 1-56 所示。

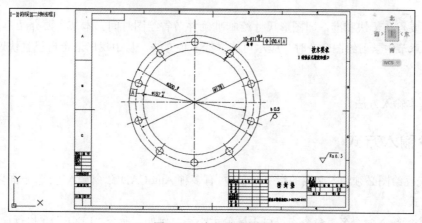

图 1-56　全部缩放图形

（9）单击"标准"工具栏中"缩放"下拉列表中的"缩放对象"按钮 ，并框选图 1-57 中箭头所示的范围，系统进行对象缩放，最终结果如图 1-58 所示。

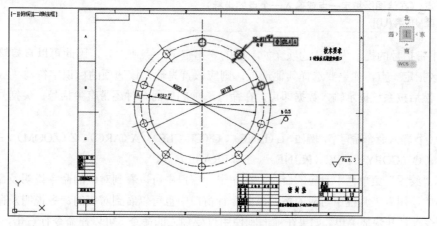

图 1-57　选择对象

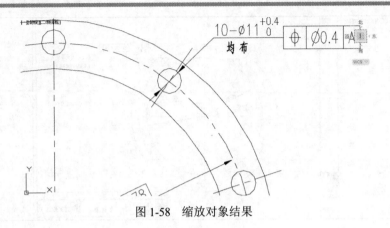

图 1-58　缩放对象结果

1.4　基本输入操作

绘制图形的要点在于快和准，即图形尺寸绘制准确并节省绘图时间。本节主要介绍不同命令的操作方法，读者在后面章节中学习绘图命令时，应尽可能掌握多种方法，从中找出适合自己且快速的方法。

【预习重点】

☑　了解基本输入方法。

1.4.1　命令输入方式

AutoCAD 交互绘图必须输入必要的指令和参数。有多种 AutoCAD 命令输入方式，下面以绘制直线为例，介绍命令输入方式。

（1）在命令行输入命令名。命令字符可不区分大小写，例如，命令"LINE"。执行命令时，在命令行提示中经常会出现命令选项。在命令行输入绘制直线命令"LINE"后，命令行提示与操作如下。

命令: LINE✓
指定第一个点:（在绘图区指定一点或输入一个点的坐标）
指定下一点或 [放弃(U)]:

命令行中不带括号的提示为默认选项（如上面的"指定下一点或"），因此可以直接输入直线的起点坐标或在绘图区指定一点，如果要选择其他选项，则应该首先输入该选项的标识字符与"放弃"选项的标识字符"U"，然后按系统提示输入数据即可。在命令选项的后面有时还带有尖括号，尖括号内的数值为默认数值。

（2）在命令行输入命令缩写字，例如，L（LINE）、C（CIRCLE）、A（ARC）、Z（ZOOM）、R（REDRAW）、M（MOVE）、CO（COPY）、PL（PLINE）、E（ERASE）等。

（3）选择"绘图"菜单栏中对应的命令，在命令行窗口中可以看到对应的命令说明及命令名。

（4）单击"绘图"工具栏中对应的按钮，命令行窗口中也可以看到对应的命令说明及命令名。

（5）在命令行打开快捷菜单。如果在前面刚使用过要输入的命令，可以在命令行右击，打开快捷菜单，

在"最近使用的命令"子菜单中选择需要的命令，如图 1-59 所示。"最近使用的命令"子菜单中存储最近
使用的 6 个命令，如果经常重复使用某个命令，这种方法就
比较快捷。

（6）在绘图区右击。如果用户要重复使用上次使用的
命令，可以直接在绘图区右击，系统立即重复执行上次使用
的命令，这种方法适用于重复执行某个命令。

图 1-59　命令行快捷菜单

1.4.2　命令的重复、撤销和重做

1．命令的重复

按 Enter 键，可重复调用上一个命令，不管上一个命令
是完成了还是被取消了。

2．命令的撤销

在命令执行的任何时刻都可以取消或终止命令。

【执行方式】

☑　命令行：UNDO。
☑　菜单栏：选择菜单栏中的"编辑"→"放弃"命令。
☑　快捷键：Esc。

3．命令的重做

已被撤销的命令要恢复重做，可以恢复撤销的最后一个命令。

【执行方式】

☑　命令行：REDO（快捷命令：RE）。
☑　菜单栏：选择菜单栏中的"编辑"→"重做"命令。
☑　快捷键：Ctrl+Y。

AutoCAD 2015 可以一次执行多重放弃和重做操作。单击"标准"工具栏中
的"放弃"按钮或"重做"按钮后面的小三角形，可以选择要放弃或重做的
操作，如图 1-60 所示。

图 1-60　多重放弃选项

1.4.3　命令执行方式

有的命令有两种执行方式，即通过对话框或命令行输入命令。如指定使用命令行方式，可以在命令名
前加短划线来表示，如"-LAYER"表示用命令行方式执行"图层"命令。而如果在命令行输入"LAYER"，
系统会打开"图层特性管理器"对话框。

另外，有些命令同时存在命令行、菜单栏、工具栏和功能区 4 种执行方式，这时如果选择菜单栏、工
具栏或功能区方式，命令行会显示该命令，并在前面加下划线。例如，通过菜单栏工具栏或功能区方式执
行"直线"命令时，命令行会显示"_line"。

1.4.4　数据输入法

在 AutoCAD 2015 中，点的坐标可以用直角坐标、极坐标、球面坐标和柱面坐标表示，每一种坐标又分别具有两种坐标输入方式，即绝对坐标和相对坐标。其中，直角坐标和极坐标最为常用，具体输入方法如下。

（1）直角坐标法。用点的 X、Y 坐标值表示的坐标。

在命令行中输入点的坐标"15,18"，则表示输入了一个 X、Y 的坐标值分别为 15、18 的点，此为绝对坐标输入方式，表示该点的坐标是相对于当前坐标原点的坐标值，如图 1-61（a）所示。如果输入"@10,20"，则为相对坐标输入方式，表示该点的坐标是相对于前一点的坐标值，如图 1-61（b）所示。

（2）极坐标法。用长度和角度表示的坐标，只能用来表示二维点的坐标。

①　在绝对坐标输入方式下，表示为"长度<角度"，如"25<50"，其中，长度表示该点到坐标原点的距离，角度表示该点到原点的连线与 X 轴正向的夹角，如图 1-61（c）所示。

②　在相对坐标输入方式下，表示为"@长度<角度"，如"@25<45"，其中，长度为该点到前一点的距离，角度为该点至前一点的连线与 X 轴正向的夹角，如图 1-61（d）所示。

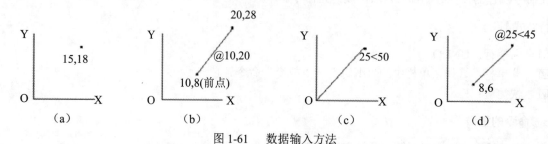

图 1-61　数据输入方法

（3）动态数据输入。单击状态栏中的"动态输入"按钮，系统打开动态输入功能，可以在绘图区动态地输入某些参数数据。例如，绘制直线时，在光标附近会动态地显示"指定第一个点:"，以及后面的坐标框。当前坐标框中显示的是目前光标所在位置，可以输入数据，两个数据之间以逗号隔开，如图 1-62 所示。指定第一点后，系统动态显示直线的角度，同时要求输入线段长度值，如图 1-63 所示，其输入效果与"@长度<角度"方式相同。

图 1-62　动态输入坐标值　　　　　　图 1-63　动态输入长度值

（4）点的输入。在绘图过程中，常需要输入点的位置，AutoCAD 提供了如下几种输入点的方式。

①　用键盘直接在命令行输入点的坐标。直角坐标有两种输入方式："x,y"（点的绝对坐标值，如"100,50"）和"@x,y"（相对于上一点的相对坐标值，如"@ 50,-30"）。

极坐标的输入方式为"长度<角度"（其中，长度为点到坐标原点的距离，角度为原点至该点连线与 X 轴的正向夹角，如"20<45"）或"@长度<角度"（相对于上一点的相对极坐标，如"@ 50<-30"）。

② 用鼠标等定标设备移动光标，在绘图区单击直接取点。

③ 用目标捕捉方式捕捉绘图区已有图形的特殊点（如端点、中点、中心点、插入点、交点、切点、垂足点等）。

④ 直接输入距离。先拖动出直线以确定方向，然后用键盘输入距离，这样有利于准确控制对象的长度。

（5）距离值的输入。在 AutoCAD 命令中，有时需要提供高度、宽度、半径、长度等表示距离的值。AutoCAD 系统提供了两种输入距离值的方式，一种是用键盘在命令行中直接输入数值，另一种是在绘图区选择两点，以两点的距离值确定出所需数值。

【操作实践——绘制线段】

利用命令行输入长度绘制线段，如图 1-64 所示。操作步骤如下：

（1）单击"绘图"工具栏中的"直线"按钮▨，绘制长度为 10mm 的直线。

（2）在绘图区移动光标指明线段的方向，但不要单击鼠标，然后在命令行输入"10"，这样就在指定方向上准确地绘制了长度为 10mm 的线段。

图 1-64　绘制线段

1.5　名师点拨——图形管理技巧

1．如何将自动保存的图形复原

AutoCAD 将自动保存的图形存放到"AUTO.SV$"或"AUTO?.SV$"文件中，找到该文件并将其命名为图形文件即可在 AutoCAD 中打开。

一般该文件存放在 Windows 的临时目录，如"C:\Windows\Temp"中。

2．怎样从备份文件中恢复图形

（1）使文件显示其扩展名。打开"我的电脑"窗口，选择"工具"→"文件夹选项"命令，弹出"文件夹选项"对话框，在"查看"选项卡的"高级设置"选项组中，取消选中"隐藏已知文件的扩展名"复选框。

（2）显示所有文件。打开"我的电脑"窗口，选择"工具"→"文件夹选项"命令，弹出"文件夹选项"对话框，在"查看"选项卡的"高级设置"选项组中，选中"隐藏文件和文件夹"下的"显示所有文件和文件夹"单选按钮。

（3）找到备份文件。打开"我的电脑"窗口，选择"工具"→"文件夹选项"命令，弹出"文件夹选项"对话框，在"查看"选项卡的"已注册的文件类型"选项组中，选择"临时图形文件"，查找到文件，将其重命名为".dwg"格式，最后用打开其他 CAD 文件的方法将其打开即可。

3．打开旧图遇到异常错误而中断退出怎么办

新建一个图形文件，而把旧图以图块形式插入即可。

4．如何设置自动保存功能

在命令行中输入"SAVETIME"命令，将变量设成一个较小的值，如 10 分钟。AutoCAD 默认的保存时间为 120 分钟。

1.6 上机实验

【练习 1】熟悉操作界面。

1．目的要求

操作界面是用户绘制图形的平台，操作界面的各个部分都有其独特的功能，熟悉操作界面有助于用户方便快速地进行绘图。本练习要求读者了解操作界面各部分的功能，掌握改变绘图区颜色和十字光标大小的方法，能够熟练地打开、移动、关闭工具栏。

2．操作提示

（1）启动 AutoCAD 2015，进入操作界面。
（2）调整操作界面大小。
（3）设置绘图区颜色与光标大小。
（4）打开、移动、关闭工具栏。
（5）尝试同时利用命令行、菜单栏、功能区和工具栏绘制一条线段。

【练习 2】管理图形文件。

1．目的要求

图形文件管理包括文件的新建、打开、保存、加密、退出等。本练习要求读者熟练掌握 DWG 文件的赋名保存、自动保存、加密及打开的方法。

2．操作提示

（1）启动 AutoCAD 2015，进入操作界面。
（2）打开一幅已经保存过的图形。
（3）进行自动保存设置。
（4）尝试在图形上绘制任意图线。
（5）将图形以新的名称保存。
（6）退出该图形。

【练习 3】数据操作。

1．目的要求

AutoCAD 2015 人机交互的最基本内容就是数据输入。本练习要求用户熟练地掌握各种数据的输入方法。

2．操作提示

（1）在命令行输入"LINE"命令。
（2）输入起点在直角坐标方式下的绝对坐标值。
（3）输入下一点在直角坐标方式下的相对坐标值。
（4）输入下一点在极坐标方式下的绝对坐标值。
（5）输入下一点在极坐标方式下的相对坐标值。

（6）单击直接指定下一点的位置。

（7）单击状态栏中的"正交模式"按钮▣，用光标指定下一点的方向，在命令行输入一个数值。

（8）单击状态栏中的"动态输入"按钮▣，拖动光标，系统会动态显示角度，拖动到选定角度后，在长度文本框中输入长度值。

（9）按 Enter 键，结束绘制线段的操作。

【练习4】查看零件图细节。

1. 目的要求

本练习要求用户熟练地掌握各种图形显示工具的使用方法。

2. 操作提示

如图 1-65 所示，利用"平移"工具和"缩放"工具移动和缩放图形。

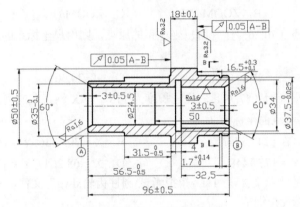

图 1-65　零件图

1.7　模 拟 考 试

（1）AutoCAD 打开后，只有一个菜单，如何恢复默认状态？（　　　）

    A．用 MENU 命令加载 acad.cui　　　　　B．用 CUI 命令打开 AutoCAD 经典空间

    C．用 MENU 命令加载 custom.cui　　　　D．重新安装

（2）在图形修复管理器中，以下哪个文件是由系统自动创建的自动保存文件？（　　　）

    A．drawing1_1_1_6865.svs$　　　　　　B．drawing1_1_68656.svs$

    C．drawing1_recovery.dwg　　　　　　　D．drawing1_1_1_6865.bak

（3）在"自定义用户界面"对话框中，如何将现有工具栏复制到功能区面板？（　　　）

    A．选择要复制到面板的工具栏，右击，在弹出的快捷菜单中选择"新建面板"命令

    B．选择面板，右击，在弹出的快捷菜单中选择"复制到功能区面板"命令

    C．选择要复制到面板的工具栏，右击，在弹出的快捷菜单中选择"复制到功能区面板"命令

    D．选择要复制到面板的工具栏，右击，在弹出的快捷菜单中选择"新建弹出"命令

（4）图形修复管理器中显示的在程序或系统失败后可能需要修复的图形不包含（　　　）。

    A．程序失败时保存的已修复的图形文件（DWG 和 DWS）

B．自动保存的文件，也称为"自动保存"文件（SV$）

C．核查日志（ADT）

D．原始图形文件（DWG 和 DWS）

（5）如果想要改变绘图区域的背景颜色，应该如何做？（　　　）

A．在"选项"对话框"显示"选项卡的"窗口元素"选项组中单击"颜色"按钮，在弹出的对话框中进行修改

B．在 Windows 的"显示属性"对话框的"外观"选项卡中单击"高级"按钮，在弹出的对话框中进行修改

C．修改 SETCOLOR 变量的值

D．在"特性"面板的"常规"选项组中修改"颜色"值

（6）下面哪个选项可以将图形进行动态放大？（　　　）

A．ZOOM/(D)　　　　B．ZOOM/(W)　　　　C．ZOOM/(E)　　　　D．ZOOM/(A)

（7）取世界坐标系的点（70,20）作为用户坐标系的原点，则用户坐标系的点（-20,30）的世界坐标为（　　　）。

A．（50,50）　　　　B．（90,-10）　　　　C．（-20,30）　　　　D．（70,20）

（8）绘制直线，起点坐标为（57,79），线段长度为 173，与 X 轴正向的夹角为 71°。将线段分为 5 等分，从起点开始的第一个等分点的坐标为（　　　）。

A．X = 113.3233, Y = 242.5747　　　　B．X = 79.7336, Y = 145.0233

C．X = 90.7940, Y = 177.1448　　　　D．X = 68.2647, Y = 111.7149

（9）打开随书光盘中的"源文件\第 1 章\模拟考试\圆柱齿轮.dwg"文件，利用"缩放"与"平移"命令查看如图 1-66 所示的齿轮图形细节。

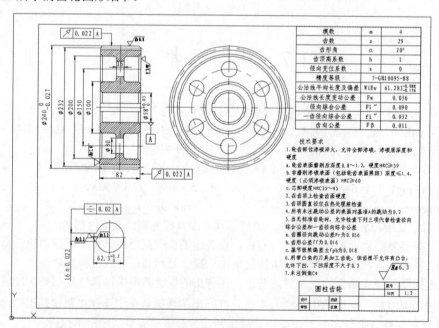

图 1-66　圆柱齿轮

简单二维绘制命令

本章学习简单二维绘图的基本知识。了解直线类、圆类、平面图形、点命令，将读者带入绘图知识的殿堂。

2.1 直线类命令

直线类命令包括直线段、射线和构造线。这几个命令是 AutoCAD 中最简单的绘图命令。

【预习重点】

☑ 了解有几种直线类命令。

☑ 简单练习直线、构造线、多段线的绘制方法。

2.1.1 直线

【执行方式】

☑ 命令行：LINE（快捷命令：L）。

☑ 菜单栏：选择菜单栏中的"绘图"→"直线"命令。

☑ 工具栏：单击"绘图"工具栏中的"直线"按钮。

☑ 功能区：单击"默认"选项卡"绘图"面板中的"直线"按钮（如图 2-1 所示）。

图 2-1 "绘图"面板

【操作实践——绘制表面粗糙度符号】

绘制如图 2-2 所示的表面粗糙度符号。

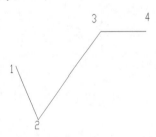

图 2-2 表面粗糙度符号

操作步骤如下：

（1）单击"标准"工具栏中的"新建"按钮，新建一个空白图形文件。

（2）单击"绘图"工具栏中的"直线"按钮，命令行提示与操作如下。

命令: LINE↙
指定第一个点:150,240 （1 点）

指定下一点或 [放弃(U)]: @80<-60 （2 点，也可以单击状态栏中的 DYN 按钮，在鼠标位置为 60°时，动态输入
"80"，如图 2-3 所示）
指定下一点或 [放弃(U)]: @160<45 （3 点）
指定下一点或 [闭合(C)/放弃(U)]:✓（结束直线命令）
命令:✓（再次执行直线命令）
指定第一个点:✓（以上次命令的最后一点即 3 点为起点）
指定下一点或 [放弃(U)]:@80,0（4 点）
指定下一点或 [放弃(U)]:✓（结束直线命令）

【选项说明】

（1）若采用按 Enter 键响应"指定第一个点"提示，系统会把上次绘制图线
的终点作为本次图线的起始点。若上次操作为绘制圆弧，按 Enter 键响应后绘出通
过圆弧终点并与该圆弧相切的直线段，该线段的长度为光标在绘图区指定的一点
与切点之间线段的距离。

（2）在"指定下一点"提示下，用户可以指定多个端点，从而绘出多条直线
段。但是，每一段直线都是一个独立的对象，可以进行单独的编辑操作。

图 2-3　动态输入

（3）绘制两条以上直线段后，若采用输入选项"C"响应"指定下一点"提
示，系统会自动连接起始点和最后一个端点，从而绘出封闭的图形。

（4）若采用输入选项"U"响应提示，则删除最近一次绘制的直线段。

（5）若设置正交方式（单击状态栏中的"正交模式"按钮■），只能绘制水平线段或垂直线段。

（6）若设置动态数据输入方式（单击状态栏中的"动态输入"按钮■），则可以动态输入坐标或长度
值，效果与非动态数据输入方式类似。除了特别需要，以后不再强调，而只按非动态数据输入方式输入相
关数据。

2.1.2　构造线

【执行方式】

- ☑　命令行：XLINE（快捷命令：XL）。
- ☑　菜单栏：选择菜单栏中的"绘图"→"构造线"命令。
- ☑　工具栏：单击"绘图"工具栏中的"构造线"按钮■。
- ☑　功能区：单击"默认"选项卡"绘图"面板中的"构造线"按钮■（如
  图 2-4 所示）。

图 2-4　"绘图"面板

【操作步骤】

命令: XLINE✓
指定点或[水平(H)/垂直(V)/角度(A)/二等分(B)/偏移(O)]:（给出根点 1）
指定通过点:（给定通过点 2，绘制一条双向无限长直线）
指定通过点:（继续给点，继续绘制线，如图 2-5（a）所示，按 Enter 键结束）

【选项说明】

（1）执行选项中有"指定点"、"水平"、"垂直"、"角度"、"二等分"和"偏移"6 种方式绘
制构造线，分别如图 2-5（a）～图 2-5（f）所示。

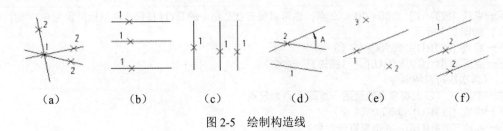

$$(a) \quad\quad (b) \quad\quad (c) \quad\quad (d) \quad\quad (e) \quad\quad (f)$$

图 2-5　绘制构造线

（2）构造线模拟手工作图中的辅助作图线。用特殊的线型显示，在图形输出时可不作输出。应用构造线作为辅助线绘制机械图中的三视图是构造线的最主要用途，构造线的应用保证了三视图之间"主、俯视图长对正，主、左视图高平齐，俯、左视图宽相等"的对应关系。

2.2　点

点在 AutoCAD 中有多种不同的表示方式，用户可以根据需要进行设置，也可以设置等分点和测量点。

【预习重点】

☑　　了解点类命令的应用。

☑　　简单练习点命令的基本操作。

2.2.1　点

【执行方式】

☑　　命令行：POINT（快捷命令：PO）。

☑　　菜单栏：选择菜单栏中的"绘图"→"点"命令。

☑　　工具栏：单击"绘图"工具栏中的"点"按钮。

☑　　功能区：单击"默认"选项卡中"绘图"面板中的"多点"按钮。

【操作步骤】

命令:_point
当前点模式：PDMODE=0　PDSIZE=0.0000
指定点：（指定点所在的位置）

【选项说明】

（1）通过菜单方法操作时（如图 2-6 所示），"单点"命令表示只输入一个点，"多点"命令表示可输入多个点。

（2）可以单击状态栏中的"对象捕捉"按钮，设置点捕捉模式，帮助用户选择点。

（3）点在图形中的表示样式共有 20 种。可通过 DDPTYPE 命令或选择菜单栏中的"格式"→"点样式"命令，通过打开的"点样式"对话框来设置，如图 2-7 所示。

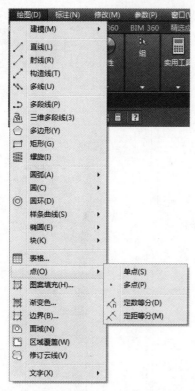

图 2-6　"点"的子菜单

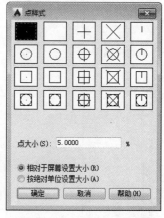

图 2-7　"点样式"对话框

2.2.2　定数等分

【执行方式】

- ☑　命令行：DIVIDE（快捷命令：DIV）。
- ☑　菜单栏：选择菜单栏中的"绘图"→"点"→"定数等分"命令。
- ☑　功能区：单击"默认"选项卡"绘图"面板中的"定数等分"按钮 。

【操作实践——绘制楼梯】

绘制如图 2-8 所示的楼梯。操作步骤如下：

（1）单击"标准"工具栏中的"新建"按钮 ，新建一个空白图形文件。

（2）单击"绘图"工具栏中的"直线"按钮 ，绘制墙体和扶手，结果如图 2-9 所示。

（3）选择菜单栏中的"格式"→"点样式"命令，打开"点样式"对话框，选择×样式，如图 2-10 所示。

（4）选择菜单栏中的"绘图"→"点"→"定数等分"命令，将左边扶手的外面线段分为 8 等份，如图 2-11 所示。

（5）单击"绘图"工具栏中的"直线"按钮 ，分别以等分点为起点，左边墙体上的点为终点绘制水平线段，绘制踏步，如图 2-12 所示。

（6）选择所有等分点，按 Delete 键删除，如图 2-13 所示。

（7）使用相同的方法绘制另一侧踏步，最终结果如图 2-8 所示。

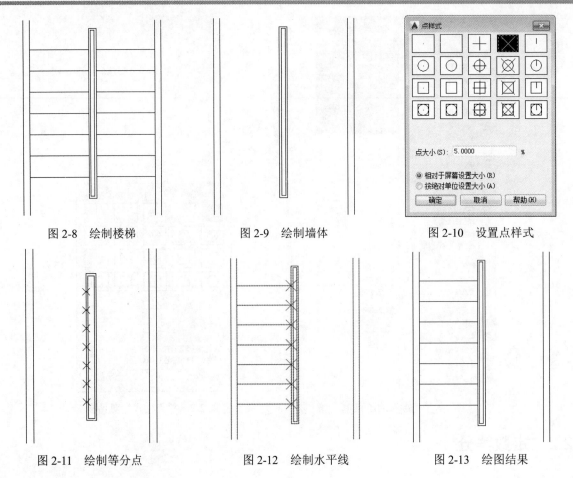

图 2-8　绘制楼梯　　　　　图 2-9　绘制墙体　　　　　图 2-10　设置点样式

图 2-11　绘制等分点　　　　图 2-12　绘制水平线　　　　图 2-13　绘图结果

【选项说明】

（1）等分数目范围为 2～32767。

（2）在等分点处，按当前点样式设置画出等分点。

（3）在第二提示行选择"块（B）"选项时，表示在等分点处插入指定的块（块知识的具体讲解见后面章节）。

2.2.3　定距等分

【执行方式】

☑　命令行：MEASURE（快捷命令：ME）。

☑　菜单栏：选择菜单栏中的"绘图"→"点"→"定距等分"命令。

☑　功能区：单击"默认"选项卡"绘图"面板中的"定距等分"按钮▧。

【操作步骤】

命令:MEASURE↙
选择要定距等分的对象:（选择要设置测量点的实体）
指定线段长度或 [块(B)]:（指定分段长度）

【选项说明】

（1）设置的起点一般是指定线的绘制起点。

（2）在第二提示行选择"块（B）"选项时，表示在测量点处插入指定的块。

（3）在等分点处，按当前点样式设置绘制测量点。

（4）最后一个测量段的长度不一定等于指定分段长度。

2.3　圆 类 命 令

圆类命令主要包括"圆"、"圆弧"、"圆环"、"椭圆"及"椭圆弧"命令，这几个命令是 AutoCAD 中最简单的曲线命令。

【预习重点】

☑　了解圆类命令的绘制方法。

☑　简单练习各命令操作。

2.3.1　圆

【执行方式】

☑　命令行：CIRCLE（快捷命令：C）。

☑　菜单栏：选择菜单栏中的"绘图"→"圆"命令。

☑　工具栏：单击"绘图"工具栏中的"圆"按钮◉。

☑　功能区：单击"默认"选项卡"绘图"面板中的"圆"下拉菜单（如图 2-14 所示）。

【操作实践——绘制连环圆】

绘制如图 2-15 所示的连环圆。操作步骤如下：

图 2-14　"圆"下拉菜单

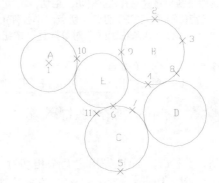

图 2-15　连环圆

（1）单击"标准"工具栏中的"新建"按钮□，新建一个空白图形文件。

（2）单击"绘图"工具栏中的"圆"按钮◉，选择"圆心，半径"的方法绘制 A 圆，命令行提示与操作如下。

命令: _circle
指定圆的圆心或 [三点(3P)/两点(2P)/切点，切点，半径(T)]: 150,160 （1 点）
指定圆的半径或 [直径(D)]: 40 ↙（绘制出 A 圆）

（3）单击"绘图"工具栏中的"圆"按钮，选择"三点"的方法绘制 B 圆，命令行提示与操作如下。

命令: _circle
指定圆的圆心或 [三点(3P)/两点(2P)/切点，切点，半径(T)]: 3P ↙（以三点方式绘制圆，或在动态输入模式下，
按下"↓"键，打开动态菜单，如图 2-14 所示，选择"三点"选项）
指定圆上的第一点: 300,220↙ （2 点）
指定圆上的第二点: 340,190↙ （3 点）
指定圆上的第三点: 290,130 ↙ （4 点）（绘制出 B 圆）

（4）单击"绘图"工具栏中的"圆"按钮，选择"两点"的方法绘制 C 圆，命令行提示与操作如下。

命令: _circle
指定圆的圆心或 [三点(3P)/两点(2P)/切点，切点，半径(T)]: 2P ↙（2 点绘制圆方式）
指定圆直径的第一个端点: 250,10↙ （5 点）
指定圆直径的第二个端点: 240,100↙ （6 点）（绘制出 C 圆）

（5）单击"绘图"工具栏中的"圆"按钮，选择"切点，切点，半径"的方法绘制 D 圆，命令行提示与操作如下。

命令: _circle
指定圆的圆心或 [三点(3P)/两点(2P)/切点，切点，半径(T)]: T↙（以"切点，切点，半径"方式绘制中间的圆，并
自动打开"切点"捕捉功能）
指定对象与圆的第一个切点:（在 7 点附近选中 C 圆）
指定对象与圆的第二个切点:（在 8 点附近选中 B 圆）
指定圆的半径: <45.2769>:45↙ （绘制出 D 圆）

（6）选择菜单栏中的"绘图"→"圆"→"相切，相切，相切"命令，以"相切，相切，相切"的方法，单击状态栏中的"对象捕捉"按钮，捕捉切点，绘制 E 圆，命令行提示与操作如下。

命令: _circle （选取下拉菜单"绘图/圆/相切，相切，相切"）
指定圆的圆心或 [三点(3P)/两点(2P)/切点，切点，半径(T)]: _3p
指定圆上的第一个点:（打开状态栏上的"对象捕捉"按钮，关于"对象捕捉"功能，后面章节将具体介绍）
_tan 到 （9 点）
指定圆上的第二个点: _tan 到 （10 点）
指定圆上的第三个点: _tan 到 （11 点）（绘制出 E 圆）

（7）单击"标准"工具栏中的"保存"按钮，在打开的"图形另存为"对话框中输入文件名保存即可。

【选项说明】

（1）相切，相切，半径(T)：通过先指定两个相切对象，再给出半径的方法绘制圆。如图 2-16（a）～图 2-16（d）所示给出了以"切点，切点，半径"方式绘制圆的各种情形（加粗的圆为最后绘制的圆）。

（2）选择菜单栏中的"绘图"→"圆"命令，其子菜单中比命令行多了一种"相切，相切，相切"的绘制方法，如图 2-17 所示。

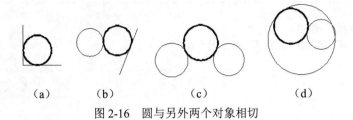

（a）　　　（b）　　　（c）　　　（d）

图 2-16　圆与另外两个对象相切　　　　　　　　图 2-17　"圆"子菜单栏

🎓 **高手支招**

对于圆心点的选择，除了直接输入圆心点外，还可以利用圆心点与中心线的对应关系，利用对象捕捉的方法选择。单击状态栏中的"对象捕捉"按钮📷，命令行中会提示"命令:<对象捕捉 开>"。

2.3.2　圆弧

【执行方式】

- ☑ 命令行：ARC（快捷命令：A）。
- ☑ 菜单栏：选择菜单栏中的"绘图"→"圆弧"命令。
- ☑ 工具栏：单击"绘图"工具栏中的"圆弧"按钮🖉。
- ☑ 功能区：单击"默认"选项卡"绘图"面板中的"圆弧"下拉菜单（如图 2-18 所示）。

【操作实践——绘制靠背椅】

绘制如图 2-19 所示的靠背椅。操作步骤如下：

（1）单击"绘图"工具栏中的"直线"按钮🖉，任意指定一点为线段起点，以点（@0,-140）为终点绘制一条线段。

（2）单击"绘图"工具栏中的"圆弧"按钮🖉，绘制圆弧。命令行提示与操作如下。

图 2-18　"圆弧"下拉菜单

```
命令: ARC✓
指定圆弧的起点或 [圆心(C)]:（指定刚绘制线段的下端点）
指定圆弧的第二个点或 [圆心(C)/端点(E)]:（@250,-250）
指定圆弧的端点:（@250,250）
```

结果如图 2-20 所示。

（3）单击"绘图"工具栏中的"直线"按钮🖉，以刚绘制圆弧右端点为起点，以点（@0,140）为终点绘制一条线段，结果如图 2-21 所示。

（4）继续利用"直线"命令，分别以刚绘制的两条线段的上端点为起点，以点（@50,0）和（@-50,0）为终点绘制两条水平线段，结果如图 2-22 所示。继续利用"直线"命令，分别以刚绘制的两条水平线段的端点为起点，以点（@0,-140）为终点绘制两条竖直线段。

（5）单击"绘图"工具栏中的"圆弧"按钮🖉，绘制圆弧。命令行提示与操作如下。

```
命令: ARC✓
指定圆弧的起点或 [圆心(C)]:（指定刚绘制左边竖直线段的下端点）
```

指定圆弧的第二个点或 [圆心(C)/端点(E)]: e↙
指定圆弧的端点: （指定刚绘制右边竖直线段的下端点）
指定圆弧的中心点(按住 Ctrl 键以切换方向)或 [角度(A)/方向(D)/半径(R)]: a↙
指定夹角(按住 Ctrl 键以切换方向):180↙

结果如图 2-23 所示。

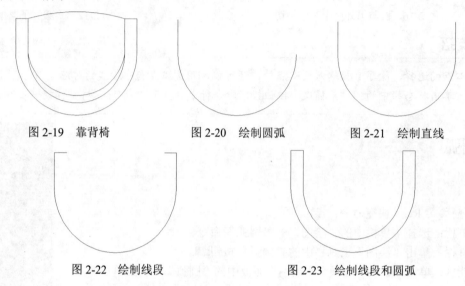

图 2-19　靠背椅　　　　图 2-20　绘制圆弧　　　　图 2-21　绘制直线

图 2-22　绘制线段　　　　　　　图 2-23　绘制线段和圆弧

📢 **提示**

　　步骤（5）绘制圆弧时两个端点指定顺序不要反了，否则绘制出的圆弧凸向相反，原因是系统默认以逆时针为角度正向。

　　（6）再以图 2-23 中内部两条竖线的上下两个端点分别为起点和终点，以适当位置一点为中间点，绘制两条圆弧，最终结果如图 2-19 所示。

【选项说明】

　　（1）用命令行方式绘制圆弧时，可以根据系统提示选择不同的选项，具体功能与利用菜单栏中的"绘图"→"圆弧"中子菜单提供的 11 种方式相似。这 11 种方式绘制的圆弧分别如图 2-24（a）～图 2-24（k）所示。

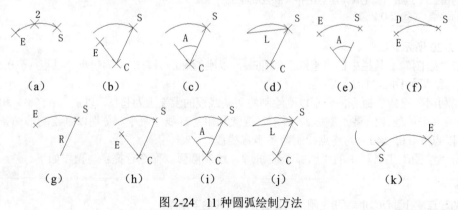

　　（a）　　　　（b）　　　　（c）　　　　（d）　　　　（e）　　　　（f）

　　（g）　　　　（h）　　　　（i）　　　　（j）　　　　　　（k）

图 2-24　11 种圆弧绘制方法

（2）需要强调的是"连续"方式，绘制的圆弧与上一线段圆弧相切。连续绘制圆弧段，只提供端点即可。

🎓 **高手支招**

绘制圆弧时，注意圆弧的曲率是遵循逆时针方向的，所以在选择指定圆弧两个端点和半径模式时，需要注意端点的指定顺序，否则有可能导致圆弧的凹凸形状与预期相反。

2.3.3 圆环

【执行方式】

- ☑ 命令行：DONUT（快捷命令：DO）。
- ☑ 菜单栏：选择菜单栏中的"绘图"→"圆环"命令。
- ☑ 功能区：单击"默认"选项卡"绘图"面板中的"圆环"按钮◎。

【操作步骤】

命令:DONUT↙
指定圆环的内径<默认值>：（指定圆环内径）
指定圆环的外径 <默认值>：（指定圆环外径）
指定圆环的中心点或 <退出>：（指定圆环的中心点）
指定圆环的中心点或 <退出>：（继续指定圆环的中心点，则继续绘制相同内外径的圆环。用 Enter 键、空格键或右击结束命令，如图 2-25（a）所示）

【选项说明】

（1）绘制不等内外径，则画出填充圆环，如图 2-25（a）所示。
（2）若指定内径为零，则画出实心填充圆，如图 2-25（b）所示。
（3）若指定内外径相等，则画出普通圆，如图 2-25（c）所示。
（4）用命令 FILL 可以控制圆环是否填充，命令行提示与操作如下。

命令: FILL↙
输入模式 [开(ON)/关(OFF)] <开>：

选择"开"表示填充，选择"关"表示不填充，如图 2-25（d）所示。

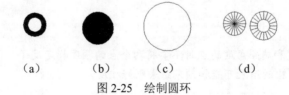

（a）　　　　（b）　　　　（c）　　　　（d）

图 2-25 绘制圆环

2.3.4 椭圆与椭圆弧

【执行方式】

- ☑ 命令行：ELLIPSE（快捷命令：EL）。

☑ 菜单栏：选择菜单栏中的"绘图"→"椭圆"→"圆弧"命令。

☑ 工具栏：单击"绘图"工具栏中的"椭圆"按钮 ⬭ 或"椭圆弧"按钮 ⬭ 。

☑ 功能区：单击"默认"选项卡"绘图"面板中的"椭圆"下拉菜单

（如图 2-26 所示）。

图 2-26 "椭圆"下拉菜单

【操作实践——绘制马桶造型】

绘制如图 2-27 所示的马桶。操作步骤如下：

（1）单击"绘图"工具栏中的"椭圆弧"按钮 ⬭ ，绘制马桶外沿，命令行提示与操作如下。

```
命令: _ellipse
指定椭圆的轴端点或 [圆弧(A)/中心点(C)]:_a
指定椭圆弧的轴端点或 [中心点(C)]: C
指定椭圆弧的中心点:
指定轴的端点: <正交 开>（适当指定一点）
指定另一条半轴长度或 [旋转(R)]:
指定起点角度或 [参数(P)]: 45
指定端点角度或 [参数(P)/夹角(I)]:
```

结果如图 2-28 所示。

（2）单击"绘图"工具栏中的"直线"按钮 ▱ ，连接椭圆弧两个端点，绘制马桶后沿，结果如图 2-29 所示。

图 2-27 马桶   图 2-28 绘制马桶外沿   图 2-29 绘制马桶后沿

（3）单击"绘图"工具栏中的"直线"按钮 ▱ ，取适当的尺寸，在左边绘制一个矩形框作为水箱。最终结果如图 2-27 所示。

举一反三

本实例中指定起点角度和端点角度的点时不要将两个点的顺序指定反了，因为系统默认的旋转方向是逆时针，如果指定反了，得出的结果可能和预期结果刚好相反。

【选项说明】

（1）指定椭圆的轴端点：根据两个端点定义椭圆的第一条轴，第一条轴的角度确定了整个椭圆的角度。第一条轴既可定义椭圆的长轴，也可定义其短轴。椭圆按图 2-30（a）中显示的 1—2—3—4 顺序绘制。

（2）圆弧(A)：用于创建一段椭圆弧，与"单击'绘图'工具栏中的'椭圆弧'按钮 ⬭ "功能相同。

其中第一条轴的角度确定了椭圆弧的角度。第一条轴既可定义椭圆弧长轴，也可定义其短轴。选择该选项，系统命令行中继续提示与操作如下。

指定椭圆弧的轴端点或 [中心点(C)]:（指定端点或输入 "C"）

指定轴的另一个端点:（指定另一端点）

指定另一条半轴长度或 [旋转(R)]:（指定另一条半轴长度或输入 "R"）

指定起点角度或 [参数(P)]:（指定起始角度或输入 "P"）

指定端点角度或 [参数(P)/夹角(I)]:

其中各选项含义如下。

① 起点角度：指定椭圆弧端点的两种方式之一，光标与椭圆中心点连线的夹角为椭圆端点位置的角度，如图 2-30（b）所示。

② 参数(P)：指定椭圆弧端点的另一种方式，该方式同样是指定椭圆弧端点的角度，但通过以下矢量参数方程式创建椭圆弧。

p(u)=c+a×cos(u)+b×sin(u)

其中，c 是椭圆的中心点，a 和 b 分别是椭圆的长轴和短轴，u 为光标与椭圆中心点连线的夹角。

③ 夹角(I)：定义从起点角度开始的包含角度。

④ 中心点(C)：通过指定的中心点创建椭圆。

⑤ 旋转(R)：通过绕第一条轴旋转圆来创建椭圆。相当于将一个圆绕椭圆轴翻转一个角度后的投影视图。

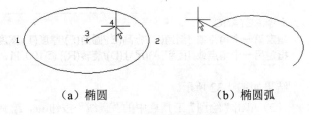

（a）椭圆　　　　（b）椭圆弧

图 2-30　椭圆和椭圆弧

📖 高手支招

椭圆命令生成的椭圆是以多段线还是以椭圆为实体，是由系统变量 PELLIPSE 决定的。

2.4　平 面 图 形

简单的平面图形命令包括"矩形"命令和"多边形"命令。

【预习重点】

☑　了解平面图形的种类及应用。

☑　简单练习矩形与多边形的绘制。

2.4.1　矩形

【执行方式】

☑　命令行：RECTANG（快捷命令：REC）。

☑　菜单栏：选择菜单栏中的"绘图"→"矩形"命令。

☑ 工具栏：单击"绘图"工具栏中的"矩形"按钮▣。

☑ 功能区：单击"默认"选项卡"绘图"面板中的"矩形"
  按钮▣。

图 2-31   方头平键

【操作实践——绘制方头平键】

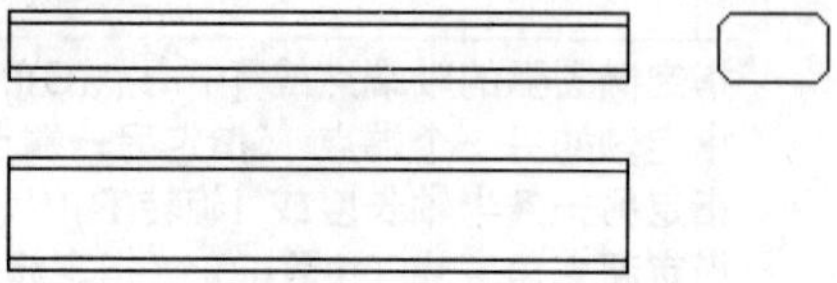

绘制如图 2-31 所示的方头平键。操作步骤如下：

（1）单击"标准"工具栏中的"新建"按钮▣，新建一个空白图形文件。

（2）单击"绘图"工具栏中的"矩形"按钮▣，绘制主视图外形，命令行提示与操作如下。

命令:RETANG↙
指定第一个角点或 [倒角(C)/标高(E)/圆角(F)/厚度(T)/宽度(W)]: 0,30 ↙
指定另一个角点或 [面积(A)/尺寸(D)/旋转(R)]:@100,11↙

结果如图 2-32 所示。

（3）单击"绘图"工具栏中的"直线"按钮✎，绘制主视图两条棱线。一条棱线端点的坐标值为（0,32）和（@100,0），另一条棱线端点的坐标值为（0,39）和（@100,0），绘制结果如图 2-33 所示。

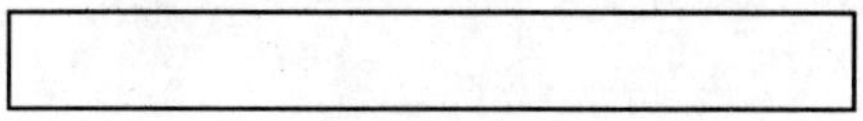

图 2-32   绘制主视图外形

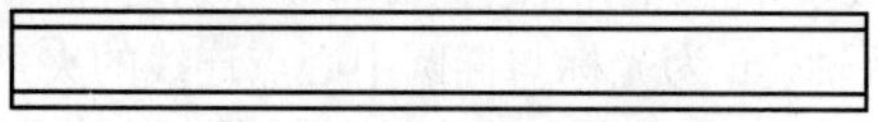

图 2-33   绘制主视图棱线

（4）单击"绘图"工具栏中的"构造线"按钮▣，绘制竖直构造线 1。采用同样的方法绘制右边竖直构造线 2，绘制结果如图 2-34 所示。

（5）单击"绘图"工具栏中的"矩形"按钮▣，绘制俯视图，命令行提示与操作如下。

命令: _rectang↙
指定第一个角点或 [倒角(C)/标高(E)/圆角(F)/厚度(T)/宽度(W)]: 0,18↙
指定另一个角点或 [面积(A)/尺寸(D)/旋转(R)]: @100,-18↙

（6）单击"绘图"工具栏中的"直线"按钮✎，接着绘制两条直线——棱线 3、棱线 4，端点分别为{（0,2）、（@100,0）}和{（0,16）、（@100,0）}，绘制结果如图 2-35 所示。

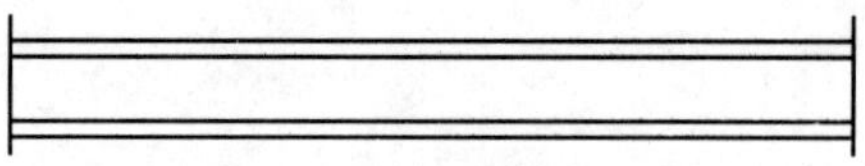

图 2-34   绘制竖直构造线

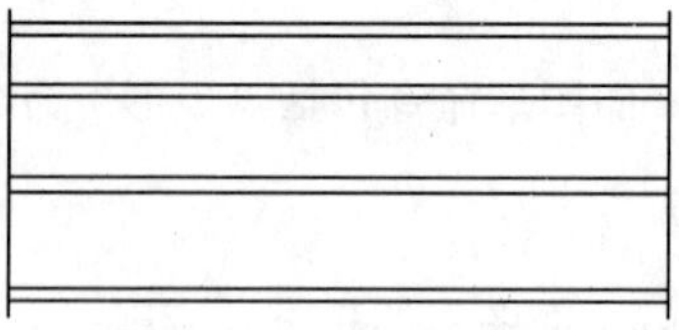

图 2-35   绘制俯视图

（7）单击"绘图"工具栏中的"构造线"按钮▣，绘制左视图构造线，命令行提示与操作如下。

命令: _xline
指定点或 [水平(H)/垂直(V)/角度(A)/二等分(B)/偏移(O)]: H↙
指定通过点：（指定主视图上右上端点）
指定通过点：（指定主视图上右下端点）
指定通过点：（指定俯视图上右上端点）
指定通过点：（指定俯视图上右下端点）

指定通过点:✓

命令:✓（按 Enter 键表示重复绘制构造线命令）

指定点或 [水平(H)/垂直(V)/角度(A)/二等分(B)/偏移(O)]:A✓

输入构造线的角度 (0) 或 [参照(R)]:-45✓

指定通过点:（任意指定一点）

指定通过点:✓

命令:✓

指定点或 [水平(H)/垂直(V)/角度(A)/二等分(B)/偏移(O)]:V✓

指定通过点:（指定斜线与向下数第 3 条水平线的交点）

指定通过点:（指定斜线与向下数第 4 条水平线的交点）

绘制结果如图 2-36 所示。

（8）单击"绘图"工具栏中的"矩形"按钮▢，设置矩形两个倒角距离为 2，绘制左视图，绘制结果如图 2-37 所示。

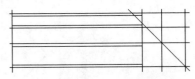
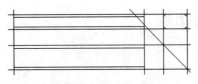

图 2-36　绘制左视图构造线　　　　　　　　　　　图 2-37　绘制左视图

（9）单击"修改"工具栏中的"删除"按钮▨，删除构造线，最终绘制结果如图 2-31 所示。

【选项说明】

（1）第一个角点：通过指定两个角点确定矩形，如图 2-38（a）所示。

（2）倒角(C)：指定倒角距离，绘制带倒角的矩形，如图 2-38（b）所示。每一个角点的逆时针和顺时针方向的倒角可以相同，也可以不同，其中第一个倒角距离是指角点逆时针方向倒角距离，第二个倒角距离是指角点顺时针方向倒角距离。

（3）标高(E)：指定矩形标高（Z 坐标），即把矩形放置在标高为 Z 并与 XOY 坐标面平行的平面上，并作为后续矩形的标高值。

（4）圆角(F)：指定圆角半径，绘制带圆角的矩形，如图 2-38（c）所示。

（5）厚度(T)：指定矩形的厚度，如图 2-38（d）所示。

（6）宽度(W)：指定线宽，如图 2-38（e）所示。

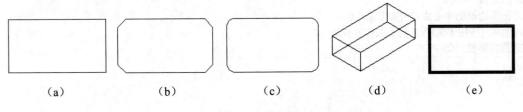

（a）　　　　　　（b）　　　　　　（c）　　　　　　（d）　　　　　　（e）

图 2-38　绘制矩形

（7）面积(A)：指定面积和长或宽创建矩形。选择该选项，系统提示与操作如下。

输入以当前单位计算的矩形面积 <20.0000>:（输入面积值）

计算矩形标注时依据 [长度(L)/宽度(W)] <长度>:（按 Enter 键或输入"W"）

输入矩形长度 <4.0000>:（指定长度或宽度）

指定长度或宽度后，系统自动计算另一个维度，绘制出矩形。
如果矩形被倒角或圆角，则长度或面积计算中也会考虑此设置，
如图 2-39 所示。

（8）尺寸(D)：使用长和宽创建矩形，第二个指定点将矩形定位
在与第一角点相关的 4 个位置之一。

（9）旋转(R)：使所绘制的矩形旋转一定角度。选择该选项，
系统提示与操作如下。

倒角距离（1,1）　圆角半径：1.0
面积：20　长度：6　面积：20　宽度：6
图 2-39　利用"面积"绘制矩形

```
指定旋转角度或 [拾取点(P)] <45>：（指定角度）
指定另一个角点或 [面积(A)/尺寸(D)/旋转(R)]：（指定另一个角点或选择其他选项）
```

指定旋转角度后，系统按指定角度创建矩形，如图 2-40 所示。

2.4.2　多边形

【执行方式】

- ☑　命令行：POLYGON（快捷命令：POL）。
- ☑　菜单栏：选择菜单栏中的"绘图"→"多边形"命令。
- ☑　工具栏：单击"绘图"工具栏中的"多边形"按钮⬡。
- ☑　功能区：单击"默认"选项卡"绘图"面板中的"多边形"按钮⬡。

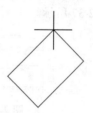

图 2-40　旋转矩形

【操作实践——绘制八角凳】

绘制如图 2-41 所示的八角凳。操作步骤如下：
单击"绘图"工具栏中的"多边形"按钮⬡，绘制外轮廓线。命令行提示与操作如下。

```
命令：POLYGON↙
输入侧面数 <4>：8↙
指定正多边形的中心点或 [边(E)]：0,0↙
输入选项 [内接于圆(I)/外切于圆(C)] <I>：c↙
指定圆的半径：100↙（绘制结果如图 2-42 所示）
命令：↙
输入侧面数 <8>：↙
指定正多边形的中心点或 [边(E)]：0,0↙
输入选项 [内接于圆(I)/外切于圆(C)] <C>：i↙
指定圆的半径：100↙
```

图 2-41　绘制八角凳

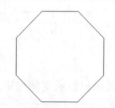

图 2-42　绘制轮廓线图

最终结果如图 2-41 所示。

【选项说明】

（1）边(E)：选择该选项，则只要指定多边形的一条边，系统就会按逆时针方向创建该正多边形，如图 2-43（a）所示。

（2）内接于圆(I)：选择该选项，绘制的多边形内接于圆，如图 2-43（b）所示。

（3）外切于圆(C)：选择该选项，绘制的多边形外切于圆，如图 2-43（c）所示。

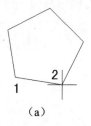　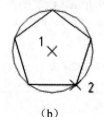　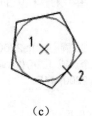

（a）　　　　　　　　　　（b）　　　　　　　　　（c）

图 2-43　绘制多边形

2.5　综合演练——汽车简易造型

本实例绘制的汽车简易造型如图 2-44 所示。

⭐ **手把手教你学**

绘制的大体顺序是先绘制两个车轮，从而确定汽车的大体尺寸和位置，然后绘制车体轮廓，最后绘制车窗。绘制过程中要用到直线、圆、圆弧、多段线、圆环、矩形和正多边形等命令。

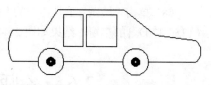

图 2-44　汽车简易造型

【操作步骤】

（1）单击"标准"工具栏中的"新建"按钮🔲，新建一个空白图形文件。

（2）单击"绘图"工具栏中的"圆"按钮⭕，分别以（1500,200）和（500,200）为圆心，绘制半径为 150 的车轮，结果如图 2-45 所示。

（3）选择菜单栏中的"绘图"→"圆环"命令，捕捉步骤（2）中绘制圆的圆心，设置内径为 30，外径为 100，结果如图 2-46 所示。

图 2-45　绘制车轮外圈　　　　　　　　　图 2-46　绘制车轮内圈

（4）单击"绘图"工具栏中的"直线"按钮，绘制车底轮廓。命令行提示与操作如下。

```
命令:_line
指定第一点: 50,200✓
指定下一点或 [放弃(U)]: 350,200✓
指定下一点或 [放弃(U)]: ✓
```

同样方法，指定端点坐标分别为{（650,200）、（1350,200）}和{（1650,200）、（2200,200）}绘制两条线段，结果如图 2-47 所示。

（5）单击"绘图"工具栏中的"圆弧"按钮 ◢，绘制坐标为（50,200）、（0,380）、（50,550）的圆弧。

（6）单击"绘图"工具栏中的"直线"按钮 ◢，绘制车体外轮廓，端点坐标分别为（50,550）、（@375,0）、（@160,240）、（@780,0）、（@365,285）和（@470,-60）。

（7）单击"绘图"工具栏中的"圆弧"按钮 ◢，绘制圆弧段，命令行提示与操作如下。

```
命令: _arc
指定圆弧的起点或 [圆心(C)]: 2200, 200✓
指定圆弧的第二个点或 [圆心(C)/端点(E)]:2256, 322✓
指定圆弧的端点:2200, 445✓
```

结果如图 2-48 所示。

图 2-47　绘制底板　　　　　　　　　图 2-48　绘制车体外轮廓

（8）单击"绘图"工具栏中的"矩形"按钮 ▭，绘制角点为{（650,730）、（880,370）}和{（920,730）、（1350,370）}的车窗，结果如图 2-44 所示。

2.6　名师点拨——简单二维绘图技巧

1. 如何解决图形中的圆不圆了的情况

圆是由 N 边形形成的，数值 N 越大，棱边越短，圆越光滑。有时图形经过缩放或 zoom 后，绘制的圆边显示棱边，图形会变得粗糙。在命令行中输入"RE"命令，重新生成模型，圆边光滑。

2. 如何利用直线命令提高制图效率

（1）单击左下角状态栏中的"正交"按钮，根据正交方向提示，直接输入下一点的距离即可，可绘制正交直线。

（2）单击左下角状态栏中的"极轴"按钮，图形可自动捕捉所需角度方向，可绘制一定角度的直线。

（3）单击左下角状态栏中的"对象捕捉"按钮，自动进行某些点的捕捉，使用对象捕捉可指定对象上的精确位置。

注：后两种方法在第 3 章中有详细介绍。

3. 如何快速继续使用执行过的命令

在默认情况下，按空格键或 Enter 键表示重复 AutoCAD 的上一个命令，故在连续采用同一个命令操作时，只需连续按空格键或 Enter 键即可，而无须费时费力地连续执行同一个命令。

同时按下键盘右侧的"←、↑"两个键，在命令行中则显示上步执行的命令，松开其中一键，继续按下另外一键，显示倒数第二步执行的命令，继续按键，依此类推。反之，则按下"→、↑"两个键。

4．如何等分几何图形

"等分点"命令只是用于直线，不能直接应用到几何图形中，如无法等分矩形，可以分解矩形，再等分矩形两条边线，适当连接等分点，即可完成矩形等分。

2.7　上　机　实　验

【练习1】绘制如图 2-49 所示的螺栓。

1．目的要求

本练习中图形涉及的命令主要是"直线"。为了做到准确无误，要求通过坐标值的输入指定直线的相关点，从而使读者灵活掌握直线的绘制方法。

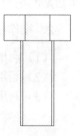

2．操作提示

（1）利用"直线"命令绘制螺帽。
（2）利用"直线"命令绘制螺杆。

【练习2】绘制如图 2-50 所示的哈哈猪。

图 2-49　螺栓

1．目的要求

本练习中图形涉及的命令主要是"直线"和"圆"。为了做到准确无误，要求通过坐标值的输入指定线段的端点和圆弧的相关点，从而使读者灵活掌握线段以及圆弧的绘制方法。

2．操作提示

（1）利用"圆"命令绘制哈哈猪的两个眼睛。
（2）利用"圆"命令绘制哈哈猪的嘴巴。
（3）利用"圆"命令绘制哈哈猪的头部。
（4）利用"直线"命令绘制哈哈猪的上、下颌分界线。
（5）利用"圆"命令绘制哈哈猪的鼻子。

【练习3】绘制如图 2-51 所示的椅子。

1．目的要求

本练习中图形涉及的命令主要是"圆弧"。为了做到准确无误，要求通过坐标值的输入指定线段的端点和圆弧的相关点，从而使读者灵活掌握圆弧的绘制方法。

2．操作提示

（1）利用"直线"命令绘制初步轮廓。
（2）利用"圆弧"命令绘制图形中的圆弧部分。
（3）利用"直线"命令绘制连接线段。

【练习4】绘制如图 2-52 所示的螺母。

图 2-50　哈哈猪

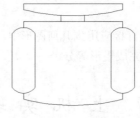

图 2-51　椅子

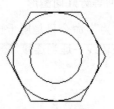

图 2-52　螺母

1．目的要求

本练习绘制的是一个机械零件图形，涉及的命令有"多边形""圆"。通过本练习，要求读者掌握正多边形的绘制方法，同时复习圆的绘制方法。

2．操作提示

（1）利用"圆"命令绘制外面圆。
（2）利用"多边形"命令绘制六边形。
（3）利用"圆"命令绘制里面圆。

2.8　模　拟　考　试

（1）将用矩形命令绘制的四边形分解后，该矩形成为（　　）个对象。
　　A．4　　　　　　　B．3　　　　　　　C．2　　　　　　　D．1
（2）以同一点作为正五边形的中心，圆的半径为 50，分别用 I 和 C 方式画的正五边形的间距为（　　）。
　　A．15.32　　　　　B．9.55　　　　　C．7.43　　　　　D．12.76
（3）利用 ARC 命令刚刚结束绘制一段圆弧，现在执行 LINE 命令，提示"指定第一点:"时直接按 Enter 键，结果是（　　）。
　　A．继续提示"指定第一点:"　　　　　　B．提示"指定下一点或 [放弃(U)]:"
　　C．LINE 命令结束　　　　　　　　　　　D．以圆弧端点为起点绘制圆弧的切线
（4）重复使用刚执行的命令，按（　　）键。
　　A．Ctrl　　　　　　B．Alt　　　　　　C．Enter　　　　　D．Shift
（5）绘制如图 2-53 所示的图形。
（6）绘制如图 2-54 所示的图形。其中，三角形是边长为 81 的等边三角形，3 个圆分别与三角形相切。

图 2-53　图形 1

81

图 2-54　图形 2

第3章

基本绘图设置

本章学习关于二维绘图的参数设置知识。了解图层、基本绘图参数的设置并熟练掌握，进而应用到图形绘制过程中。

3.1 基本绘图参数

绘制一幅图形时，需要设置一些基本参数，如图形单位、图幅界限等，这里进行简要介绍。

【预习重点】

☑ 了解基本参数概念。

☑ 熟悉参数设置命令的使用方法。

3.1.1 设置图形单位

【执行方式】

☑ 命令行：DDUNITS（或 UNITS，快捷命令：UN）。

☑ 菜单栏：选择菜单栏中的"格式"→"单位"命令。

【操作步骤】

执行上述操作后，系统打开"图形单位"对话框，如图 3-1 所示，该对话框用于定义单位和角度格式。

图 3-1 "图形单位"对话框

【选项说明】

（1）"长度"与"角度"选项组：指定测量的长度与角度的当前单位及精度。

（2）"插入时的缩放单位"选项组：控制插入到当前图形中的块和图形的测量单位。如果块或图形创建时使用的单位与该选项指定的单位不同，则在插入这些块或图形时，将对其按比例进行缩放。插入比例是原块或图形使用的单位与目标图形使用的单位之比。如果插入块时不按指定单位缩放，则在其下拉列表框中选择"无单位"选项。

（3）"输出样例"选项组：显示用当前单位和角度设置的例子。

（4）"光源"选项组：控制当前图形中光度控制光源的强度的测量单位。为创建和使用光度控制光源，必须从下拉列表框中指定非"常规"的单位。如果"插入比例"设置为"无单位"，则将显示警告信息，通知用户渲染输出可能不正确。

（5）"方向"按钮：单击该按钮，系统打开"方向控制"对话框，如图 3-2 所示，可进行方向控制设置。

图 3-2 "方向控制"对话框

3.1.2 设置图形界限

【执行方式】

☑ 命令行：LIMITS。
☑ 菜单栏：选择菜单栏中的"格式"→"图形界限"命令。

【操作步骤】

命令: LIMITS↙
重新设置模型空间界限:
指定左下角点或 [开(ON)/关(OFF)] <0.0000,0.0000>:（输入图形边界左下角的坐标后按 Enter 键）
指定右上角点 <12.0000,90000>:（输入图形边界右上角的坐标后按 Enter 键）

【选项说明】

（1）开(ON)：使图形界限有效。系统在图形界限以外拾取的点将视为无效。
（2）关(OFF)：使图形界限无效。用户可以在图形界限以外拾取
点或实体。
（3）动态输入角点坐标：可以直接在绘图区的动态文本框中输
入角点坐标，输入了横坐标值后，按"，"键，接着输入纵坐标值，
如图 3-3 所示；也可以按光标位置直接单击，确定角点位置。

图 3-3 动态输入

🔧 举一反三

在命令行中输入坐标时，请检查此时的输入法是否是英文输入状态。如果是中文输入法，例如输入"150,
20"，则由于逗号"，"的原因，系统会认定该坐标输入无效。这时，只需将输入法改为英文重新输入即可。

3.2 图　　层

图层的概念类似投影片，将不同属性的对象分别放置在不同的投影片（图层）上。例如，将图形的主
要线段、中心线、尺寸标注等分别绘制在不同的图层上，每个图层可设定不同的线型、线条颜色，然后把
不同的图层堆栈在一起成为一张完整的视图，这样可使视图层次分明，方便图形对象的编辑与管理。一个
完整的图形就是由它所包含的所有图层上的对象叠加在一起构成的，如图 3-4 所示。

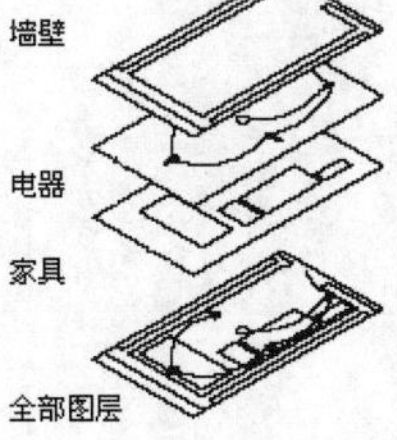

【预习重点】

☑ 建立图层概念。
☑ 练习图层命令设置。

3.2.1 图层的设置

1. 利用对话框设置图层

AutoCAD 2015 提供了详细直观的"图层特性管理器"选项板，用户可以方便地通过对该选项板中的各

墙壁

电器

家具

全部图层

图 3-4 图层效果

选项及其二级选项板进行设置，从而实现创建新图层、设置图层颜色及线型的各种操作。

【执行方式】

- ☑ 命令行：LAYER。
- ☑ 菜单栏：选择菜单栏中的"格式"→"图层"命令。
- ☑ 工具栏：单击"图层"工具栏中的"图层特性管理器"按钮 。
- ☑ 功能区：单击"默认"选项卡"图层"面板中的"图层特性"按钮 或单击"视图"选项卡"选项板"面板中的"图层特性"按钮 。

【操作步骤】

执行上述操作后，系统打开如图 3-5 所示的"图层特性管理器"选项板。

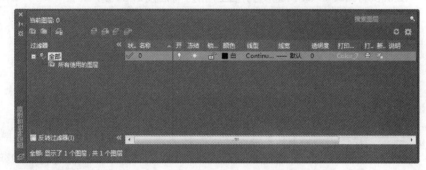

图 3-5   "图层特性管理器"选项板

【选项说明】

（1）"新建特性过滤器"按钮 ：单击该按钮，可以打开"图层过滤器特性"对话框，如图 3-6 所示。从中可以基于一个或多个图层特性创建图层过滤器。

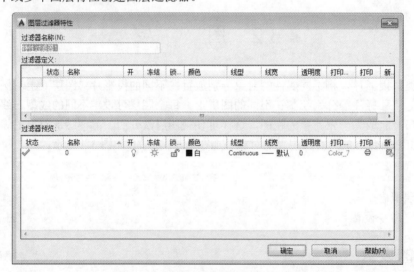

图 3-6   "图层过滤器特性"对话框

（2）"新建组过滤器"按钮 ：单击该按钮，可以创建一个"组过滤器"，其中包含用户选定并添加到该过滤器的图层。

58

（3）"图层状态管理器"按钮 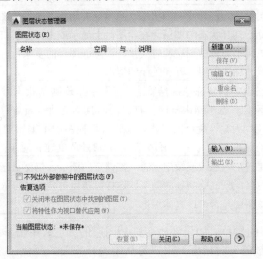：单击该按钮，可以打开"图层状态管理器"对话框，如图 3-7 所示。从中可以将图层的当前特性设置保存到命名图层状态中，以后可以再恢复这些设置。

图 3-7　"图层状态管理器"对话框

（4）"新建图层"按钮：单击该按钮，图层列表中出现一个新的图层名称"图层 1"，用户可使用此名称，也可改名。要想同时创建多个图层，可选中一个图层名后，输入多个名称，各名称之间以逗号分隔。图层的名称可以包含字母、数字、空格和特殊符号，AutoCAD 2015 支持长达 222 个字符的图层名称。新的图层继承了创建新图层时所选中的已有图层的所有特性（颜色、线型、开/关状态等），如果新建图层时没有图层被选中，则新图层具有默认的设置。

（5）"在所有视口中都被冻结的新图层视口"按钮：单击该按钮，将创建新图层，然后在所有现有布局视口中将其冻结。可以在"模型"空间或"布局"空间上访问此按钮。

（6）"删除图层"按钮：在图层列表中选中某一图层，然后单击该按钮，则把该图层删除。

（7）"置为当前"按钮：在图层列表中选中某一图层，然后单击该按钮，则把该图层设置为当前图层，并在"当前图层"列中显示其名称。当前层的名称存储在系统变量 CLAYER 中。另外，双击图层名也可把其设置为当前图层。

（8）"搜索图层"文本框：输入字符时，按名称快速过滤图层列表。关闭图层特性管理器时并不保存此过滤器。

（9）状态行：显示当前过滤器的名称、列表视图中显示的图层数和图形中的图层数。

（10）"反转过滤器"复选框：选中该复选框，显示所有不满足选定图层特性过滤器中条件的图层。

（11）图层列表区：显示已有的图层及其特性。要修改某一图层的某一特性，单击它所对应的图标即可。右击空白区域或利用快捷菜单可快速选中所有图层。列表区中各列的含义如下。

① 状态：指示项目的类型，有图层过滤器、正在使用的图层、空图层或当前图层 4 种。

② 名称：显示满足条件的图层名称。如果要对某图层修改，首先要选中该图层的名称。

③ 状态转换图标：在"图层特性管理器"选项板的图层列表中有一列图标，单击这些图标，可以打开或关闭，该图标所代表的功能如图 3-8 所示，各图标功能说明如表 3-1 所示。

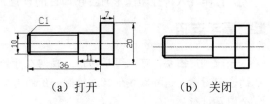

（a）打开　　　　　（b）关闭

图 3-8　打开或关闭尺寸标注图层

表 3-1　图标功能

图　示	名　称	功 能 说 明
💡/💡	开/关闭	将图层设定为打开或关闭状态，当呈现关闭状态时，该图层上的所有对象将隐藏不显示，只有处于打开状态的图层会在绘图区上显示或由打印机打印出来。因此，绘制复杂的视图时，先将不编辑的图层暂时关闭，可降低图形的复杂性。如图 3-8（a）和图 3-8（b）分别表示尺寸标注图层打开和关闭的情形
☀/❄	解冻/冻结	将图层设定为解冻或冻结状态。当图层呈现冻结状态时，该图层上的对象均不会显示在绘图区上，也不能由打印机打出，而且不会执行重生（REGEN）、缩放（EOOM）、平移（PAN）等命令的操作，因此若将视图中不编辑的图层暂时冻结，可加快执行绘图编辑的速度。而 💡（开/关闭）功能只是单纯将对象隐藏，因此并不会加快执行速度
🔓/🔒	解锁/锁定	将图层设定为解锁或锁定状态。被锁定的图层，仍然显示在绘图区，但不能编辑修改被锁定的对象，只能绘制新的图形，这样可防止重要的图形被修改
🖨/🖨	打印/不打印	设定该图层是否可以打印图形

④ 颜色：显示和改变图层的颜色。如果要改变某一图层的颜色，单击其对应的颜色图标，AutoCAD 系统打开如图 3-9 所示的"选择颜色"对话框，用户可从中选择需要的颜色。

（a）索引颜色

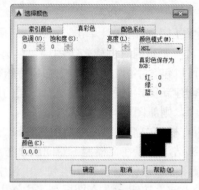
（b）真彩色

图 3-9　"选择颜色"对话框

⑤ 线型：显示和修改图层的线型。如果要修改某一图层的线型，单击该图层的"线型"项，系统打开"选择线型"对话框，如图 3-10 所示，其中列出了当前可用的线型，用户可从中选择。

⑥ 线宽：显示和修改图层的线宽。如果要修改某一图层的线宽，单击该图层的"线宽"列，打开"线宽"对话框，如图 3-11 所示，其中列出了 AutoCAD 设定的线宽，用户可从中进行选择。其中"线宽"列表框中显示可以选用的线宽值，用户可从中选择需要的线宽。"旧的"显示行显示前面赋予图层的线宽，当创建一个新图层时，采用默认线宽（其值为 0.01in，即 0.22mm），默认线宽的值由系统变量 LWDEFAULT 设置，"新的"显示行显示赋予图层的新线宽。

⑦ 打印样式：打印图形时各项属性的设置。

🎓 **高手支招**

　　合理利用图层，可以事半功倍。我们在开始绘制图形时，可预先设置一些基本图层。每个图层锁定自己的专门用途，这样做我们只需绘制一份图形文件，就可以组合出许多需要的图纸，需要修改时也可针对各个图层进行。

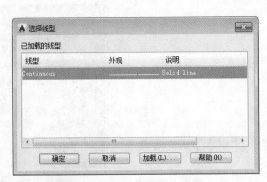

图 3-10　"选择线型"对话框

图 3-11　"线宽"对话框

2．利用工具栏设置图层

　　AutoCAD 2015 提供了一个"特性"工具栏，如图 3-12 所示。用户可以利用工具栏下拉列表框中的选项，快速地查看和改变所选对象的图层、颜色、线型和线宽特性。"特性"工具栏上的图层颜色、线型、线宽和打印样式的控制增强了查看和编辑对象属性的命令。在绘图区选择任何对象，都将在工具栏上自动显示它所在的图层、颜色、线型等属性。"特性"工具栏各部分的功能介绍如下。

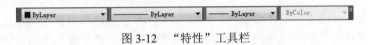

图 3-12　"特性"工具栏

　　（1）"颜色控制"下拉列表框：单击右侧的向下箭头，用户可从打开的选项列表中选择一种颜色，使之成为当前颜色，如果选择"选择颜色"选项，系统打开"选择颜色"对话框以选择其他颜色。修改当前颜色后，不论在哪个图层上绘图都采用这种颜色，但对各个图层的颜色没有影响。

　　（2）"线型控制"下拉列表框：单击右侧的向下箭头，用户可从打开的选项列表中选择一种线型，使之成为当前线型。修改当前线型后，不论在哪个图层上绘图都采用这种线型，但对各个图层的线型设置没有影响。

　　（3）"线宽控制"下拉列表框：单击右侧的向下箭头，用户可从打开的选项列表中选择一种线宽，使之成为当前线宽。修改当前线宽后，不论在哪个图层上绘图都采用这种线宽，但对各个图层的线宽设置没有影响。

　　（4）"打印类型控制"下拉列表框：单击右侧的向下箭头，用户可从打开的选项列表中选择一种打印样式，使之成为当前打印样式。

3.2.2　颜色的设置

　　AutoCAD 绘制的图形对象都具有一定的颜色，为了更清晰地表达绘制的图形，可把同一类的图形对象用相同的颜色绘制，而使不同类的对象具有不同的颜色，以示区分，这样就需要适当地对颜色进行设置。AutoCAD 允许用户设置图层颜色，为新建的图形对象设置当前色还可以改变已有图形对象的颜色。

【执行方式】

　　☑　命令行：COLOR（快捷命令：COL）。

　　☑　菜单栏：选择菜单栏中的"格式"→"颜色"命令。

　　☑　功能区：单击"默认"选项卡"特性"面板上的"对象颜色"下拉菜单中的"更多颜色"按钮（如

图 3-13 所示）。

【操作步骤】

执行上述操作后，系统打开如图 3-9 所示的"选择颜色"对话框。

【选项说明】

1. "索引颜色"选项卡

选择此选项卡，可以在系统所提供的 222 种颜色索引表中选择所需要的颜色，如图 3-9（a）所示。

（1）"颜色索引"列表框：依次列出了 222 种索引色，在此列表框中选择所需要的颜色。

（2）"颜色"文本框：所选择的颜色代号值显示在"颜色"文本框中，也可以直接在该文本框中输入自己设定的代号值来选择颜色。

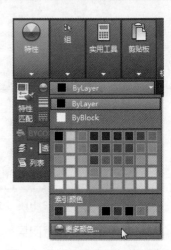

图 3-13 "对象颜色"下拉菜单

（3）ByLayer 和 ByBlock 按钮：单击这两个按钮，颜色分别按图层和图块设置。这两个按钮只有在设定了图层颜色和图块颜色后才可以使用。

2. "真彩色"选项卡

选择此选项卡，可以选择需要的任意颜色，如图 3-9（b）所示。可以拖动调色板中的颜色指示光标和亮度滑块选择颜色及其亮度。也可以通过"色调"、"饱和度"和"亮度"的调节钮来选择需要的颜色。所选颜色的红、绿、蓝值显示在下面的"颜色"文本框中，也可以直接在该文本框中输入自己设定的红、绿、蓝值来选择颜色。

在此选项卡中还有一个"颜色模式"下拉列表框，默认的颜色模式为 HSL 模式，即如图 3-9（b）所示的模式。RGB 模式也是常用的一种颜色模式，如图 3-14 所示。

3. "配色系统"选项卡

选择此选项卡，可以从标准配色系统（如 Pantone）中选择预定义的颜色，如图 3-15 所示。在"配色系统"下拉列表框中选择需要的系统，然后拖动右边的滑块来选择具体的颜色，所选颜色编号显示在下面的"颜色"文本框中，也可以直接在该文本框中输入编号值来选择颜色。

图 3-14 RGB 模式

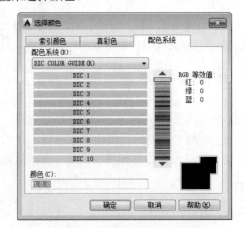

图 3-15 "配色系统"选项卡

3.2.3　线型的设置

在国家标准 GB/T 4427.4—1984 中，对机械图样中使用的各种图线名称、线型、线宽以及在图样中的应用做了规定，如表 3-2 所示。其中常用的图线有 4 种，即粗实线、细实线、虚线、细点划线。图线分为粗、细两种，粗线的宽度 b 应按图样的大小和图形的复杂程度，在 0.2～2mm 之间选择，细线的宽度约为 $b/2$。

表 3-2　图线的线型及应用

图 线 名 称	线　　　型	线　　宽	主　要　用　途
粗实线	▬▬▬▬▬▬▬▬	b	可见轮廓线，可见过渡线
细实线	──────────	约 $b/2$	尺寸线、尺寸界线、剖面线、引出线、弯折线、牙底线、齿根线、辅助线等
细点划线	─ ─ — ─ ─ —	约 $b/2$	轴线、对称中心线、齿轮节线等
虚线	─ ─ ─ ─ ─ ─	约 $b/2$	不可见轮廓线、不可见过渡线
波浪线	〜〜〜〜	约 $b/2$	断裂处的边界线、剖视与视图的分界线
双折线	─〜─〜─	约 $b/2$	断裂处的边界线
粗点划线	▬ ▬ ▬ ▬	b	有特殊要求的线或面的表示线
双点划线	─ ─ — ─ ─ —	约 $b/2$	相邻辅助零件的轮廓线、极限位置的轮廓线、假想投影的轮廓线

1. 在"图层特性管理器"选项板中设置线型

单击"图层"工具栏中的"图层特性管理器"按钮 ▣，打开"图层特性管理器"选项板，如图 3-5 所示。在图层列表的线型列下单击线型名，系统打开"选择线型"对话框，如图 3-10 所示，对话框中选项的含义如下。

（1）"已加载的线型"列表框：显示在当前绘图中加载的线型，可供用户选用，其右侧显示线型的形式。

（2）"加载"按钮：单击该按钮，打开"加载或重载线型"对话框，用户可通过此对话框加载线型并把它添加到线型列中。但要注意，加载的线型必须在线型库（LIN）文件中定义过。标准线型都保存在 acad.lin 文件中。

2. 直接设置线型

【执行方式】

☑　命令行：LINETYPE。

☑　功能区：单击"默认"选项卡"特性"面板上的"线型"下拉菜单中的"其他"按钮（如图 3-16 所示）。

【操作步骤】

在命令行输入上述命令后按 Enter 键，系统打开"线型管理器"对话框，如图 3-17 所示，用户可在该对话框中设置线型。该对话框中的选项含义与前面介绍的选项含义相同，此处不再赘述。

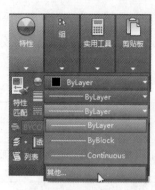

图 3-16   "线型"下拉菜单

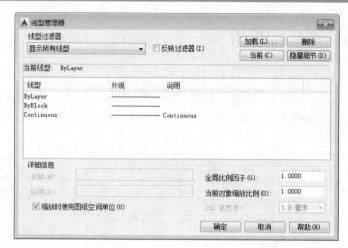

图 3-17   "线型管理器"对话框

3.2.4 线宽的设置

在国家标准 GB/T 4427.4—1984 中，对机械图样中使用的各种图线的线宽做了规定，图线分为粗、细两种，粗线的宽度 b 应按图样的大小和图形的复杂程度，在 0.2～2mm 之间选择，细线的宽度约为 $b/2$。AutoCAD 提供了相应的工具帮助用户来设置线宽。

1. 在"图层特性管理器"中设置线型

按照 3.2.1 节讲述的方法，打开"图层特性管理器"选项板，如图 3-5 所示。单击该层的"线宽"项，打开"线宽"对话框，其中列出了 AutoCAD 设定的线宽，用户可从中选取。

2. 直接设置线宽

【执行方式】

- ☑ 命令行：LINEWEIGHT。
- ☑ 菜单栏：选择菜单栏中的"格式"→"线宽"命令。
- ☑ 功能区：单击"默认"选项卡"特性"面板上的"线宽"下拉菜单中的"线宽设置"按钮（如图 3-18 所示）。

【操作步骤】

在命令行输入上述命令后，系统打开"线宽"对话框，该对话框与前面讲述的相关知识相同，不再赘述。

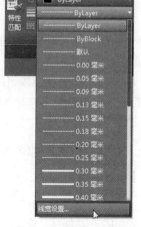

图 3-18   "线宽"下拉菜单

高手支招

有的读者设置了线宽，但在图形中显示不出效果来，出现这种情况一般有两种原因。

（1）没有打开状态上的"显示线宽"按钮。

（2）线宽设置的宽度不够，AutoCAD 只能显示出 0.30 毫米以上的线宽的宽度，如果宽度低于 0.30 毫米，就无法显示出线宽的效果。

3.2.5　随层特性

【执行方式】

- ☑　命令行：SETBYLAYER。
- ☑　菜单栏：选择菜单栏中的"修改"→"更改为 Bylayer"命令。

【操作步骤】

命令: SETBYLAYER↙
选择对象或[设置(S)]:

【选项说明】

如果执行"设置(S)"选项，AutoCAD 弹出"SetByLayer 设置"对话框，如图 3-19 所示。

图 3-19　"SetByLayer 设置"对话框

从对话框中选择要更改为随层的特性后，选中对应的复选框即可。

3.3　综合演练——样板图绘图环境设置

本实例设置如图 3-20 所示的样板图文件绘图环境。

☆🐾 手把手教你学

　　绘制的大体顺序是先打开".dwg"格式的图形文件，设置图形单位与图形界限，最后将设置好的文件保存成".dwt"格式的样板图文件。绘制过程中要用到打开、单位、图形界限和保存等命令。

【操作步骤】

　　（1）打开文件。单击"标准"工具栏中的"打开"按钮📂，打开光盘中的"源文件\第 3 章\A3 样板图.dwg"文件。

　　（2）设置单位。选择菜单栏中的"格式"→"单位"命令，AutoCAD 打开"图形单位"对话框，如图 3-21 所示。设置"长度"的"类型"为"小数"，"精度"为 0；"角度"的"类型"为"十进制度数"，"精度"为 0，系统默认逆时针方向为正，"用于缩放插入内容的单位"设置为"毫米"。

　　（3）设置图形边界。国标对图纸的幅面大小作了严格规定，如表 3-3 所示。

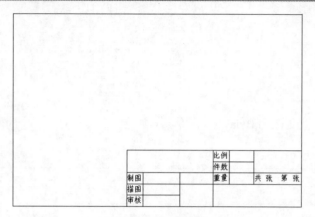

图 3-20　样板图文件

图 3-21　"图形单位"对话框

表 3-3　图幅国家标准

幅面代号	A0	A1	A2	A3	A4
宽×长（mm×mm）	841×1189	594×841	420×594	297×420	210×297

在这里，不妨按国标 A3 图纸幅面设置图形边界。A3 图纸的幅面为 420×297 毫米。

选择菜单栏中的"格式"→"图形界限"命令，设置图幅，命令行提示与操作如下。

命令: LIMITS
重新设置模型空间界限:
指定左下角点或 [开(ON)/关(OFF)] <0.0000,0.0000>:0,0
指定右上角点 <420.0000,297.0000>: 420,297

（4）保存成样板图文件。现阶段的样板图及其环境设置已经完成，先将其保存成样板图文件。

选择菜单栏中的"文件"→"另存为"命令，打开"图形另存为"对话框，如图 3-22 所示。在"文件类型"下拉列表框中选择"AutoCAD 图形样板（*.dwt）"选项，如图 3-22 所示，输入文件名"A3 样板图"，单击"保存"按钮，系统打开"样板选项"对话框，如图 3-23 所示，接受默认的设置，单击"确定"按钮，保存文件。

图 3-22　保存样板图

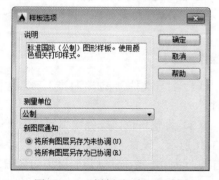

图 3-23　"样板选项"对话框

（5）打开文件。单击"标准"工具栏中的"打开"按钮，系统打开如图 3-24 所示的"选择文件"对话框，在"文件类型"下拉列表框中选择"图形样板（*.dwt）"选项，在默认打开的 Temple 文件夹中选择刚绘制的"A3 样板图.dwt"，系统打开该文件。

图 3-24　"选择文件"对话框

本实例准备设置一个机械制图样板图，图层设置如表 3-4 所示。

表 3-4　图层设置

图 层 名	颜　色	线　型	线　宽	用　途
0	7（白色）	CONTINUOUS	b	图框线
CEN	2（黄色）	CENTER	$1/2b$	中心线
HIDDEN	1（红色）	HIDDEN	$1/2b$	隐藏线
BORDER	5（蓝色）	CONTINUOUS	b	可见轮廓线
TITLE	6（洋红）	CONTINUOUS	b	标题栏零件名
T－NOTES	4（青色）	CONTINUOUS	$1/2b$	标题栏注释
NOTES	7（白色）	CONTINUOUS	$1/2b$	一般注释
LW	5（蓝色）	CONTINUOUS	$1/2b$	细实线
HATCH	5（蓝色）	CONTINUOUS	$1/2b$	填充剖面线
DIMENSION	3（绿色）	CONTINUOUS	$1/2b$	尺寸标注

（6）设置层名。选择菜单栏中的"格式"→"图层"命令，打开"图层特性管理器"选项板，如图 3-25 所示。在该选项板中单击"新建"按钮，在图层列表框中出现一个默认名为"图层 1"的新图层，如图 3-26 所示，用鼠标单击该图层名，将图层名改为 CEN，如图 3-27 所示。

（7）设置图层颜色。为了区分不同的图层上的图线，增加图形不同部分的对比性，可以为不同的图层设置不同的颜色。单击刚建立的 CEN 图层"颜色"标签下的颜色色块，AutoCAD 打开"选择颜色"对话框，如图 3-28 所示。在该对话框中选择黄色，单击"确定"按钮。在"图层特性管理器"选项板中可以发现 CEN 图层的颜色变成了黄色，如图 3-29 所示。

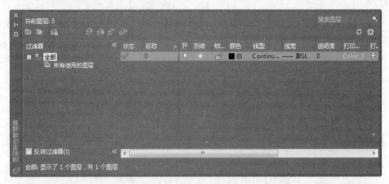

图 3-25 "图层特性管理器"选项板

图 3-26 新建图层

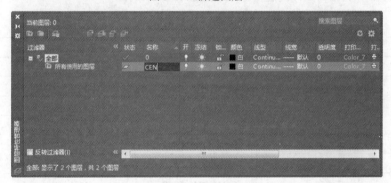

图 3-27 更改图层名

图 3-28 "选择颜色"对话框

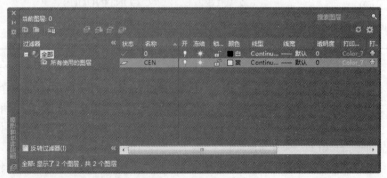

图 3-29 更改颜色

（8）设置线型。在常用的工程图纸中，通常要用到不同的线型，这是因为不同的线型表示不同的含义。在上述"图层特性管理器"选项板中单击 CEN 图层"线型"标签下的线型选项，AutoCAD 打开"选择线型"对话框，如图 3-30 所示，单击"加载"按钮，打开"加载或重载线型"对话框，如图 3-31 所示。在该对话框中选择 CENTER 线型，单击"确定"按钮。系统回到"选择线型"对话框，这时在"已加载的线型"列表框中就出现了 CENTER 线型，如图 3-32 所示。选择 CENTER 线型，单击"确定"按钮，在"图层特性管理器"选项板中可以发现 CEN 图层的线型变成了 CENTER 线型，如图 3-33 所示。

图 3-30　"选择线型"对话框

图 3-31　"加载或重载线型"对话框

图 3-32　加载线型

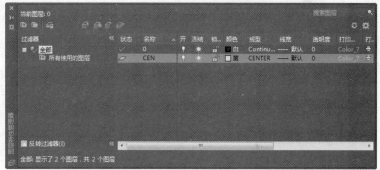

图 3-33　更改线型

（9）设置线宽。在工程图中，不同的线宽也表示不同的含义，因此也要对不同图层的线宽界线进行设置，单击上述"图层特性管理器"选项板中 CEN 图层"线宽"标签下的选项，AutoCAD 打开"线宽"对话框，如图 3-34 所示。在该对话框中选择适当的线宽。单击"确定"按钮，在"图层特性管理器"选项板中可以发现 CEN 图层的线宽变成了 0.15 毫米，如图 3-35 所示。

图 3-34　"线宽"对话框

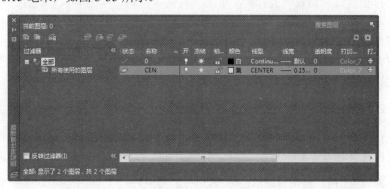

图 3-35　更改线宽

注意 应尽量按照新国标相关规定，保持细线与粗线之间的比例大约为 1：2。

同样方法建立不同图层名的新图层，这些不同的图层可以分别存放不同的图线或图形的不同部分。最后完成设置的图层如图 3-36 所示。

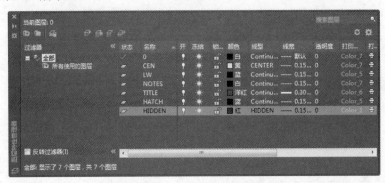

图 3-36　设置图层

（10）保存样板图设置。单击"标准"工具栏中的"保存"按钮，输入名称"A3 样板图图层"，保存设置好的图形。

3.4　名师点拨——二维绘图设置技巧

1. 如何删除顽固图层

方法 1：将无用的图层关闭，然后全选，复制粘贴至一个新的文件中，那些无用的图层就不会贴过来。如果曾经在这个不要的图层中定义过块，又在另一图层中插入了这个块，那么这个不要的图层是不能用这种方法删除的。

方法 2：打开一个 CAD 文件，把要删的层先关闭，在图面上只留下需要的可见图形，选择"文件"→"另存为"命令，确定文件名，在"文件类型"下拉列表框中选择".dxf"格式，在该对话框的右上角位置处单击"工具"下拉菜单，从中选择"选项"命令，打开"另存为选项"对话框，选择"DXF 选项"选项卡，再在"选择对象"处打钩，单击"确定"按钮，接着单击"保存"按钮，即可选择保存对象，把可见或要用的图形选上就可以确定保存，完成后退出这个刚保存的文件，再将其打开，就会发现你不想要的图层不见了。

方法 3：用命令 LAYTRANS，将需删除的图层影射为 0 层即可，这个方法可以删除具有实体对象或被其他块嵌套定义的图层。

2. 设置图层时应注意什么

在绘图时，所有图元的各种属性都尽量跟层走。尽量保持图元的属性和图层的一致，也就是说尽可能地使图元属性都是 Bylayer。这样，有助于图面的清晰、准确和效率的提高。

3. 绘图前，绘图界限（LIMITS）一定要设好吗

绘图一般按国标图幅设置图界。图形界限等同图纸的幅面，按图界绘图、打印很方便，还可实现自动

成批出图。但一般情况下，习惯在一个图形文件中绘制多张图，在这样的情况下，不设置图形界限。

4．开始绘图要做哪些准备

计算机绘图和手工画图一样，如要绘制一张标准图纸，也要做很多必要的准备。如设置图层、线型、标注样式、目标捕捉、单位格式、图形界限等。很多重复性的基本设置工作则可以在模板图（如 ACAD.DWT）中预先做好，绘制图纸时即可打开模板，在此基础上开始绘制新图。

5．样板文件的作用

（1）样板图形存储图形的所有设置。其中有定义的图层、标注样式和视图。样板图形区别于其他".dwg"图形文件，以".dwt"为文件扩展名。它们通常保存在 template 目录中。

（2）如果根据现有的样板文件创建新图形，则新图形中的修改不会影响样板文件。可以使用保存在 template 目录中的样板文件，也可以创建自定义样板文件。

6．如何将直线改变为点划线线型

使用鼠标单击所绘的直线，在"特性"工具栏的"线形控制"下拉列表中选择"点划线"选项，所选择的直线将改变线型。若还未加载此种线型，则选择"其他"选项，加载此种"点划线"线型。

3.5 上机实验

【练习1】设置绘图环境。

1．目的要求

任何一个图形文件都有一个特定的绘图环境，包括图形边界、绘图单位、角度等。设置绘图环境通常有两种方法：设置向导与单独的命令设置方法。通过学习设置绘图环境，可以促进读者对图形总体环境的认识。

2．操作提示

（1）选择菜单栏中的"文件"→"新建"命令，系统打开"选择样板"对话框，单击"打开"按钮，进入绘图界面。

（2）选择菜单栏中的"格式"→"图形界限"命令，设置界限为"(0,0)，(297,210)"，在命令行中可以重新设置模型空间界限。

（3）选择菜单栏中的"格式"→"单位"命令，系统打开"图形单位"对话框，设置"长度"类型为"小数"，精度为0.00；"角度"类型为十进制度数，精度为0；"用于缩放插入内容的单位"为"毫米"，"用于指定光源强度"的单位为"国际"；"角度"方向为"顺时针"。

（4）选择菜单栏中的"工具"→"工作空间"→"草图与注释"命令，进入工作空间。

【练习2】利用图层命令绘制如图 3-37 所示的螺母。

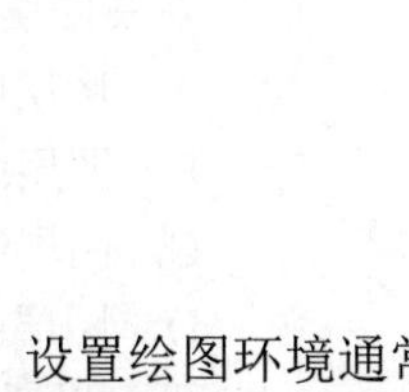

1．目的要求

本练习要绘制的图形虽然简单，但与前面所绘图形有一个明显的不同，就是图

图 3-37　螺母

中不止一种图线。通过本练习，要求读者掌握设置图层的方法与步骤。

2．操作提示

（1）设置两个新图层。

（2）绘制中心线。

（3）绘制螺母轮廓线。

3.6 模 拟 考 试

（1）有一根直线原来在 0 层，颜色为 Bylayer，如果通过偏移（　　）。

    A．该直线仍在 0 层上，颜色不变

    B．该直线可能在其他层上，颜色不变

    C．该直线可能在其他层上，颜色与所在层一致

    D．偏移只是相当于复制

（2）如果某图层的对象不能被编辑，但能在屏幕上可见，且能捕捉该对象的特殊点和标注尺寸，该图层状态为（　　）。

    A．冻结　　　　　　B．锁定　　　　　　C．隐藏　　　　　　D．块

（3）对某图层进行锁定后，则（　　）。

    A．图层中的对象不可编辑，但可添加对象

    B．图层中的对象不可编辑，也不可添加对象

    C．图层中的对象可编辑，也可添加对象

    D．图层中的对象可编辑，但不可添加对象

（4）不可以通过"图层过滤器特性"对话框中过滤的特性是（　　）。

    A．图层名、颜色、线型、线宽和打印样式

    B．打开还是关闭图层

    C．锁定还是解锁图层

    D．图层是 Bylayer 还是 ByBlock

（5）用什么命令可以设置图形界限？（　　）

    A．SCALE　　　　　　　　　　B．EXTEND

    C．LIMITS　　　　　　　　　　D．LAYER

（6）在日常工作中贯彻办公和绘图标准时，下列哪种方式最为有效？（　　）

    A．应用典型的图形文件

    B．应用模板文件

    C．重复利用已有的二维绘图文件

    D．在"启动"对话框中选取公制

（7）绘制图形时，需要一种前面没有用到过的线型，请给出解决步骤。

精确绘图

　　本章学习关于精确绘图的相关知识。了解正交、栅格、对象捕捉、自动追踪、对象约束等工具的妙用并熟练掌握，并将各工具应用到图形绘制过程中。

4.1　精确定位工具

精确定位工具是指能够快速准确地定位某些特殊点（如端点、中点、圆心等）和特殊位置（如水平位置、垂直位置）的工具。

精确定位工具主要集中在状态栏上，如图 4-1 所示为默认状态下显示的状态栏按钮。

图 4-1　状态栏按钮

【预习重点】

- ☑　了解定位工具的应用。
- ☑　逐个对应各个按钮与命令的相互关系。
- ☑　练习正交、栅格、捕捉按钮的应用。

4.1.1　正交模式

在 AutoCAD 绘图过程中，经常需要绘制水平直线和垂直直线，但是用光标控制选择线段的端点时很难保证两个点严格沿水平或垂直方向，为此，AutoCAD 提供了正交功能，当启用正交模式时，画线或移动对象时只能沿水平方向或垂直方向移动光标，也只能绘制平行于坐标轴的正交线段。

【执行方式】

- ☑　命令行：ORTHO。
- ☑　状态栏：单击状态栏中的"正交模式"按钮。
- ☑　快捷键：F8。

【操作步骤】

命令: ORTHO↙
输入模式 [开(ON)/关(OFF)] <开>:（设置开或关）

高手支招

"正交"模式必须依托于其他绘图工具，才能显示其功能效果。

4.1.2　栅格显示

用户可以应用栅格显示工具使绘图区显示网格，类似于传统的坐标纸。本节介绍控制栅格显示及设置栅格参数的方法。

【执行方式】

- ☑　菜单栏：选择菜单栏中的"工具"→"绘图设置"命令。

☑　状态栏：单击状态栏中的"栅格"按钮▦（仅限于打开与关闭）。

☑　快捷键：F7（仅限于打开与关闭）。

【操作步骤】

选择菜单栏中的"工具"→"绘图设置"命令，系统打开"草图设置"对话框，选择"捕捉和栅格"选项卡，如图 4-2 所示。

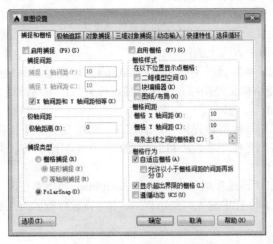

图 4-2　"捕捉和栅格"选项卡

其中，"启用栅格"复选框用于控制是否显示栅格，"栅格 X 轴间距"和"栅格 Y 轴间距"文本框用于设置栅格在水平与垂直方向的间距。如果"栅格 X 轴间距"和"栅格 Y 轴间距"设置为 0，则 AutoCAD系统会自动将捕捉的栅格间距应用于栅格，且其原点和角度总是与捕捉栅格的原点和角度相同。另外，还可以通过 GRID 命令在命令行设置栅格间距。

🎓 **高手支招**

在"栅格间距"选项组的"栅格 X 轴间距"和"栅格 Y 轴间距"文本框中输入数值时，若在"栅格 X轴间距"文本框中输入一个数值后按 Enter 键，系统将自动传送这个值给"栅格 Y 轴间距"，这样可减少工作量。

4.1.3　捕捉模式

为了准确地在绘图区捕捉点，AutoCAD 提供了捕捉工具，可以在绘图区生成一个隐含的栅格（捕捉栅格），这个栅格能够捕捉光标，约束光标只能落在栅格的某一个节点上，使用户能够高精确度地捕捉和选择这个栅格上的点。本节主要介绍捕捉栅格的参数设置方法。

【执行方式】

☑　菜单栏：选择菜单栏中的"工具"→"绘图设置"命令。

☑　状态栏：单击状态栏中的"捕捉模式"按钮▦（仅限于打开与关闭）。

☑　快捷键：F9（仅限于打开与关闭）。

【操作步骤】

选择菜单栏中的"工具"→"绘图设置"命令，打开"草图设置"对话框，选择"捕捉和栅格"选项卡，如图 4-2 所示。

【选项说明】

（1）"启用捕捉"复选框：控制捕捉功能的开关，与按 F9 键或单击状态栏上的"捕捉模式"按钮▦功能相同。

（2）"捕捉间距"选项组：设置捕捉参数，其中，"捕捉 X 轴间距"与"捕捉 Y 轴间距"文本框用于确定捕捉栅格点在水平和垂直两个方向上的间距。

（3）"捕捉类型"选项组：确定捕捉类型和样式。AutoCAD 提供了两种捕捉栅格的方式——栅格捕捉和 PolarSnap（极轴捕捉）。栅格捕捉是指按正交位置捕捉位置点，极轴捕捉则可以根据设置的任意极轴角捕捉位置点。

栅格捕捉又分为矩形捕捉和等轴测捕捉两种方式。在矩形捕捉方式下捕捉栅格里标准的矩形显示，在等轴测捕捉方式下捕捉，栅格和光标十字线不再互相垂直，而是呈绘制等轴测图时的特定角度，在绘制等轴测图时使用这种方式十分方便。

（4）"极轴间距"选项组：该选项组只有在选择 PolarSnap 捕捉类型时才可用。可在"极轴距离"文本框中输入距离值，也可以在命令行中输入"SNAP"命令，设置捕捉的有关参数。

4.2 对 象 捕 捉

在利用 AutoCAD 画图时经常要用到一些特殊点，如圆心、切点、线段或圆弧的端点、中点等，如果只利用光标在图形上选择，要准确地找到这些点是十分困难的，因此，AutoCAD 提供了一些识别这些点的工具，通过这些工具即可容易地构造新几何体，精确地绘制图形，其结果比传统手工绘图更精确且更容易维护。在 AutoCAD 中，这种功能称为对象捕捉功能。

【预习重点】

☑　了解捕捉对象范围。
☑　练习如何打开捕捉功能。
☑　了解对象捕捉在绘图过程中的应用。

4.2.1　对象捕捉设置

在 AutoCAD 中绘图之前，可以根据需要事先设置开启一些对象捕捉模式，绘图时系统就能自动捕捉这些特殊点，从而加快绘图速度，提高绘图质量。

【执行方式】

☑　命令行：DDOSNAP。
☑　菜单栏：选择菜单栏中的"工具"→"绘图设置"命令。
☑　工具栏：单击"对象捕捉"工具栏中的"对象捕捉设置"按钮▣。
☑　状态栏：单击状态栏中的"对象捕捉"按钮▣（仅限于打开与关闭）。

☑ 快捷键：F3（仅限于打开与关闭）。

☑ 快捷菜单：选择快捷菜单中的"捕捉替代"→"对象捕捉设置"命令。

【操作实践——绘制盘盖】

绘制如图 4-3 所示的盘盖。操作步骤如下：

（1）单击"标准"工具栏中的"新建"按钮，新建一个空白图形文件。

（2）单击"图层"工具栏中的"图层特性管理器"按钮，设置图层。"中心线"图层线型为 CENTER，颜色为红色，其余属性默认；"粗实线"图层线宽为 0.30mm，其余属性默认。

（3）将"中心线"图层设置为当前图层，单击"绘图"工具栏中的"直线"按钮，绘制相互垂直的中心线。

（4）选择菜单栏中的"工具"→"绘图设置"命令，打开"草图设置"对话框中的"对象捕捉"选项卡，单击"全部选择"按钮，选择所有的捕捉模式，并选中"启用对象捕捉"复选框，如图 4-4 所示，单击"确定"按钮退出。

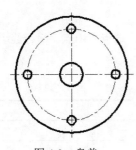
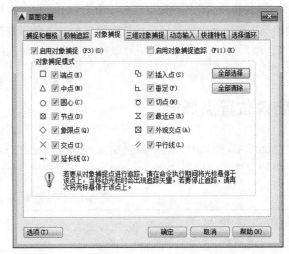

图 4-3 盘盖　　　　　　　　　　　图 4-4 "对象捕捉"设置

（5）单击"绘图"工具栏中的"圆"按钮，绘制一个圆，作为中心线，在指定圆心时，捕捉垂直中心线的交点，如图 4-5（a）所示，结果如图 4-5（b）所示。

（6）将"粗实线"图层设置为当前图层。单击"绘图"工具栏中的"圆"按钮，绘制盘盖的外圆和内孔，在指定圆心时，捕捉垂直中心线的交点，如图 4-6（a）所示，结果如图 4-6（b）所示。

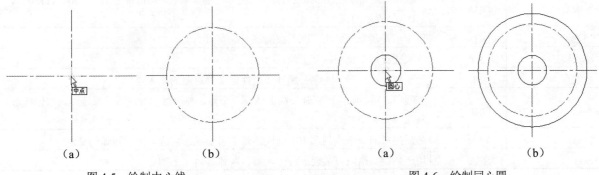

（a）　　　　　　（b）　　　　　　　　（a）　　　　　　（b）

图 4-5 绘制中心线　　　　　　　　　图 4-6 绘制同心圆

（7）单击"绘图"工具栏中的"圆"按钮 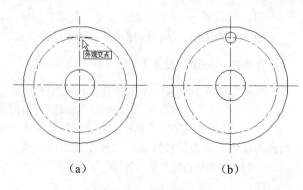，绘制螺孔，在指定圆心时，捕捉圆形中心线与水平中心线或垂直中心线的交点，如图 4-7（a）所示，结果如图 4-7（b）所示。

（8）用同样方法绘制其他 3 个螺孔，最终结果如图 4-3 所示。

图 4-7　绘制单个均布圆

【选项说明】

（1）"启用对象捕捉"复选框：选中该复选框，在"对象捕捉模式"选项组中，被选中的捕捉模式处于激活状态。

（2）"启用对象捕捉追踪"复选框：用于打开或关闭自动追踪功能。

（3）"对象捕捉模式"选项组：该选项组中列出各种捕捉模式的复选框，被选中的复选框处于激活状态。单击"全部清除"按钮，则所有模式均被清除。单击"全部选择"按钮，则所有模式均被选中。

（4）"选项"按钮：单击该按钮可以打开"选项"对话框的"草图"选项卡，利用该对话框可决定捕捉模式的各项设置。

4.2.2　特殊位置点捕捉

在绘制 AutoCAD 图形时，有时需要指定一些特殊位置的点，如圆心、端点、中点、平行线上的点等，可以通过对象捕捉功能来捕捉这些点，如表 4-1 所示。

表 4-1　特殊位置点捕捉

捕 捉 模 式	快 捷 命 令	功　　　能
临时追踪点	TT	建立临时追踪点
两点之间的中点	M2P	捕捉两个独立点之间的中点
捕捉自	FRO	与其他捕捉方式配合使用，建立一个临时参考点作为指出后继点的基点
中点	MID	用来捕捉对象（如线段或圆弧等）的中点
圆心	CEN	用来捕捉圆或圆弧的圆心
节点	NOD	捕捉用 POINT 或 DIVIDE 等命令生成的点
象限点	QUA	用来捕捉距光标最近的圆或圆弧上可见部分的象限点，即圆周上 0°、90°、180°、270° 位置上的点
0 交点	INT	用来捕捉对象（如线、圆弧或圆等）的交点
延长线	EXT	用来捕捉对象延长路径上的点
插入点	INS	用于捕捉块、形、文字、属性或属性定义等对象的插入点
垂足	PER	在线段、圆、圆弧或其延长线上捕捉一个点，与最后生成的点形成连线，与该线段、圆或圆弧正交
切点	TAN	最后生成的一个点到选中的圆或圆弧上引切线，切线与圆或圆弧的交点
最近点	NEA	用于捕捉离拾取点最近的线段、圆、圆弧等对象上的点

捕 捉 模 式	快 捷 命 令	功　能
外观交点	APP	用来捕捉两个对象在视图平面上的交点。若两个对象没有直接相交，则系统自动计算其延长后的交点；若两个对象在空间上为异面直线，则系统计算其投影方向上的交点
平行线	PAR	用于捕捉与指定对象平行方向上的点
无	NON	关闭对象捕捉模式
对象捕捉设置	OSNAP	设置对象捕捉

　　AutoCAD 提供了命令行、工具栏和右键快捷菜单 3 种执行特殊点对象捕捉的方法。

　　在使用特殊位置点捕捉的快捷命令前，必须先选择绘制对象的命令或工具，再在命令行中输入其快捷命令。

【操作实践——绘制公切线】

　　绘制如图 4-8 所示的公切线。操作步骤如下：

　　（1）单击"默认"选项卡"图层"面板中的"图层特性"按钮 ，"中心线"图层线型为 CENTER，其余属性默认；"粗实线"图层线宽为 0.30mm，其余属性默认。

　　（2）将"中心线"图层设置为当前图层，单击"绘图"工具栏中的"直线"按钮 ，绘制适当长度的垂直相交中心线，结果如图 4-9 所示。

　　（3）转换到"粗实线"图层，单击"绘图"工具栏中的"圆"按钮 ，绘制图形轴孔部分。绘制圆时，分别以水平中心线与竖直中心线交点为圆心，以适当半径绘制两个圆，结果如图 4-10 所示。

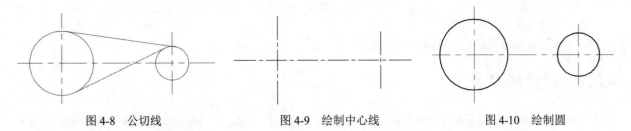

图 4-8　公切线　　　　　　　　　图 4-9　绘制中心线　　　　　　　图 4-10　绘制圆

　　（4）单击"绘图"工具栏中的"直线"按钮 ，绘制公切线。命令行提示与操作如下。

命令:_line
指定第一个点:（同时按下 Shift 键和鼠标右键，在打开的快捷菜单中单击"切点"按钮 ）
_tan 到:（指定左边圆上一点，系统自动显示"递延切点"提示，如图 4-11 所示）
指定下一点或 [放弃(U)]:（同时按下 Shift 键和鼠标右键，在打开的快捷菜单中单击"切点"按钮 ）
_tan 到:（指定右边圆上一点，系统自动显示"递延切点"提示，如图 4-12 所示）
指定下一点或 [放弃(U)]: ↙

　　（5）再次单击"绘图"工具栏中的"直线"按钮 ，绘制公切线。同样利用对象捕捉快捷菜单中的"切点"按钮捕捉切点，如图 4-13 所示为捕捉第二个切点的情形。

　　（6）系统自动捕捉到切点的位置，最终结果如图 4-8 所示。

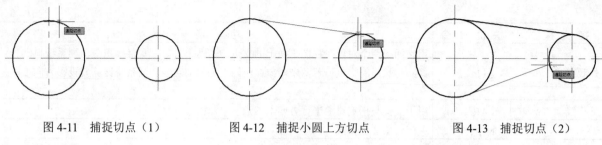

图 4-11 捕捉切点（1）　　　图 4-12 捕捉小圆上方切点　　　图 4-13 捕捉切点（2）

举一反三

　　不管指定圆上哪一点作为切点，系统都会根据圆的半径和指定的大致位置确定准确的切点位置，并能根据大致指定点与内外切点距离，依据距离趋近原则判断绘制外切线还是内切线。

4.3 自 动 追 踪

　　自动追踪是指按指定角度或与其他对象建立指定关系绘制对象。利用自动追踪功能，可以对齐路径，有助于以精确的位置和角度创建对象。自动追踪包括"极轴追踪"和"对象捕捉追踪"两种追踪选项。"极轴追踪"是指按指定的极轴角或极轴角的倍数对齐要指定点的路径；"对象捕捉追踪"是指以捕捉到的特殊位置点为基点，按指定的极轴角或极轴角的倍数对齐要指定点的路径。

【预习重点】

　　☑　了解自动追踪应用范围。
　　☑　练习对象捕捉追踪与极轴追踪设置。

4.3.1　对象捕捉追踪

　　"对象捕捉追踪"必须配合"对象捕捉"功能一起使用，即使状态栏中的"对象捕捉"按钮 和"对象捕捉追踪"按钮 均处于打开状态。

【执行方式】

　　☑　命令行：DDOSNAP。
　　☑　菜单栏：选择菜单栏中的"工具"→"绘图设置"命令。
　　☑　工具栏：单击"对象捕捉"工具栏中的"对象捕捉设置"按钮 。
　　☑　状态栏：单击状态栏中的"对象捕捉"按钮 和"对象捕捉追踪"按钮 或单击"极轴追踪"右侧的下拉按钮，弹出下拉菜单，选择"正在追踪设置"命令（如图 4-14 所示）。
　　☑　快捷键：F11。

图 4-14　下拉菜单

　　☑　快捷菜单：选择快捷菜单中的"三维对象捕捉"→"对象捕捉设置"命令。

高手支招

在绘图区中按住 Shift 键的同时右击，也可以弹出捕捉菜单列表，如图 4-15 所示。

图 4-15　快捷菜单

【操作实践——绘制线段】

绘制如图 4-16 所示的线段，操作步骤如下：

（1）单击"标准"工具栏中的"新建"按钮，新建一个空白图形文件。

（2）设置捕捉。同时打开状态栏上的"对象捕捉"和"对象捕捉追踪"按钮，启动对象捕捉追踪功能。

（3）绘制第一条线段。单击"绘图"工具栏中的"直线"按钮，绘制一条直线，如图 4-17 所示。

（4）绘制第二条线段。单击"绘图"工具栏中的"直线"按钮，绘制第二条直线，命令行提示与操作如下。

命令:LINE↙
指定第一个点:（捕捉直线的下端点）
指定下一点或 [放弃(U)]:（将鼠标向右移动，系统显示一条虚线为追踪线，在追踪线的适当位置指定一点，如图 4-18 所示）
指定下一点或 [放弃(U)]:↙

图 4-16　绘制线段　　　　图 4-17　绘制直线　　　　图 4-18　对象捕捉追踪

4.3.2　极轴追踪

"极轴追踪"必须配合"对象捕捉"功能一起使用，即使状态栏中的"极轴追踪"按钮和"对象捕捉"按钮█均处于打开状态。

【执行方式】

☑ 命令行：DDOSNAP。
☑ 菜单栏：选择菜单栏中的"工具"→"绘图设置"命令。
☑ 工具栏：单击"对象捕捉"工具栏中的"对象捕捉设置"按钮█。
☑ 状态栏：单击状态栏中的"对象捕捉"按钮█和"极轴追踪"按钮█。
☑ 快捷键：F10。
☑ 快捷菜单：选择快捷菜单中的"三维对象捕捉"→"对象捕捉设置"命令。

【选项说明】

执行上述操作或在"极轴追踪"按钮█上右击，在弹出的快捷菜单中选择"设置"命令，系统打开如图4-19所示的"草图设置"对话框的"极轴追踪"选项卡，其中各选项功能如下。

（1）"启用极轴追踪"复选框：选中该复选框，即启用极轴追踪功能。

（2）"极轴角设置"选项组：设置极轴角的值，可以在"增量角"下拉列表框中选择一种角度值，也可选中"附加角"复选框，单击"新建"按钮设置任意附加角。系统在进行极轴追踪时，同时追踪增量角和附加角，可以设置多个附加角。

（3）"对象捕捉追踪设置"和"极轴角测量"选项组：按界面提示设置相应单选按钮，利用自动追踪可以完成三视图绘制。

图4-19 "极轴追踪"选项卡

4.4 对象约束

约束能够精确地控制草图中的对象。草图约束有两种类型——几何约束和尺寸约束。

几何约束建立草图对象的几何特性（如要求某一直线具有固定长度），或是两个或更多草图对象的关系类型（如要求两条直线垂直或平行，或是几个圆弧具有相同的半径）。在绘图区，用户可以使用功能区中"参数化"选项卡内的"全部显示"、"全部隐藏"或"显示"来显示有关信息，并显示代表这些约束的直观标记，如图4-20所示的水平标记█、竖直标记█和共线标记█。

尺寸约束建立草图对象的大小（如直线的长度、圆弧的半径等），或是两个对象之间的关系（如两点之间的距离）。如图4-21所示为带有尺寸约束的图形示例。

【预习重点】

☑ 了解对象约束菜单命令的使用。
☑ 练习几何约束命令的执行方法。

☑　练习尺寸约束命令的执行方法。

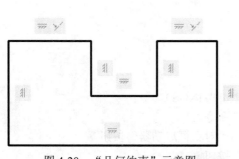

图 4-20　"几何约束"示意图

图 4-21　"尺寸约束"示意图

4.4.1　几何约束

利用几何约束工具，可以指定草图对象必须遵守的条件，或是草图对象之间必须维持的关系。"几何约束"面板及工具栏（其面板在"二维草图与注释"工作空间"参数化"选项卡的"几何"面板中）如图 4-22 所示，其主要几何约束选项功能如表 4-2 所示。

图 4-22　"几何约束"面板及工具栏

表 4-2　几何约束选项功能

约 束 模 式	功 　 能
重合	约束两个点使其重合，或约束一个点使其位于曲线（或曲线的延长线）上。可以使对象上的约束点与某个对象重合，也可以使其与另一对象上的约束点重合
共线	使两条或多条直线段沿同一直线方向，使其共线
同心	将两个圆弧、圆或椭圆约束到同一个中心点，结果与将重合约束应用于曲线的中心点所产生的效果相同
固定	将几何约束应用于一对对象时，选择对象的顺序以及选择每个对象的点可能会影响对象彼此间的放置方式
平行	使选定的直线位于彼此平行的位置，平行约束在两个对象之间应用
垂直	使选定的直线位于彼此垂直的位置，垂直约束在两个对象之间应用
水平	使直线或点位于与当前坐标系 X 轴平行的位置，默认选择类型为对象
竖直	使直线或点位于与当前坐标系 Y 轴平行的位置
相切	将两条曲线约束为保持彼此相切或其延长线保持彼此相切，相切约束在两个对象之间应用
平滑	将样条曲线约束为连续，并与其他样条曲线、直线、圆弧或多段线保持连续性
对称	使选定对象受对称约束，相对于选定直线对称
相等	将选定圆弧和圆的尺寸重新调整为半径相同，或将选定直线的尺寸重新调整为长度相同

在绘图过程中可指定二维对象或对象上点之间的几何约束。在编辑受约束的几何图形时，将保留约束，因此，通过使用几何约束，可以使图形符合设计要求。

在用 AutoCAD 绘图时，可以控制约束栏的显示，利用"约束设置"对话框，可控制约束栏上显示或隐藏的几何约束类型，单独或全局显示或隐藏几何约束和约束栏，可执行以下操作。

（1）显示（或隐藏）所有的几何约束。

（2）显示（或隐藏）指定类型的几何约束。

（3）显示（或隐藏）所有与选定对象相关的几何约束。

【执行方式】

☑ 命令行：CONSTRAINTSETTINGS（快捷命令：CSETTINGS）。

☑ 菜单栏：选择菜单栏中的"参数"→"约束设置"命令。

☑ 功能区：单击"参数化"选项卡"几何"面板中的"对话框启动器"按钮 ↘。

☑ 工具栏：单击"参数化"工具栏中的"约束设置"按钮 。

【操作实践——绘制同心相切圆】

绘制如图 4-23 所示的同心相切圆。操作步骤如下：

（1）单击"标准"工具栏中的"新建"按钮 ，新建一个空白图形文件。

（2）单击"绘图"工具栏中的"圆"按钮 ，以适当半径绘制 4 个圆，绘制结果如图 4-24 所示。

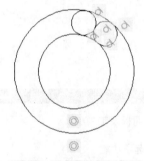
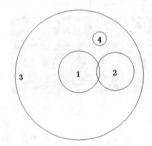

图 4-23　同心相切圆　　　　　图 4-24　绘制圆

（3）单击"参数化"工具栏中的"约束设置"按钮 ，打开"约束设置"对话框，选择"几何"选项卡，参数设置如图 4-25 所示。

图 4-25　"约束设置"对话框

（4）单击"参数化"选项卡"几何"面板中的"相切"按钮，绘制两个圆并使其相切。命令行提示与操作如下。

命令：_GcTangent
选择第一个对象：（使用鼠标指针选择圆 1）
选择第二个对象：（使用鼠标指针选择圆 2）

（5）系统自动将圆 2 向左移动至与圆 1 相切，结果如图 4-26 所示。

（6）单击"参数化"选项卡"几何"面板中的"同心"按钮，使其中两圆同心。命令行提示与操作如下。

命令：_GcConcentric
选择第一个对象：（选择圆 1）
选择第二个对象：（选择圆 3）

系统自动建立同心的几何关系，如图 4-27 所示。

（7）采用同样的方法，使圆 3 与圆 2 建立相切几何约束，结果如图 4-28 所示。

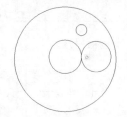 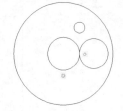 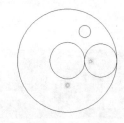

图 4-26 建立相切几何关系   图 4-27 建立同心几何关系   图 4-28 圆 3 与圆 2 的相切关系

（8）采用同样的方法，使圆 1 与圆 4 建立相切几何约束，结果如图 4-29 所示。

（9）采用同样的方法，使圆 4 与圆 2 建立相切几何约束，结果如图 4-30 所示。

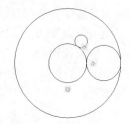 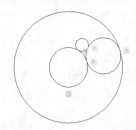

图 4-29 圆 1 与圆 4 的相切关系   图 4-30 圆 4 与圆 2 的相切关系

（10）采用同样的方法，使圆 3 与圆 4 建立相切几何约束，最终结果如图 4-23 所示。

【选项说明】

（1）"约束栏显示设置"选项组：该选项组控制图形编辑器中是否为对象显示约束栏或约束点标记。例如，可以为水平约束和竖直约束隐藏约束栏的显示。

（2）"全部选择"按钮：选择全部几何约束类型。

（3）"全部清除"按钮：清除所有选定的几何约束类型。

（4）"仅为处于当前平面中的对象显示约束栏"复选框：仅为当前平面上受几何约束的对象显示约束栏。

（5）"约束栏透明度"选项组：设置图形中约束栏的透明度。

（6）"将约束应用于选定对象后显示约束栏"复选框：手动应用约束或使用 AUTOCONSTRAIN 命令时，显示相关约束栏。

（7）"选定对象时显示约束栏"复选框：临时显示选定对象的约束栏。

4.4.2 尺寸约束

建立尺寸约束可以限制图形几何对象的大小，与在草图上标注尺寸相似，同样设置尺寸标注线，与此同时也会建立相应的表达式，不同的是，建立尺寸约束后，可以在后续的编辑工作中实现尺寸的参数化驱动。"标注约束"面板及工具栏（其面板在"二维草图与注释"工作空间"参数化"选项卡的"标注"面板中）如图 4-31 所示。

在生成尺寸约束时，用户可以选择草图曲线、边、基准平面或基准轴上的点，以生成水平、竖直、平行、垂直和角度尺寸。

生成尺寸约束时，系统会生成一个表达式，其名称和值显示在一个文本框中，如图 4-32 所示，用户可以在其中编辑该表达式的名称和值。

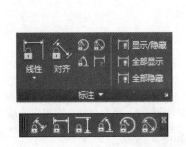

图 4-31 "标注约束"面板及工具栏

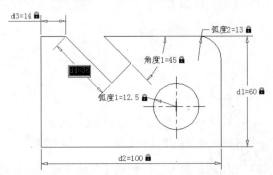

图 4-32 编辑尺寸约束示意图

生成尺寸约束时，只要选中了几何体，其尺寸及其延伸线和箭头就会全部显示出来。将尺寸拖动到位，然后单击，就完成了尺寸约束的添加。完成尺寸约束后，用户还可以随时更改尺寸约束，只需在绘图区选中该值并双击，即可使用生成过程中所采用的方式编辑其名称、值或位置。

在用 AutoCAD 绘图时，使用"约束设置"对话框中的"标注"选项卡，可控制显示标注约束时的系统配置，标注约束控制设计的大小和比例。尺寸约束的具体内容如下。

（1）对象之间或对象上点之间的距离。

（2）对象之间或对象上点之间的角度。

【执行方式】

☑ 命令行：CONSTRAINTSETTINGS（快捷命令：CSETTINGS）。

☑ 菜单栏：选择菜单栏中的"参数"→"约束设置"命令。

☑ 功能区：单击"参数化"选项卡"标注"面板中的"对话框启动器"按钮▣。

☑ 工具栏：单击"参数化"工具栏中的"约束设置"按钮▣。

【操作实践——更改椅子扶手尺寸】

对如图 4-33 所示的椅子长度添加约束，更改结果如图 4-34 所示。操作步骤如下：

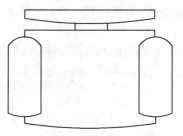

图 4-33　扶手长度为 100 的椅子

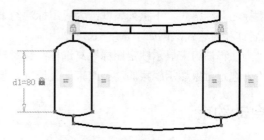

图 4-34　扶手长度为 80 的椅子

（1）单击"标准"工具栏中的"打开"按钮📂，打开光盘中的"源文件\第 4 章\更改椅子长度\椅子.dwg"文件，如图 4-33 所示。

（2）单击"几何约束"工具栏中的"固定"按钮🔒，使椅子扶手上部两圆弧均建立固定的几何约束。

（3）重复使用"相等"命令，使最左端竖直线与右端各条竖直线建立相等的几何约束。

（4）选择菜单栏中的"参数"→"约束设置"命令，打开"约束设置"对话框，打开"标注"选项卡和"自动约束"选项卡，参数设置如图 4-35 所示。

图 4-35　"约束设置"对话框

（5）单击"参数化"工具栏中的"自动约束"按钮📊，然后选择全部图形，为图形中所有交点建立"重合"约束。

（6）单击"标注约束"工具栏中的"竖直"按钮🔡，更改竖直尺寸，命令行提示与操作如下。

命令: _DcVertical
指定第一个约束点或 [对象(O)] <对象>:（单击最左端直线上端）
指定第二个约束点:（单击最左端直线下端）
指定尺寸线位置:（在合适位置单击鼠标左键）
标注文字 = 100（输入长度 80）

（7）系统自动将长度 100 调整为 80，最终结果如图 4-34 所示。

【选项说明】

（1）"标注约束格式"选项组：该选项组内可以设置标注名称格式和锁定图标的显示。

（2）"标注名称格式"下拉列表框：为应用标注约束时显示的文字指定格式。将名称格式设置为显示名称、值或名称和表达式，例如，宽度=长度/2。

（3）"为注释性约束显示锁定图标"复选框：针对已应用注释性约束的对象显示锁定图标。

（4）"为选定对象显示隐藏的动态约束"复选框：显示选定时已设置为隐藏的动态约束。

4.4.3 自动约束

在使用 AutoCAD 绘图时，利用"约束设置"对话框中的"自动约束"选项卡，可将设定公差范围内的对象自动设置为相关约束。

【执行方式】

☑　命令行：CONSTRAINTSETTINGS（快捷命令：CSETTINGS）。

☑　菜单栏：选择菜单栏中的"参数"→"约束设置"命令。

☑　功能区：单击"参数化"选项卡"标注"面板中的"对话框启动器"按钮 ⬓ 。

☑　工具栏：单击"参数化"工具栏中的"约束设置"按钮 ⬓ 。

【操作实践——自动封闭三角形】

对如图 4-36 所示的未封闭三角形进行约束控制，封闭结果如图 4-37 所示。操作步骤如下：

（1）单击"标准"工具栏中的"打开"按钮 ⬓ ，打开光盘中的"源文件\第 4 章\约束控制未封闭的三角形\未封闭三角形.dwg"文件，如图 4-36 所示。

（2）设置约束与自动约束。选择菜单栏中的"参数"→"约束设置"命令，打开"约束设置"对话框。选择"几何"选项卡，单击"全部选择"按钮，选择全部约束方式，如图 4-38 所示。再选择"自动约束"选项卡，将"距离"和"角度"公差值设置为 1，取消选中"相切对象必须共用同一交点"和"垂直对象必须共用同一交点"复选框，约束优先顺序按图 4-39 所示设置。

（3）单击"参数化"选项卡"几何"面板中的"固定"按钮 🔒 ，固定三角形底边，命令行提示与操作如下。

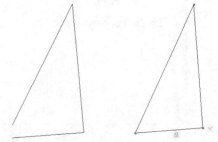

图 4-36　未封闭三角形　　图 4-37　封闭三角形

```
命令:_GcFix
选择点或 [对象(O)] <对象>:（选择三角形底边）
```

这时，底边被固定，并显示固定标记，如图 4-40 所示。

（4）单击"参数化"选项卡"几何"面板中的"自动约束"按钮 ⬓ ，命令行提示与操作如下。

```
命令:_AutoConstrain
选择对象或 [设置(S)]:（选择底边）
选择对象或 [设置(S)]:（选择左边，这里已知左边两个端点的距离为 0.7，在自动约束公差范围内）
选择对象或 [设置(S)]: ↙
```

这时，左边下移，使底边和左边的两个端点重合，并显示重合标记，而原来重合的上顶点现在分离，如图 4-41 所示。

图 4-38　"几何"选项卡设置

图 4-39　"自动约束"选项卡设置

🎓 **高手支招**

三角形左边端点与底边端点间距大于公差范围 1，则命令不可用，本实例中已知左边两个端点的距离为 0.55，在自动约束公差范围内。

（5）采用同样的方法，使上边两个端点进行自动约束，两者重合，并显示重合标记，如图 4-42 所示。

图 4-40　固定约束　　　　图 4-41　自动重合约束 1　　　　图 4-42　自动重合约束 2

（6）单击"参数化"选项卡"几何"面板中的"自动约束"按钮 ，选择三角形底边和右边为自动约束对象（这里已知底边与右边的原始夹角为 89°），可以发现，底边与右边自动保持重合与垂直的关系，如图 4-37 所示（注意：三角形的右边必然要缩短）。

【选项说明】

（1）"约束类型"列表框：显示自动约束的类型以及优先级。可以通过单击"上移"和"下移"按钮调整优先级的先后顺序。单击 ✔ 图标，选择或去掉某约束类型作为自动约束类型。

（2）"相切对象必须共用同一交点"复选框：指定两条曲线必须共用一个点（在距离公差内指定）应用相切约束。

（3）"垂直对象必须共用同一交点"复选框：指定直线必须相交或一条直线的端点必须与另一条直线或直线的端点重合（在距离公差内指定）。

（4）"公差"选项组：设置可接受的"距离"和"角度"公差值，以确定是否可以应用约束。

4.5 动 态 输 入

动态输入功能可实现在绘图平面直接动态输入绘制对象的各种参数，使绘图变得直观简捷。

【预习重点】

☑ 了解动态输入应用范围。

☑ 练习动态输入设置。

【执行方式】

☑ 命令行：DSETTINGS。

☑ 菜单栏：选择菜单栏中的"工具"→"绘图设置"命令。

☑ 工具栏：单击"对象捕捉"工具栏中的"对象捕捉设置"按钮 📷。

☑ 状态栏：动态输入（只限于打开与关闭）。

☑ 快捷键：F12（只限于打开与关闭）。

【操作步骤】

按照上面的执行方式操作或者在"动态输入"开关上右击，在弹出的快捷菜单中选择"动态输入设置"命令，系统打开如图 4-43 所示的"草图设置"对话框的"动态输入"选项卡。

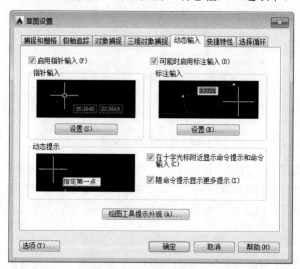

图 4-43 "动态输入"选项卡

4.6 综合演练——方头平键

绘制如图 4-44 所示的方头平键并添加尺寸约束。

手把手教你学

> 大体绘制顺序是先利用"矩形""直线""构造线"命令绘制方头平键的三视图,然后为几何图形添加几何约束与尺寸约束。

【操作步骤】

(1)单击"标准"工具栏中的"新建"按钮 🗔,新建一个空白图形文件。

(2)单击"绘图"工具栏中的"矩形"按钮 🗖,绘制主视图外形。在空白处单击确定矩形第一角点,另一角点为(@100, 11),结果如图 4-45 所示。

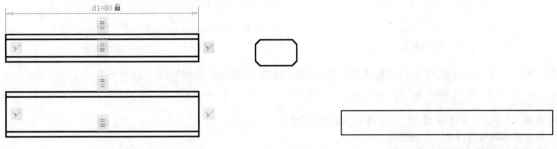

图 4-44　方头平键　　　　　　　　　　　　　　　图 4-45　绘制主视图外形

(3)同时打开状态栏上的"对象捕捉"和"对象追踪"按钮,启动对象捕捉追踪功能。单击"绘图"工具栏中的"直线"按钮 ✐,绘制主视图棱线。命令行提示与操作如下。

命令: LINE✓
指定第一点:_from✓(单击"对象捕捉"工具栏中的"捕捉自"按钮 🔲)
基点:(捕捉矩形左上角点,如图 4-46 所示)
<偏移>: @0, 2✓
指定下一点或 [放弃(U)]:(鼠标右移,捕捉矩形右边上的垂足,如图 4-47 所示)

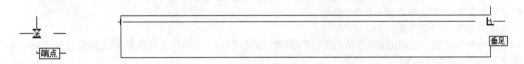

图 4-46　捕捉角点　　　　　　　　　　　　　图 4-47　捕捉垂足

用相同方法,以矩形左下角点为基点,向上偏移两个单位,利用基点捕捉绘制下边的另一条棱线,其偏移值为(@0, 2)。棱线绘制结果如图 4-48 所示。

(4)右击"状态栏"中的"极轴追踪"按钮 🕒,打开"草图设置"对话框的"极轴追踪"选项卡,选中"启用极轴追踪"复选框,将"增量角"设置为 90,将对象捕捉追踪设置为"仅正交追踪"。

(5)单击"绘图"工具栏中的"矩形"按钮 🗖,绘制俯视图外形。捕捉已绘制矩形的左下角点,系统显示追踪线,沿追踪线向下在适当位置指定一点,如图 4-49 所示。输入另一角点坐标(@100,18),结果如图 4-50 所示。

(6)单击"绘图"工具栏中的"直线"按钮 ✐,按照主视图绘制方法绘制俯视图棱线,偏移距离为 2,结果如图 4-51 所示。

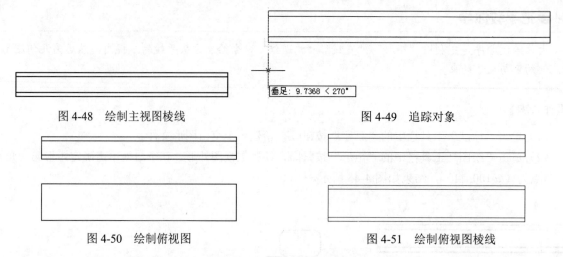

图 4-48　绘制主视图棱线　　　　　　　　　　　　图 4-49　追踪对象

图 4-50　绘制俯视图　　　　　　　　　　　　　　图 4-51　绘制俯视图棱线

（7）单击"绘图"工具栏中的"构造线"按钮，绘制左视图斜向构造线。命令行提示与操作如下。

```
命令: _xline
指定点或 [水平(H)/垂直(V)/角度(A)/二等分(B)/偏移(O)]: a
输入构造线的角度 (0) 或 [参照(R)]: –45
指定通过点:（捕捉主视图右下角点）
```

（8）单击"绘图"工具栏中的"构造线"按钮，绘制左视图水平构造线。先捕捉俯视图右上角点，在水平追踪线上指定一点，单击状态栏上的"正交"按钮，效果如图 4-52 所示。

用同样方法绘制另一条水平构造线，再捕捉两条水平构造线与斜构造线交点为指定点，绘制两条竖直构造线，如图 4-53 所示。

（9）单击"绘图"工具栏中的"矩形"按钮，绘制左视图。命令行提示与操作如下。

```
命令: _rectang↙
指定第一个角点或 [倒角(C)/标高(E)/圆角(F)/厚度(T)/宽度(W)]: C↙
指定矩形的第一个倒角距离 <0.0000>:2
指定矩形的第二个倒角距离 <0.0000>:2
指定第一个角点或 [倒角(C)/标高(E)/圆角(F)/厚度(T)/宽度(W)]:（捕捉主视图矩形上边延长线与第一条竖直构造线交点，如图 4-54 所示）
指定另一个角点或 [尺寸(D)]:（捕捉主视图矩形下边延长线与第二条竖直构造线交点）
```

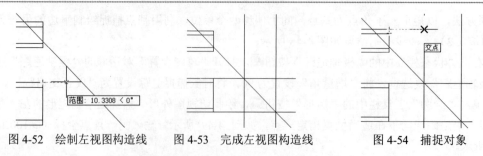

图 4-52　绘制左视图构造线　　　图 4-53　完成左视图构造线　　　图 4-54　捕捉对象

结果如图 4-55 所示。

（10）单击"修改"工具栏中的"删除"按钮（此命令将在 5.2.1 节中详细介绍），删除构造线，最终结果如图 4-56 所示。

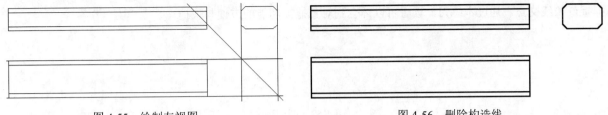

图 4-55　绘制左视图　　　　　　　　图 4-56　删除构造线

（11）在工具栏区右击，打开"几何约束"工具栏，单击"共线"按钮，使左端各竖直直线建立共线的几何约束。采用同样的方法使右端各直线建立共线的几何约束。

（12）单击"几何约束"工具栏中的"相等"按钮，使最上端水平线与下面各条水平线建立相等的几何约束。

（13）单击"标注约束"工具栏中的"水平"按钮，更改水平尺寸，命令行提示与操作如下。

```
命令: _DcHorizontal
指定第一个约束点或 [对象(O)] <对象>:（单击最上端直线左端）
指定第二个约束点:（单击最上端直线右端）
指定尺寸线位置（在合适位置单击）
标注文字 = 100（输入长度 80）
```

系统自动将长度调整为 80，最终结果如图 4-44 所示。

4.7　名师点拨——精确绘图技巧

1．目标捕捉（OSNAP）有用吗

目标捕捉的作用很大。尤其是绘制精度要求较高的机械图样时，目标捕捉是精确定点的最佳工具。Autodesk 公司对此也非常重视，每次版本升级，目标捕捉的功能都有很大提高。切忌用光标线直接定点，这样的点不可能很准确。

2．对象捕捉的作用

绘图时，可以使用新的对象捕捉修饰符来查找任意两点之间的中点。例如，在绘制直线时，可以按住 Shift 键并右击来显示快捷菜单，选择"两点之间的中点"命令之后，在图形中指定两点，该直线将以这两点之间的中点为起点。

4.8　上机实验

【练习 1】如图 4-57 所示，过四边形上、下边延长线交点作四边形右边的平行线。

1．目的要求

本练习要绘制的图形比较简单，但是要准确找到四边形上、下边延长线，必须启用"对象捕捉"功能，

捕捉延长线交点。通过本练习，读者可以体会到对象捕捉功能的方便与快捷。

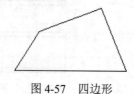

图 4-57　四边形

2.操作提示

（1）在界面上方的工具栏区右击，在弹出的快捷菜单中选择"对象捕捉"命令，打开"对象捕捉"工具栏。

（2）利用"对象捕捉"工具栏中的"捕捉到交点"工具捕捉四边形上、下边的延长线交点作为直线起点。

（3）利用"对象捕捉"工具栏中的"捕捉到平行线"工具捕捉一点作为直线终点。

【练习2】 利用对象追踪功能，在如图 4-58（a）所示的图形基础上绘制一条特殊位置直线，如图 4-58（b）所示。

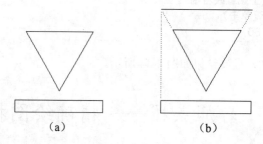

（a）　　　　　　　　　（b）

图 4-58　绘制直线

1.目的要求

本练习要绘制的图形比较简单，但是要准确找到直线的两个端点，必须启用"对象捕捉"和"对象捕捉追踪"功能。通过本练习，读者可以体会到对象捕捉和对象捕捉追踪功能的方便与快捷。

2.操作提示

（1）启用对象捕捉追踪与对象捕捉功能。

（2）在三角形左边延长线上捕捉一点作为直线起点。

（3）结合对象捕捉追踪与对象捕捉功能在三角形右边延长线上捕捉一点作为直线终点。

4.9 模 拟 考 试

（1）当捕捉设定的间距与栅格所设定的间距不同时，（　　）。

　　A．捕捉仍然只按栅格进行

　　B．捕捉时按照捕捉间距进行

　　C．捕捉既按栅格，又按捕捉间距进行

　　D．无法设置

（2）如图 4-59 所示图形 1，正五边形的内切圆半径为（　　）。

    A．64.348　　　　　　　　　　B．61.937

    C．72.812　　　　　　　　　　D．45

（3）下列关于被固定约束的圆心的圆说法错误的是（　　）。

    A．可以移动圆　　　　　　　　B．可以放大圆

    C．可以偏移圆　　　　　　　　D．可以复制圆

（4）绘制如图 4-60 所示的图形 2，极轴追踪的极轴角该如何设置？（　　）

    A．增量角为 15°，附加角为 80°

    B．增量角为 15°，附加角为 35°

    C．增量角为 30°，附加角为 35°

    D．增量角为 15°，附加角为 30°

（5）利用对象约束功能绘制如图 4-61 所示图形。

（6）利用对象约束功能绘制如图 4-62 所示图形。

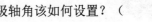

图 4-59　图形 1

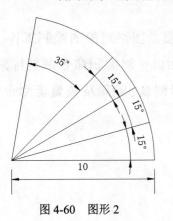

图 4-60　图形 2

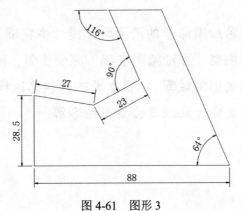

图 4-61　图形 3

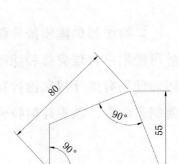

图 4-62　图形 4

编辑命令

　　二维图形的编辑操作配合绘图命令的使用可以进一步完成复杂图形对象的绘制工作，并可使用户合理安排和组织图形，保证绘图准确，减少重复，因此，对编辑命令的熟练掌握和使用有助于提高设计和绘图的效率。本章主要内容包括选择对象、删除及恢复类命令、复制类命令、改变几何特性类命令和改变位置类命令等。

5.1　选　择　对　象

【预习重点】

☑　了解选择对象的途径。

选择对象是进行编辑的前提。AutoCAD 提供了多种对象选择方法，如点取方法、用选择窗口选择对象、用选择线选择对象、用对话框选择对象和用套索选择工具选择对象等。

AutoCAD 2015 提供两种编辑图形的途径。

（1）先执行编辑命令，然后选择要编辑的对象。

（2）先选择要编辑的对象，然后执行编辑命令。

这两种途径的执行效果是相同的，但选择对象是进行编辑的前提。AutoCAD 2015 可以编辑单个的选择对象，也可以把选择的多个对象组成整体，如选择集和对象组，进行整体编辑与修改。

【操作步骤】

下面结合 SELECT 命令说明选择对象的方法。

SELECT 命令可以单独使用，也可以在执行其他编辑命令时自动调用。此时屏幕提示如下。

命令: SELECT
选择对象:（等待用户以某种方式选择对象作为回答。AutoCAD 2015 提供多种选择方式，可以输入"?"查看这些选择方式）
需要点或窗口(W)/上一个(L)/窗交(C)/框(BOX)/全部(ALL)/栏选(F)/圈围(WP)/圈交(CP)/编组(G)/添加(A)/删除(R)/多个(M)/前一个(P)/放弃(U)/自动(AU)/单个(SI)/子对象(SU)/对象(O)

【选项说明】

（1）点：该选项表示直接通过点取的方式选择对象。用鼠标或键盘移动拾取框，使其框住要选取的对象，然后单击，就会选中该对象并以高亮度显示。

（2）窗口(W)：用由两个对角顶点确定的矩形窗口选取位于其范围内部的所有图形，与边界相交的对象不会被选中。在指定对角顶点时应该按照从左向右的顺序，如图 5-1 所示。

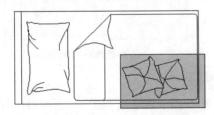 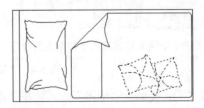

（a）图中深色覆盖部分为选择窗口　　　　　（b）选择后的图形

图 5-1　"窗口"对象选择方式

（3）上一个(L)：在"选择对象:"提示下输入"L"后，按 Enter 键，系统会自动选取最后绘出的一个对象。

（4）窗交(C)：该方式与上述"窗口"方式类似，区别在于它不但选中矩形窗口内部的对象，也选中与矩形窗口边界相交的对象。选择的对象如图 5-2 所示。

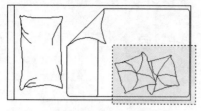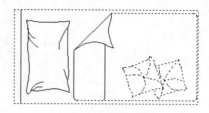

（a）图中深色覆盖部分为选择窗口　　　　　　（b）选择后的图形

图 5-2　"窗交"对象选择方式

（5）框(BOX)：使用时，系统根据用户在屏幕上给出的两个对角点的位置而自动引用"窗口"或"窗交"方式。若从左向右指定对角点，则为"窗口"方式；反之，则为"窗交"方式。

（6）全部(ALL)：选取图面上的所有对象。

（7）栏选(F)：用户临时绘制一些直线，这些直线不必构成封闭图形，凡是与这些直线相交的对象均被选中。绘制结果如图 5-3 所示。

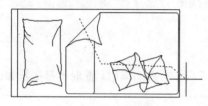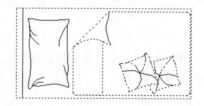

（a）图中虚线为选择栏　　　　　　　　　　（b）选择后的图形

图 5-3　"栏选"对象选择方式

（8）圈围(WP)：使用一个不规则的多边形来选择对象。根据提示，用户顺次输入构成多边形的所有顶点的坐标，最后按 Enter 键，结束操作，系统将自动连接第一个顶点到最后一个顶点的各个顶点，形成封闭的多边形。凡是被多边形围住的对象均被选中（不包括边界）。执行结果如图 5-4 所示。

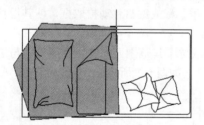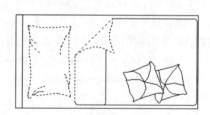

（a）图中十字线所拉出深色多边形为选择窗口　　　　（b）选择后的图形

图 5-4　"圈围"对象选择方式

（9）圈交(CP)：类似于"圈围"方式，在"选择对象:"提示后输入"CP"，后续操作与"圈围"方式相同。区别在于与多边形边界相交的对象也被选中。

🎓 **高手支招**

> 若矩形框从左向右定义，即第一个选择的对角点为左侧的对角点，矩形框内部的对象被选中，框外部的及与矩形框边界相交的对象不会被选中。若矩形框从右向左定义，矩形框内部及与矩形框边界相交的对象都会被选中。

5.2　删除及恢复类命令

这一类命令主要用于删除图形的某部分或对已被删除的部分进行恢复，包括删除、回退、重做、清除等命令。

【预习重点】

- ☑　了解删除图形有几种方法。
- ☑　练习使用 3 种删除方法。

5.2.1　删除命令

如果所绘制的图形不符合要求或错绘了，可以使用删除命令 ERASE 把它删除。

【执行方式】

- ☑　命令行：ERASE。
- ☑　菜单栏：选择菜单栏中的"修改"→"删除"命令。
- ☑　快捷菜单：选择要删除的对象，在绘图区右击，在弹出的快捷菜单中选择"删除"命令。
- ☑　工具栏：单击"修改"工具栏中的"删除"按钮 。
- ☑　功能区：单击"默认"选项卡"修改"面板中的"删除"按钮 。

【操作步骤】

可以先选择对象，然后调用删除命令；也可以先调用删除命令，然后再选择对象。选择对象时，可以使用前面介绍的各种对象选择的方法。

当选择多个对象时，多个对象都被删除；若选择的对象属于某个对象组，则该对象组的所有对象都被删除。

5.2.2　恢复命令

若误删除了图形，可以使用恢复命令 OOPS 恢复误删除的对象。

【执行方式】

- ☑　命令行：OOPS 或 U。
- ☑　工具栏：单击"标准"工具栏中的"放弃"按钮 。
- ☑　快捷键：Ctrl+Z。

【操作步骤】

在命令行窗口的提示行上输入"OOPS"，按 Enter 键。

5.2.3　清除命令

此命令与删除命令的功能完全相同。

【执行方式】

☑ 菜单栏：选择菜单栏中的"编辑"→"删除"命令。

☑ 快捷键：Delete。

【操作步骤】

用菜单或快捷键输入上述命令后，选择要清除的对象，按 Enter 键执行清除命令。

5.3 复制类命令

本节详细介绍 AutoCAD 2015 的复制类命令。利用这些复制类命令，可以方便地编辑绘制图形。

【预习重点】

☑ 了解复制类命令有几种。

☑ 简单练习 4 种复制操作方法。

☑ 观察在不同情况下使用哪种方法更简便。

5.3.1 复制命令

【执行方式】

☑ 命令行：COPY。

☑ 菜单栏：选择菜单栏中的"修改"→"复制"命令。

☑ 工具栏：单击"修改"工具栏中的"复制"按钮 。

☑ 功能区：单击"默认"选项卡"修改"面板中的"复制"按钮 （如图 5-5 所示）。

☑ 快捷菜单：选择要复制的对象，在绘图区右击，在弹出的快捷菜单中选择"复制选择"命令。

图 5-5 "修改"面板

【操作实践——绘制电冰箱】

绘制如图 5-6 所示的电冰箱。操作步骤如下：

（1）单击"绘图"工具栏中的"直线"按钮 、"矩形"按钮 和"圆"按钮 ，绘制初步图形，如图 5-7 所示。

（2）单击"修改"工具栏中的"复制"按钮 ，复制圆，命令行提示与操作如下。

```
命令:_copy
选择对象:（选择圆）
选择对象:
当前设置： 复制模式 = 多个
指定基点或 [位移(D)/模式(O)] <位移>:（指定一点为基点）
指定第二个点或 [阵列(A)]或 <用第一点作位移>:（打开状态栏上的"正交"开关，向右适当位置指定一点）
指定第二个点或 [阵列(A)/退出(E)/放弃(U)] <退出>:（向右适当位置指定一点）
```

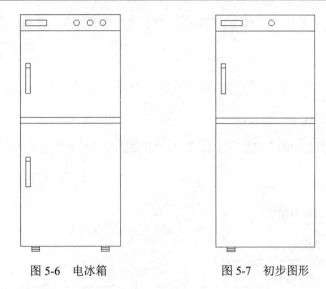

图 5-6 电冰箱 图 5-7 初步图形

同样方法，复制把手和脚轮，结果如图 5-6 所示。

【选项说明】

（1）指定基点：指定一个坐标点后，AutoCAD 2015 把该点作为复制对象的基点。

指定第二个点后，系统将根据这两点确定的位移矢量把选择的对象复制到第二点处。如果此时直接按 Enter 键，即选择默认的"用第一点作位移"，则第一个点被当作相对于 X、Y、Z 的位移。例如，如果指定基点为（2,3）并在下一个提示下按 Enter 键，则该对象从它当前的位置开始，在 X 方向上移动 2 个单位，在 Y 方向上移动 3 个单位。一次复制完成后，可以不断指定新的第二点，从而实现多重复制。

（2）位移(D)：直接输入位移值，表示以选择对象时的拾取点为基准，以拾取点坐标为移动方向，纵横比移动指定位移后所确定的点为基点。例如，选择对象时的拾取点坐标为（2,3），输入位移为 5，则表示以（2,3）点为基准，沿纵横比为 3:2 的方向移动 5 个单位所确定的点为基点。

（3）模式(O)：控制是否自动重复该命令。确定复制模式是单个还是多个。

（4）阵列(A)：指定在线性阵列中排列的副本数量。

5.3.2 镜像命令

镜像对象是指把选择的对象以一条镜像线为对称轴进行镜像后的对象。镜像操作完成后，可以保留原对象也可以将其删除。

【执行方式】

- ☑ 命令行：MIRROR。
- ☑ 菜单栏：选择菜单栏中的"修改"→"镜像"命令。
- ☑ 工具栏：单击"修改"工具栏中的"镜像"按钮▲。
- ☑ 功能区：单击"默认"选项卡"修改"面板中的"镜像"按钮▲。

【操作实践——绘制二极管】

绘制如图 5-8 所示的二极管。操作步骤如下：

（1）单击"绘图"工具栏中的"直线"按钮✏，结合"对象捕捉"功能和"正交"功能，绘制初步图形，如图 5-9 所示。

图 5-8 二极管   图 5-9 绘制初步图形

（2）单击"修改"工具栏中的"镜像"按钮▲，以水平线为对称线镜像刚绘制的图线。命令行提示与操作如下。

命令: mirror↙
选择对象:（选择刚绘制的所有图线）
选择对象:↙
指定镜像线的第一点:（捕捉水平线上一点）
指定镜像线的第二点:（捕捉水平线上另一点）
要删除源对象吗? [是(Y)/否(N)] <N>:↙

结果如图 5-8 所示。

5.3.3 偏移命令

偏移对象是指保持所选择的对象的形状，在不同的位置以不同的尺寸大小新建的一个对象。

【执行方式】

- ☑ 命令行：OFFSET。
- ☑ 菜单栏：选择菜单栏中的"修改"→"偏移"命令。
- ☑ 工具栏：单击"修改"工具栏中的"偏移"按钮 ▣。
- ☑ 功能区：单击"默认"选项卡"修改"面板中的"偏移"按钮 ▣。

【操作实践——绘制挡圈】

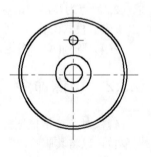

绘制如图 5-10 所示的挡圈。操作步骤如下：

（1）单击"图层"工具栏中的"图层特性管理器"按钮▦，打开"图层特性管理器"选项板，单击其中的"新建图层"按钮▦，新建两个图层。

① "粗实线"图层：线宽为 0.3mm，其余属性默认。

② "中心线"图层：线型为 CENTER，其余属性默认。

（2）设置"中心线"图层为当前图层，单击"绘图"工具栏中的"直线"按钮✏，绘制中心线，如图 5-11 所示。

图 5-10 挡圈

（3）设置"粗实线"图层为当前图层，单击"绘图"工具栏中的"圆"按钮⬤，绘制挡圈内孔，圆心为中心线交点，半径为 8，如图 5-12 所示。

（4）单击"修改"工具栏中的"偏移"按钮 ▣，偏移绘制的内孔圆，命令行提示与操作如下。

命令: _offset
当前设置: 删除源=否   图层=源   OFFSETGAPTYPE=0
指定偏移距离或 [通过(T)/删除(E)/图层(L)] <通过>: 6↙

选择要偏移的对象，或 [退出(E)/放弃(U)] <退出>: （指定绘制的圆）
指定要偏移的那一侧上的点，或 [退出(E)/多个(M)/放弃(U)] <退出>: （指定圆外侧）
选择要偏移的对象，或 [退出(E)/放弃(U)] <退出>:↙

相同方法指定距离为 38 和 40 以初始绘制的圆为对象向外偏移该圆，如图 5-13 所示。

图 5-11　绘制中心线　　　　图 5-12　绘制内孔　　　　图 5-13　绘制轮廓线

（5）单击"绘图"工具栏中的"圆"按钮◉，绘制小孔，以偏上位置的中心线交点为圆心，半径为 4，最终结果如图 5-10 所示。

【选项说明】

（1）指定偏移距离：输入一个距离值，或按 Enter 键，使用当前的距离值，系统把该距离值作为偏移距离，如图 5-14 所示。

（2）通过(T)：指定偏移对象的通过点。选择该选项后出现如下提示。

选择要偏移的对象，或 [退出(E)/放弃(U)] <退出>:（选择要偏移的对象，按 Enter 键结束操作）
指定通过点或 [退出(E)/多个(M)/放弃(U)] <退出>:（指定偏移对象的一个通过点）

操作完毕后，系统根据指定的通过点绘出偏移对象，如图 5-15 所示。

图 5-14　指定偏移对象的距离　　　　　图 5-15　指定偏移对象的通过点

（3）删除(E)：偏移后，将源对象删除。选择该选项后出现如下提示。

要在偏移后删除源对象吗？[是(Y)/否(N)] <否>:

（4）图层(L)：确定将偏移对象创建在当前图层上，还是在源对象所在的图层上。选择该选项后出现如下提示。

输入偏移对象的图层选项 [当前(C)/源(S)] <源>:

5.3.4　阵列命令

阵列是指多次重复选择对象并把这些副本按矩形或环形排列。把副本按矩形排列称为建立矩形阵列，把副本按环形排列称为建立极阵列。建立极阵列时，应该控制复制对象的次数和对象是否被旋转；建立矩形阵列时，应该控制行和列的数量以及对象副本之间的距离。

用该命令可以建立矩形阵列、极阵列（环形）和旋转的矩形阵列。

【执行方式】

☑ 命令行：ARRAY。

☑ 菜单栏：选择菜单栏中的"修改"→"阵列"命令。

☑ 工具栏：单击"修改"工具栏中的"矩形阵列"按钮，或单击"修改"工具栏中的"路径阵列"按钮，或单击"修改"工具栏中的"环形阵列"按钮。

☑ 功能区：单击"默认"选项卡"修改"面板中的"矩形阵列"按钮/ "路径阵列"按钮/"环形阵列"按钮（如图 5-16 所示）。

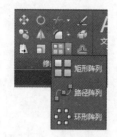

图 5-16 "修改"面板

【操作实践——绘制行李架】

绘制如图 5-17 所示的行李架。操作步骤如下：

（1）单击"绘图"工具栏中的"矩形"按钮，绘制大小矩形，命令行提示与操作如下。

```
命令: _rectang
指定第一个角点或 [倒角(C)/标高(E)/圆角(F)/厚度(T)/宽度(W)]: 0, 0✓
指定另一个角点或 [面积(A)/尺寸(D)/旋转(R)]: 1000, 600✓
命令: _rectang
指定第一个角点或 [倒角(C)/标高(E)/圆角(F)/厚度(T)/宽度(W)]: f✓
指定矩形的圆角半径 <0.0000>: 10✓
指定第一个角点或 [倒角(C)/标高(E)/圆角(F)/厚度(T)/宽度(W)]: 80, 50✓
指定另一个角点或 [面积(A)/尺寸(D)/旋转(R)]: d✓
指定矩形的长度 <10.0000>: 20✓
指定矩形的宽度 <10.0000>: 500✓
指定另一个角点或 [面积(A)/尺寸(D)/旋转(R)]:（向右上方随意指定一点，表示角点的位置方向）
```

结果如图 5-18 所示。

图 5-17 行李架

图 5-18 绘制矩形

（2）单击"修改"工具栏中的"矩形阵列"按钮，选择小矩形，列数为 9 个，间距为 100，命令行提示与操作如下。

```
命令: _arrayrect
选择对象: 指定对角点: 找到 1 个
选择对象:
类型 = 矩形  关联 = 否
选择夹点以编辑阵列或 [关联(AS)/基点(B)/计数(COU)/间距(S)/列数(COL)/行数(R)/层数(L)/退出(X)] <退出>: col
```

输入列数或 [表达式(E)] <4>: 9

指定列数之间的距离或 [总计(T)/表达式(E)] <703.2125>: 100

选择夹点以编辑阵列或 [关联(AS)/基点(B)/计数(COU)/间距(S)/列数(COL)/行数(R)/层数(L)/退出(X)] <退出>: r

输入行数或 [表达式(E)] <3>: 1

指定行数之间的距离或 [总计(T)/表达式(E)] <549.069>:

指定行数之间的标高增量或 [表达式(E)] <0>:

选择夹点以编辑阵列或 [关联(AS)/基点(B)/计数(COU)/间距(S)/列数(COL)/行数(R)/层数(L)/退出(X)] <退出>:

【选项说明】

（1）矩形(R)（命令行：ARRAYRECT）：将选定对象的副本分布到行数、列数和层数的任意组合。通过夹点，调整阵列间距、列数、行数和层数；也可以分别选择各选项输入数值。

（2）极轴(PO)：在绕中心点或旋转轴的环形阵列中均匀分布对象副本。选择该选项后出现如下提示。

指定阵列的中心点或 [基点(B)/旋转轴(A)]:（选择中心点、基点或旋转轴）

选择夹点以编辑阵列或 [关联(AS)/基点(B)/项目(I)/项目间角度(A)/填充角度(F)/行(ROW)/层(L)/旋转项目(ROT)/退出(X)] <退出>:（通过夹点，调整角度，填充角度；也可以分别选择各选项输入数值）

（3）路径(PA)（命令行：ARRAYPATH）：沿路径或部分路径均匀分布选定对象的副本。选择该选项后出现如下提示。

选择路径曲线:（选择一条曲线作为阵列路径）

选择夹点以编辑阵列或 [关联(AS)/方法(M)/基点(B)/切向(T)/项目(I)/行(R)/层(L)/对齐项目(A)/Z 方向(Z)/退出(X)] <退出>:（通过夹点，调整阵列行数和层数；也可以分别选择各选项输入数值）

5.4　改变几何特性类命令

这一类编辑命令在对指定对象进行编辑后，使编辑对象的几何特性发生改变，包括倒角、圆角、打断、剪切、延伸、拉长、拉伸等命令。

【预习重点】

☑　了解改变几何特性类命令有几种。

☑　比较使用剪切、延伸命令。

☑　比较使用圆角、倒角命令。

☑　比较使用拉伸、拉长命令。

☑　比较使用打断、打断于点命令。

☑　比较分解、合并前后对象属性。

5.4.1　修剪命令

【执行方式】

☑　命令行：TRIM。

☑　菜单栏：选择菜单栏中的"修改"→"修剪"命令。

☑　工具栏：单击"修改"工具栏中的"修剪"按钮 。

☑　功能区：单击"默认"选项卡"修改"面板中的"修剪"按钮██。

【操作实践——绘制卫星轨道】

绘制如图 5-19 所示的卫星轨道。操作步骤如下：

（1）绘制椭圆。单击"绘图"工具栏中的"椭圆"按钮██，绘制适当大小的椭圆。

（2）偏移椭圆。单击"修改"工具栏中的"偏移"按钮██，在椭圆内部单击，完成偏移，命令行提示与操作如下。

命令: _offset
当前设置: 删除源=否　图层=源　OFFSETGAPTYPE=0
指定偏移距离或 [通过(T)/删除(E)/图层(L)] <通过>:✓
选择要偏移的对象，或 [退出(E)/放弃(U)] <退出>:（选择绘制的椭圆）
指定要偏移的那一侧上的点，或 [退出(E)/多个(M)/放弃(U)] <退出>:（指定一点）
选择要偏移的对象，或 [退出(E)/放弃(U)] <退出>:

绘制结果如图 5-20 所示。

（3）阵列对象。

① 单击"修改"工具栏中的"环形阵列"按钮██，选择椭圆圆心为阵列中心点，阵列两椭圆，阵列个数为 3，绘制的图形如图 5-21 所示。

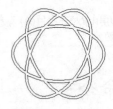
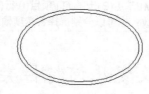
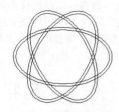

图 5-19　卫星轨道　　　图 5-20　绘制椭圆并偏移　　　图 5-21　阵列对象

② 单击"修改"工具栏中的"分解"按钮██（此命令将在 5.4.9 节中详细介绍），选择阵列结果形成的组，将组分解成单个实体。

（4）修剪对象。单击"修改"工具栏中的"修剪"按钮██，修剪轨道相交处，命令行提示与操作如下。

命令: TRIM
当前设置: 投影=UCS，边=无
选择剪切边...
选择对象或 <全部选择>:
选择要修剪的对象，或按住 Shift 键选择要延伸的对象，或[栏选(F)/窗交(C)/投影(P)/边(E)/删除(R)/放弃(U)]:（选择两椭圆环的交叉部分）
选择要修剪的对象，或按住 Shift 键选择要延伸的对象，或[栏选(F)/窗交(C)/投影(P)/边(E)/删除(R)/放弃(U)]: （选择两椭圆环的交叉部分）
选择要修剪的对象，或按住 Shift 键选择要延伸的对象，或 [投影(P)/边(E)/放弃(U)]:

如此重复修剪，最终图形如图 5-19 所示。

【选项说明】

（1）按 Shift 键：在选择对象时，如果按住 Shift 键，系统就自动将"修剪"命令转换成"延伸"命令，"延伸"命令将在 5.4.2 节介绍。

（2）边(E)：选择该选项时，可以选择对象的修剪方式，即延伸和不延伸。

① 延伸(E)：延伸边界进行修剪。在此方式下，如果剪切边没有与要修剪的对象相交，系统会延伸剪切边直至与要修剪的对象相交，然后再修剪，如图 5-22 所示。

② 不延伸(N)：不延伸边界修剪对象。只修剪与剪切边相交的对象。

（3）栏选(F)：选择该选项时，系统以栏选的方式选择被修剪对象，如图 5-23 所示。

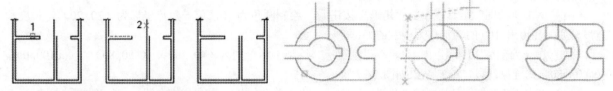

图 5-22　延伸方式修剪对象　　　　　　　　图 5-23　栏选选择修剪对象

（4）窗交(C)：选择该选项时，系统以窗交的方式选择被修剪对象，如图 5-24 所示。

（a）使用窗交选择选定的边　　（b）选定要修剪的对象　　（c）结果

图 5-24　窗交选择修剪对象

高手支招

（1）被选择的对象可以互为边界和被修剪对象，此时系统会在选择的对象中自动判断边界。

（2）在使用修剪命令选择修剪对象时，我们通常是逐个单击选择的，有时显得效率低，要比较快地实现修剪过程，可以先输入修剪命令"TR"或"TRIM"，然后按 Space 或 Enter 键，命令行中就会提示选择修剪的对象，这时可以不选择对象，继续按 Space 或 Enter 键，系统默认选择全部，这样做就可以很快地完成修剪过程。

5.4.2　延伸命令

延伸对象是指延伸一个对象直至另一个对象的边界线，如图 5-25 所示。

图 5-25　延伸对象

【执行方式】

☑　命令行：EXTEND。

☑ 菜单栏：选择菜单栏中的"修改"→"延伸"命令。

☑ 工具栏：单击"修改"工具栏中的"延伸"按钮 ⟶。

☑ 功能区：单击"默认"选项卡"修改"面板中的"延伸"按钮 ⟶。

【操作实践——绘制沙发】

绘制如图 5-26 所示的沙发。操作步骤如下：

（1）单击"绘图"工具栏中的"矩形"按钮 ▢，绘制圆角为 10，第一角点坐标为（20，20），长度和宽度分别为 140 和 100 的矩形作为沙发的外框。

（2）单击"绘图"工具栏中的"直线"按钮 ✎，绘制坐标分别为（40，20）、（@0，80）、（@100，0）、（@0，-80）的连续线段，绘制结果如图 5-27 所示。

（3）单击"修改"工具栏中的"分解"按钮 ▢（此命令将在 5.4.9 节中详细介绍），分解外面倒圆矩形。

（4）单击"修改"工具栏中的"圆角"按钮 ▢（此命令将在 5.4.3 节中详细介绍），修改沙发轮廓，命令行提示与操作如下。

命令: _fillet
当前设置: 模式 = 修剪，半径 = 0.0000
选择第一个对象或 [放弃(U)/多段线(P)/半径(R)/修剪(T)/多个(M)]: r
指定圆角半径 <0.0000>: 6
选择第一个对象或 [放弃(U)/多段线(P)/半径(R)/修剪(T)/多个(M)]: m
选择第一个对象或 [放弃(U)/多段线(P)/半径(R)/修剪(T)/多个(M)]: 选择内部四边形左边
选择第二个对象，或按住<Shift>键选择对象以应用角点或 [半径(R)]: 选择内部四边形上边
选择第一个对象或 [放弃(U)/多段线(P)/半径(R)/修剪(T)/多个(M)]: 选择内部四边形右边
选择第二个对象，或按住<Shift>键选择对象以应用角点或 [半径(R)]: 选择内部四边形上边
选择第一个对象或 [放弃(U)/多段线(P)/半径(R)/修剪(T)/多个(M)]:

（5）单击"修改"工具栏中的"圆角"按钮 ▢，选择内部四边形左边和外部矩形下边左端为对象，进行圆角处理，绘制结果如图 5-28 所示。

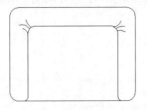

图 5-26 沙发

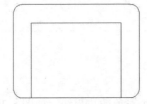

图 5-27 绘制初步轮廓

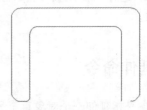

图 5-28 绘制倒圆

（6）单击"修改"工具栏中的"延伸"按钮 ⟶，延伸水平直线，命令行提示与操作如下。

命令: _extend
当前设置: 投影=UCS，边=无
选择边界的边...
选择对象或<全部选择>:选择如图 5-28 所示的右下角圆弧
选择对象:
选择要延伸的对象或按住 Shift 键选择要修剪的对象或 [栏选(F)/窗交(C)/投影(P)/边(E)/放弃(U)]:选择如图 5-28 所示的左端短水平线
选择要延伸的对象或按住 Shift 键选择要修剪的对象或 [栏选(F)/窗交(C)/投影(P)/边(E)/放弃(U)]:

（7）单击"修改"工具栏中的"圆角"按钮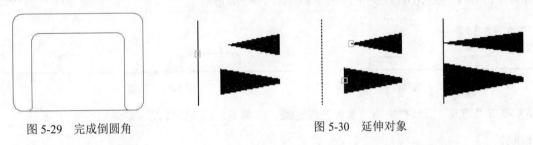，选择内部四边形右边和外部矩形下边为倒圆角对象，进行圆角处理。

（8）单击"修改"工具栏中的"延伸"按钮，以矩形左下角的圆角圆弧为边界，对内部四边形右边下端进行延伸，绘制结果如图 5-29 所示。

（9）单击"绘图"工具栏中的"圆弧"按钮，绘制沙发皱纹。在沙发拐角位置绘制 6 条圆弧，最终绘制结果如图 5-26 所示。

【选项说明】

（1）系统规定可以用作边界对象的对象有直线段、射线、双向无限长线、圆弧、圆、椭圆、二维和三维多段线、样条曲线、文本、浮动的视口和区域。如果选择二维多段线作为边界对象，系统会忽略其宽度而把对象延伸至多段线的中心线上。如果要延伸的对象是适配样条多段线，则延伸后会在多段线的控制框上增加新节点。如果要延伸的对象是锥形的多段线，系统会修正延伸端的宽度，使多段线从起始端平滑地延伸至新的终止端。如果延伸操作导致新终止端的宽度为负值，则取宽度值为 0，如图 5-30 所示。

图 5-29　完成倒圆角　　　　　　　　　　　图 5-30　延伸对象

（2）选择对象时，如果按住 Shift 键，系统会自动将"延伸"命令转换成"修剪"命令。

5.4.3　圆角命令

圆角是指用指定的半径决定的一段平滑的圆弧连接两个对象。系统规定可以用圆角连接一对直线段、非圆弧的多段线段、样条曲线、双向无限长线、射线、圆、圆弧和椭圆。可以在任何时刻圆角连接非圆弧多段线的每个节点。

【执行方式】

- ☑　命令行：FILLET。
- ☑　菜单栏：选择菜单栏中的"修改"→"圆角"命令。
- ☑　工具栏：单击"修改"工具栏中的"圆角"按钮。
- ☑　功能区：单击"默认"选项卡"修改"面板中的"圆角"按钮。

【操作实践——绘制钢筋搭接】

绘制如图 5-31 所示的带半圆弯钩的钢筋搭接。操作步骤如下：

（1）单击"标准"工具栏中的"新建"按钮，新建一个空白图形文件。

（2）单击"图层"工具栏中的"图层特性管理器"按钮，设置图层。"粗实线"图层线宽为 0.30mm，其余属性默认，并将其置为当前图层。

（3）单击"绘图"工具栏中的"直线"按钮，绘制一条水平直线，如图 5-32 所示。

（4）单击"绘图"工具栏中的"直线"按钮，绘制弯钩，如图 5-33 所示。

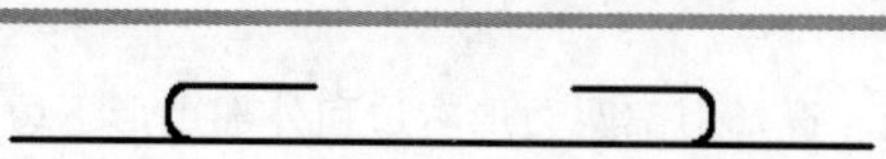

图 5-31　带半圆弯钩的钢筋搭接 　　　　　图 5-32　绘制直线

（5）单击"修改"工具栏中的"圆角"按钮▢，对图形进行圆角处理，命令行提示与操作如下。

```
命令: _fillet
当前设置: 模式 = 修剪，半径 = 6.0000
选择第一个对象或 [放弃(U)/多段线(P)/半径(R)/修剪(T)/多个(M)]: r 指定圆角半径 <6.0000>:（指定适当的圆角半径）
选择第一个对象或 [放弃(U)/多段线(P)/半径(R)/修剪(T)/多个(M)]: t
输入修剪模式选项 [修剪(T)/不修剪(N)] <修剪>: n
选择第一个对象或 [放弃(U)/多段线(P)/半径(R)/修剪(T)/多个(M)]: m
选择第一个对象或 [放弃(U)/多段线(P)/半径(R)/修剪(T)/多个(M)]:
选择第二个对象，或按住 Shift 键选择对象以应用角点或 [半径(R)]:
选择第一个对象或 [放弃(U)/多段线(P)/半径(R)/修剪(T)/多个(M)]:
选择第二个对象，或按住 Shift 键选择对象以应用角点或 [半径(R)]:
选择第一个对象或 [放弃(U)/多段线(P)/半径(R)/修剪(T)/多个(M)]:
```

结果如图 5-34 所示。

图 5-33　绘制弯钩 　　　　　　　　　　　图 5-34　倒圆角结果

（6）单击"修改"工具栏中的"修剪"按钮▨，修剪多余的竖直线段，结果如图 5-31 所示。

【选项说明】

（1）多段线(P)：在一条二维多段线的两段直线段的节点处
插入圆滑的弧。选择多段线后，系统会根据指定的圆弧的半径
把多段线各顶点用圆滑的弧连接起来。

（2）修剪(T)：决定在圆角连接两条边时，是否修剪这两条
边，如图 5-35 所示。

（3）多个(M)：可以同时对多个对象进行圆角编辑，而不
必重新启用命令。

（4）按住 Shift 键并选择两条直线，可以快速创建零距离倒
角或零半径圆角。

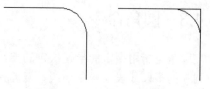

（a）修剪方式　　（b）不修剪方式
图 5-35　圆角连接

5.4.4　倒角命令

倒角是指用斜线连接两个不平行的线型对象。可以用斜线连接直线段、双向无限长线、射线和多段线。

【执行方式】

☑　命令行：CHAMFER。
☑　菜单栏：选择菜单栏中的"修改"→"倒角"命令。
☑　工具栏：选择"修改"工具栏中的"倒角"按钮▢。
☑　功能区：单击"默认"选项卡"修改"面板中的"倒角"按钮▢。

【操作实践——绘制螺母】

绘制如图 5-36 所示的螺母。操作步骤如下：

（1）单击"图层"工具栏中的"图层特性管理器"按钮，创建 CSX 图层、XSX 图层及 XDHX 图层。其中 CSX 线型为实线，线宽为 0.30mm，其他默认；XDHX 线型为 CENTER，线宽为 0.09mm。

（2）将 XDHX 图层设置为当前图层，绘制中心线，单击"绘图"工具栏中的"直线"按钮，绘制主视图中心线、直线{（160,200）、（186,200）}和直线{（173,211）、（173,159）}。再利用偏移命令，将水平中心线向下偏移 30 绘制俯视图中心线。

（3）将 CSX 图层设置为当前图层，绘制螺母主视图。

① 绘制内外圆环。单击"绘图"工具栏中的"圆"按钮，在绘图窗口中绘制两个圆，圆心为（173,200），半径分别为 4.5 和 8。

② 绘制正六边形。单击"绘图"工具栏中的"多边形"按钮，以（173,200）为中心点，绘制外切于半径为 8 的圆的正六边形，结果如图 5-37 所示。

（4）绘制螺母俯视图

① 绘制竖直参考直线。单击"绘图"工具栏中的"直线"按钮，如图 5-38 所示，过点 1、2、3、4 绘制竖直参考线。

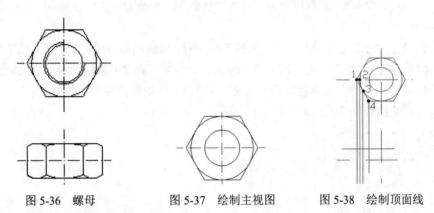

图 5-36　螺母　　　　图 5-37　绘制主视图　　　　图 5-38　绘制顶面线

② 绘制螺母顶面线。单击"绘图"工具栏中的"直线"按钮，绘制直线{（160,174）、（180,174）}，结果如图 5-39 所示。

③ 倒角处理。单击"修改"工具栏中的"倒角"按钮，选择直线 1 和直线 2 进行倒角处理，倒角距离为点 1 和点 2 之间的距离，角度为 30°。命令行中出现如下提示。

命令: CHAMFER ✓
（"修剪"模式）当前倒角距离 1 = 0.0000，距离 2 = 0.0000
选择第一条直线或 [放弃(U)/多段线(P)/距离(D)/角度(A)/修剪(T)/方式(E)/多个(M)]: A ✓
指定第一条直线的倒角长度 <0.0000>:（捕捉点 1）
指定第二点:（捕捉点 2）（点 1 和点 2 之间的距离作为直线的倒角长度）
指定第一条直线的倒角角度 <0>: 30 ✓
选择第一条直线或 [放弃(U)/多段线(P)/距离(D)/角度(A)/修剪(T)/方式(E)/多个(M)]:（直线 1）
选择第二条直线，或按住 Shift 键选择直线以应用角点或 [距离(D)/角度(A)/方法(M)]:（直线 2）

结果如图 5-40 所示。

注意 对于在长度和角度模式下的"倒角"操作，在"指定倒角长度"时，不仅可以直接输入数值，还可以利用"对象捕捉"捕捉两个点的距离指定倒角长度，例如上例中捕捉点 1 和点 2 的距离作为倒角长度，这种方法往往对于某些不可测量或事先不知道倒角距离的特别适用。

④ 绘制辅助线。单击"绘图"工具栏中的"直线"按钮，过刚刚倒角的左端顶点，绘制一条水平直线，结果如图 5-41 所示。

图 5-39　选择倒角距离　　　　图 5-40　倒角处理　　　　图 5-41　绘制辅助线

⑤ 绘制圆弧。单击"绘图"工具栏中的"圆弧"按钮，分别过 1、2、3 点和 3、4、5 点绘制圆弧，结果如图 5-42 所示。

⑥ 修剪处理。单击"修改"工具栏中的"修剪"按钮，修剪图形中的多余线段，结果如图 5-43 所示。

⑦ 删除辅助线。单击"修改"工具栏中的"删除"按钮，删除多余辅助线，结果如图 5-44 所示。

⑧ 镜像处理。单击"修改"工具栏中的"镜像"按钮，分别以俯视图上竖直和水平中心线为对称轴，选择相应对象进行两次镜像处理，结果如图 5-45 所示。

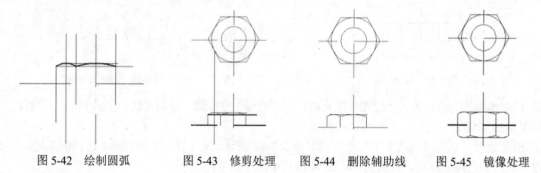

图 5-42　绘制圆弧　　　　图 5-43　修剪处理　　　　图 5-44　删除辅助线　　　　图 5-45　镜像处理

⑨ 绘制内螺纹线：将 XSX 图层设为当前图层，单击"绘图"工具栏中的"圆弧"按钮，绘制圆弧，圆弧 3 点坐标分别为（173,205）、（169.4,196.4）和（178,200），结果如图 5-36 所示。

【选项说明】

（1）距离(D)：选择倒角的两个斜线距离。斜线距离是指从被连接的对象与斜线的交点到被连接的两对象的可能的交点之间的距离，如图 5-46 所示。这两个斜线距离可以相同也可以不相同，若二者均为 0，则系统不绘制连接的斜线，而是把两个对象延伸至相交，并修剪超出的部分。

（2）角度(A)：选择第一条直线的斜线距离和角度。采用这种方法斜线连接对象时，需要输入两个参数：斜线与一个对象的斜线距离和斜线与该对象的夹角，如图 5-47 所示。

（3）多段线(P)：对多段线的各个交叉点进行倒角编辑。为了得到最好的连接效果，一般设置斜线是相等的值。系统根据指定的斜线距离把多段线的每个交叉点都作斜线连接，连接的斜线成为多段线新添加的构成部分，如图 5-48 所示。

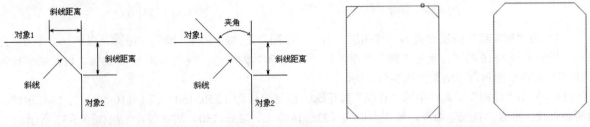

图 5-46　斜线距离　　　　图 5-47　斜线距离与夹角　　　　图 5-48　斜线连接多段线

（4）修剪(T)：与圆角连接命令 FILLET 相同，该选项决定连接对象后，是否剪切原对象。

（5）方式(E)：决定采用"距离"方式还是"角度"方式来倒角。

（6）多个(M)：同时对多个对象进行倒角编辑。

🎓 **高手支招**

有时用户在执行圆角和倒角命令时，发现命令不执行或执行后没什么变化，那是因为系统默认圆角半径和斜线距离均为 0，如果不事先设定圆角半径或斜线距离，系统就以默认值执行命令，所以看起来好像没有执行命令。

5.4.5　拉伸命令

拉伸对象是指拖拉选择的，且形状发生改变后的对象。拉伸对象时，应指定拉伸的基点和移置点。利用一些辅助工具如捕捉、钳夹功能及相对坐标等提高拉伸的精度。

【执行方式】

☑　命令行：STRETCH。

☑　菜单栏：选择菜单栏中的"修改"→"拉伸"命令。

☑　工具栏：单击"修改"工具栏中的"拉伸"按钮 。

☑　功能区：单击"默认"选项卡"修改"面板中的"拉伸"按钮 。

【操作实践——绘制手柄】

绘制如图 5-49 所示的手柄。操作步骤如下：

（1）设置图层。单击"图层"工具栏中的"图层特性管理器"按钮 ，弹出"图层特性管理器"选项板，新建两个图层。

① 第一图层命名为"轮廓线"，线宽属性为 0.3mm，其余属性默认。

② 第二图层命名为"中心线"，颜色设为红色，线型加载为 CENTER，其余属性默认。

（2）将"中心线"图层设置为当前图层。单击"绘图"工具栏中的"直线"按钮 ，绘制坐标分别为（150, 150）、（@120, 0）的直线，结果如图 5-50 所示。

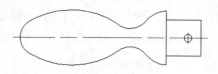

图 5-49　手柄　　　　　　　　　　　　图 5-50　绘制直线

（3）将"粗实线"图层设置为当前图层。单击"绘图"工具栏中的"圆"按钮⊙，以（160，150）为圆心，绘制半径为 10 的圆。重复"圆"命令，以（235，150）为圆心，绘制半径为 15 的圆。再绘制半径为 50 的圆与前两个圆相切，结果如图 5-51 所示。

（4）单击"绘图"工具栏中的"直线"按钮✑，绘制坐标为（250，150）、（@10<90）、（@15<180）的两条直线。重复"直线"命令，绘制坐标为（235，165）、（235，150）的直线，结果如图 5-52 所示。

（5）单击"修改"工具栏中的"修剪"按钮✂，进行修剪处理，结果如图 5-53 所示。

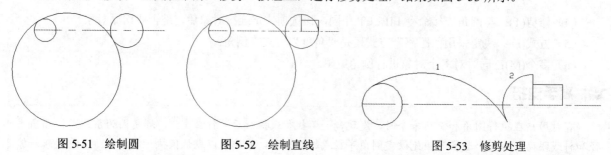

图 5-51　绘制圆　　　　　　图 5-52　绘制直线　　　　　　图 5-53　修剪处理

（6）单击"绘图"工具栏中的"圆"按钮⊙，绘制半径为 12 与圆弧 1 和圆弧 2 相切的圆，结果如图 5-54 所示。

（7）单击"修改"工具栏中的"修剪"按钮✂，将多余的圆弧进行修剪，结果如图 5-55 所示。

（8）单击"修改"工具栏中的"镜像"按钮⚏，以水平中心线为两镜像点对图形进行镜像处理，结果如图 5-56 所示。

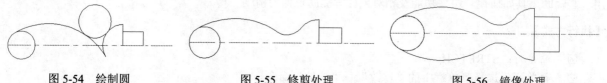

图 5-54　绘制圆　　　　　　图 5-55　修剪处理　　　　　　图 5-56　镜像处理

（9）单击"修改"工具栏中的"修剪"按钮✂，进行修剪处理，结果如图 5-57 所示。

（10）将"中心线"图层设置为当前图层。单击"绘图"工具栏中的"直线"按钮✑，在把手接头处中间位置绘制适当长度的竖直线段，作为销孔定位中心线，如图 5-58 所示。

（11）将"轮廓线"图层设置为当前图层。单击"绘图"工具栏中的"圆"按钮⊙，以中心线交点为圆心绘制适当半径的圆作为销孔，如图 5-59 所示。

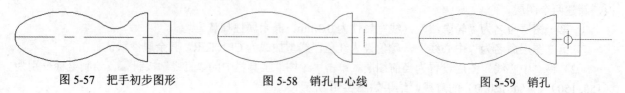

图 5-57　把手初步图形　　　　　图 5-58　销孔中心线　　　　　图 5-59　销孔

（12）单击"修改"工具栏中的"拉伸"按钮，向右拉伸接头长度 5，命令行提示与操作如下。

```
命令: _stretch
以交叉窗口或交叉多边形选择要拉伸的对象...
选择对象: C
指定第一个角点: （框选手柄接头部分）
指定对角点:
指定基点或 [位移(D)] <位移>:100,100
指定位移的第二个点或 <用第一个点作位移>:105,100
```

结果如图 5-49 所示。

【选项说明】

（1）必须采用"窗交(C)"方式选择拉伸对象。

（2）拉伸选择对象时，指定第一个点后，若指定第二个点，系统将根据这两点决定矢量拉伸对象。若直接按 Enter 键，系统会把第一个点作为 X 轴和 Y 轴的分量值。

🎓 **高手支招**

> STRETCH 仅移动位于交叉选择内的顶点和端点，不更改那些位于交叉选择外的顶点和端点。部分包含在交叉选择窗口内的对象将被拉伸。

5.4.6　拉长命令

【执行方式】

- ☑ 命令行：LENGTHEN。
- ☑ 菜单栏：选择菜单栏中的"修改"→"拉长"命令。
- ☑ 功能区：单击"默认"选项卡"修改"面板中的"拉长"按钮。

【操作实践——绘制蓄电池符号】

绘制如图 5-60 所示的蓄电池符号。操作步骤如下：

（1）绘制直线

① 绘制直线。单击"绘图"工具栏中的"直线"按钮，绘制水平直线{（100,0）、（200,0）}。

② 调用"缩放"和"平移"命令将视图调整到易于观察的状态。

③ 绘制竖直线。单击"绘图"工具栏中的"直线"按钮，绘制竖直直线{（125,0）、（125,10）}。

④ 偏移直线。单击"修改"工具栏中的"偏移"按钮，将绘制的竖直直线依次向右偏移，偏移量依次为 5mm、45mm 和 50mm，如图 5-61 所示。

（2）拉伸并修剪直线

① 拉长直线。选择菜单栏中的"修改"→"拉长"命令，将直线 2 和直线 4 分别向上拉长 5mm，如图 5-62 所示。命令行提示与操作如下。

```
命令:LENGTHEN↙
选择要测量的对象或 [增量(DE)/百分比(P)/总计(T)/动态(DY)] <总计(T)>: de↙
```

输入长度增量或 [角度(A)] <0.0000>: 5↙
选择要修改的对象或 [放弃(U)]:（选择直线2）
选择要修改的对象或 [放弃(U)]:（选择直线4）
选择要修改的对象或 [放弃(U)]: ↙

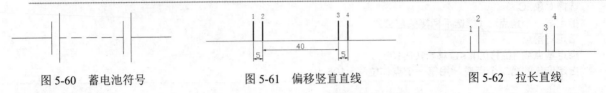

图 5-60　蓄电池符号　　　　　图 5-61　偏移竖直直线　　　　　图 5-62　拉长直线

② 修剪直线。单击"修改"工具栏中的"修剪"按钮，以4条竖直直线为剪切边，对水平直线进行修剪，结果如图5-63所示。

（3）更改图形对象的图层属性

新建一个名为"虚线层"的图层，线型为虚线。选择中间一段水平直线，单击"图层"工具栏中的下拉按钮，在弹出的下拉菜单中选择"虚线层"选项，将其图层属性设置为"虚线层"，更改后的效果如图5-64所示。

图 5-63　修剪水平直线　　　　　　　　图 5-64　更改图层属性

（4）镜像成形

单击"修改"工具栏中的"镜像"按钮，选择竖直直线为镜像对象，以水平直线为镜像线进行镜像操作，结果如图5-60所示。

【选项说明】

（1）增量(DE)：用指定增加量的方法来改变对象的长度或角度。

（2）百分数(P)：用指定要修改对象的长度占总长度的百分比的方法来改变圆弧或直线段的长度。

（3）总计(T)：用指定新的总长度或总角度值的方法来改变对象的长度或角度。

（4）动态(DY)：在该模式下，可以使用拖拉鼠标的方法来动态地改变对象的长度或角度。

5.4.7　打断命令

【执行方式】

☑　命令行：BREAK。

☑　菜单栏：选择菜单栏中的"修改"→"打断"命令。

☑　工具栏：单击"修改"工具栏中的"打断"按钮。

☑　功能区：单击"默认"选项卡"修改"面板中的"打断"按钮。

【操作实践——绘制天目琼花】

绘制如图5-65所示的天目琼花。操作步骤如下：

（1）单击"绘图"工具栏中的"圆"按钮，绘制3个适当大小的圆，相对位置大致如图5-66所示。

（2）单击"修改"工具栏中的"打断"按钮，打断上方两圆，命令行提示与操作如下。

命令: _break
选择对象: ✓（选择上面大圆上适当一点）
指定第二个打断点或[第一点(F)]: ✓（选择此圆上适当另一点）

用相同方法修剪上面的小圆，结果如图 5-67 所示。

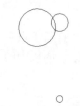

图 5-65　天目琼花　　　　图 5-66　绘制圆　　　　图 5-67　打断两圆

高手支招

系统默认打断的方向是沿逆时针的方向，所以在选择打断点的先后顺序时，要注意不要把顺序弄反了。

（3）单击"修改"工具栏中的"环形阵列"按钮，捕捉未修剪小圆的圆心为中心点，阵列修剪的圆弧，命令行提示与操作如下。

命令: _arraypolar
选择对象: （选择刚打断形成的两段圆弧）
选择对象: ✓
类型 = 极轴　关联 = 否
指定阵列的中心点或 [基点(B)/旋转轴(A)]: （捕捉下面未修剪小圆的圆心）
选择夹点以编辑阵列或 [关联(AS)/基点(B)/项目(I)/项目间角度(A)/填充角度(F)/行(ROW)/层(L)/旋转项目(ROT)/退出(X)] <退出>: i✓
输入阵列中的项目数或 [表达式(E)] <6>: 8✓（结果如图 5-68 所示）
选择夹点以编辑阵列或 [关联(AS)/基点(B)/项目(I)/项目间角度(A)/填充角度(F)/行(ROW)/层(L)/旋转项目(ROT)/退出(X)] <退出>: （选择图形上面蓝色方形编辑夹点）
** 拉伸半径 **
指定半径 （往下拖动夹点，如图 5-69 所示，拖到合适的位置，按下鼠标左键，结果如图 5-70 所示）
选择夹点以编辑阵列或 [关联(AS)/基点(B)/项目(I)/项目间角度(A)/填充角度(F)/行(ROW)/层(L)/旋转项目(ROT)/退出(X)] <退出>: ✓

最终结果如图 5-65 所示。

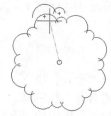

图 5-68　环形阵列　　　　图 5-69　夹点编辑　　　　图 5-70　编辑结果

【选项说明】

如果选择"第一点(F)"选项，系统将丢弃前面的第一个选择点，重新提示用户指定两个打断点。

5.4.8　打断于点命令

打断于点是指在对象上指定一点，把对象在此点拆分成两部分。此命令与打断命令类似。

【执行方式】

☑　工具栏：单击"修改"工具栏中的"打断于点"按钮 。
☑　功能区：单击"默认"选项卡"修改"面板中的"打断于点"按钮 。

【操作步骤】

输入此命令后，命令行提示与操作如下。

选择对象：（选择要打断的对象）
指定第二个打断点或 [第一点(F)]: _f（系统自动执行"第一点(F)"选项）
指定第一个打断点：（选择打断点）
指定第二个打断点: @（系统自动忽略此提示）

5.4.9　分解命令

【执行方式】

☑　命令行：EXPLODE。
☑　菜单栏：选择菜单栏中的"修改"→"分解"命令。
☑　工具栏：单击"修改"工具栏中的"分解"按钮 。
☑　功能区：单击"默认"选项卡"修改"面板中的"分解"按钮 。

【操作步骤】

命令: EXPLODE✓
选择对象:（选择要分解的对象）

选择一个对象后，该对象会被分解。系统继续提示该行信息，允许分解多个对象。

5.4.10　合并命令

可以将直线、圆弧、椭圆弧和样条曲线等独立的对象合并为一个对象。

【执行方式】

☑　命令行：JOIN。
☑　菜单栏：选择菜单栏中的"修改"→"合并"命令。
☑　工具栏：单击"修改"工具栏中的"合并"按钮 。
☑　功能区：单击"默认"选项卡"修改"面板中的"合并"按钮 。

【操作步骤】

命令: JOIN✓
选择源对象或要一次合并的多个对象:（选择一个对象）

找到 1 个
选择要合并的对象:（选择另一个对象）
找到 1 个，总计 2 个
选择要合并的对象: ↙
2 条直线已合并为 1 条直线

5.5　改变位置类命令

这一类编辑命令的功能是按照指定要求改变当前图形或图形的某部分的位置，主要包括移动、旋转和缩放等命令。

【预习重点】

☑　了解改变位置类命令有几种。
☑　练习使用移动、旋转、缩放命令的使用方法。

5.5.1　移动命令

【执行方式】

☑　命令行：MOVE。
☑　菜单栏：选择菜单栏中的"修改"→"移动"命令。
☑　快捷菜单：选择要复制的对象，在绘图区右击，在弹出的快捷菜单中选择"移动"命令。
☑　工具栏：单击"修改"工具栏中的"移动"按钮 ✛。
☑　功能区：单击"默认"选项卡"修改"面板中的"移动"按钮 ✛。

【操作实践——绘制莲花图案】

绘制如图 5-71 所示的莲花图案。操作步骤如下：

（1）单击"绘图"工具栏中的"圆"按钮 ◉，在屏幕中任意位置绘制两个半径为 50 的圆。

（2）单击"修改"工具栏中的"移动"按钮 ✛，将两圆中的其中一个移动到图中类似的位置，两圆相交的地方构成一个花瓣的形状。命令行提示与操作如下。

命令: MOVE↙
选择对象:（选择其中一个圆）
选择对象:
指定基点或[位移(D)] <位移>:（任意指定一个基点）
指定第二个点或 <使用第一个点作为位移>:（适当指定第二个点）

（3）单击"绘图"工具栏中的"直线"按钮 ╱，在两圆之间绘制一条直线，为花瓣上的纹路，结果如图 5-72 所示。

（4）单击"修改"工具栏中的"修剪"按钮 ✂，修剪圆，得到图中花瓣轮廓。

（5）单击"修改"工具栏中的"环形阵列"按钮 ▦，设置项目总数为 10，填充角度为 30，阵列中心为左端点，结果如图 5-73 所示。

（6）单击"修改"工具栏中的"修剪"按钮 ✂，修剪绘制直线，以圆弧为修剪边。

（7）单击"修改"工具栏中的"镜像"按钮▲，对步骤（6）所绘制的一系列直线进行镜像，以中线为镜像线，结果如图 5-74 所示。

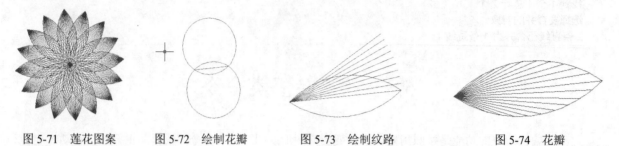

图 5-71　莲花图案　　　图 5-72　绘制花瓣　　　图 5-73　绘制纹路　　　图 5-74　花瓣

（8）单击"修改"工具栏中的"环形阵列"按钮▦，设置项目总数为 15，填充角度为 360°，结果如图 5-71 所示。

5.5.2　旋转命令

【执行方式】

☑　命令行：ROTATE。

☑　菜单栏：选择菜单栏中的"修改"→"旋转"命令。

☑　快捷菜单：选择要旋转的对象，在绘图区右击，在弹出的快捷菜单中选择"旋转"命令。

☑　工具栏：单击"修改"工具栏中的"旋转"按钮◎。

☑　功能区：单击"默认"选项卡"修改"面板中的"旋转"按钮◎。

【操作实践——绘制电极探头符号】

绘制如图 5-75 所示的电极探头符号。操作步骤如下：

（1）绘制三角形。单击"绘图"工具栏中的"直线"按钮▱，分别绘制直线 1{（0,0）、（33,0）}、直线 2{（10,0）、（10,-4）}、直线 3{（10,-4）、（21,0）}，这 3 条直线构成一个直角三角形，如图 5-76 所示。

（2）绘制竖直直线。单击"绘图"工具栏中的"直线"按钮▱，开启"对象捕捉"和"正交模式"，捕捉直线 1 的左端点，以其为起点，向上绘制长度为 12mm 的直线 4，如图 5-77 所示。

图 5-75　绘制电极探头符号　　　　图 5-76　绘制直线　　　　图 5-77　绘制直线

（3）移动直线。单击"修改"工具栏中的"移动"按钮✥，将直线 4 向右平移 3.5mm。

（4）修改直线线型。新建一个名为"虚线层"的图层，线型为虚线。选中直线 4，单击"图层"工具栏中的下拉按钮▾，在打开的下拉菜单中选择"虚线层"选项，将其图层属性设置为"虚线层"，更改后的效果如图 5-78 所示。

（5）镜像直线。单击"修改"工具栏中的"镜像"按钮▲，选择直线 4 为镜像对象，以直线 1 为镜像线进行镜像操作，得到直线 5，如图 5-79 所示。

（6）偏移直线。单击"修改"工具栏中的"偏移"按钮📵，将直线 4 和直线 5 向右偏移 24mm，如图 5-80 所示。

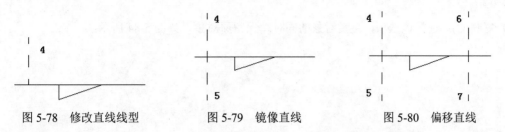

图 5-78　修改直线线型　　　　　图 5-79　镜像直线　　　　　图 5-80　偏移直线

（7）绘制水平直线。单击"绘图"工具栏中的"直线"按钮📏，在"对象捕捉"绘图方式下，用鼠标分别捕捉直线 4 和直线 6 的上端点，绘制直线 8。采用相同的方法绘制直线 9，得到两条水平直线。

（8）更改图层属性。选中直线 8 和直线 9，单击"图层"工具栏中的下拉按钮▾，在打开的下拉菜单中选择"虚线层"选项，将其图层属性设置为"虚线层"，如图 5-81 所示。

（9）绘制竖直直线。返回实线层，单击"绘图"工具栏中的"直线"按钮📏，开启"对象捕捉"和"正交模式"，捕捉直线 1 的右端点，以其为起点向下绘制一条长度为 20mm 的竖直直线，如图 5-82 所示。

（10）旋转图形。单击"修改"工具栏中的"旋转"按钮🔄，选择直线 8 以左的图形作为旋转对象，选择 O 点作为旋转基点，进行旋转操作，命令行提示与操作如下。

```
命令: _rotate
UCS 当前的正角方向:  ANGDIR=逆时针  ANGBASE=0
选择对象: 指定对角点: 找到 9 个  （用矩形框选择旋转对象）✓
选择对象:
指定基点:（选择 O 点）✓
指定旋转角度，或 [复制(C)/参照(R)] <180>: c✓
旋转一组选定对象
指定旋转角度，或 [复制(C)/参照(R)] <180>: 180✓
```

旋转结果如图 5-83 所示。

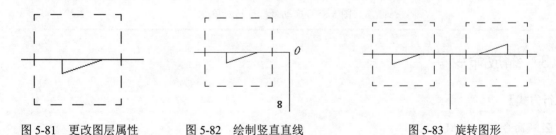

图 5-81　更改图层属性　　　　图 5-82　绘制竖直直线　　　　图 5-83　旋转图形

（11）绘制圆环。选择"绘图"菜单中的"圆环"命令，捕捉 O 点作为圆心，绘制一个半径为 1.5mm 的实心圆。命令行提示与操作如下。

```
命令: DONUT✓
指定圆环的内径 <默认值>:0✓
指定圆环的外径 <默认值>:1.5✓
指定圆环的中心点或 <退出>:（捕捉 O 点）
指定圆环的中心点或 <退出>:✓
```

结果如图 5-75 所示。至此，电极探头符号绘制完成。

【选项说明】

（1）复制(C)：选择该选项，旋转对象的同时，保留原对象，如图 5-84 所示。

图 5-84　复制旋转

（2）参照(R)：采用参照方式旋转对象时，系统提示与操作如下。

指定参照角 <0>:（指定要参考的角度，默认值为 0）
指定新角度：（输入旋转后的角度值）

操作完毕后，对象被旋转至指定的角度位置。

🎓 高手支招

可以用拖动鼠标的方法旋转对象。选择对象并指定基点后，从基点到当前光标位置会出现一条连线，鼠标选择的对象会动态地随着该连线与水平方向的夹角的变化而旋转，按 Enter 键，确认旋转操作，如图 5-85 所示。

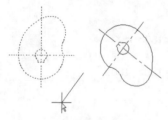

图 5-85　拖动鼠标旋转对象

5.5.3　缩放命令

【执行方式】

- ☑ 命令行：SCALE。
- ☑ 菜单栏：选择菜单栏中的"修改"→"缩放"命令。
- ☑ 快捷菜单：选择要缩放的对象，在绘图区右击，在弹出的快捷菜单中选择"缩放"命令。
- ☑ 工具栏：单击"修改"工具栏中的"缩放"按钮。
- ☑ 功能区：单击"默认"选项卡"修改"面板中的"缩放"按钮。

【操作实践——绘制紫荆花】

绘制如图 5-86 所示的紫荆花。操作步骤如下：

（1）绘制花瓣外框。单击"绘图"工具栏中的"圆弧"按钮，绘制花瓣外形，尺寸适当选取，结果如图 5-87 所示。

（2）绘制五角星。

① 单击"绘图"工具栏中的"多边形"按钮，绘制一个正五边形。

② 单击"绘图"工具栏中的"直线"按钮，分别连接正五边形各顶点，绘制结果如图 5-88 所示。

图 5-86　紫荆花　　　　图 5-87　花瓣外框　　　　图 5-88　绘制五角星

（3）编辑五角星。

① 单击"修改"工具栏中的"删除"按钮，删除正五边形，结果如图 5-89 所示。

② 单击"修改"工具栏中的"修剪"按钮，将五角星内部线段进行修剪，结果如图 5-90 所示。

（4）缩放五角星。单击"修改"工具栏中的"缩放"按钮，缩放五角星，命令行提示与操作如下。

命令: SCALE
选择对象:（选择五角星）
选择对象:
指定基点:（适当指定一点）
指定比例因子或 [复制(C)/参照(R)]: 0.5

结果如图 5-91 所示。

图 5-89　删除正五边形　　　图 5-90　修剪五角星　　　图 5-91　缩放五角星

（5）阵列花瓣。单击"修改"工具栏中的"环形阵列"按钮，阵列花瓣，命令行提示与操作如下。

命令: _arraypolar
选择对象: 指定对角点: 找到 10 个（选择绘制的花瓣）
选择对象:
类型 = 极轴　关联 = 是
指定阵列的中心点或 [基点(B)/旋转轴(A)]:（选择花瓣下端点外一点）
选择夹点以编辑阵列或 [关联(AS)/基点(B)/项目(I)/项目间角度(A)/填充角度(F)/行(ROW)/层(L)/旋转项目(ROT)/退出(X)] <退出>: I
输入阵列中的项目数或 [表达式(E)] <6>: 5（输入阵列个数）
选择夹点以编辑阵列或 [关联(AS)/基点(B)/项目(I)/项目间角度(A)/填充角度(F)/行(ROW)/层(L)/旋转项目(ROT)/退出(X)] <退出>:

绘制出的紫荆花图案如图 5-86 所示。

【选项说明】

（1）参照(R)：采用参考方向缩放对象时，系统提示如下。

指定参照长度 <1>:（指定参考长度值）
指定新的长度或 [点(P)] <1.0000>:（指定新长度值）

若新长度值大于参考长度值，则放大对象；否则，缩小对象。操作完毕后，系统以指定的基点按指定的比例因子缩放对象。如果选择"点(P)"选项，则指定两点来定义新的长度。

（2）指定比例因子：选择对象并指定基点后，从基点到当前光标位置会出现一条线段，线段的长度即为比例因子。鼠标选择的对象会动态地随着该连线长度的变化而缩放，按 Enter 键，确认缩放操作。

（3）复制(C)：选择该选项时，可以复制缩放对象，即缩放对象时，保留原对象，如图 5-92 所示。

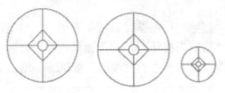

图 5-92　复制缩放

5.6　综合演练——操作杆

本实例绘制的操作杆如图 5-93 所示。

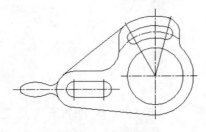

图 5-93　操作杆

手把手教你学

在本实例中，综合运用了本章所学的一些编辑命令，绘制的大体顺序是先设置绘图环境，即新建图层，接着利用"直线""偏移"命令绘制大体框架，从而确定吊钩的大体尺寸和位置，然后利用"圆""圆弧"命令绘制轮廓，利用"修剪"命令修剪多余部分。

【操作步骤】

（1）单击"图层"工具栏中的"图层特性管理器"按钮，新建两个图层：

① 第一图层命名为"轮廓线"，线宽属性为 0.3mm，其余属性默认。

② 第二图层名称设为"中心线"，颜色设为红色，线型加载为 CENTER，其余属性默认。

（2）将"中心线"图层设置为当前图层。单击"绘图"工具栏中的"直线"按钮✐，绘制一条直线，命令行提示与操作如下。

```
命令: LINE✓
指定第一个点:
指定下一点或 [放弃(U)]:（用鼠标在水平方向上取两点）
指定下一点或 [放弃(U)]:✓
```

重复上述命令绘制竖直辅助直线，结果如图 5-94 所示。

（3）将"轮廓线"图层设置为当前图层。单击"修改"工具栏中的"偏移"按钮▣，偏移水平辅助线，命令行提示与操作如下。

```
命令: OFFSET✓
当前设置: 删除源=否　图层=源　OFFSETGAPTYPE=0
指定偏移距离或 [通过(T)/删除(E)/图层(L)] <6.0000>: 25
选择要偏移的对象，或 [退出(E)/放弃(U)] <退出>:（选取水平辅助直线）
指定要偏移的那一侧上的点，或 [退出(E)/多个(M)/放弃(U)] <退出>:（选取水平辅助直线上侧）
选择要偏移的对象，或 [退出(E)/放弃(U)] <退出>:
```

重复上述命令将竖直辅助直线分别向左偏移 102、162 和 270。

选取偏移后的直线，将其所在层修改为"轮廓线"层，结果如图 5-95 所示。

（4）单击"绘图"工具栏中的"直线"按钮✐，绘制两条直线，命令行提示与操作如下。

```
命令: LINE✓
指定第一个点:（选取点 1）
指定下一点或 [放弃(U)]: @120<75✓
指定下一点或 [放弃(U)]:✓
命令: LINE✓
指定第一个点:（选取点 1）
指定下一点或 [放弃(U)]: @120<120✓
指定下一点或 [放弃(U)]:✓
```

结果如图 5-96 所示。

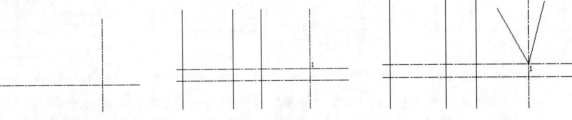

图 5-94　绘制辅助直线　　　　　图 5-95　偏移处理　　　　　图 5-96　绘制直线

（5）单击"绘图"工具栏中的"圆"按钮◉，绘制一个圆，命令行提示与操作如下。

```
命令: CIRCLE✓
指定圆的圆心或 [三点(3P)/两点(2P)/切点，切点，半径(T)]:（选取点 1）
指定圆的半径或 [直径(D)]:55✓
```

　　重复上述命令以点 1 为圆心分别绘制半径为 75、86、116 的圆，以点 2 为圆心绘制半径为 15 的圆，以点 3 为圆心分别绘制半径为 15 和 35 的圆，以点 4 为圆心绘制半径为 12 的圆，以点 5 为圆心绘制半径为 12 的圆，结果如图 5-97 所示。

　　（6）单击"修改"工具栏中的"偏移"按钮 ，将竖直辅助直线向左偏移 72，向右偏移 48，结果如图 5-98 所示。

　　（7）单击"绘图"工具栏中的"圆"按钮 ，绘制一个圆，命令行提示与操作如下。

```
命令: CIRCLE↙
指定圆的圆心或 [三点(3P)/两点(2P)/切点，切点，半径(T)]: t↙
指定对象与圆的第一个切点：（选取线段 6 上的一点）
指定对象与圆的第二个切点：（选取半径为 116 的圆上的一点）
指定圆的半径 <35.0000>: 30↙
```

　　重复上述命令绘制与线段 7 和半径为 116 的圆相切的圆，半径为 30；绘制与线段 7 和半径为 75 的圆相切的圆，半径为 15，结果如图 5-99 所示。

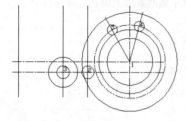 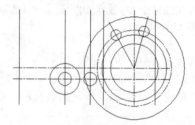 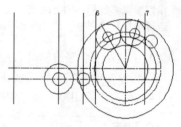

图 5-97　绘制圆　　　　　　　图 5-98　偏移处理　　　　　　　图 5-99　绘制圆

　　（8）单击"修改"工具栏中的"修剪"按钮 ，修剪掉多余的直线，结果如图 5-100 所示。

　　（9）单击"绘图"工具栏中的"直线"按钮 ，绘制直线，结果如图 5-101 所示。

　　（10）单击"绘图"工具栏中的"圆"按钮 ，绘制与线段 6 和线段 7 相切的圆，半径为 40，结果如图 5-102 所示。

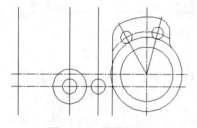 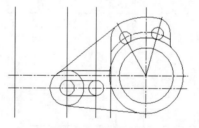 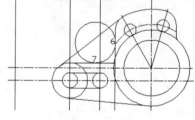

图 5-100　修剪处理　　　　　　图 5-101　绘制直线　　　　　　图 5-102　绘制圆

　　（11）单击"修改"工具栏中的"修剪"按钮 ，进行修剪处理，如图 5-103 所示。

　　（12）单击"绘图"工具栏中的"圆弧"按钮 ，绘制两段圆弧，命令行提示与操作如下。

```
命令: ARC↙
指定圆弧的起点或 [圆心(C)]:（选取适当一点）
指定圆弧的第二个点或 [圆心(C)/端点(E)]: e↙
指定圆弧的端点：（选取适当一点）
指定圆弧的中心点（按住 Ctrl 键以切换方向）或 [角度(A)/方向(D)/半径(R)]: r↙
指定圆弧的半径（按住 Ctrl 键以切换方向）: 98↙
```

命令: ARC
指定圆弧的起点或 [圆心(C)]:（选取适当一点）
指定圆弧的第二个点或 [圆心(C)/端点(E)]: e↙
指定圆弧的端点:（选取适当一点）
指定圆弧的中心点(按住 Ctrl 键以切换方向)或 [角度(A)/方向(D)/半径(R)]:r↙
指定圆弧的半径(按住 Ctrl 键以切换方向):74↙

单击"修改"工具栏中的"修剪"按钮，进行修剪处理，如图 5-104 所示。

（13）单击"修改"工具栏中的"偏移"按钮，将水平辅助直线分别向两侧偏移 14，将最左侧的竖直线向右偏移 9，结果如图 5-105 所示。

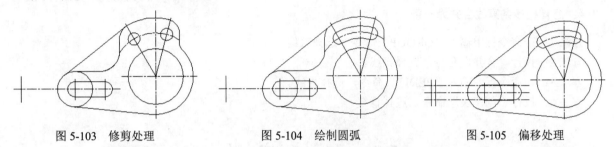

图 5-103　修剪处理　　　　　　　图 5-104　绘制圆弧　　　　　　　图 5-105　偏移处理

（14）单击"绘图"工具栏中的"圆"按钮，以点 O 为圆心绘制半径为 9 的圆；再分别绘制与半径为 9 的圆和线段 8、线段 9 相切的圆，半径为 60；再分别绘制与半径为 35 的圆和圆 E、圆 F 相切的圆，半径为 18，结果如图 5-106 所示。

（15）单击"修改"工具栏中的"修剪"按钮，进行修剪处理，如图 5-107 所示。

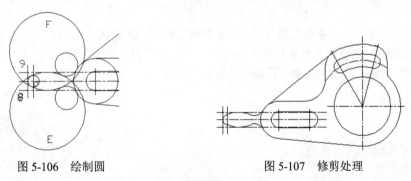

图 5-106　绘制圆　　　　　　　　　　图 5-107　修剪处理

（16）单击"修改"工具栏中的"删除"按钮，删除多余的直线，如图 5-93 所示。

5.7　名师点拨——绘图学一学

1. 镜像命令的操作技巧

镜像对创建对称的图样非常有用，可以快速地绘制半个对象，然后将其镜像，而不必绘制整个对象。

默认情况下，镜像文字、属性及属性定义时，它们在镜像后所得图像中不会反转或倒置。文字的对齐和对正方式在镜像图样前后保持一致。如果制图确实要反转文字，可将 MIRRTEXT 系统变量设置为 1，默认值为 0。

2. 如何用 BREAK 命令在一点打断对象

执行 BREAK 命令，在提示输入第二点时，可以输入"@"再按 Enter 键，这样即可在第一点打断选定对象。

3. 怎样用"修剪"命令同时修剪多条线段

竖直线与 4 条平行线相交，现在要剪切掉竖直线右侧的部分，执行 TRIM 命令，在命令行中显示"选择对象"时，选择直线并按 Enter 键，然后输入 F 并按 Enter 键，最后在竖直线右侧画一条直线并按 Enter 键，即可完成修剪。

4. 怎样把多条直线合并为一条

方法 1：在命令行中输入"GROUP"命令，选择直线。
方法 2：执行"合并"命令，选择直线。
方法 3：在命令行中输入"PEDIT"命令，选择直线。
方法 4：执行"创建块"命令，选择直线。

5.8 上 机 实 验

【练习 1】绘制如图 5-108 所示的三角铁零件图形。

1. 目的要求

本练习设计的图形是一个常见的机械零件。在绘制的过程中，除了要用到"直线"和"圆"等基本绘图命令外，还要用到"旋转"、"复制"和"修剪"等编辑命令。本练习的目的是通过上机实验，帮助读者掌握"旋转"、"复制"和"修剪"等编辑命令的用法。

图 5-108　三角铁零件

2. 操作提示

（1）绘制水平直线。
（2）旋转复制直线。
（3）绘制圆。
（4）复制圆。
（5）修剪图形。
（6）保存图形。

【练习 2】绘制如图 5-109 所示的塔形三角形。

1. 目的要求

本练习绘制的图形比较简单，但是要使里面的 3 条图线的端点恰好在大三角形的 3 个边的中点上。利用"偏移"、"分解"、"圆角"和"修剪"命令，通过本练习，读者将熟悉编辑命令的操作方法。

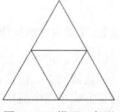

图 5-109　塔形三角形

2. 操作提示

（1）绘制正三角形。

（2）分解三角形。

（3）分别沿三角形边线垂直方向偏移边线。

（4）修剪三角形外部边线。

【练习 3】 绘制如图 5-110 所示的轴承座零件。

1. 目的要求

本练习绘制的图形比较常见，属于对称图形。利用"直线"和"圆"命令绘制基本尺寸，再利用"偏移"和"修剪"命令，完成左侧图形的绘制，最后利用"镜像"命令，完成图形绘制。通过本练习，读者将体会到"镜像"编辑命令的好处。

2. 操作提示

（1）利用"图层"命令设置 3 个图层。

（2）利用"直线"命令绘制中心线。

（3）利用"直线"和"圆"命令绘制部分轮廓线。

（4）利用"圆角"命令进行圆角处理。

（5）利用"直线"命令绘制螺孔线。

（6）利用"镜像"命令对左端局部结构进行镜像。

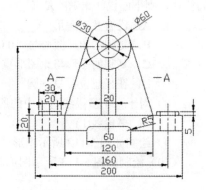

图 5-110　轴承座零件

5.9　模 拟 考 试

（1）执行矩形阵列命令选择对象后，默认创建几行几列图形？（　　　）

  A．2 行 3 列　　　　　　　　C．3 行 4 列

  B．3 行 2 列　　　　　　　　D．4 行 3 列

（2）已有一个画好的圆，绘制一组同心圆可以用哪个命令来实现？（　　　）

  A．STRETCH 伸展　　　　　B．OFFSET 偏移

  C．EXTEND 延伸　　　　　　D．MOVE 移动

（3）关于偏移，下面说法错误的是（　　　）。

  A．偏移值为 30　　　　　　　B．偏移值为–30

  C．偏移圆弧时，既可以创建更大的圆弧，也可以创建更小的圆弧

  D．可以偏移的对象类型有样条曲线

（4）如果对图 5-111 中的正方形沿两个点打断，打断之后的长度为（　　　）。

  A．150　　　　　　　　　　B．100

  C．150 或 50　　　　　　　　D．随机

（5）关于分解命令（EXPLODE）的描述正确的是（　　　）。

  A．对象分解后颜色、线型和线宽不会改变

  B．图案分解后图案与边界的关联性仍然存在

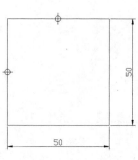

图 5-111　矩形

C．多行文字分解后将变为单行文字

D．构造线分解后可得到两条射线

（6）对两条平行的直线倒圆角（FILLET），圆角半径设置为 20，其结果是（　　）。

A．不能倒圆角

B．按半径 20 倒圆角

C．系统提示错误

D．倒出半圆，其直径等于直线间的距离

（7）使用 COPY 复制一个圆，指定基点为（0,0），再提示指定第二个点时按 Enter 键，以第一个点作为位移，则下面说法正确的是（　　）。

A．没有复制图形

B．复制的图形圆心与"0,0"重合

C．复制的图形与原图形重合

D．在任意位置复制圆

（8）对于一个多段线对象中的所有角点进行圆角，可以使用圆角命令中的（　　）命令选项。

A．多段线(P)　　　　B．修剪(T)　　　　C．多个(U)　　　　D．半径(R)

（9）绘制如图 5-112 所示图形。

（10）绘制如图 5-113 所示图形。

图 5-112　图形 1　　　　　　　图 5-113　图形 2

第6章

面域与图案填充

　　本章开始循序渐进地学习有关 AutoCAD 2015 的面域命令和图案填充相关命令。熟练掌握用 AutoCAD 2015 绘制复杂填充图案方法。

6.1 面　　域

面域是具有边界的平面区域，内部可以包含孔。用户可以将由某些对象围成的封闭区域转变为面域。这些封闭区域可以是圆、椭圆、封闭二维多段线、封闭样条曲线等，也可以是由圆弧、直线、二维多段线和样条曲线等构成的封闭区域。

【预习重点】

　　☑　　了解面域的含义及适用范围。
　　☑　　对比布尔运算差别。
　　☑　　练习使用差集、并集、交集。

6.1.1　创建面域

【执行方式】

　　☑　　命令行：REGION（快捷命令：REG）。
　　☑　　菜单栏：选择菜单栏中的"绘图"→"面域"命令。
　　☑　　工具栏：单击"绘图"工具栏中的"面域"按钮 。
　　☑　　功能区：单击"默认"选项卡"绘图"面板中的"面域"按钮 。

【操作步骤】

命令: REGION↙
选择对象:
选择对象后，系统自动将所选择的对象转换成面域

6.1.2　布尔运算

布尔运算是数学中的一种逻辑运算，用在 AutoCAD 绘图中，能够极大地提高绘图效率。布尔运算包括并集、交集和差集 3 种，其操作方法类似，一并介绍如下。

【执行方式】

　　☑　　命令行：UNION（并集，快捷命令：UNI）或 INTERSECT（交集，快捷命令：IN）或 SUBTRACT（差集，快捷命令：SU）。
　　☑　　菜单栏：选择菜单栏中的"修改"→"实体编辑"→"并集"（"差集"、"交集"）命令。
　　☑　　工具栏：单击"实体编辑"工具栏中的"并集"按钮 （"差集"按钮 、"交集"按钮 ）。
　　☑　　功能区：单击"三维工具"选项卡"实体编辑"面板中的"并集"按钮 、"交集"按钮 和"差集"按钮 。

【操作实践——绘制三角铁】

绘制如图 6-1 所示的三角铁。操作步骤如下：

（1）单击"绘图"工具栏中的"多边形"按钮 和"圆"按钮 ，绘制初步轮廓，命令行提示与操作如下。

```
命令: CIRCLE
指定圆的圆心或 [三点(3P)/两点(2P)/切点，切点，半径(T)]: ✓（指定圆心）
指定圆的半径或 [直径(D)]: ✓（指定半径）
命令: POLYGON✓
输入侧面数 <4>: 3✓
指定正多边形的中心点或 [边(E)]: ✓（指定中心点与圆心重合）
输入选项 [内接于圆(I)/外切于圆(C)] <I>:✓
指定圆的半径: ✓（指定半径）
```

利用相同的方法以相同半径绘制其他 6 个圆，结果如图 6-2 所示。

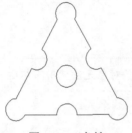
图 6-1　三角铁

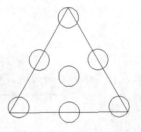
图 6-2　初步轮廓

（2）单击"绘图"工具栏中的"面域"按钮 ，将三角形及其边上的 6 个圆转换成面域。命令行提示与操作如下。

```
命令: REGION✓
选择对象: ✓（依次选择三角形和圆）
...
找到 7 个
选择对象: ✓
已提取 7 个环
已创建 7 个面域
```

（3）单击"实体编辑"工具栏中的"并集"按钮 ，将正三角形分别与 3 个角上的圆进行并集处理。命令行提示与操作如下。

```
命令: UNION✓
选择对象: ✓（选择三角形）
选择对象: ✓（选择顶角的圆）
选择对象: ✓（选择左角的圆）
选择对象: ✓（选择右角的圆）
找到 4 个
选择对象: ✓
```

📢 **提示**

在选择对象时要按住 Shift 键，同时选择并集处理的两个对象。

（4）单击"实体编辑"工具栏中的"差集"按钮，以三角形为主体对象，以 3 个边中间位置的圆为参照体，进行差集处理。命令行提示与操作如下。

```
命令: SUBTRACT↙
选择要从中减去的实体或面域...
选择对象: ↙（选择三角形）
找到 1 个
选择对象: ↙
选择要减去的实体或面域...
选择对象: ↙（选择中部的圆）
...
找到 3 个
选择对象: ↙
```

结果如图 6-1 所示。

🎓 高手支招

> 布尔运算的对象只包括实体和共面面域，对于普通的线条对象无法使用布尔运算。

6.2　图案填充

当用户需要用一个重复的图案（pattern）填充一个区域时，可以使用 BHATCH 命令，创建一个相关联的填充阴影对象，即所谓的图案填充。

【预习重点】

- ☑　观察图案填充结果。
- ☑　了解填充样例对应的含义。
- ☑　确定边界选择要求。
- ☑　了解对话框中参数的含义。

6.2.1　基本概念

1. 图案边界

当进行图案填充时，首先要确定填充图案的边界。定义边界的对象只能是直线、双向射线、单向射线、多义线、样条曲线、圆弧、圆、椭圆、椭圆弧、面域等对象或用这些对象定义的块，而且作为边界的对象在当前图层上必须全部可见。

2. 孤岛

在进行图案填充时，把位于总填充区域内的封闭区称为孤岛，如图 6-3 所示。在使用 BHATCH 命令填充时，AutoCAD 系统允许用户以拾取点的方式确定填充边界，即在希望填充的区域内任意拾取一点，系统会自动确定出填充边界，同时也确定该边界内的岛。如果用户以选择对象的方式确定填充边界，则必须确切地选取这些岛，有关知识将在 6.2.2 节中介绍。

3. 填充方式

在进行图案填充时，需要控制填充的范围，AutoCAD 系统为用户设置了以下 3 种填充方式，以实现对填充范围的控制。

（1）普通方式。如图 6-4（a）所示，该方式从边界开始，从每条填充线或每个填充符号的两端向里填充，遇到内部对象与之相交时，填充线或符号断开，直到遇到下一次相交时再继续填充。采用这种填充方式时，要避免剖面线或符号与内部对象的相交次数为奇数，该方式为系统内部的默认方式。

（2）最外层方式。如图 6-4（b）所示，该方式从边界向里填充，只要在边界内部与对象相交，剖面符号就会断开，而不再继续填充。

（3）忽略方式。如图 6-4（c）所示，该方式忽略边界内的对象，所有内部结构都被剖面符号覆盖。

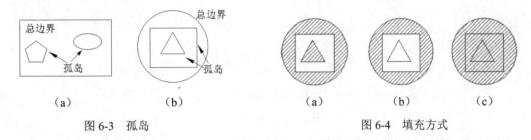

图 6-3　孤岛　　　　　　　　　图 6-4　填充方式

6.2.2　图案填充的操作

【执行方式】

☑　命令行：BHATCH（快捷命令：H）。
☑　菜单栏：选择菜单栏中的"绘图"→"图案填充"命令。
☑　工具栏：单击"绘图"工具栏中的"图案填充"按钮。
☑　功能区：单击"默认"选项卡"绘图"面板中的"图案填充"按钮。

【操作步骤】

执行上述命令后，系统打开如图 6-5 所示的"图案填充创建"选项卡。

图 6-5　"图案填充创建"选项卡

【选项说明】

1. "边界"面板

（1）拾取点：通过选择由一个或多个对象形成的封闭区域内的点，确定图案填充边界（如图 6-6 所示）。

指定内部点时，可以随时在绘图区域中右击以显示包含多个选项的快捷菜单。

 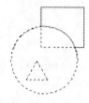 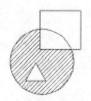

　　　（a）选择一点　　　　　　（b）填充区域　　　　　　（c）填充结果

图 6-6　边界确定

（2）选择边界对象：指定基于选定对象的图案填充边界。使用该选项时，不会自动检测内部对象，必须选择选定边界内的对象，以按照当前孤岛检测样式填充这些对象（如图 6-7 所示）。

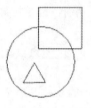 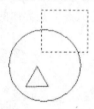 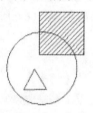

　　　（a）原始图形　　　　　　（b）选取边界对象　　　　　（c）填充结果

图 6-7　选取边界对象

（3）删除边界对象：从边界定义中删除之前添加的任何对象（如图 6-8 所示）。

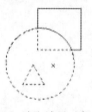 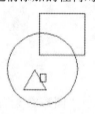 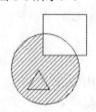

　　　（a）选取边界对象　　　　　（b）删除边界　　　　　　（c）填充结果

图 6-8　删除"岛"后的边界

（4）重新创建边界：围绕选定的图案填充或填充对象创建多段线或面域，并使其与图案填充对象相关联（可选）。

（5）显示边界对象：选择构成选定关联图案填充对象的边界的对象，使用显示的夹点可修改图案填充边界。

（6）保留边界对象：指定如何处理图案填充边界对象。包括以下几个选项。

① 不保留边界。（仅在图案填充创建期间可用）不创建独立的图案填充边界对象。

② 保留边界-多段线。（仅在图案填充创建期间可用）创建封闭图案填充对象的多段线。

③ 保留边界-面域。（仅在图案填充创建期间可用）创建封闭图案填充对象的面域对象。

④ 选择新边界集。指定对象的有限集（称为边界集），以便通过创建图案填充时的拾取点进行计算。

2．"图案"面板

显示所有预定义和自定义图案的预览图像。

3．"特性"面板

（1）图案填充类型：指定是使用纯色、渐变色、图案还是用户定义的填充。

（2）图案填充颜色：替代实体填充和填充图案的当前颜色。

（3）背景色：指定填充图案背景的颜色。

（4）图案填充透明度：设定新图案填充或填充的透明度，替代当前对象的透明度。

（5）图案填充角度：指定图案填充或填充的角度。

（6）填充图案比例：放大或缩小预定义或自定义填充图案。

（7）相对图纸空间：（仅在布局中可用）相对于图纸空间单位缩放填充图案。使用此选项，很容易做到以适合布局的比例显示填充图案。

（8）双向：（仅当"图案填充类型"设定为"用户定义"时可用）将绘制第二组直线，与原始直线成90°角，从而构成交叉线。

（9）ISO 笔宽：（仅对于预定义的 ISO 图案可用）基于选定的笔宽缩放 ISO 图案。

4．"原点"面板

（1）设定原点：直接指定新的图案填充原点。

（2）左下：将图案填充原点设定在图案填充边界矩形范围的左下角。

（3）右下：将图案填充原点设定在图案填充边界矩形范围的右下角。

（4）左上：将图案填充原点设定在图案填充边界矩形范围的左上角。

（5）右上：将图案填充原点设定在图案填充边界矩形范围的右上角。

（6）中心：将图案填充原点设定在图案填充边界矩形范围的中心。

（7）使用当前原点：将图案填充原点设定在 HPORIGIN 系统变量中存储的默认位置。

（8）存储为默认原点：将新图案填充原点的值存储在 HPORIGIN 系统变量中。

5．"选项"面板

（1）关联：指定图案填充或填充为关联图案填充。关联的图案填充或填充在用户修改其边界对象时将会更新。

（2）注释性：指定图案填充为注释性。此特性会自动完成缩放注释过程，从而使注释能够以正确的大小在图纸上打印或显示。

（3）特性匹配。

① 使用当前原点：使用选定图案填充对象（除图案填充原点外）设定图案填充的特性。

② 使用源图案填充的原点：使用选定图案填充对象（包括图案填充原点）设定图案填充的特性。

（4）允许的间隙：设定将对象用作图案填充边界时可以忽略的最大间隙。默认值为 0，此值指定对象必须封闭区域而没有间隙。

（5）创建独立的图案填充：控制当指定了几个单独的闭合边界时，是创建单个图案填充对象，还是创建多个图案填充对象。

（6）孤岛检测。

① 普通孤岛检测：从外部边界向内填充。如果遇到内部孤岛，填充将关闭，直到遇到孤岛中的另一个孤岛。

② 外部孤岛检测：从外部边界向内填充。此选项仅填充指定的区域，不会影响内部孤岛。

③ 忽略孤岛检测：忽略所有内部的对象，填充图案时将通过这些对象。

（7）绘图次序：为图案填充或填充指定绘图次序。选项包括不更改、后置、前置、置于边界之后和置于边界之前。

6. "关闭"面板

关闭"图案填充创建"：退出 BHATCH 并关闭上下文选项卡。也可以按 Enter 键或 Esc 键退出 BHATCH。

6.2.3 渐变色的操作

【执行方式】

- ☑ 命令行：GRADIENT。
- ☑ 菜单栏：选择菜单栏中的"绘图"→"渐变色"命令。
- ☑ 工具栏：单击"绘图"工具栏中的"渐变色"按钮▦。
- ☑ 功能区：单击"默认"选项卡"绘图"面板中的"渐变色"按钮▦。

【操作步骤】

执行上述命令后系统打开如图 6-9 所示的"图案填充创建"选项卡，各面板中的按钮含义与图案填充的类似，这里不再赘述。

图 6-9 "图案填充创建"选项卡

6.2.4 边界的操作

【执行方式】

- ☑ 命令行：BOUNDARY。
- ☑ 功能区：单击"默认"选项卡"绘图"面板中的"边界"按钮▦。

【操作步骤】

执行上述命令后系统打开如图 6-10 所示的"边界创建"对话框。

图 6-10 "边界创建"对话框

【选项说明】

（1）拾取点：根据围绕指定点构成封闭区域的现有对象来确定边界。

（2）孤岛检测：控制 BOUNDARY 命令是否检测内部闭合边界，该边界称为孤岛。

（3）对象类型：控制新边界对象的类型。BOUNDARY 将边界作为面域或多段线对象创建。

（4）边界集：定义通过指定点定义边界时，BOUNDARY 要分析的对象集。

6.2.5 编辑填充的图案

利用 HATCHEDIT 命令可以编辑已经填充的图案。

【执行方式】

- ☑ 命令行：HATCHEDIT（快捷命令：HE）。
- ☑ 菜单栏：选择菜单栏中的"修改"→"对象"→"图案填充"命令。
- ☑ 工具栏：单击"修改 II"工具栏中的"编辑图案填充"按钮 。
- ☑ 功能区：单击"默认"选项卡"修改"面板中的"编辑图案填充"按钮 。
- ☑ 快捷菜单：选中填充的图案右击，在打开的快捷菜单中选择"图案填充编辑"命令（如图 6-11 所示）。
- ☑ 快捷方法：直接选择填充的图案，打开"图案填充编辑器"选项卡（如图 6-12 所示）。

图 6-11　快捷菜单

图 6-12　"图案填充编辑器"选项卡

【操作实践——绘制圆锥齿轮】

绘制如图 6-13 所示的圆锥齿轮。操作步骤如下：

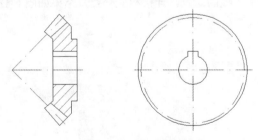

图 6-13　圆锥齿轮

（1）单击"图层"工具栏中的"图层特性管理器"按钮 ，创建 3 个图层，设置如图 6-14 所示。

（2）绘制中心线。

① 切换图层：将"中心线"图层设定为当前图层。

② 绘制中心线：单击"绘图"工具栏中的"直线"按钮 ，绘制中心线{（30,190）、（@80,0）}，

结果如图 6-15 所示。

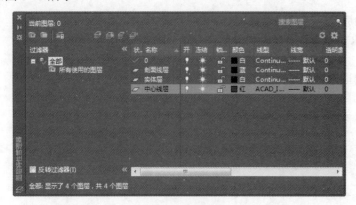

图 6-14　设置图层　　　　　　　　　　　　　　　图 6-15　绘制中心线

③ 采用直线旋转复制命令，单击"修改"工具栏中的"旋转"按钮◎，或者在命令行中输入"ROTATE"命令后按 Enter 键，命令行中出现如下提示信息。

命令: ROTATE
UCS 当前的正角方向:　ANGDIR=逆时针　ANGBASE=0
选择对象: 找到 1 个
选择对象:
指定基点:
指定旋转角度，或 [复制(C)/参照(R)] <0>:　c
旋转一组选定对象
指定旋转角度，或 [复制(C)/参照(R)] <0>:　45

重复调用此命令，绘制 40°、49° 斜线，并将这两条直线转换为"实体层"。

结果如图 6-16 所示。

（3）绘制圆锥齿轮主视图。

① 将当前图层从"中心线"图层切换到"实体层"。

偏移直线：单击"修改"工具栏中的"偏移"按钮▣，选定水平中心线，分别向上偏移 30、32、37、42、46、54，并将其图层更改为"实体层"，结果如图 6-17 所示。

② 将直线延伸获得与相应水平线的交点，连接相应交点，结果如图 6-18 所示。

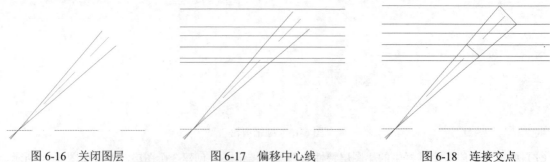

图 6-16　关闭图层　　　　　　图 6-17　偏移中心线　　　　　　图 6-18　连接交点

③ 单击"修改"工具栏中的"延伸"按钮▣，将旋转后的斜线分别延长与第 2、第 5 条中心线相交，然后单击"绘图"工具栏中的"直线"按钮✎，如图 6-19 所示。

④ 继续利用直线命令，在图中合适的位置绘制一条竖直直线，结果如图 6-20 所示。

⑤ 修剪横向直线：单击"修改"工具栏中的"修剪"按钮，以纵向直线作为剪切边，对横向直线进行修剪，结果如图 6-21 所示。

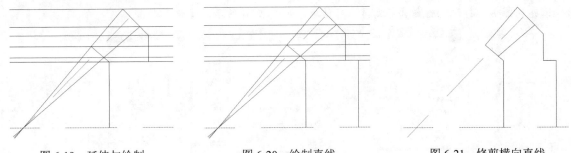

图 6-19　延伸与绘制　　　　图 6-20　绘制直线　　　　图 6-21　修剪横向直线

⑥ 图形镜像：单击"修改"工具栏中的"镜像"按钮，以中心线为镜像轴进行镜像操作，结果如图 6-22 所示。

⑦ 单击"修改"工具栏中的"偏移"按钮，偏移中心线，向上、下偏移量分别为 18mm 和 15mm，结果如图 6-23 所示。

⑧ 单击"修改"工具栏中的"修剪"按钮，以纵向直线作为剪切边，对横向直线进行修剪，并将修剪后的图线的图层更改为"实体层"，结果如图 6-24 所示。

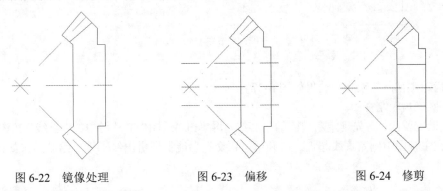

图 6-22　镜像处理　　　　图 6-23　偏移　　　　图 6-24　修剪

⑨ 绘制剖面线：切换到"剖面线层"，单击"绘图"工具栏中的"图案填充"按钮，进行填充，命令行提示与操作如下。

命令：BHATCH✓
拾取内部点或 [选择对象(S)/放弃(U)/设置(T)]：正在选择所有对象...（选择填充区域，设置填充图案为 ANSI31，填充比例为 2，如图 6-25 所示）
正在选择所有可见对象...
正在分析所选数据...
正在分析内部孤岛...
拾取内部点或 [选择对象(S)/放弃(U)/设置(T)]：

图 6-25　"图案填充创建"选项卡

141

注意 如果填充的图形需要修改，可以选择菜单栏中的"修改"→"对象"→"图案填充"命令，选择填充的图形，打开"图案填充编辑"对话框，如图 6-26 所示，修改参数。

图 6-26　"图案填充编辑"对话框

完成圆柱齿轮主视图的绘制，结果如图 6-27 所示。

（4）绘制圆锥齿轮左视图。

① 绘制辅助定位线：首先确定左视图的中心线，再单击"绘图"工具栏中的"直线"按钮，利用"对象捕捉"功能在主视图中确定直线起点，再利用"正交"功能保证引出线水平，绘制结果如图 6-28 所示。

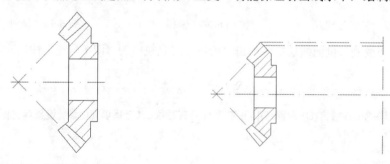

图 6-27　圆锥齿轮主视图　　　　　　　　图 6-28　绘制辅助定位线

注意 圆锥齿轮左视图由一组同心圆和键槽组成。左视图是在主视图的基础上生成的，因此需要借助主视图的位置信息确定同心圆的半径或直径数值，这时就需要从主视图引出相应的辅助定位线，利用"对象捕捉"确定键槽关键点进行绘制。

② 绘制同心圆：单击"绘图"工具栏中的"圆"按钮，以右侧中心线交点为圆心，依次捕捉辅助定位线与中心线的交点为半径，绘制 3 个圆，删除辅助直线，结果如图 6-29 所示。

③ 绘制键槽：单击"绘图"工具栏中的"直线"按钮 ∠，利用"对象捕捉"功能在主视图中确定直线起点，再利用"正交"功能保证引出线水平，绘制结果如图 6-30 所示。

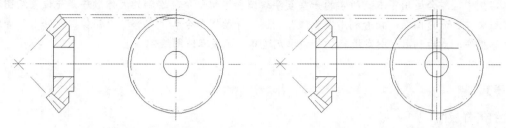

图 6-29　绘制同心圆　　　　　　　　　图 6-30　捕捉绘制相应辅助线

④ 再单击"修改"工具栏中的"修剪"按钮 ∠，对图形进行修剪，结果如图 6-31 所示。

⑤ 绘制键槽边界线：单击"绘图"工具栏中的"直线"按钮 ∠，根据主左视图的一一对应关系，利用"对象捕捉"功能在左视图中确定直线起点，再利用"正交"功能保证引出线水平，绘制结果如图 6-32 所示。

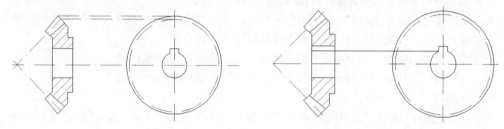

图 6-31　修剪图形　　　　　　　　　图 6-32　绘制相应辅助线

⑥ 单击"修改"工具栏中的"修剪"按钮 ∠，对图形进行修剪，结果如 6-13 所示。

6.3　综合演练——阀盖零件图

本实例绘制的阀盖零件图如图 6-33 所示。

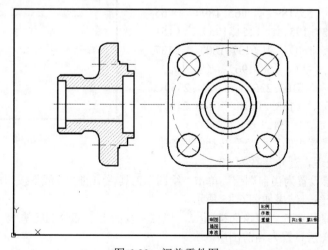

图 6-33　阀盖零件图

☆ 手把手教你学

在本实例中，综合运用了本章所学的一些复杂绘图和编辑命令，绘制的大体顺序是先设置绘图环境，即打开样板文件、新建图层，接着利用"直线""圆"等绘图命令和"偏移""镜像""修剪"等编辑命令绘制大体框架，最后利用"图案填充"命令填充边界，完成零件图绘制。

【操作步骤】

（1）打开样板图。

单击"标准"工具栏中的"打开"按钮 ，打开光盘中的"源文件\第 6 章\A3 样板图.dwt"文件。

（2）图层设置。

单击"图层"工具栏中的"图层特性管理器"按钮 ，打开"图层特性管理器"选项板，单击"新建图层"按钮 ，新建 5 个图层。

① "粗实线"图层：线宽为 0.3mm，其余属性保持默认设置。

② "中心线"图层：线宽为 0.15mm，颜色为红色，线型加载为 CENTER，其余属性保持默认设置。

③ "细实线"图层：线宽为 0.15mm，其余属性保持默认设置。

④ "填充线"图层：线宽为 0.15mm，颜色为绿色，其余属性保持默认设置。

⑤ "辅助线"图层：线宽为 0.15mm，颜色为洋红，其余属性保持默认设置。

（3）绘制视图。

① 将"中心线"图层设置为当前图层。单击"绘图"工具栏中的"直线"按钮 ，绘制水平和竖直对称中心线，坐标点为{（50, 160）、（350, 160）}、{（270, 80）、（270, 240）}、{（190, 240）、（350, 80）}和{（350, 240）、（190, 80）}。

② 单击"绘图"工具栏中的"圆"按钮 ，以坐标点（270, 160）为圆心，绘制φ140 中心线圆。

③ 单击"绘图"工具栏中的"直线"按钮 ，分别以φ140 圆与斜线的交点为起点绘制两条水平中心线，结果如图 6-34 所示。

（4）绘制主视图上半部分轮廓线。

① 将"粗实线"图层设置为当前图层。单击"绘图"工具栏中的"直线"按钮 ，绘制主视图的轮廓线，坐标点依次为{（55, 160）、（55, 189）、（65, 189）、（65, 180）、（137, 180）、（137, 195）、（151, 195）、（151, 160）}、{（65, 180）、（65, 160）}、{（137, 180）、（137, 160）}、{（55, 189）、（55, 193）、（58, 196）、（85, 196）、（89, 192）、（107, 192）、（107, 235）、（131, 235）、（131, 213）、（133, 213）、（133, 210）、（143, 210）、（143, 201）、（151, 201）、（151, 195）}。

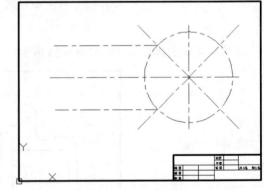

图 6-34　绘制中心线

② 单击"修改"工具栏中的"圆角"按钮 ，对图中相应的部位进行圆角处理，圆角半径为 10。

③ 将"细实线"图层设置为当前图层。单击"绘图"工具栏中的"直线"按钮 ，绘制坐标点为{（57, 195）、（86, 195）}的直线，结果如图 6-35 所示。

④ 单击"修改"工具栏中的"镜像"按钮 ，镜像主视图上半部分的轮廓线，结果如图 6-36 所示。

（5）将"填充线"图层设置为当前图层。

选择菜单栏中的"绘图"→"图案填充"命令，打开"图案填充创建"选项卡，如图 6-37 所示，设置填充类型为 ANSI31，比例为 1，角度为 0，选择要填充的区域，填充结果如图 6-38 所示。

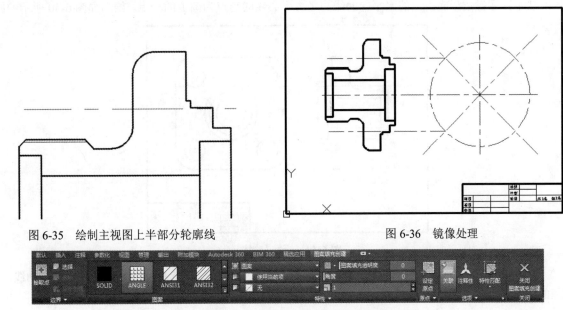

图 6-35　绘制主视图上半部分轮廓线　　　　　　　　　　图 6-36　镜像处理

图 6-37　"图案填充创建"选项卡

（6）绘制左视图。

① 将"辅助线"图层设置为当前图层。单击"绘图"工具栏中的"构造线"按钮，绘制水平构造线以保证主视图与左视图对应的"高平齐"关系。绘制构造线后的图形如图 6-39 所示。

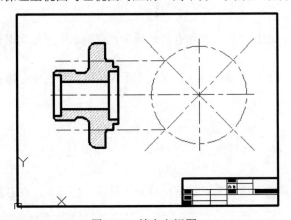

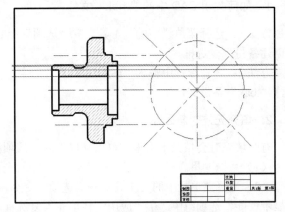

图 6-38　填充主视图　　　　　　　　　　　　图 6-39　绘制构造线

② 将"粗实线"图层设置为当前图层。单击"绘图"工具栏中的"圆"按钮，绘制左视图中的圆。以（270, 160）为中心，拾取水平辅助线与竖直中心线的交点，绘制 3 个圆；拾取圆弧点划线与斜点划线的一个交点为圆心，绘制半径为 14 的圆。

③ 环形阵列。单击"修改"工具栏中的"环形阵列"按钮，阵列步骤②绘制的 R14 的圆，拾取如图 6-39 所示大圆的圆心为阵列中心点，默认阵列个数为 4。

④ 单击"绘图"工具栏中的"直线"按钮，绘制坐标点分别为（345, 235）、（345, 85）、（195, 85）、（195, 235）的闭合曲线。

⑤ 单击"修改"工具栏中的"圆角"按钮，对左视图中阀盖的 4 个角进行圆角处理，圆角半径为 25。

⑥ 将"细实线"图层设置为当前图层。单击"绘图"工具栏中的"圆"按钮 ⊙，以（270，160）为圆心，拾取从主视图螺纹牙底引出的水平辅助线与竖直中心线的交点为圆上的一点，绘制如图 6-40 所示的圆。

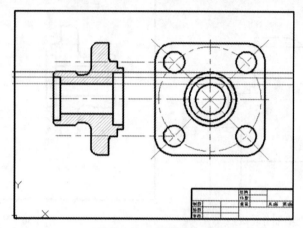

图 6-40　绘制左视图

⑦ 单击"修改"工具栏中的"修剪"按钮 ✁ 和"删除"按钮 ✁，删除和修剪视图中多余的辅助线，完成视图的绘制，最终结果如图 6-33 所示。

6.4　名师点拨——巧讲绘图

1．如何关闭 CAD 中的".bak"文件

方法 1：选择菜单栏中的"工具"→"选项"命令，选择"打开和保存"选项卡，取消选中"每次保存均创建备份"复选框。

方法 2：在命令行中输入"ISAVEBAK"命令，将系统变量修改为 0，系统变量为 1 时，每次保存都会创建".bak"备份文件。

2．填充无效时怎么办

有时填充时会填充不出来。可以从以下两个选项检查。

（1）系统变量。

（2）选择菜单栏中的"工具"→"选项"命令，弹出"选项"对话框，打开"显示"选项卡，在右侧"显示性能"选项组中选中"应用实体填充"复选框。

6.5　上机实验

【练习 1】绘制如图 6-41 所示的小房子图形。

1．目的要求

本练习设计的图形是一个简单的房子图形。在绘制的过程中，除了要用到"矩形"、"直线"和"圆

弧"等基本绘图命令外，主要还是利用"修剪"和"图案填充与渐变色"命令渲染房屋。本练习的目的是帮助读者掌握"图案填充与渐变色"编辑命令的用法。

2．操作提示

（1）绘制 45°矩形作为房顶、窗户。

（2）利用"直线"命令补充绘制房子轮廓。

（3）利用"圆弧"与"直线"命令绘制门。

（4）填充房屋。

（5）保存图形。

【练习2】绘制如图 6-42 所示的圆锥滚子轴承。

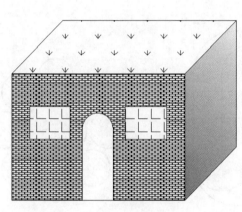

图 6-41　小房子

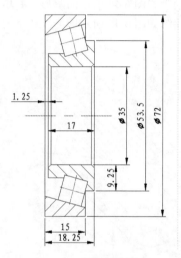

图 6-42　圆锥滚子轴承

1．目的要求

本练习需要绘制的是一个圆锥滚子轴承的剖视图。除了要用到一些基本的绘图命令外，还要用到"图案填充"命令及"旋转""镜像""修剪"等编辑命令。本练习的目的是进一步帮助读者熟悉常见编辑命令和"图案填充"命令的使用。

2．操作提示

（1）设置新图层。

（2）绘制中心线及滚子所在的矩形。

（3）旋转滚子所在的矩形。

（4）绘制半个轴承轮廓线。

（5）对绘制的图形进行修剪。

（6）镜像图形。

（7）分别对轴承外圈和内圈进行图案填充。

（8）保存图形。

6.6 模 拟 考 试

（1）同时填充多个区域，如果修改一个区域的填充图案而不影响其他区域，则（　　）。

　　A．将图案分解

　　B．在创建图案填充时选择"关联"

　　C．删除图案，重新对该区域进行填充

　　D．在创建图案填充时选择"创建独立的图案填充"

（2）创建如图 6-43 所示图形的面域，并填充图形。

（3）绘制如图 6-44 所示的图形，并填充图形。

（4）绘制如图 6-45 所示图形。

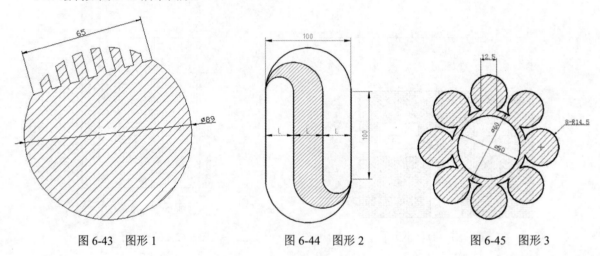

图 6-43　图形 1　　　　　图 6-44　图形 2　　　　　图 6-45　图形 3

第7章

高级绘图和编辑命令

本章循序渐进地学习有关 AutoCAD 2015 的复杂绘图命令和编辑命令，熟练掌握用 AutoCAD 2015 绘制二维几何元素，包括多段线、样条曲线及多线等的方法，同时利用相应的编辑命令修正图形。

7.1 多 段 线

多段线是一种由线段和圆弧组合而成的不同线宽的多线，这种线由于其组合形式的多样和线宽的不同，弥补了直线或圆弧功能的不足，适合绘制各种复杂的图形轮廓，因而得到了广泛的应用。

【预习重点】

☑ 比较多段线与直线、圆弧组合体的差异。
☑ 了解多段线命令行选项的含义。
☑ 了解如何编辑多段线。
☑ 对比编辑多段线与面域的区别。

7.1.1 绘制多段线

【执行方式】

☑ 命令行：PLINE（快捷命令：PL）。
☑ 菜单栏：选择菜单栏中的"绘图"→"多段线"命令。
☑ 工具栏：单击"绘图"工具栏中的"多段线"按钮 ❏。
☑ 功能区：单击"默认"选项卡"绘图"面板中的"多段线"按钮 ❏。

【操作实践——绘制八仙桌】

绘制如图 7-1 所示的八仙桌。操作步骤如下：

（1）单击"绘图"工具栏中的"矩形"按钮 ❏，绘制角点坐标为（225,0）和（275,830）的矩形，绘制结果如图 7-2 所示。

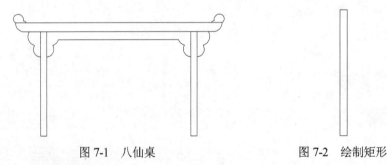

图 7-1 八仙桌   图 7-2 绘制矩形

（2）绘制多段线。选择菜单栏中的"绘图"→"多段线"命令，或者单击"绘图"工具栏中的"多段线"按钮 ❏，命令行提示与操作如下。

命令: PLINE↙
指定起点: 871,765↙
当前线宽为 0.0000
指定下一个点或 [圆弧(A)/半宽(H)/长度(L)/放弃(U)/宽度(W)]: 374,765↙
指定下一点或 [圆弧(A)/闭合(C)/半宽(H)/长度(L)/放弃(U)/宽度(W)]: a↙

指定圆弧的端点(按住 Ctrl 键以切换方向)或 [角度(A)/圆心(CE)/闭合(CL)/方向(D)/半宽(H)/直线(L)/半径(R)/第二个点(S)/放弃(U)/宽度(W)]: s✓

指定圆弧上的第二个点: 355.4,737.8✓

指定圆弧的端点: 323.4,721.3✓

指定圆弧的端点(按住 Ctrl 键以切换方向)或 [角度(A)/圆心(CE)/闭合(CL)/方向(D)/半宽(H)/直线(L)/半径(R)/第二个点(S)/放弃(U)/宽度(W)]: s✓

指定圆弧上的第二个点: 323.9,660.8✓

指定圆弧的端点: 275,629✓

指定圆弧的端点(按住 Ctrl 键以切换方向)或 [角度(A)/圆心(CE)/闭合(CL)/方向(D)/半宽(H)/直线(L)/半径(R)/第二个点(S)/放弃(U)/宽度(W)]: ✓

命令: _pline✓

指定起点: 225,629.4✓

当前线宽为 0.0000

指定下一个点或 [圆弧(A)/半宽(H)/长度(L)/放弃(U)/宽度(W)]: a✓

指定圆弧的端点(按住 Ctrl 键以切换方向)或 [角度(A)/圆心(CE)/闭合(CL)/方向(D)/半宽(H)/直线(L)/半径(R)/第二个点(S)/放弃(U)/宽度(W)]: s✓

指定圆弧上的第二个点: 173.4,660.8✓

指定圆弧的端点: 173.9,721.3✓

指定圆弧的端点(按住 Ctrl 键以切换方向)或 [角度(A)/圆心(CE)/闭合(CL)/方向(D)/半宽(H)/直线(L)/半径(R)/第二个点(S)/放弃(U)/宽度(W)]: s✓

指定圆弧上的第二个点: 126,765.3✓

指定圆弧的端点: 131.3,830✓

指定圆弧的端点(按住 Ctrl 键以切换方向)或 [角度(A)/圆心(CE)/闭合(CL)/方向(D)/半宽(H)/直线(L)/半径(R)/第二个点(S)/放弃(U)/宽度(W)]: ✓

绘制结果如图 7-3 所示。

继续绘制多段线，命令行提示与操作如下。

命令: _pline✓

指定起点: 870,830✓

当前线宽为 0.0000

指定下一个点或 [圆弧(A)/半宽(H)/长度(L)/放弃(U)/宽度(W)]: 88,830✓

指定下一点或 [圆弧(A)/闭合(C)/半宽(H)/长度(L)/放弃(U)/宽度(W)]: a✓

指定圆弧的端点(按住 Ctrl 键以切换方向)或 [角度(A)/圆心(CE)/闭合(CL)/方向(D)/半宽(H)/直线(L)/半径(R)/第二个点(S)/放弃(U)/宽度(W)]: 18,900✓

指定圆弧的端点(按住 Ctrl 键以切换方向)或 [角度(A)/圆心(CE)/闭合(CL)/方向(D)/半宽(H)/直线(L)/半径(R)/第二个点(S)/放弃(U)/宽度(W)]: l✓

指定下一点或 [圆弧(A)/闭合(C)/半宽(H)/长度(L)/放弃(U)/宽度(W)]: 870,900

指定下一点或 [圆弧(A)/闭合(C)/半宽(H)/长度(L)/放弃(U)/宽度(W)]: ✓

命令: _pline✓

指定起点: 18,900✓

当前线宽为 0.0000

指定下一个点或 [圆弧(A)/半宽(H)/长度(L)/放弃(U)/宽度(W)]: a✓

指定圆弧的端点(按住 Ctrl 键以切换方向)或 [角度(A)/圆心(CE)/闭合(CL)/方向(D)/半宽(H)/直线(L)/半径(R)/第二个点(S)/放弃(U)/宽度(W)]: s✓

指定圆弧上的第二个点: 1.3,941✓

指定圆弧的端点: 33.8,968✓

指定圆弧的端点(按住 Ctrl 键以切换方向)或 [角度(A)/圆心(CE)/闭合(CL)/方向(D)/半宽(H)/直线(L)/半径(R)/第二个点(S)/放弃(U)/宽度(W)]: s✓

指定圆弧上的第二个点: 73.6,954✓

指定圆弧的端点: 83,916↙

指定圆弧的端点(按住 Ctrl 键以切换方向)或 [角度(A)/圆心(CE)/闭合(CL)/方向(D)/半宽(H)/直线(L)/半径(R)/第二个点(S)/放弃(U)/宽度(W)]: s↙

指定圆弧上的第二个点: 97.8,912↙

指定圆弧的端点: 106,900↙

指定圆弧的端点(按住 Ctrl 键以切换方向)或 [角度(A)/圆心(CE)/闭合(CL)/方向(D)/半宽(H)/直线(L)/半径(R)/第二个点(S)/放弃(U)/宽度(W)]: ↙

绘制结果如图 7-4 所示。

（3）单击"修改"工具栏中的"镜像"按钮 ，将绘制的图形以右侧端点为镜像线进行镜像处理，结果如图 7-1 所示。

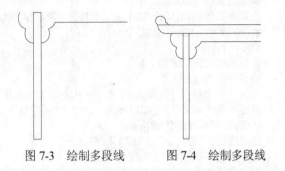

图 7-3   绘制多段线   图 7-4   绘制多段线

【选项说明】

多段线主要由连续的不同宽度的线段或圆弧组成，如果在上述提示中选择"圆弧"，则命令行提示与操作如下。

指定圆弧的端点(按住 Ctrl 键以切换方向)或 [角度(A)/圆心(CE)/方向(D)/半宽(H)/直线(L)/半径(R)/第二个点(S)/放弃(U)/宽度(W)]:

绘制圆弧的方法与"圆弧"命令相似。

🎓 高手支招

执行"多段线"命令时，如坐标输入错误，不必退出命令，重新绘制，按下面命令行输入。

指定下一点或 [圆弧(A)/闭合(C)/半宽(H)/长度(L)/放弃(U)/宽度(W)]: 0, 600（操作出错，但已按 Enter 键，出现下一行命令）

指定下一点或 [圆弧(A)/闭合(C)/半宽(H)/长度(L)/放弃(U)/宽度(W)]: u（放弃，表示上步操作出错）

指定下一点或 [圆弧(A)/闭合(C)/半宽(H)/长度(L)/放弃(U)/宽度(W)]: @0, 600（输入正确坐标，继续进行下一步操作）

7.1.2   编辑多段线

【执行方式】

☑ 命令行：PEDIT（快捷命令：PE）。

☑ 菜单栏：选择菜单栏中的"修改"→"对象"→"多段线"命令。

☑ 工具栏：单击"修改 II"工具栏中的"编辑多段线"按钮 。

☑ 快捷菜单：选择要编辑的多线段，在绘图区右击，在弹出的快捷菜单中选择"多段线"→"编辑多段线"命令。

☑ 功能区：单击"默认"选项卡"修改"面板中的"编辑多段线"按钮 （如图 7-5 所示）。

图 7-5   "修改"面板

【操作实践——绘制圈椅】

绘制如图 7-6 所示的圈椅。操作步骤如下：

（1）单击"绘图"工具栏中的"多段线"按钮█，绘制外部轮廓，命令行提示与操作如下。

命令: _pline
指定起点:（适当指定一点）
当前线宽为 0.0000
指定下一个点或 [圆弧(A)/半宽(H)/长度(L)/放弃(U)/宽度(W)]: @0, 600
指定下一点或 [圆弧(A)/闭合(C)/半宽(H)/长度(L)/放弃(U)/宽度(W)]: @150, 0
指定下一点或 [圆弧(A)/闭合(C)/半宽(H)/长度(L)/放弃(U)/宽度(W)]: @0, 600
指定下一点或 [圆弧(A)/闭合(C)/半宽(H)/长度(L)/放弃(U)/宽度(W)]: a
指定圆弧的端点(按住 Ctrl 键以切换方向)或 [角度(A)/圆心(CE)/闭合(CL)/方向(D)/半宽(H)/直线(L)/半径(R)/第二个点(S)/放弃(U)/宽度(W)]: r
指定圆弧的半径: 750
指定圆弧的端点(按住 Ctrl 键以切换方向)或 [角度(A)]: a
指定夹角: 180
指定圆弧的弦方向(按住 Ctrl 键以切换方向)<90>: 180
指定圆弧的端点(按住 Ctrl 键以切换方向)或 [角度(A)/圆心(CE)/闭合(CL)/方向(D)/半宽(H)/直线(L)/半径(R)/第二个点(S)/放弃(U)/宽度(W)]: l
指定下一点或 [圆弧(A)/闭合(C)/半宽(H)/长度(L)/放弃(U)/宽度(W)]: @0, 600
指定下一点或 [圆弧(A)/闭合(C)/半宽(H)/长度(L)/放弃(U)/宽度(W)]: @150, 0
指定下一点或 [圆弧(A)/闭合(C)/半宽(H)/长度(L)/放弃(U)/宽度(W)]: @0, 600
指定下一点或 [圆弧(A)/闭合(C)/半宽(H)/长度(L)/放弃(U)/宽度(W)]:

绘制结果如图 7-7 所示。

（2）单击"绘图"工具栏中的"圆弧"按钮█，打开状态栏上的"对象捕捉"按钮█，绘制内圈，命令行提示与操作如下。

命令: _arc
指定圆弧的起点或 [圆心(C)]:（捕捉图 7-7 中左边竖线上起点）
指定圆弧的第二个点或 [圆心(C)/端点(E)]: e
指定圆弧的端点:（捕捉图 7-7 中右边竖线上端点）
指定圆弧的中心点(按住 Ctrl 键以切换方向)或 [角度(A)/方向(D)/半径(R)]:d
指定圆弧起点的相切方向(按住 Ctrl 键以切换方向): 90

绘制结果如图 7-8 所示。

 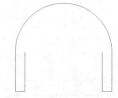 

图 7-6　圈椅　　　　图 7-7　绘制外部轮廓　　　　图 7-8　绘制内圈

（3）选择菜单栏中的"修改"→"对象"→"多段线"命令，合并多段线与圆弧，命令行提示与操作如下。

命令: PEDIT
选择多段线或 [多条(M)]:
输入选项 [闭合(C)/合并(J)/宽度(W)/编辑顶点(E)/拟合(F)/样条曲线(S)/非曲线化(D)/线型生成(L)/反转(R)/放弃(U)]:j
选择对象:
选择对象:
输入选项 [打开(O)/合并(J)/宽度(W)/编辑顶点(E)/拟合(F)/样条曲线(S)/非曲线化(D)/线型生成(L)/反转(R)/放弃(U)]:

注意 系统将圆弧和原来的多段线合并成一个新的多段线，选择该多段线，可以看出所有线条都被选中，说明已经合并为一体了，如图 7-9 所示。

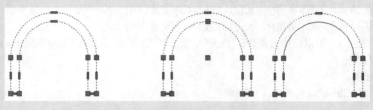

图 7-9　对比多段线合并前后

　　（4）打开状态栏上的"对象捕捉"按钮，单击"绘图"工具栏中的"圆弧"按钮，绘制椅垫，命令行提示与操作如下。

命令:_arc
指定圆弧的起点或 [圆心(C)]:（捕捉多段线左边竖线上适当一点）
指定圆弧的第二个点或 [圆心(C)/端点(E)]:（向右上方适当位置指定一点）
指定圆弧的端点: （捕捉多段线右边竖线上适当一点，与左边点位置大约平齐）

绘制结果如图 7-10 所示。

图 7-10　绘制椅垫

　　（5）单击"绘图"工具栏中的"直线"按钮，捕捉适当的点为端点，绘制一条水平线，最终结果如图 7-6 所示。

举一反三

　　要得到合并多段线后的圈椅，也可直接利用"多段线"命令绘制。下面有两种命令输入方法。
方法 1:

指定下一点或 [圆弧(A)/闭合(C)/半宽(H)/长度(L)/放弃(U)/宽度(W)]: a
指定圆弧的端点(按住 Ctrl 键以切换方向)或 [角度(A)/圆心(CE)/方向(D)/半宽(H)/直线(L)/半径(R)/第二个点(S)/放弃(U)/宽度(W)]: cl

方法 2:

指定下一点或 [圆弧(A)/闭合(C)/半宽(H)/长度(L)/放弃(U)/宽度(W)]: a
指定圆弧的端点(按住 Ctrl 键以切换方向)或 [角度(A)/圆心(CE)/方向(D)/半宽(H)/直线(L)/半径(R)/第二个点(S)/放弃(U)/宽度(W)]: a
指定夹角: -180
指定圆弧的端点(按住 Ctrl 键以切换方向)或 [圆心(CE)/半径(R)]:　（捕捉图 7-9 中的左侧竖直线端点）
指定圆弧的端点(按住 Ctrl 键以切换方向)或 [角度(A)/圆心(CE)/闭合(CL)/方向(D)/半宽(H)/直线(L)/半径(R)/第二个点(S)/放弃(U)/宽度(W)]:

【选项说明】

编辑多段线命令的选项中允许用户进行移动、插入顶点和修改任意两点间的线的线宽等操作,具体含义如下。

（1）合并(J)：以选中的多段线为主体,合并其他直线段、圆弧或多段线,使其成为一条多段线。能合并的条件是各段线的端点首尾相连,如图 7-11 所示。

（2）宽度(W)：修改整条多段线的线宽,使其具有同一线宽,如图 7-12 所示。

| （a）合并前 | （b）合并后 | （a）修改前 | （b）修改后 |

图 7-11　合并多段线　　　　　　　图 7-12　修改整条多段线的线宽

（3）编辑顶点(E)：选择该选项后,在多段线起点处出现一个斜的十字叉"×",它为当前顶点的标记,并在命令行出现进行后续操作的提示。

[下一个(N)/上一个(P)/打断(B)/插入(I)/移动(M)/重生成(R)/拉直(S)/切向(T)/宽度(W)/退出(X)] <N>:

这些选项允许用户进行移动、插入顶点和修改任意两点间的线宽等操作。

（4）拟合(F)：从指定的多段线生成由光滑圆弧连接而成的圆弧拟合曲线,该曲线经过多段线的各顶点,如图 7-13 所示。

（5）样条曲线(S)：以指定的多段线的各顶点作为控制点生成 B 样条曲线,如图 7-14 所示。

图 7-13　生成圆弧拟合曲线　　　　　　　图 7-14　生成 B 样条曲线

（6）非曲线化(D)：用直线代替指定的多段线中的圆弧。对于选择"拟合(F)"选项或"样条曲线(S)"选项后生成的圆弧拟合曲线或样条曲线,删去其生成曲线时新插入的顶点,则恢复成由直线段组成的多段线,如图 7-15 所示。

（7）线型生成(L)：当多段线的线型为点划线时,控制多段线的线型生成方式开关。选择此选项,命令行提示与操作如下。

输入多段线线型生成选项 [开(ON)/关(OFF)] <关>:

选择 ON 时，将在每个顶点处允许以短划开始或结束生成线型，选择 OFF 时，将在每个顶点处允许以长划开始或结束生成线型。线型生成不能用于包含带变宽的线段的多段线。如图 7-16 所示为控制多段线的线型效果。

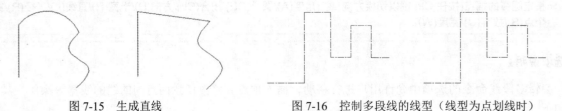

图 7-15　生成直线　　　　　　　图 7-16　控制多段线的线型（线型为点划线时）

7.2　样条曲线

AutoCAD 使用一种称为非一致有理 B 样条（NURBS）曲线的特殊样条曲线类型。NURBS 曲线在控制点之间产生一条光滑的样条曲线，如图 7-17 所示。样条曲线可用于创建形状不规则的曲线，例如，为地理信息系统（GIS）应用或汽车设计绘制轮廓线。

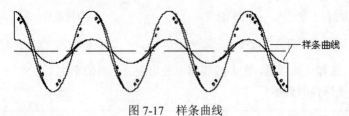

图 7-17　样条曲线

【预习重点】

☑　观察绘制的样条曲线。
☑　了解样条曲线中命令行中选项的含义。
☑　对比观察利用夹点编辑与用编辑样条曲线命令调整曲线轮廓的区别。
☑　练习样条曲线的应用。

7.2.1　绘制样条曲线

【执行方式】

☑　命令行：SPLINE。
☑　菜单栏：选择菜单栏中的"绘图"→"样条曲线"命令。
☑　工具栏：单击"绘图"工具栏中的"样条曲线"按钮 。
☑　功能区：单击"默认"选项卡"绘图"面板中的"样条曲线拟合"按钮 或"样条曲线控制点"按钮 （如图 7-18 所示）。

【操作实践——绘制球阀扳手】

绘制如图 7-19 所示的扳手图形。操作步骤如下：

（1）单击"图层"工具栏中的"图层特性管理器"按钮![icon]，新建 4 个图层。

① 粗实线：线宽为 0.3mm，其余参数默认。

② 中心线：线宽为 0.15mm，颜色为红色，线型为 CENTER，其余参数默认。

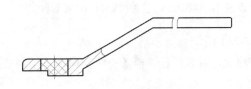

图 7-18　"绘图"面板　　　　　　　　图 7-19　球阀扳手

③ 细实线：线宽为 0.15mm，其余参数默认。

④ 填充线：线宽为 0.15mm，颜色为洋红，其余参数默认。

结果如图 7-20 所示。

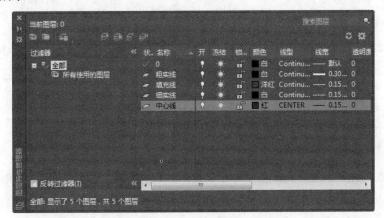

图 7-20　新建图层

（2）将"中心线"图层设置为当前图层。单击"绘图"工具栏中的"直线"按钮![icon]，指定坐标为{（0，–2）、（0，12）}，绘制中心线。

（3）将"粗实线"图层设置为当前图层。单击"绘图"工具栏中的"多段线"按钮![icon]，依次输入点坐标（0，0）、（17，0）、（17，4）、（59，28）、（107，28）、（107，34）、（59，34）、（17，10）、（–19，10）、（–19，3）、（–4，3）、（–4，0），最后输入"C"，完成闭合图形的绘制，结果如图 7-21 所示。

（4）单击"修改"工具栏中的"偏移"按钮![icon]，将中心线分别向两侧偏移 8，同时将偏移直线设置在"粗实线"图层上，结果如图 7-22 所示。

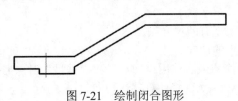

图 7-21　绘制闭合图形

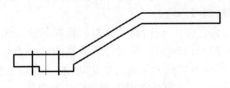

图 7-22　偏移直线

（5）将"细实线"图层设置为当前图层。单击"绘图"工具栏中的"样条曲线"按钮，绘制打断线，命令行提示与操作如下。

```
命令: _spline
当前设置: 方式=拟合     节点=弦
指定第一个点或 [方式(M)/节点(K)/对象(O)]:
输入下一个点或 [起点切向(T)/公差(L)]:
输入下一个点或 [端点相切(T)/公差(L)/放弃(U)]:
输入下一个点或 [端点相切(T)/公差(L)/放弃(U)/闭合(C)]:
```

结果如图 7-23 所示。

（6）按空格键，继续执行"样条曲线"命令，绘制结果如图 7-24 所示。

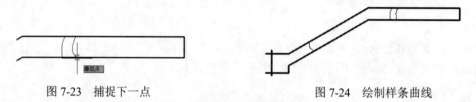

图 7-23　捕捉下一点　　　　　　　　图 7-24　绘制样条曲线

（7）单击"修改"工具栏中的"修剪"按钮，修剪偏移线与打断线，结果如图 7-25 所示。

（8）单击"修改"工具栏中的"圆角"按钮，对扳手进行倒圆角操作，圆角结果如图 7-26 所示。

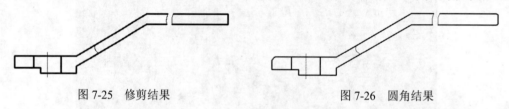

图 7-25　修剪结果　　　　　　　　图 7-26　圆角结果

（9）将"填充线"图层设置为当前图层。单击"绘图"工具栏中的"图案填充"按钮，打开"图案填充创建"选项卡，设置填充类型分别为 AISI31 和 AISI37，选择填充区域填充图形，最终结果如图 7-19 所示。

【选项说明】

（1）对象(O)：将二维或三维的二次或三次样条曲线的拟合多段线转换为等价的样条曲线，然后（根据 DelOBJ 系统变量的设置）删除该拟合多段线。

（2）闭合(C)：将最后一点定义为与第一点一致，并使其在连接处与样条曲线相切，这样可以闭合样条曲线。选择该选项，系统继续提示如下。

指定切向:（指定点或按 Enter 键）

用户可以指定一点来定义切向矢量，或者通过使用"切点"和"垂足"对象捕捉模式，使样条曲线与现有对象相切或垂直。

（3）公差(L)：使用新的公差值将样条曲线重新拟合至现有的拟合点。

（4）起点切向(T)：定义样条曲线的第一点和最后一点的切向。

如果在样条曲线的两端都指定切向，可以通过输入一个点或者使用"切点"和"垂足"对象捕捉模式，使样条曲线与已有的对象相切或垂直。如果按 Enter 键，AutoCAD 将计算默认切向。

7.2.2　编辑样条曲线

【执行方式】

☑　命令行：SPLINEDIT。

☑　菜单栏：选择菜单栏中的"修改"→"对象"→"样条曲线"命令。

☑　快捷菜单：选中要编辑的样条曲线，在绘图区右击，在弹出的快捷菜单中选择"编辑样条曲线"命令。

☑　工具栏：单击"修改 II"工具栏中的"编辑样条曲线"按钮 。

☑　功能区：单击"默认"选项卡"修改"面板中的"编辑样条曲线"按钮 。

【操作步骤】

命令: SPLINEDIT✓
选择样条曲线：（选择要编辑的样条曲线。若选择的样条曲线是用 SPLINE 命令创建的，其近似点以夹点的颜色显示出来；若选择的样条曲线是用 PLINE 命令创建的，其控制点以夹点的颜色显示出来）
输入选项 [闭合(C)/合并(J)/拟合数据(F)/编辑顶点(E)/转换为多段线(P)/反转(R)/放弃(U)/退出(X)] <退出>:

【选项说明】

（1）拟合数据(F)：编辑近似数据。选择该选项后，创建该样条曲线时指定的各点将以小方格的形式显示出来。

（2）转换为多段线(P)：将样条曲线转换为多段线。精度值决定结果多段线与源样条曲线拟合的精确程度。有效值为介于 0～99 之间的任意整数。

（3）编辑顶点(E)：精密调整样条曲线定义。

（4）反转(R)：翻转样条曲线的方向。该项操作主要用于应用程序。

7.3　多　　线

多线是一种复合线，由连续的直线段复合组成。多线的一个突出优点是能够提高绘图效率，保证图线之间的统一性。

【预习重点】

☑　观察绘制的多线。

☑　了解多线的不同样式。

☑　观察如何编辑多线。

7.3.1　绘制多线

【执行方式】

☑　命令行：MLINE。

☑ 菜单栏：选择菜单栏中的"绘图"→"多线"命令。

【操作步骤】

命令：MLINE✓
当前设置：对正 = 上，比例 = 20.00，样式 = STANDARD
指定起点或 [对正(J)/比例(S)/样式(ST)]：（指定起点）
指定下一点：（给定下一点）
指定下一点或 [放弃(U)]：（继续给定下一点绘制线段。输入"U"，则放弃前一段的绘制；右击或按 Enter 键，结束命令）
指定下一点或 [闭合(C)/放弃(U)]：（继续给定下一点绘制线段。输入"C"，则闭合线段，结束命令）

【选项说明】

（1）对正(J)：该选项用于给定绘制多线的基准。共有 "上"、"无"和"下"3 种对正类型。其中，"上"表示以多线上侧的线为基准，依此类推。

（2）比例(S)：选择该选项，要求用户设置平行线的间距。输入值为 0 时，平行线重合；值为负时，多线的排列倒置。

（3）样式(ST)：该选项用于设置当前使用的多线样式。

7.3.2 定义多线样式

【执行方式】

☑ 命令行：MLSTYLE。
☑ 菜单栏：选择菜单栏中的"格式"→"多线样式"命令。

【操作实践——绘制西式沙发】

绘制如图 7-27 所示的西式沙发。操作步骤如下：

（1）绘制沙发扶手及靠背的转角。

① 单击"绘图"工具栏中的"矩形"按钮▣，绘制一个矩形，矩形的长边长为 100，短边长为 40，如图 7-28 所示。

② 单击"绘图"工具栏中的"圆"按钮▣，在矩形上侧的两个角处绘制直径为 8 的圆。单击"修改"工具栏中的"复制"按钮▣，以矩形角点为参考点，将圆复制到另外一个角点处，如图 7-29 所示。

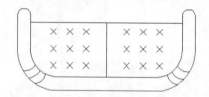
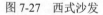

图 7-27 西式沙发

图 7-28 绘制矩形

图 7-29 绘制圆

③ 选择菜单栏中的"格式"→"多线样式"命令，打开"多线样式"对话框，如图 7-30 所示。单击"新建"按钮，弹出"创建新的多线样式"对话框，如图 7-31 所示，输入新样式名"mline1"，单击"继续"按钮，打开"新建多线样式"对话框，设置图元参数，如图 7-32 所示，完成设置后单击"确定"按钮，返回"多线样式"对话框，选择新建的多线样式，单击"置为当前"按钮，如图 7-33 所示，单击"确定"按

钮，退出对话框。

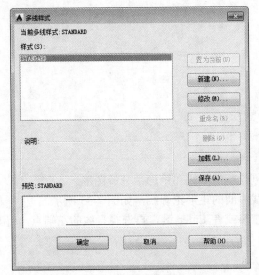

图 7-30 "多线样式"对话框

图 7-31 "创建新的多线样式"对话框

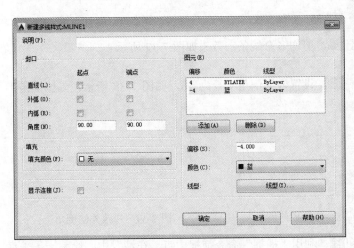

图 7-32 设置多线样式

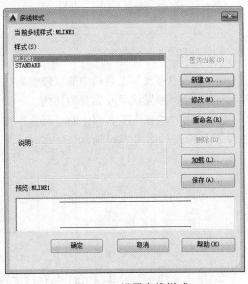

图 7-33 设置多线样式

④ 选择菜单栏中的"绘图"→"多线"命令，绘制沙发的靠背。在命令行中显示多线样式为"mline1"，然后输入"j"，设置对正方式为"无"，输入"S"，将比例设置为 1，以图 7-34 中的左图圆心为起点，沿矩形边界绘制多线，命令行提示与操作如下。

命令: MLINE
当前设置: 对正 = 上，比例 = 20.00，样式 = STANDARD
指定起点或 [对正(J)/比例(S)/样式(ST)]: st↙（设置当前多线样式）
输入多线样式名或 [?]: mline1↙（选择样式 mline1）
当前设置: 对正 = 上，比例 = 20.00，样式 = MLINE1
指定起点或 [对正(J)/比例(S)/样式(ST)]: j↙（设置对正方式）

输入对正类型 [上(T)/无(Z)/下(B)] <上>: z✓（设置对正方式为无）

当前设置: 对正 = 无, 比例 = 20.00, 样式 = MLINE1

指定起点或 [对正(J)/比例(S)/样式(ST)]: S✓

输入多线比例 <20.00>: 1✓（设定多线比例为1）

当前设置: 对正 = 无, 比例 = 1.00, 样式 = MLINE1

指定起点或 [对正(J)/比例(S)/样式(ST)]:（单击圆心）

指定下一点:（单击矩形角点）

指定下一点或 [放弃(U)]:

指定下一点或 [闭合(C)/放弃(U)]:（单击另外一侧圆心）

指定下一点或 [闭合(C)/放弃(U)]: ✓

⑤ 单击"修改"工具栏中的"分解"按钮🔲，选择刚刚绘制的多线和矩形，分解图形。

⑥ 单击"修改"工具栏中的"删除"按钮🔲，删除多线中间的矩形轮廓线，如图 7-35 所示。

⑦ 单击"修改"工具栏中的"移动"按钮🔲，然后按空格或者 Enter 键，再选择直线的左端点，将其移动到圆的下端点，如图 7-36 所示。

图 7-34　绘制多线

图 7-35　删除直线

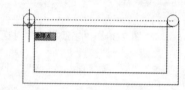
图 7-36　移动直线

⑧ 单击"修改"工具栏中的"修剪"按钮🔲，剪切多余线条，效果如图 7-37 所示。

（2）绘制沙发扶手及靠背的转角。

① 单击"绘图"工具栏中的"圆角"按钮🔲，设置内侧倒角半径为 16，如图 7-38 所示。外侧倒角半径为 24，修改后如图 7-39 所示。

图 7-37　剪切多余线条

图 7-38　修改内侧倒角

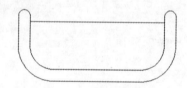
图 7-39　修改外侧倒角

② 单击"绘图"工具栏中的"直线"按钮🔲，利用"捕捉"命令捕捉中点，在沙发中心绘制一条垂直的直线，如图 7-40 所示。

③ 单击"绘图"工具栏中的"圆弧"按钮🔲，在沙发扶手的拐角处绘制 3 条弧线。

④ 单击"修改"工具栏中的"镜像"按钮🔲，向右侧镜像左侧圆弧，结果如图 7-41 所示。

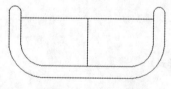
图 7-40　绘制中线

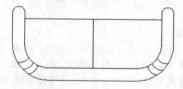
图 7-41　绘制沙发转角

注意 在绘制转角处的纹路时，弧线上的点不易捕捉，这时需要利用 AutoCAD 的"延伸捕捉"功能。此时要确保绘图窗口下部状态栏上的"对象捕捉"功能处于激活状态，其状态可以用鼠标单击进行切换。然后选择"绘制弧线"命令，将鼠标停留在沙发转角弧线的起点，如图 7-42 所示。此时在起点处会出现黄色的方块，沿弧线缓慢移动鼠标，可以看到一个小型的十字随鼠标移动，且十字中心与弧线起点由虚线相连，如图 7-43 所示。移动到合适的位置后，再单击鼠标即可。

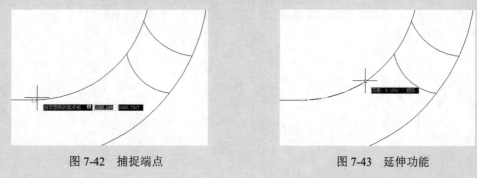

图 7-42 捕捉端点   图 7-43 延伸功能

⑤ 选择菜单栏中的"格式"→"点样式"命令，在弹出的"点样式"对话框中选择■形图案，同时设置点大小为 3，如图 7-44 所示。

⑥ 单击"绘图"工具栏中的"点"按钮■，在沙发左侧空白处单击，绘制点，结果如图 7-45 所示。

⑦ 单击"修改"工具栏中的"矩形阵列"按钮■，设置行数、列数均为 3，然后将"行间距"设置为 −10、"列间距"设置为 10。将刚刚绘制的■形图进行阵列，结果如图 7-46 所示。

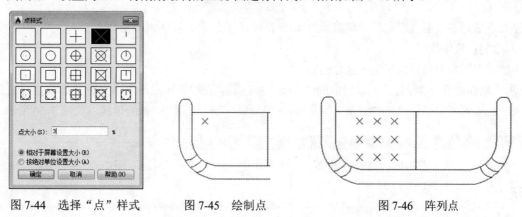

图 7-44 选择"点"样式   图 7-45 绘制点   图 7-46 阵列点

⑧ 单击"修改"工具栏中的"镜像"按钮■，将左侧的花纹镜像到右侧，最终效果如图 7-27 所示。

7.3.3 编辑多线

【执行方式】

☑ 命令行：MLEDIT。

☑ 菜单栏：选择菜单栏中的"修改"→"对象"→"多线"命令。

【操作实践——绘制平面墙线】

绘制如图 7-47 所示的平面墙线。操作步骤如下：

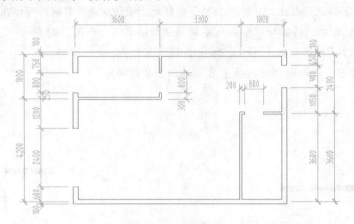

图 7-47　平面墙线

（1）图层设置。

为了方便图线管理，建立"轴线"和"墙线"两个图层。单击"图层"工具栏中的"图层特性管理器"按钮 ，打开"图层特性管理器"选项板，建立一个新图层，命名为"轴线"，颜色选取红色，线型为 CENTER，线宽为"默认"，并设置为当前图层（如图 7-48 所示）。

图 7-48　轴线图层参数

同样的方法建立"墙线"图层，参数设置如图 7-49 所示。确定后回到绘图状态。

（2）绘制定位轴线。

在"轴线"图层为当前层状态下进行绘制。

① 水平轴线：单击"绘图"工具栏中的"直线"按钮 ，在绘图区左下角适当位置选取直线的初始点，然后输入第二点的相对坐标"@8700,0"，按 Enter 键后画出第一条 8700 长的轴线，如图 7-50 所示。

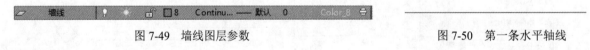

图 7-49　墙线图层参数　　　　　　　　　　　　　　图 7-50　第一条水平轴线

📢 **提示**

可使用鼠标的滚轮进行实时缩放。此外，读者可以采取在命令行输入命令的方式绘图，熟练后速度会比较快。最好养成左手操作键盘，右手操作鼠标的习惯，这样对以后的大量作图有利。

单击"修改"工具栏中的"偏移"按钮 ，向上复制其他 3 条水平轴线，偏移量依次为 3600、600、1800，结果如图 7-51 所示。

② 竖向轴线：单击"绘图"工具栏中的"直线"按钮 ，用鼠标捕捉第一条水平轴线左端点作为第一条竖向轴线的起点（如图 7-52 所示），移动鼠标单击最后一条水平轴线左端点作为终点（如图 7-53 所示），然后按 Enter 键完成如图 7-54 所示的轴线。

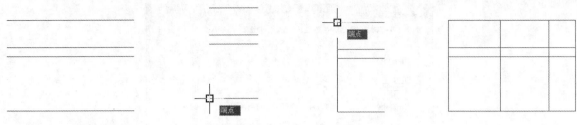

图 7-51　全部水平轴线　　图 7-52　选取起点　　图 7-53　选取终点　　图 7-54　完成轴线

（3）绘制墙线。

① 将"墙线"图层设置为当前图层，如图 7-55 所示。

② 设置"多线"的参数。选择菜单栏中的"绘图"→"多线"命令，然后按命令行提示进行操作。

命令: _mline↙

当前设置: 对正 = 上，比例 = 20.00，样式 = STANDARD　　（初始参数）

指定起点或 [对正(J)/比例(S)/样式(ST)]:　j　↙（选择对正设置）

输入对正类型 [上(T)/无(Z)/下(B)] <上>:　z　↙（选择两线之间的中点作为控制点）

当前设置: 对正 = 无，比例 = 20.00，样式 = STANDARD

指定起点或 [对正(J)/比例(S)/样式(ST)]:　s　↙（选择比例设置）

输入多线比例 <20.00>:　200　↙（输入墙厚）

当前设置: 对正 = 无，比例 = 200.00，样式 = STANDARD

指定起点或 [对正(J)/比例(S)/样式(ST)]:　↙（按 Enter 键完成设置）

📢 **提示**

> 这里采用的是标准多线样式，其默认的比例是 20，将比例设置成 200 就相当于把墙厚变成为 200。

③ 重复"多线"命令，当命令行提示"指定起点或 [对正(J)/比例(S)/样式(ST)]:"时，用鼠标选取左下角轴线交点为多线起点，参照图 7-54 绘制周边墙线（如图 7-56 所示）。

④ 重复"多线"命令，仿照前面"多线"参数设置方法，将墙体的厚度定义为 100，也就是将多线的比例设为 100，绘制剩余墙线，结果如图 7-57 所示。

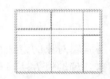

图 7-55　将"墙线"设置为当前图层　　图 7-56　200 厚周边墙线　　图 7-57　100 厚内部墙线

⑤ 执行 MLEDIT 命令，打开"多线编辑工具"对话框，如图 7-58 所示，利用其中的"角点结合"工具和"T 形打开"工具对多线的结合处进行编辑。

⑥ 单击"修改"工具栏中的"偏移"按钮，偏移轴线，绘制出门洞边界线，如图 7-59 所示。

⑦ 将偏移的轴线替换到"墙线"图层中，单击"修改"工具栏中的"修剪"按钮，修剪掉多余的直线，结果如图 7-60 所示。

采用同样的方法，在左侧墙线上绘制出窗洞。这样，整个墙线就绘制完成了，如图 7-61 所示。

图 7-58 "多线编辑工具"对话框

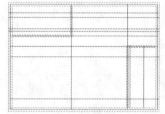

图 7-59 由轴线"偏移"出门洞边界线

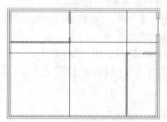

图 7-60 完成门洞

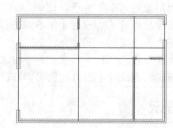

图 7-61 完成墙线

7.4 对象编辑

在对图形进行编辑时，还可以对图形对象本身的某些特性进行编辑，从而方便图形的绘制。

【预习重点】

- ☑ 了解编辑对象的方法有几种。
- ☑ 观察几种编辑方法结果差异。
- ☑ 对比几种方法的适用对象。

7.4.1 钳夹功能

要使用钳夹功能编辑对象，必须先打开钳夹功能。

【执行方式】

- ☑ 菜单栏：选择菜单栏中的"工具"→"选项"命令。

【操作实践——绘制吧椅】

绘制如图 7-62 所示的吧椅。操作步骤如下：

（1）单击"绘图"工具栏中的"圆弧"按钮、"圆"按钮和"直线"按钮，绘制初步图形，其中，圆弧和圆同心，大约左右对称，如图 7-63 所示。

（2）单击"修改"工具栏中的"偏移"按钮，偏移刚绘制的圆弧，如图 7-64 所示。

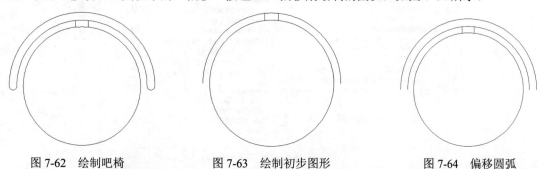

图 7-62　绘制吧椅　　　图 7-63　绘制初步图形　　　图 7-64　偏移圆弧

（3）单击"绘图"工具栏中的"圆弧"按钮，绘制扶手端部，采用"起点/端点/圆心"的形式，使造型光滑过渡，如图 7-65 所示。

（4）在绘制扶手端部圆弧的过程中，由于采用的是粗略的绘制方法，放大局部后，可能会发现图线不闭合，这时，双击选择对象图线，出现夹点编辑点，移动相应编辑点捕捉到需要闭合连接的相临图线端点，如图 7-66 所示。

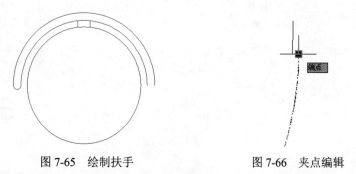

图 7-65　绘制扶手　　　　图 7-66　夹点编辑

（5）用相同的方法绘制扶手另一端的圆弧造型，结果如图 7-62 所示。

【选项说明】

（1）执行上述菜单栏命令，弹出"选项"对话框，选择"选择集"选项卡，如图 7-67 所示。在"夹点"选项组中选中"显示夹点"复选框。在该选项卡中还可以设置代表夹点的小方格的尺寸和颜色。

利用夹点功能可以快速方便地编辑对象。AutoCAD 在图形对象上定义了一些特殊点，称为夹点，利用夹点可以灵活地控制对象，如图 7-68 所示。

（2）也可以通过 GRIPS 系统变量来控制是否打开夹点功能，1 代表打开，0 代表关闭。

（3）打开夹点功能后，应该在编辑对象之前先选择对象。

夹点表示对象的控制位置。使用夹点编辑对象，要选择一个夹点作为基点，称为基准夹点。

（4）选择一种编辑操作：镜像、移动、旋转、拉伸和缩放。可以用空格键、Enter 键或键盘上的快捷键循环选择这些功能，如图 7-69 所示。

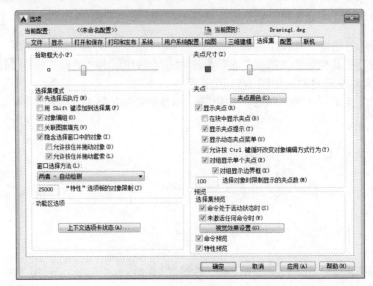

图 7-67　"选择集"选项卡

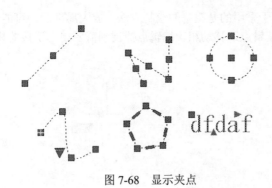

图 7-68　显示夹点

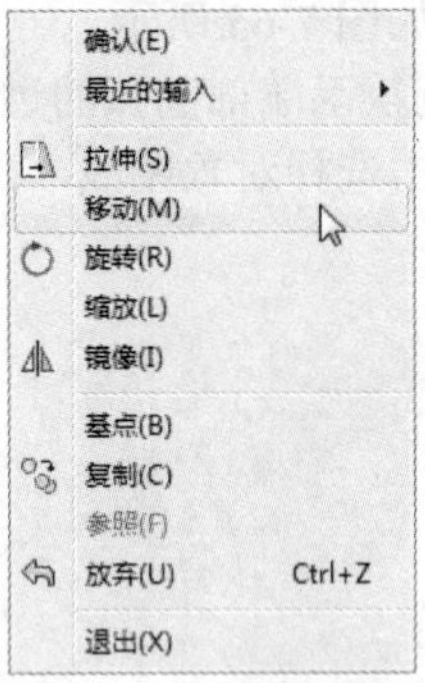

图 7-69　选择编辑操作

7.4.2　特性匹配

利用特性匹配功能可以将目标对象的属性与源对象的属性进行匹配，使目标对象的属性与源对象属性相同。利用特性匹配功能可以方便快捷地修改对象属性，并保持不同对象的属性相同。

【执行方式】

☑　命令行：MATCHPROP。

☑　菜单栏：选择菜单栏中的"修改"→"特性匹配"命令。

☑　工具栏：单击"标准"工具栏中的"特性匹配"按钮。

☑　功能区：单击"默认"选项卡"特性"面板中的"特性匹配"按钮。

【操作步骤】

命令：MATCHPROP✓
选择源对象：（选择源对象）
选择目标对象或[设置(S)]:（选择目标对象）

如图 7-70（a）所示为两个属性不同的对象，以右边的圆为源对象，对左边的矩形进行特性匹配，结果如图 7-70（b）所示。

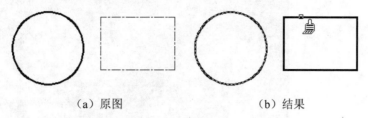

（a）原图　　　　　　　　　　　（b）结果

图 7-70　特性匹配

7.4.3　修改对象属性

【执行方式】

☑　命令行：DDMODIFY 或 PROPERTIES。

☑　菜单栏：选择菜单栏中的"修改"→"特性"命令或选择菜单栏中的"工具"→"选项板"→"特性"命令。

☑　工具栏：单击"标准"工具栏中的"特性"按钮圖。

☑　快捷键：Ctrl+1。

☑　功能区：单击"视图"选项卡"选项板"面板中的"特性"按钮圖（如图 7-71 所示）或单击"默认"选项卡"特性"面板中的"对话框启动器"按钮圖。

图 7-71　"选项板"面板

【操作实践——绘制三环旗】

绘制如图 7-72 所示的三环旗。操作步骤如下：

（1）单击"图层"工具栏中的"图层特性管理器"按钮圖，打开"图层特性管理器"选项板，如图 7-73 所示。

（2）单击"新建"按钮，创建新图层。图层设置如下。

① 旗尖层：线型为 Continous，颜色为 8（灰色），线宽为默认值。

② 旗杆层：线型为 Continous，颜色为红色，线宽为 0.40mm。

③ 旗面层：线型为 Continous，颜色为白色，线宽为默认值。

④ 三环层：线型为 Continous，颜色为蓝色，线宽为默认值。

设置完成的"图层特性管理器"选项板如图 7-73 所示。

（3）将"旗尖层"图层设置为当前图层。单击"绘图"工具栏中的"直线"按钮，在绘图窗口中单击指定一点，绘制一条长度为 40 的倾斜直线作为辅助线。

（4）单击"绘图"工具栏中的"多段线"按钮圖，单击状态栏上的"对象捕捉"按钮。将光标移至直线上，单击一点，指定起始宽度为 0，终止宽度为 8。捕捉直线上的另一点，绘制多段线。

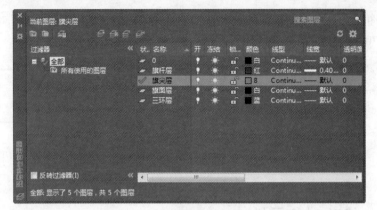

图 7-72 三环旗　　　　　　　　　图 7-73 "图层特性管理器"选项板

（5）单击"修改"工具栏中的"镜像"按钮，选择所绘制的多段线，捕捉端点，在垂直于直线的方向上指定第二点。镜像绘制的多段线，如图 7-74 所示。

（6）将"旗杆层"图层设置为当前图层。单击"绘图"工具栏中的"直线"按钮，捕捉所绘制旗尖的端点。将光标移至直线上，单击一点，绘制旗杆，结果如图 7-75 所示。

（7）将"旗面层"图层设置为当前图层，单击"绘图"工具栏中的"多段线"按钮，绘制黑色的旗面。命令行提示与操作如下。

```
命令: _pline
指定起点:　　（捕捉所画旗杆上端点）
当前线宽为  8.0000
指定下一个点或  [圆弧(A)/半宽(H)/长度(L)/放弃(U)/宽度(W)]: W
指定起点宽度  <8.0000>: 0
指定端点宽度  <0.0000>:
指定下一个点或  [圆弧(A)/半宽(H)/长度(L)/放弃(U)/宽度(W)]: A
指定圆弧的端点(按住  Ctrl  键以切换方向)或  [角度(A)/圆心(CE)/方向(D)/半宽(H)/直线(L)/半径(R)/第二个点(S)/放弃(U)/宽度(W)]:　S
指定圆弧上的第二个点:　　（单击一点，指定圆弧的第二点）
指定圆弧的端点:　　（单击一点，指定圆弧的端点）
指定圆弧的端点(按住  Ctrl  键以切换方向)或  [角度(A)/圆心(CE)/方向(D)/半宽(H)/直线(L)/半径(R)/第二个点(S)/放弃(U)/宽度(W)]:
```

（8）单击"修改"工具栏中的"复制"按钮，向下复制出另一条旗面边线。

（9）单击"绘图"工具栏中的"直线"按钮，捕捉所画旗面上边的端点和旗面下边的端点。绘制旗面后的图形如图 7-76 所示。

图 7-74 灰色的旗尖　　　图 7-75 绘制红色的旗杆后的图形　　　图 7-76 绘制黑色的旗面后的图形

（10）将"三环层"图层设置为当前图层。选择菜单栏中的"绘图"→"圆环"命令，圆环内径为 30，圆环外径为 40，绘制 3 个蓝色的圆环。

（11）单击"标准"工具栏中的"特性"按钮，弹出"特性"选项板，单击第 2 个圆环。按 Enter 键后，系统打开"特性"选项板，如图 7-77 所示，其中列出了该圆环所在的图层、颜色、线型、线宽等基本特性及其几何特性。单击"颜色"选项，在表示颜色的色块后出现一个按钮。单击此按钮，打开"颜色"下拉列表，从中选择"洋红"选项，如图 7-78 所示。连续按两次 Esc 键，退出选项板。

图 7-77　"特性"选项板

图 7-78　设置"颜色"选项

用同样的方法，将另一个圆环的颜色修改为绿色。将绘制的 3 个圆环分别修改为 3 种不同的颜色。最终绘制的结果如图 7-72 所示。

7.5　综合演练——凸轮

绘制如图 7-79 所示的凸轮。

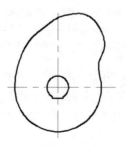

图 7-79　凸轮

⭐ **手把手教你学**

在本实例中，综合运用了本章所学的一些复杂绘图和编辑命令，绘制的大体顺序是先设置图层，接着利用"直线""圆弧""点""样条曲线"等绘图命令和"拉长""删除""修剪"等编辑命令绘制凸轮外廓，最后利用"圆""直线""修剪"等命令绘制轴孔，完成绘制。

【操作步骤】

（1）选择菜单栏中的"格式"→"图层"命令，新建 3 个图层。

① 第一层名称为"粗实线"，线宽设为 0.30mm，其余属性默认。

② 第二层名称为"细实线"，所有属性默认。

③ 第三层名称为"中心线"，颜色为红色，线型为 Center，其余属性默认。

（2）将当前图层设为"中心线"图层，单击"绘图"工具栏中的"直线"按钮 ，指定坐标为{（-40,0）、（40,0）}、{（0,40）、（0,-40）}绘制中心线。

（3）将当前图层设为"细实线"图层。单击"绘图"工具栏中的"直线"按钮 ，指定坐标为{（0,0）、（@40<30）}、{（0,0）、（@40<100）}、{（0,0）、（@40<120）}绘制辅助直线，结果如图 7-80 所示。

（4）单击"绘图"工具栏中的"圆弧"按钮 ，圆心坐标为（0,0），绘制起点坐标为（30<120）包含角角度为 60° 和圆弧起点坐标为（30<30），包含角角度为 70° 的两段辅助线圆弧。

（5）在命令行输入命令"DDPTYPE"，或者选择菜单栏中的"格式"→"点样式"命令，系统弹出"点样式"对话框，如图 7-81 所示。将点样式设为 ⊞。选择菜单栏中的"绘图"→"点"→"定数等分"命令，选择左边弧线进行三等分，另一圆弧七等分，绘制结果如图 7-82 所示。将中心点与各等分点间连上直线，如图 7-83 所示。

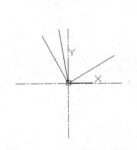
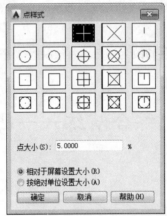
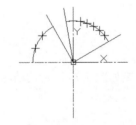

图 7-80 中心线及其辅助　　　　图 7-81 "点样式"对话框　　　　图 7-82 绘制辅助线并等分

（6）将当前图层设为"粗实线"图层，单击"绘图"工具栏中的"圆弧"按钮 ，圆心坐标为（0,0），圆弧起点坐标为（24,0），包含角度为-180°，绘制凸轮下半部分圆弧，结果如图 7-84 所示。

（7）选择菜单栏中的"修改"→"拉长"命令，拉伸直线要求的长度，命令行提示与操作如下。

命令: LENGTHEN
选择要测量的对象或 [增量(DE)/百分比(P)/总计(T)/动态(DY)] <总计(T)>: t↙

指定总长度或 [角度(A)] <1.0000>: 26↙
选择要修改的对象或 [放弃(U)]:（选择最右端直线）

重复上述命令，依次将相邻直线拉长，拉长长度分别为 33.5、38、41、42、40、37.5、34、30、26.5 和
24.5，结果如图 7-85 所示。

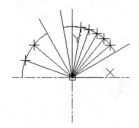
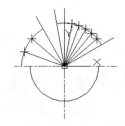
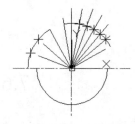

图 7-83　连接等分点与中心点　　　　图 7-84　绘制凸轮下部轮廓线　　　图 7-85　指定样条曲线的起始切线方向

🎓 高手支招

这些点刚好在等分点与圆心连线延长线上，可以通过"对象捕捉"功能中的"捕捉到延长线"选项确
定这些点的位置。"对象捕捉"工具栏中的"捕捉到延长线"按钮如图 7-86 所示。

图 7-86　"对象捕捉"工具栏

（8）单击"绘图"工具栏中的"样条曲线"按钮，绘制样条曲线，命令行提示与操作如下。

命令:SPLINE↙
当前设置: 方式=拟合　节点=弦
指定第一个点或 [方式(M)/节点(K)/对象(O)]:（选择下端圆弧的右端点）
输入下一个点或 [起点切向(T)/公差(L)]:（（选择 26<30 点）选择右边第一条直线的端点）
输入下一个点或 [端点相切(T)/公差(L)/放弃(U)]:（选择右边第二条直线的端点）
输入下一个点或 [端点相切(T)/公差(L)/放弃(U)/闭合(C)]:（选择右边第三条直线的端点）
…（依次选择各直线的端点）
输入下一个点或 [端点相切(T)/公差(L)/放弃(U)/闭合(C)]:t↙
指定端点切向: 270↙

绘制结果如图 7-87 所示。

🎓 高手支招

样条曲线除了指定各个点之外，还需要指定初始与末位置的点的切线方向，读者可以自行尝试绘制具有两
条相同点但是初始与末位置的切线方向不同的样条曲线。

（9）单击"修改"工具栏中的"删除"按钮，选择绘制的辅助线和点删除图形。
（10）单击"修改"工具栏中的"修剪"按钮，将凸轮轴孔剪切成如图 7-88 所示效果。
（11）单击"绘图"工具栏中的"圆"按钮，以（0,0）为圆心，以 6 为半径绘制凸轮轴孔。
（12）单击"绘图"工具栏中的"直线"按钮，过（-3,0）、（@0,-6）、（@6,0）、（@0,6）绘制
直线。调用修剪命令，修剪多余线段。绘制的图形如图 7-79 所示。

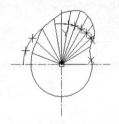
图 7-87　绘制样条曲线

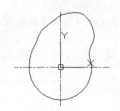
图 7-88　修建凸轮轮廓

7.6　名师点拨——如何画曲线

在绘制图样时，经常遇到画截交线、相贯线及其他曲线的问题。手工绘制很麻烦，不仅要找特殊点和一定数量的一般点，且画出的曲线误差大。在 AutoCAD 中画曲线可采用以下两种方法。

方法 1：

用"多段线"或 3DPOLY 命令画 2D、3D 图形上通过特殊点的折线，经 PEDIT（编辑多段线）命令中"拟合"选项或"样条曲线"选项，可变成光滑的平面、空间曲线。

方法 2：

用 SOLIDS 命令创建三维基本实体（长方体、圆柱、圆锥、球等），再经布尔组合运算——交、并、差和干涉等获得各种复杂实体，然后利用菜单栏中的"视图"→"三维视图"→"视点"命令，选择不同视点来产生标准视图，得到曲线的不同视图投影。

7.7　上机实验

【练习 1】绘制如图 7-89 所示的雨伞图形。

图 7-89　雨伞

1．目的要求

本练习设计的图形是一个雨伞图形。在绘制的过程中，除了要用到"圆弧""直线"等基本绘图命令外，主要还是利用"样条曲线""多段线"命令绘制伞面。本练习的目的是帮助读者掌握"样条曲线""多段线"等编辑命令的用法。

2．操作提示

（1）利用"圆弧"命令绘制伞的外框。

（2）利用"样条曲线"命令绘制伞的底边。

（3）利用"圆弧"命令绘制伞面。

（4）利用"多段线"命令绘制伞顶和伞把。

（5）保存图形。

【练习2】绘制如图 7-90 所示的道路网。

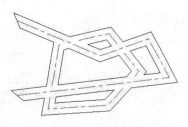

图 7-90 道路网

1．目的要求

本练习的目的是通过对道路网的绘制，练习"多线样式""多线""多线编辑"命令的使用。

2．操作提示

（1）设置多线样式。

（2）绘制多线。

（3）编辑多线。

7.8 模 拟 考 试

（1）圆对象的圆心夹点的默认操作是什么？（   ）

    A．移动   B．复制   C．镜像   D．拉伸

（2）若需要编辑已知多段线，使用"多段线"命令中哪个选项可以创建宽度不等的对象？（   ）

    A．样条(S)   B．锥形(T)   C．宽度(W)   D．编辑顶点(E)

（3）用夹点进行编辑时，要先选择作为基点的夹点，这个被选定的夹点称为基夹点。要将多个夹点作为基夹点，并且保持选定夹点之间的几何图形完好如初，在选择其他夹点时需要按什么键？（   ）

    A．F2   B．Shift   C．F6   D．Ctrl

（4）使用特性匹配进行编辑时，以下哪些选项不是对象的特殊特性？（   ）

    A．标注   B．厚度   C．文字   D．表

（5）执行"样条曲线"命令后，某选项用来输入曲线的偏差值。值越大，曲线离指定的点越远；值越小，曲线离指定的点越近。该选项是（   ）。

    A．闭合   B．端点切向   C．拟合公差   D．起点切向

（6）如图 7-91 所示的图形采用的多线编辑方法分别是（   ）。

    A．T 字打开，T 字闭合，T 字合并   B．T 字闭合，T 字打开，T 字合并

    C．T 字合并，T 字闭合，T 字打开   D．T 字合并，T 字打开，T 字闭合

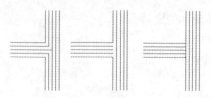

图 7-91 图形 1

（7）关于样条曲线拟合点说法错误的是（   ）。

    A．可以删除样条曲线的拟合点   B．可以添加样条曲线的拟合点

    C．可以阵列样条曲线的拟合点   D．可以移动样条曲线的拟合点

（8）在如图 7-92 所示的"特性"选项板中，不可以修改矩形的（   ）属性。

    A．面积   B．线宽   C．顶点位置   D．标高

（9）半径为 72.5 的圆的周长为（   ）。

    A．455.5309   B．16512.9964   C．910.9523   D．261.0327

（10）利用"多段线"命令绘制如图 7-93 所示的图形，并填充图形。

图 7-92 "特性"选项板

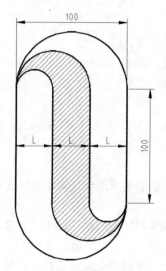

图 7-93 图形 2

文字与表格

　　文字注释是图形中很重要的一部分内容，进行各种设计时，通常不仅要绘出图形，还要在图形中标注一些文字，如技术要求、注释说明等，对图形对象加以解释。

　　AutoCAD 提供了多种写入文字的方法，本章将介绍文本的注释和编辑功能。图表在 AutoCAD 图形中也有大量的应用，如明细表、参数表和标题栏等。本章主要内容包括文本样式、文本标注、文本编辑及表格的定义、创建文字等。

8.1 文本样式

所有 AutoCAD 图形中的文字都有与其相对应的文本样式。当输入文字对象时，AutoCAD 使用当前设置的文本样式。文本样式是用来控制文字基本形状的一组设置。

【预习重点】

☑ 打开"文本样式"对话框。
☑ 设置新样式参数。

【执行方式】

☑ 命令行：STYLE（快捷命令：ST）或 DDSTYLE。
☑ 菜单栏：选择菜单栏中的"格式"→"文字样式"命令。
☑ 工具栏：单击"文字"工具栏中的"文字样式"按钮 🅰。
☑ 功能区：单击"默认"选项卡"注释"面板中的"文字样式"按钮 🅰（如图 8-1 所示）
☑ 单击"注释"选项卡"文字"面板上的"文字样式"下拉菜单中的"管理文字样式"按钮（如图 8-2 所示）或单击"注释"选项卡"文字"面板中的"对话框启动器"按钮 ◢。

图 8-1　"注释"面板

图 8-2　"文字"面板

【操作步骤】

执行上述操作后，系统打开"文字样式"对话框，如图 8-3 所示。

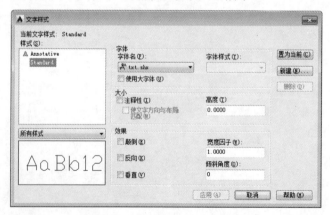

图 8-3　"文字样式"对话框

【选项说明】

（1）"样式"列表框：列出所有已设定的文字样式名或对已有样式名进行相关操作。单击"新建"按钮，系统打开如图 8-4 所示的"新建文字样式"对话框。在该对话框中可以为新建的文字样式输入名称。从"样式"列表框中选中要改名的文本样式右击，在弹出的快捷菜单中选择"重命名"命令，如图 8-5 所示，可以为所选文本样式输入新的名称。

（2）"字体"选项组：用于确定字体样式。文字的字体确定字符的形状，在 AutoCAD 中，除了它固有的 SHX 形状字体文件外，还可以使用 TrueType 字体（如宋体、楷体、italley 等）。一种字体可以设置不同的效果，从而被多种文本样式使用，如图 8-6 所示就是同一种字体（宋体）的不同样式。

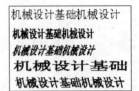

图 8-4 "新建文字样式"对话框　　　图 8-5 快捷菜单　　　图 8-6 同一字体的不同样式

（3）"大小"选项组：用于确定文本样式使用的字体文件、字体风格及字高。"高度"文本框用来设置创建文字时的固定字高，在用 TEXT 命令输入文字时，AutoCAD 不再提示输入字高参数。如果在此文本框中设置字高为 0，系统会在每一次创建文字时提示输入字高，所以，如果不想固定字高，就可以把"高度"文本框中的数值设置为 0。

（4）"效果"选项组。

① "颠倒"复选框：选中该复选框，表示将文本文字倒置标注，如图 8-7（a）所示。

② "反向"复选框：确定是否将文本文字反向标注，如图 8-7（b）所示的标注效果。

③ "垂直"复选框：确定文本是水平标注还是垂直标注。选中该复选框时为垂直标注，否则为水平标注，垂直标注如图 8-8 所示。

④ "宽度因子"文本框：设置宽度系数，确定文本字符的宽高比。当比例系数为 1 时，表示将按字体文件中定义的宽高比标注文字。当此系数小于 1 时，字会变窄，反之变宽。如图 8-6 所示，是在不同比例系数下标注的文本文字。

⑤ "倾斜角度"文本框：用于确定文字的倾斜角度。角度为 0 时不倾斜，为正数时向右倾斜，为负数时向左倾斜，效果如图 8-6 所示。

ABCDEFGHIJKLMN

ΛBCDEFGHIJKLMN

（a）

ABCDEFGHIJKLMN

ИМГΚΙΗĐΗΡΛΒСДА

（b）

图 8-7 文字倒置标注与
反向标注

abcd

a
b
c
d

图 8-8 垂直标注文字

（5）"应用"按钮。

确认对文字样式的设置。当创建新的文字样式或对现有文字样式的某些特征进行修改后，都需要单击此按钮，系统才会确认所做的改动。

8.2 文本标注

在绘制图形的过程中，文字传递了很多设计信息，它可能是一个很复杂的说明，也可能是一个简短的文字信息。当需要文字标注的文本不太长时，可以利用 TEXT 命令创建单行文本；当需要标注很长、很复杂的文字信息时，可以利用 MTEXT 命令创建多行文本。

【预习重点】

☑ 对比单行与多行文字的区别。

☑ 练习多行文字应用。

8.2.1 单行文本标注

【执行方式】

☑ 命令行：TEXT。

☑ 菜单栏：选择菜单栏中的"绘图"→"文字"→"单行文字"命令。

☑ 工具栏：单击"文字"工具栏中的"单行文字"按钮Ａ。

☑ 功能区：单击"默认"选项卡"注释"面板中的"单行文字"按钮Ａ或单击"注释"选项卡"文字"面板中的"单行文字"按钮Ａ。

【操作步骤】

命令: TEXT✓
当前文字样式：   "Standard"   文字高度: 2.5000   注释性: 否   对正: 左
指定文字的起点或 [对正(J)/样式(S)]:

【选项说明】

（1）指定文字的起点：在此提示下直接在绘图区选择一点作为输入文本的起始点，执行上述命令后，即可在指定位置输入文本文字，输入后按 Enter 键，文本文字另起一行，可继续输入文字，待全部输入完后按两次 Enter 键，退出 TEXT 命令。可见，TEXT 命令也可创建多行文本，只是这种多行文本每一行是一个对象，不能对多行文本同时进行操作。

注意 只有当前文本样式中设置的字符高度为 0，在使用 TEXT 命令时，系统才出现要求用户确定字符高度的提示。AutoCAD 允许将文本行倾斜排列，如图 8-9 所示为倾斜角度分别是 0°、45° 和 -45° 时的排列效果。在"指定文字的旋转角度 <0>"提示下输入文本行的倾斜角度或在绘图区拉出一条直线来指定倾斜角度。

（2）对正(J)：在"指定文字的起点或[对正(J)/样式(S)]"提示下输入"J"，用来确定文本的对齐方式，对齐方式决定文本的哪部分与所选插入点对齐。执行此选项，AutoCAD 提示：

输入选项 [左(L)/居中(C)/右(R)/对齐(A)/中间(M)/布满(F)/左上(TL)/中上(TC)/右上(TR)/左中(ML)/正中(MC)/右中(MR)/左下(BL)/中下(BC)/右下(BR)]:

在此提示下选择一个选项作为文本的对齐方式。当文本文字水平排列时，AutoCAD 为标注文本的文字定义了如图 8-10 所示的顶线、中线、基线和底线，各种对齐方式如图 8-11 所示，图中大写字母对应上述提示中的各命令。

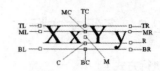

图 8-9　文本行倾斜排列的效果　　图 8-10　文本行的底线、基线、中线和顶线　　图 8-11　文本的对齐方式

选择"对齐(A)"选项，要求用户指定文本行基线的起始点与终止点的位置，AutoCAD 提示：

指定文字基线的第一个端点:（指定文本行基线的起点位置）
指定文字基线的第二个端点:（指定文本行基线的终点位置）
输入文字:（输入一行文本后按 Enter 键）
输入文字:（继续输入文本或直接按 Enter 键结束命令）

输入的文本文字均匀地分布在指定的两点之间，如果两点间的连线不水平，则文本行倾斜放置，倾斜角度由两点间的连线与 X 轴夹角确定；字高、字宽根据两点间的距离、字符的多少以及文本样式中设置的宽度系数自动确定。指定了两点之后，每行输入的字符越多，字宽和字高越小。

其他选项与"对齐"类似，此处不再赘述。

实际绘图时，有时需要标注一些特殊字符，例如直径符号、上划线或下划线、温度符号等，由于这些符号不能直接从键盘上输入，AutoCAD 提供了一些控制码，用来实现这些要求。控制码用两个百分号（%%）加一个字符构成，常用的控制码及功能如表 8-1 所示。

表 8-1　AutoCAD 常用控制码

控　制　码	标注的特殊字符	控　制　码	标注的特殊字符
%%O	上划线	\u+0278	电相位
%%U	下划线	\u+E101	流线
%%D	"度"符号（°）	\u+2261	标识
%%P	正负符号（±）	\u+E102	界碑线
%%C	直径符号（φ）	\u+2260	不相等（≠）
%%%	百分号（%）	\u+2126	欧姆（Ω）
\u+2248	约等于（≈）	\u+03A9	欧米加（Ω）
\u+2220	角度（∠）	\u+214A	低界线
\u+E100	边界线	\u+2082	下标 2
\u+2104	中心线	\u+00B2	上标 2
\u+0394	差值		

其中，%%O 和%%U 分别是上划线和下划线的开关，第一次出现此符号开始画上划线和下划线，第二次出现此符号，上划线和下划线终止。例如输入"I want to %%U go to Beijing%%U."，则得到如图 8-12（a）所示的文本行，输入"50%%D+%%C75%%P12"，则得到如图 8-12（b）所示的文本行。

I want to <u>go to Beijing</u>.　　（a）

50°+⌀75±12　　（b）

图 8-12　文本行

🎓 **高手支招**

用 TEXT 命令创建文本时，在命令行输入的文字同时显示在绘图区，而且在创建过程中可以随时改变文本的位置，只要移动光标到新的位置单击，则当前行结束，随后输入的文字在新的文本位置出现，用这种方法可以把多行文本标注到绘图区的不同位置。

8.2.2 多行文本标注

【执行方式】

☑ 命令行：MTEXT（快捷命令：T 或 MT）。

☑ 菜单栏：选择菜单栏中的"绘图"→"文字"→"多行文字"命令。

☑ 工具栏：单击"绘图"工具栏中的"多行文字"按钮 A 或单击"文字"工具栏中的"多行文字"按钮 A。

☑ 功能区：单击"默认"选项卡"注释"面板中的"多行文字"按钮 A 或单击"注释"选项卡"文字"面板中的"多行文字"按钮 A。

【操作实践——标注阀盖零件图技术要求】

绘制如图 8-13 所示的阀盖零件图的技术要求。操作步骤如下：

（1）打开文件。单击"标准"工具栏中的"打开"按钮 ，打开光盘中的"源文件\第 8 章\阀盖零件图.dwg"文件。

（2）保存文件。选择菜单栏中的"文件"→"另存为"命令，将文件另存为"标注阀盖技术要求"。

（3）单击"样式"工具栏中的"文字样式"按钮 ，弹出"文字样式"对话框，单击"新建"按钮，弹出"新建文字样式"对话框，输入"长仿宋体"，如图 8-14 所示，单击"确定"按钮，返回"文字样式"对话框，设置新样式参数。在"字体名"下拉菜单中选择"仿宋"，设置"宽度因子"为 0.7，"高度"为 5，"倾斜角度"为 15，其余参数默认，如图 8-15 所示。单击"置为当前"按钮，将新建文字样式置为当前。

图 8-13 技术要求

图 8-15 设置"长仿宋体"

图 8-14 新建文字样式

（4）单击"绘图"工具栏中的"多行文字"按钮 A，在空白处单击，指定第一角点，向右下角拖动出适当距离，左键单击，指定第二点，打开多行文字编辑器和"文字编辑器"选项卡，输入技术要求的文字，如图 8-16 所示。

（5）将鼠标放置在 R1 与 R3 之间，单击"文字编辑器"选项卡"插入"面板中的"符号"下拉菜单，如图 8-17 所示。

（6）选择"其他"命令，弹出"字符映射表"窗口，如图 8-18 所示，选中"鄂化符"字符，单击"选择"按钮，在"复制字符"文本框中显示加载的字符"~"，单击"复制"按钮，复制字符，单击右上角的 按钮，退出窗口。

（7）右击，在弹出的快捷菜单中选择"粘贴"命令，完成字符插入，插入结果如图 8-19 所示。

图 8-16　输入文字

图 8-17　"符号"菜单

图 8-18　"字符映射表"窗口

（8）选中步骤（7）插入的字符，在"格式"面板中的"字体"下拉列表中选择 Arial 选项，结果如图 8-20 所示。

技术要求：
1. 铸件应经时效处理，消除内应力；
2. 未注铸造圆角为：R1~R3。

图 8-19　插入符号　　　　　　　　图 8-20　修改字体

（9）选中第一行中的"技术要求："，单击"居中"按钮，将选中文字居中。最终结果如图 8-13 所示。

【选项说明】

（1）指定对角点：在绘图区选择两个点作为矩形框的两个角点，AutoCAD 以这两个点为对角点构成一个矩形区域，其宽度作为将来要标注的多行文本的宽度，第一个点作为第一行文本顶线的起点。响应后 AutoCAD 打开"文字编辑器"选项卡和"多行文字"编辑器，可利用此编辑器输入多行文本文字并对其格式进行设置。关于该对话框中各项的含义及编辑器功能，稍后再详细介绍。

（2）对正(J)：用于确定所标注文本的对齐方式。选择该选项，AutoCAD 提示：

> 输入对正方式 [左上(TL)/中上(TC)/右上(TR)/左中(ML)/正中(MC)/右中(MR)/左下(BL)/中下(BC)/右下(BR)] <左上(TL)>:

这些对齐方式与 TEXT 命令中的各对齐方式相同。选择一种对齐方式后按 Enter 键，系统回到上一级提示。

（3）行距(L)：用于确定多行文本的行间距。这里所说的行间距是指相邻两文本行基线之间的垂直距离。选择此选项，AutoCAD 提示：

> 输入行距类型 [至少(A)/精确(E)] <至少(A)>:

在此提示下有"至少"和"精确"两种方式确定行间距。

① 在"至少"方式下，系统根据每行文本中最大的字符自动调整行间距。

② 在"精确"方式下，系统为多行文本赋予一个固定的行间距，可以直接输入一个确切的间距值，也可以输入"nx"的形式。

其中 n 是一个具体数，表示行间距设置为单行文本高度的 n 倍，而单行文本高度是本行文本字符高度的 1.66 倍。

（4）旋转(R)：用于确定文本行的倾斜角度。选择该选项，AutoCAD 提示：

> 指定旋转角度 <0>:（输入倾斜角度）

输入角度值后按 Enter 键，系统返回到"指定对角点或 [高度(H)/对正(J)/行距(L)/旋转(R)/样式(S)/宽度(W)/栏(C)]:"的提示。

（5）样式(S)：用于确定当前的文本文字样式。

（6）宽度(W)：用于指定多行文本的宽度。可在绘图区选择一点，与前面确定的第一个角点组成一个矩形框的宽作为多行文本的宽度；也可以输入一个数值，精确设置多行文本的宽度。

🎓 高手支招

在创建多行文本时，只要指定文本行的起始点和宽度后，AutoCAD 就会打开"文字编辑器"选项卡和多行文字编辑器，如图 8-21 和图 8-22 所示。该编辑器与 Microsoft Word 编辑器界面相似，事实上该编辑器与 Word 编辑器在某些功能上趋于一致。这样既增强了多行文字的编辑功能，又能使用户更熟悉和方便地使用。

图 8-21　"文字编辑器"选项卡

图 8-22　多行文字编辑器

（7）栏(C)：根据栏宽、栏间距宽度和栏高组成矩形框。

（8）"文字编辑器"选项卡：用来控制文本文字的显示特性。可以在输入文本文字前设置文本的特性，也可以改变已输入的文本文字特性。要改变已有文本文字显示特性，首先应选择要修改的文本，选择文本的方式有以下 3 种。

① 将光标定位到文本文字开始处，按住鼠标左键，拖到文本末尾。

② 双击某个文字，则该文字被选中。

③ 3 次单击鼠标，则选中全部内容。

下面介绍选项卡中部分选项的功能。

① "文字高度"下拉列表框：用于确定文本的字符高度，可在文本编辑器中设置输入新的字符高度，也可从此下拉列表框中选择已设定过的高度值。

② "粗体" **B** 和 "斜体" **I** 按钮：用于设置加粗或斜体效果，但这两个按钮只对 TrueType 字体有效，如图 8-23 所示。

③ "删除线"按钮 **A**：用于在文字上添加水平删除线，如图 8-23 所示。

④ "下划线" **U** 和 "上划线" **O** 按钮：用于设置或取消文字的上下划线，如图 8-23 所示。

从入门到实践
从入门到实践
从入门到实践
从入门到实践
从入门到实践

图 8-23　文本样式

⑤ "堆叠"按钮 **A**：为层叠或非层叠文本按钮，用于层叠所选的文本文字，也就是创建分数形式。当文本中某处出现"/"、"^"或"#" 3 种层叠符号之一时，选中需层叠的文字，才可层叠文本。二者缺一不可。则符号左边的文字作为分子，右边的文字作为分母进行层叠。

AutoCAD 提供了 3 种分数形式。

☑ 如果选中 "abcd/efgh" 后单击该按钮，得到如图 8-24（a）所示的分数形式。

☑ 如果选中 "abcd^efgh" 后单击该按钮，则得到如图 8-24（b）所示的形式，此形式多用于标注极限偏差。

☑ 如果选中 "abcd#efgh" 后单击该按钮，则创建斜排的分数形式，如图 8-24（c）所示。

如果选中已经层叠的文本对象后单击该按钮，则恢复到非层叠形式。

⑥ "倾斜角度" （**O**）文本框：用于设置文字的倾斜角度。

abcd	abcd	abcd/
efgh	efgh	efgh
（a）	（b）	（c）

图 8-24　文本层叠

举一反三

倾斜角度与斜体效果是两个不同的概念，前者可以设置任意倾斜角度，后者是在任意倾斜角度的基础上设置斜体效果，如图 8-25 所示。第一行倾斜角度为 0°，非斜体效果；第二行倾斜角度为 12°，非斜体效果；第三行倾斜角度为 12°，斜体效果。

都市农夫
都市农夫
都市农夫

图 8-25　倾斜角度与
斜体效果

⑦ "符号"按钮 **@**：用于输入各种符号。单击该按钮，系统打开符号列表，如图 8-26 所示，可以从中选择符号输入到文本中。

⑧ "插入字段"按钮：用于插入一些常用或预设字段。单击该按钮，系统打开"字段"对话框，如图 8-27 所示，用户可从中选择字段，插入到标注文本中。

⑨ "追踪"下拉列表框 **a·b**：用于增大或减小选定字符之间的空间。1.0 表示设置常规间距，设置大于 1.0 表示增大间距，设置小于 1.0 表示减小间距。

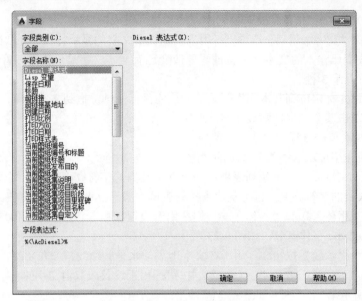

图 8-26 符号列表   图 8-27 "字段"对话框

⑩ "宽度因子"下拉列表框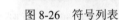：用于扩展或收缩选定字符。1.0 表示设置代表此字体中字母的常规宽度，可以增大该宽度或减小该宽度。

⑪ "上标" ☒ 按钮：将选定文字转换为上标，即在输入线的上方设置稍小的文字。

⑫ "下标" ☒ 按钮：将选定文字转换为下标，即在输入线的下方设置稍小的文字。

⑬ "清除格式"下拉列表：删除选定字符的字符格式，或删除选定段落的段落格式，或删除选定段落中的所有格式。

☑ 关闭：如果选择该选项，将从应用了列表格式的选定文字中删除字母、数字和项目符号。不更改缩进状态。

☑ 以数字标记：应用将带有句点的数字用于列表中的项的列表格式。

☑ 以字母标记：应用将带有句点的字母用于列表中的项的列表格式。如果列表含有的项多于字母中含有的字母，可以使用双字母继续序列。

☑ 以项目符号标记：应用将项目符号用于列表中的项的列表格式。

☑ 启动：在列表格式中启动新的字母或数字序列。如果选定的项位于列表中间，则选定项下面的未选中的项也将成为新列表的一部分。

☑ 继续：将选定的段落添加到上面最后一个列表然后继续序列。如果选择了列表项而非段落，选定项下面的未选中的项将继续序列。

☑ 允许自动项目符号和编号：在输入时应用列表格式。以下字符可以用作字母和数字后的标点并不能用作项目符号：句点（.）、逗号（,）、右括号（)）、右尖括号（>）、右方括号（]）和右花括号（}）。

☑ 允许项目符号和列表：如果选择该选项，列表格式将应用到外观类似列表的多行文字对象中的所有纯文本。

➢ 拼写检查：确定输入时拼写检查处于打开还是关闭状态。

➢ 编辑词典：显示词典对话框，从中可添加或删除在拼写检查过程中使用的自定义词典。

➢ 标尺：在编辑器顶部显示标尺。拖动标尺末尾的箭头可更改文字对象的宽度。列模式处于活动状态时，还显示高度和列夹点。

⑭ 段落：为段落和段落的第一行设置缩进。指定制表位和缩进，控制段落对齐方式、段落间距和段落行距，如图 8-28 所示。

⑮ 输入文字：选择该选项，系统打开"选择文件"对话框，如图 8-29 所示。选择任意 ASCII 或 RTF 格式的文件。输入的文字保留原始字符格式和样式特性，但可以在多行文字编辑器中编辑和格式化输入的文字。选择要输入的文本文件后，可以替换选定的文字或全部文字，或在文字边界内将插入的文字附加到选定的文字中。输入文字的文件必须小于 32KB。

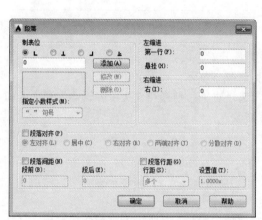

图 8-28 "段落"对话框

图 8-29 "选择文件"对话框

⑯ 编辑器设置：显示"文字格式"工具栏的选项列表。有关详细信息请参见编辑器设置。

高手支招

多行文字是由任意数目的文字行或段落组成的，布满指定的宽度，还可以沿垂直方向无限延伸。多行文字中，无论行数是多少，单个编辑任务中创建的每个段落集将构成单个对象；用户可对其进行移动、旋转、删除、复制、镜像或缩放操作。

8.3 文 本 编 辑

AutoCAD 2015 提供了"文字样式"编辑器，通过这个编辑器可以方便直观地设置需要的文本样式，或是对已有样式进行修改。

【预习重点】

☑ 了解文本编辑适用范围。

☑ 利用不同方法打开文本编辑器。

☑ 了解编辑器中不同参数按钮的含义。

【执行方式】

- ☑ 命令行：DDEDIT（快捷命令：ED）。
- ☑ 菜单栏：选择菜单栏中的"修改"→"对象"→"文字"→"编辑"命令。
- ☑ 工具栏：单击"文字"工具栏中的"编辑"按钮。

【操作步骤】

选择相应的菜单项，或在命令行输入"DDEDIT"命令后按 Enter 键，AutoCAD 提示如下。

```
命令: DDEDIT↙
选择注释对象或 [放弃(U)]:
```

【选项说明】

要求选择想要修改的文本，同时光标变为拾取框。用拾取框选择对象时：

（1）如果选择的文本是用 TEXT 命令创建的单行文本，则深显该文本，可对其进行修改。

（2）如果选择的文本是用 MTEXT 命令创建的多行文本，选择对象后则打开"文字编辑器"选项卡和多行文字编辑器，可根据前面的介绍对各项设置或对内容进行修改。

8.4 表 格

在以前的 AutoCAD 版本中，要绘制表格必须采用绘制图线或结合偏移、复制等编辑命令来完成，这样的操作过程繁琐而复杂，不利于提高绘图效率。自从 AutoCAD 2005 新增加了"表格"绘图功能，创建表格就变得非常容易，用户可以直接插入设置好样式的表格。同时随着版本的不断升级，表格功能也在精益求精、日趋完善。

【预习重点】

- ☑ 练习如何定义表格样式。
- ☑ 观察"插入表格"对话框中选项卡的设置。
- ☑ 练习插入表格文字。

8.4.1 定义表格样式

和文字样式一样，所有 AutoCAD 图形中的表格都有与其相对应的表格样式。当插入表格对象时，系统使用当前设置的表格样式。表格样式是用来控制表格基本形状和间距的一组设置。模板文件 ACAD.DWT 和 ACADISO.DWT 中定义了名为 Standard 的默认表格样式。

【执行方式】

- ☑ 命令行：TABLESTYLE。
- ☑ 菜单栏：选择菜单栏中的"格式"→"表格样式"命令。
- ☑ 工具栏：单击"样式"工具栏中的"表格样式管理器"按钮。
- ☑ 功能区：单击"默认"选项卡"注释"面板中的"表格样式"按钮（如图 8-30 所示）

图 8-30 "注释"面板

单击"注释"选项卡"表格"面板上的"表格样式"下拉菜单中的"管理表格样式"按钮（如图 8-31 所示）或单击"注释"选项卡"表格"面板中的"对话框启动器"按钮 ⤡。

图 8-31 "表格"面板

【操作步骤】

执行上述操作后，系统打开"表格样式"对话框，如图 8-32 所示。

【选项说明】

（1）"新建"按钮：单击该按钮，系统打开"创建新的表格样式"对话框，如图 8-33 所示。输入新的表格样式名后，单击"继续"按钮，系统打开"新建表格样式"对话框，如图 8-34 所示，从中可以定义新的表格样式。

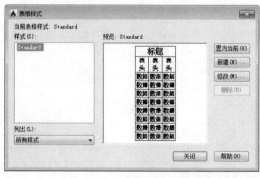

图 8-32 "表格样式"对话框

图 8-33 "创建新的表格样式"对话框

"新建表格样式"对话框的"单元样式"下拉列表框中有 3 个重要的选项："数据"、"表头"和"标题"，分别控制表格中数据、列标题和总标题的有关参数，如图 8-35 所示。在"新建表格样式"对话框中有 3 个重要的选项卡，分别介绍如下。

①"常规"选项卡：用于控制数据栏格与标题栏格的上下位置关系。

②"文字"选项卡：用于设置文字属性，选择该选项卡，在"文字样式"下拉列表框中可以选择已定义的文字样式并应用于数据文字，也可以单击右侧的 ⋯ 按钮重新定义文字样式。其中"文字高度"、"文

字颜色"和"文字角度"各选项设定的相应参数格式可供用户选择。

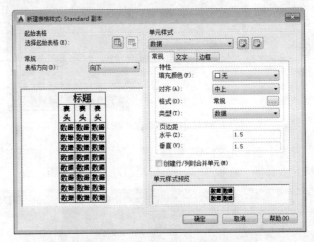

图 8-34 "新建表格样式"对话框

③"边框"选项卡：用于设置表格的边框属性下面的边框线按钮控制数据边框线的各种形式，如绘制所有数据边框线、只绘制数据边框外部边框线、只绘制数据边框内部边框线、无边框线、只绘制底部边框线等。选项卡中的"线宽"、"线型"和"颜色"下拉列表框则控制边框线的线宽、线型和颜色；选项卡中的"间距"文本框用于控制单元格边界和内容之间的间距。

如图 8-36 所示，数据文字样式为 standard，文字高度为 4.5，文字颜色为"红色"，对齐方式为"右下"；标题文字样式为 standard，文字高度为 6，文字颜色为"蓝色"，对齐方式为"正中"，表格方向为"上"，水平单元边距和垂直单元边距都为 1.5 的表格样式。

标题		
表头	表头	表头
数据	数据	数据
数据	数据	数据
数据	数据	数据
数据	数据	数据
数据	数据	数据
数据	数据	数据

图 8-35 表格样式

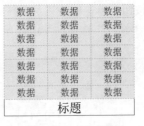

图 8-36 表格示例

（2）"修改"按钮：用于对当前表格样式进行修改，方式与新建表格样式相同。

8.4.2 创建表格

在设置好表格样式后，用户可以利用 TABLE 命令创建表格。

【执行方式】

☑ 命令行：TABLE。
☑ 菜单栏：选择菜单栏中的"绘图"→"表格"命令。
☑ 工具栏：单击"绘图"工具栏中的"表格"按钮。
☑ 功能区：单击"默认"选项卡"注释"面板中的"表格"按钮或单击"注释"选项卡"表格"面板中的"表格"按钮。

【操作步骤】

执行上述操作后，系统打开"插入表格"对话框，如图 8-37 所示。

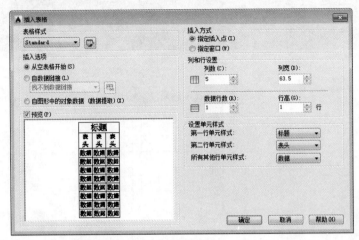

图 8-37　"插入表格"对话框

【选项说明】

（1）"表格样式"选项组：可以在"表格样式"下拉列表框中选择一种表格样式，也可以通过单击后面的按钮来新建或修改表格样式。

（2）"插入选项"选项组：指定插入表格的方式。

① "从空表格开始"单选按钮：创建可以手动填充数据的空表格。

② "自数据链接"单选按钮：通过启动数据连接管理器来创建表格。

③ "自图形中的对象数据"单选按钮：通过启动"数据提取"向导来创建表格。

（3）"插入方式"选项组。

① "指定插入点"单选按钮

指定表格左上角的位置。可以使用定点设备，也可以在命令行中输入坐标值。如果表格样式将表格的方向设置为由下而上读取，则插入点位于表格的左下角。

② "指定窗口"单选按钮

指定表的大小和位置。可以使用定点设备，也可以在命令行中输入坐标值。选中该单选按钮时，行数、列数、列宽和行高取决于窗口的大小以及列和行的设置。

（4）"列和行设置"选项组。

指定列和数据行的数目以及列宽与行高。

（5）"设置单元样式"选项组。

指定"第一行单元样式"、"第二行单元样式"和"所有其他行单元样式"分别为标题、表头或者数据样式。

高手支招

> 在"插入方式"选项组中选中"指定窗口"单选按钮后，列与行设置的两个参数中只能指定一个，另外一个由指定窗口的大小自动等分来确定。

在"插入表格"对话框中进行相应设置后，单击"确定"按钮，系统在指定的插入点或窗口中自动插入一个空表格，并显示"文字编辑器"选项卡，用户可以逐行逐列输入相应的文字或数据，如图 8-38 所示。

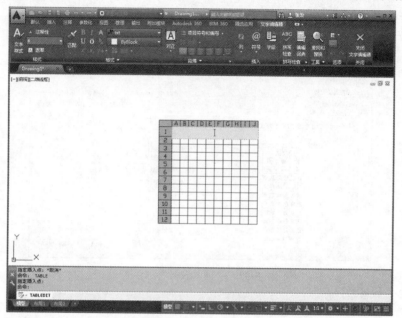

图 8-38　插入表格

举一反三

在插入后的表格中选择某一个单元格，单击后出现钳夹点，通过移动钳夹点可以改变单元格的大小，如图 8-39 所示。

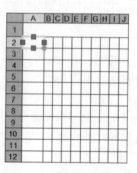

图 8-39　改变单元格大小

8.4.3　表格文字编辑

【执行方式】

☑　命令行：TABLEDIT。

☑　快捷菜单：选择表和一个或多个单元后右击，在弹出的快捷菜单中选择"编辑文字"命令。

☑　定点设备：在表单元内双击。

【操作实践——绘制球阀装配图明细表】

绘制如图 8-40 所示的球阀装配图的明细表。操作步骤如下：

（1）单击"样式"工具栏中的"表格样式"按钮，打开"表格样式"对话框，如图 8-41 所示。

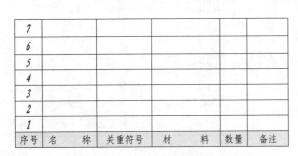

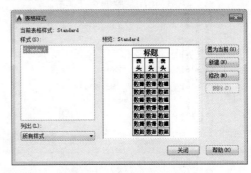

图 8-40　球阀装配图名细表　　　　　　　图 8-41　"表格样式"对话框

（2）单击"修改"按钮，系统打开"修改表格样式"对话框，如图 8-42 所示。在该对话框中进行如下设置。

① 在左侧"常规"选项组下设置"表格方向"为"向上"，如图 8-42（a）所示。

② 在右侧"单元样式"下拉列表框中选择"数据"选项。打开"常规"选项卡，设置"对齐"方式为"正中"；打开"文字"选项卡，设置"文字高度"为 5，"文字颜色"为"红色"，其余参数默认，如图 8-42（b）所示。

③ 在右侧"单元样式"下拉列表框中选择"表头"选项。打开"常规"选项卡，设置"填充颜色"为"黄色"，如图 8-42（c）所示。

④ 打开"文字"选项卡，设置"文字高度"为 5，"文字颜色"为"蓝色"，其余参数默认。设置结果如图 8-42（d）所示。

（3）设置好文字样式后，单击"置为当前"按钮，然后单击"确定"按钮退出。

（4）单击"绘图"工具栏中的"表格"按钮，打开"插入表格"对话框，设置插入方式为"指定插入点"，数据行数和列数设置为 6 行 6 列，列宽为 20，行高为 1 行。在"设置单元样式"选项组中将"第一行单元样式"设置为"表头"，"第二行单元样式"和"所有其他行单元样式"都设置为"数据"，如图 8-43 所示。

（a）　　　　　　　　　　　　　　（b）

图 8-42　"修改表格样式"对话框

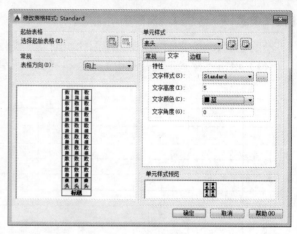

（c）　　　　　　　　　　　　　　　　　　（d）

图 8-42　"修改表格样式"对话框（续）

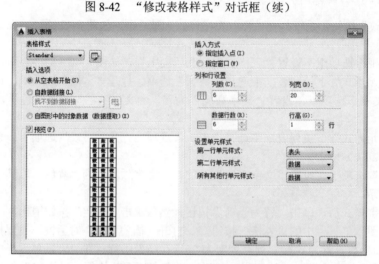

图 8-43　"插入表格"对话框

（5）单击"确定"按钮后，在绘图平面指定插入点，则插入如图 8-44 所示的空表格，不输入文字，直接退出。

（6）单击第 2 列中的任意一个单元格，出现钳夹点后，右击，在弹出的快捷菜单中选择"特性"命令，弹出"特性"选项板，设置"单元宽度"为 40，如图 8-45 所示，用同样方法，将第 3、4 列和第 6 列的列宽设置为 40、50 和 30。同时，设置单元格行高均为 11，结果如图 8-46 所示。

（7）双击要输入文字的单元格，打开"文字编辑器"选项卡，设置表头字体为"仿宋_GB2312"，高度为 5，数据"文字高度"为 6，"倾斜角度" 0 为 15，"宽度因子" $\bigcirc$ 为 0.7，在各单元中输入相应的文字或数据，最终结果如图 8-40 所示。

🎓 高手支招

如果有多个文本格式一样，可以采用复制后修改文字内容的方法进行表格文字的填充，这样只需双击就可以直接修改表格文字的内容，而不用重新设置每个文本格式。

图 8-44　插入表格

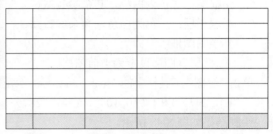

图 8-45　"特性"选项板

图 8-46　改变列宽

8.5　综合演练——绘制 A3 样板图 1

绘制好的 A3 样板图如图 8-47 所示。

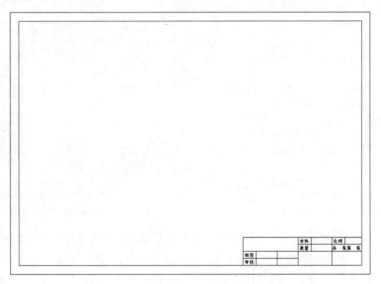

图 8-47　A3 样板图

手把手教你学

所谓样板图就是将绘制图形通用的一些基本内容和参数事先设置好，并绘制出来，以".dwt"格式保存起来。在本实例中绘制的 A3 图纸，可以绘制好图框、标题栏，设置好图层、文字样式、标注样式等，然后作为样板图保存。以后需要绘制 A3 幅面的图形时，可打开此样板图在此基础上绘图。

【操作步骤】

（1）新建文件

单击"标准"工具栏中的"新建"按钮，弹出"选择样板"对话框，在"打开"按钮下拉菜单中选择"无样板公制"命令，新建空白文件。

（2）设置图层

单击"图层"工具栏中的"图层特性管理器"按钮，新建如下两个图层。

① 图框层：颜色为白色，其余参数默认。

② 标题栏层：颜色为白色，其余参数默认。

（3）绘制图框

将"图框层"图层设定为当前图层。

单击"绘图"工具栏中的"矩形"按钮，指定矩形的角点分别为{（0，0）、（420, 297）}和{（10, 10）、（410, 287）}，分别作为图纸边和图框。绘制结果如图 8-48 所示。

（4）绘制标题栏

将"标题栏层"图层设定为当前图层。

图 8-48　绘制的边框

① 单击"样式"工具栏中的"文字样式"按钮，弹出"文字样式"对话框，新建"长仿宋体"，在"字体名"下拉列表框中选择"仿宋_GB2312"选项，"高度"为 4，其余参数默认，如图 8-49 所示。单击"置为当前"按钮，将新建文字样式置为当前。

② 单击"样式"工具栏中的"表格样式"按钮，系统弹出"表格样式"对话框，如图 8-50 所示。

图 8-49　新建"长仿宋体"　　　　　　　　　图 8-50　"表格样式"对话框

③ 单击"修改"按钮，系统弹出"修改表格样式"对话框，在"单元样式"下拉列表框中选择"数据"选项，在下面的"文字"选项卡中单击"文字样式"下拉列表框右侧的按钮，弹出"文字样式"对话框，选择"长仿宋体"，如图 8-51 所示。再打开"常规"选项卡，将"页边距"选项组中的"水平"和"垂直"都设置成 1，"对齐"为"正中"，如图 8-52 所示。

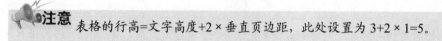

注意 表格的行高=文字高度+2×垂直页边距，此处设置为 3+2×1=5。

④ 单击"确定"按钮，系统回到"表格样式"对话框，单击"关闭"按钮退出。

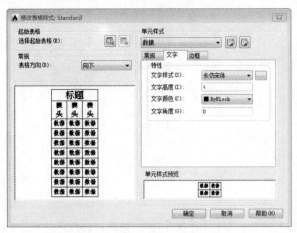 

图 8-51　"修改表格样式"对话框　　　　　　　图 8-52　设置"常规"选项卡

⑤ 单击"绘图"工具栏中的"表格"按钮，系统弹出"插入表格"对话框，在"列和行设置"选项组中将"列数"设置为 28，"列宽"设置为 5，"数据行数"设置为 2（加上标题行和表头行共 4 行），"行高"设置为 1 行（即为 10）；在"设置单元样式"选项组中将"第一行单元样式"、"第二行单元样式"和"所有其他行单元样式"都设置为"数据"，如图 8-53 所示。

⑥ 在图框线右下角附近指定表格位置，系统生成表格，不输入文字，如图 8-54 所示。

⑦ 单击表格中的任一单元格，系统显示其编辑夹点，右击，在弹出的快捷菜单中选择"特性"命令，如图 8-55 所示，系统弹出"特性"选项板，将单元高度参数改为 8，如图 8-56 所示，这样该单元格所在行的高度就统一改为 8。同样方法将其他行的高度改为 8，如图 8-57 所示。

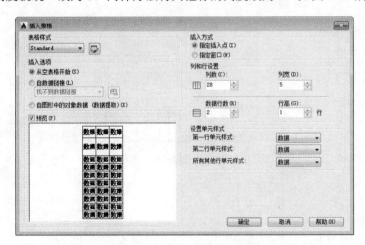

图 8-53　"插入表格"对话框

图 8-55　快捷菜单

图 8-54　生成表格

图 8-56　"特性"选项板

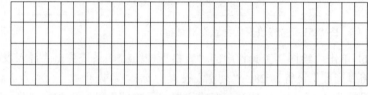

图 8-57　修改表格高度

⑧ 选择 A1 单元格，按住 Shift 键，同时选择右边的 12 个单元格以及下面的 13 个单元格，右击，在弹出的快捷菜单中选择"合并"→"全部"命令，如图 8-58 所示，这些单元格完成合并，如图 8-59 所示。

用同样方法合并其他单元格，结果如图 8-60 所示。

⑨ 在单元格处双击鼠标左键，将字体设置为"仿宋_GB2312"，文字大小设置为 4，在单元格中输入文字，如图 8-61 所示。

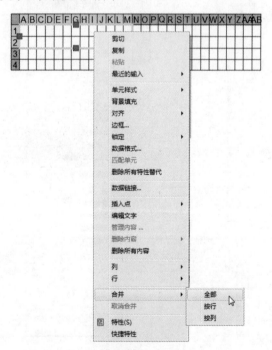

图 8-58　快捷菜单

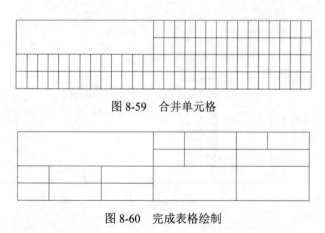

图 8-59　合并单元格

图 8-60　完成表格绘制

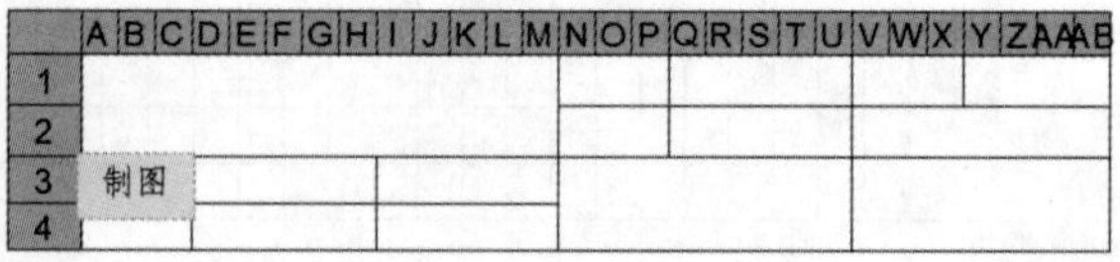

图 8-61　输入文字

用同样方法，输入其他单元格文字，结果如图 8-62 所示。

		材料		比例	
		数量		共 张 第 张	
制图					
审核					

图 8-62　输入标题栏文字

（5）移动标题栏

单击"修改"工具栏中的"移动"按钮，将刚生成的标题栏准确地移动到与图框的确定相对位置，命令行提示与操作如下。

```
命令: MOVE✓
选择对象: （选择刚绘制的表格）
选择对象: ✓
指定基点或 [位移(D)] <位移>: （捕捉表格的右下角点）
指定第二个点或 <使用第一个点作为位移>: （捕捉图框的右下角点）
```

这样，就将表格准确放置在图框的右下角，最终如图 8-47 所示。

（6）保存样板图

单击"标准"工具栏中的"保存"按钮，输入名称为"A3 样板图 1"，保存绘制好的图形。

8.6　名师点拨——细说文本

1．在标注文字时，使用多行文字编辑命令标注上下标的方法

上标：输入 2^，然后选中 2^，单击按钮即可。

下标：输入^2，然后选中^2，按 a/b 键即可。

上下标：输入 2^2，然后选中 2^2，按 a/b 键即可。

2．为什么不能显示汉字？或输入的汉字变成了问号

原因可能有以下几种。

（1）对应的字型没有使用汉字字体，如 HZTXT.SHX 等。

（2）当前系统中没有汉字字体形文件，应将所用到的形文件复制到 AutoCAD 的字体目录中（一般为...\fonts\）。

（3）对于某些符号，如希腊字母等，同样必须使用对应的字体形文件，否则会显示成"？"。

3．为什么输入的文字高度无法改变

使用字型的高度值不为 0 时，用 DTEXT 命令书写文本时都不提示输入高度，这样写出来的文本高度是不变的，包括使用该字型进行的尺寸标注。

4．如何改变已经存在的字体格式

如果想改变已有文字的大小、字体、高宽比例、间距、倾斜角度、插入点等，最简单的方法是"特性（DDMODIFY）"命令。选择"特性"命令，打开"特性"选项板，单击"选择对象"按钮，选中要修改的文字，按 Enter 键，在"特性"选项板中选择要修改的项目进行修改即可。

8.7 上 机 实 验

【练习1】标注如图 8-63 所示的技术要求。

> 1.当无标准齿轮时,允许检查下列三项代替检查径向综合公差和一齿径向综合公差
>   a.齿圈径向跳动公差Fr为0.056
>   b.齿形公差ff为0.016
>   c.基节极限偏差±f$_{pb}$为0.018
> 2.未注倒角1x45。

图 8-63　技术要求

1．目的要求

文字标注在零件图或装配图的技术要求中经常用到，正确进行文字标注是 AutoCAD 绘图中必不可少的一项工作。通过本练习，读者应掌握文字标注的一般方法，尤其是特殊字体的标注方法。

2．操作提示

（1）设置文字标注的样式。
（2）利用"多行文字"命令进行标注。
（3）利用快捷菜单输入特殊字符。

【练习2】在"练习1"标注的技术要求中加入下面一段文字。

$$3. 尺寸为 \Phi 30^{+0.05}_{-0.06} 的孔抛光处理。$$

1．目的要求

文字编辑是对标注的文字进行调整的重要手段。本练习通过添加技术要求文字，让读者掌握文字，尤其是特殊符号的编辑方法和技巧。

2．操作提示

（1）选择练习 1 中标注好的文字，进行文字编辑。
（2）在打开的文字编辑器中输入要添加的文字。
（3）在输入尺寸公差时要注意，一定要输入"+0.05^-0.06"，然后选择这些文字，单击"文字格式"编辑器上的"堆叠"按钮。

【练习 3】 绘制如图 8-64 所示的变速箱组装图明细表。

14	端盖	1	HT150	
13	端盖	1	HT150	
12	定距环	1	Q235A	
11	大齿轮	1	40	
10	键 16×70	1	Q275	GB 1095-79
9	轴	1	45	
8	轴承	2		30208
7	端盖	1	HT200	
6	轴承	2		30211
5	轴	1	45	
4	键 8×50	1	Q275	GB 1095-79
3	端盖	1	HT200	
2	调整垫片	2组	08F	
1	减速器箱体	1	HT200	
序号	名 称	数量	材 料	备 注

图 8-64 变速箱组装图明细表

1．目的要求

明细表是工程制图中常用的表格。本练习通过绘制明细表，要求读者掌握表格相关命令的用法，体会表格功能的便捷性。

2．操作提示

（1）设置表格样式。
（2）插入空表格，并调整列宽。
（3）重新输入文字和数据。

8.8 模拟考试

（1）在表格中不能插入（　　）。

    A．块　　　　　　B．字段　　　　　　C．公式　　　　　　D．点

（2）在设置文字样式时，设置了文字的高度，其效果是（　　）。

    A．在输入单行文字时，可以改变文字高度

    B．在输入单行文字时，不可以改变文字高度

    C．在输入多行文字时，不能改变文字高度

    D．都能改变文字高度

（3）在正常输入汉字时却显示"?"，是什么原因？（　　）

    A．因为文字样式没有设定好　　　　　B．输入错误

    C．堆叠字符　　　　　　　　　　　　D．字高太高

（4）如图 8-65 所示的图中右侧镜像文字，则 mirrtext 系统变量是（　　）。

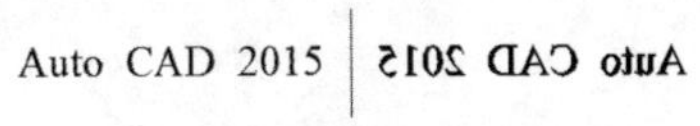

Auto CAD 2015 | ƧƖ0Ƨ ꓷAϽ oɈuA

图 8-65 镜像文字

    A．0　　　　　　B．1　　　　　　C．ON　　　　　　D．OFF

（5）在插入字段的过程中，如果显示####，则表示该字段（　　　）。

    A．没有值　　　　　　　　　　　　B．无效

    C．字段太长，溢出　　　　　　　　D．字段需要更新

（6）以下哪种不是表格的单元格式数据类型？（　　　）

    A．百分比　　　　B．时间　　　　C．货币　　　　D．点

（7）按如图 8-66 所示设置文字样式，则文字的高度、宽度因子是（　　　）。

    A．0，5　　　　　　　　　　　　　B．0，0.5

    C．5，0　　　　　　　　　　　　　D．0，0

图 8-66　"文字样式"对话框

（8）利用 MTEXT 命令输入如图 8-67 所示的文本。

（9）绘制如图 8-68 所示的齿轮参数表。

技术要求：

1. φ20的孔配合。

2. 未注倒角1×45°

图 8-67　技术要求

齿数	Z	24
模数	m	3
压力角	α	30°
公差等级及配合类别	6H-GE	T3478.1-1995
作用齿槽宽最小值	Evmin	4.7120
实际齿槽宽最大值	Emax	4.8370
实际齿槽宽最小值	Emin	4.7590
作用齿槽宽最大值	Evmax	4.7900

图 8-68　齿轮参数表

尺 寸 标 注

　　尺寸标注是绘图设计过程当中相当重要的一个环节。因为图形的主要作用是表达物体的形状，而物体各部分的真实大小和各部分之间的确切位置只能通过尺寸标注来表达。因此，没有正确的尺寸标注，绘制出的图样对于加工制造就没有意义。AutoCAD 提供了方便、准确的标注尺寸功能。本章介绍 AutoCAD 的尺寸标注功能。

9.1 尺 寸 样 式

组成尺寸标注的尺寸线、尺寸界线、尺寸文本和尺寸箭头可以采用多种形式，尺寸标注以什么形态出现，取决于当前所采用的尺寸标注样式。标注样式决定尺寸标注的形式，包括尺寸线、尺寸界线、尺寸箭头和中心标记的形式、尺寸文本的位置、特性等。在 AutoCAD 2015 中用户可以利用"标注样式管理器"对话框方便地设置自己需要的尺寸标注样式。

【预习重点】

- ☑ 了解如何设置尺寸样式。
- ☑ 了解设置尺寸样式参数。

9.1.1 新建或修改尺寸样式

在进行尺寸标注前，先要创建尺寸标注的样式。如果用户不创建尺寸样式而直接进行标注，系统使用默认名称为 Standard 的样式。如果用户认为使用的标注样式某些设置不合适，也可以修改标注样式。

【执行方式】

- ☑ 命令行：DIMSTYLE（快捷命令 D）。
- ☑ 菜单栏：选择菜单栏中的"格式"→"标注样式"命令或"标注"→"标注样式"命令。
- ☑ 工具栏：单击"标注"工具栏中的"标注样式"按钮 。
- ☑ 功能区：单击"默认"选项卡"注释"面板中的"标注样式"按钮 （如图 9-1 所示）或单击"注释"选项卡"标注"面板上的"标注样式"下拉菜单中的"管理标注样式"按钮（如图 9-2 所示）或单击"注释"选项卡"标注"面板中的"对话框启动器"按钮 。

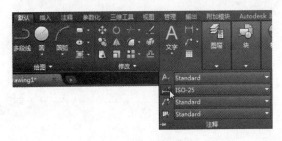
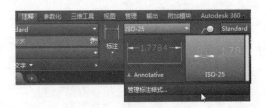

图 9-1　"注释"面板　　　　　　　　图 9-2　"标注"面板

【操作步骤】

执行上述操作后，系统打开"标注样式管理器"对话框，如图 9-3 所示。利用该对话框可方便直观地定制和浏览尺寸标注样式，包括创建新的标注样式、修改已存在的标注样式、设置当前尺寸标注样式、样式重命名以及删除已有的标注样式等。

【选项说明】

（1）"置为当前"按钮

单击该按钮，把在"样式"列表框中选择的样式设置为当前标注样式。

（2）"新建"按钮

创建新的尺寸标注样式。单击该按钮，系统打开"创建新标注样式"对话框，如图9-4所示，利用该对话框可创建一个新的尺寸标注样式，其中各项功能说明如下。

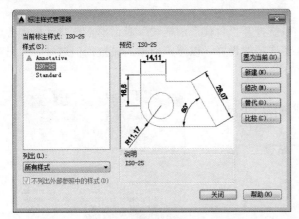

图9-3 "标注样式管理器"对话框

图9-4 "创建新标注样式"对话框

① "新样式名"文本框：为新的尺寸标注样式命名。

② "基础样式"下拉列表框：选择创建新样式所基于的标注样式。单击"基础样式"下拉列表框，打开当前已有的样式列表，从中选择一个作为定义新样式的基础，新的样式是在所选样式的基础上修改一些特性得到的。

③ "用于"下拉列表框：指定新样式应用的尺寸类型。单击该下拉列表框，打开尺寸类型列表，如果新建样式应用于所有尺寸，则选择"所有标注"选项；如果新建样式只应用于特定的尺寸标注（如只在标注直径时使用此样式），则选择相应的尺寸类型。

④ "继续"按钮：各选项设置好以后，单击该按钮，系统打开"新建标注样式"对话框，如图9-5所示，利用该对话框可对新标注样式的各项特性进行设置。该对话框中各部分的含义和功能将在后面介绍。

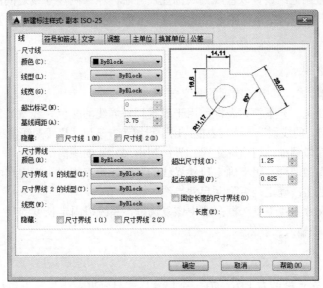

图9-5 "新建标注样式"对话框

（3）"修改"按钮

修改一个已存在的尺寸标注样式。单击该按钮，系统打开"修改标注样式"对话框，该对话框中的各选项与"新建标注样式"对话框中完全相同，可以对已有标注样式进行修改。

（4）"替代"按钮

设置临时覆盖尺寸标注样式。单击该按钮，系统打开"替代当前样式"对话框，该对话框中各选项与"新建标注样式"对话框中完全相同，用户可改变选项的设置，以覆盖原来的设置，但这种修改只对指定的尺寸标注起作用，而不影响当前其他尺寸变量的设置。

（5）"比较"按钮

比较两个尺寸标注样式在参数上的区别，或浏览一个尺寸标注样式的参数设置。单击该按钮，系统打开"比较标注样式"对话框，如图 9-6 所示。可以把比较结果复制到剪贴板上，然后再粘贴到其他的 Windows 应用软件上。

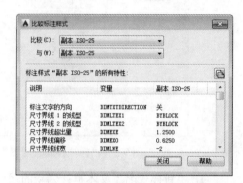

图 9-6 "比较标注样式"对话框

9.1.2 线

在"新建标注样式"对话框中，第一个选项卡就是"线"选项卡，如图 9-5 所示。该选项卡用于设置尺寸线、尺寸界线的形式和特性。现对该选项卡中的各选项分别说明如下。

1. "尺寸线"选项组

用于设置尺寸线的特性，其中各选项的含义如下。

（1）"颜色"（"线型"、"线宽"）下拉列表框：用于设置尺寸线的颜色（线型、线宽）。

（2）"超出标记"微调框：当尺寸箭头设置为短斜线、短波浪线等，或尺寸线上无箭头时，可利用此微调框设置尺寸线超出尺寸界线的距离。

（3）"基线间距"微调框：设置以基线方式标注尺寸时，相邻两尺寸线之间的距离。

（4）"隐藏"复选框组：确定是否隐藏尺寸线及相应的箭头。选中"尺寸线 1（2）"复选框，表示隐藏第一（二）段尺寸线。

2. "尺寸界线"选项组

用于确定尺寸界线的形式，其中各选项的含义如下。

（1）"颜色"（"线宽"）下拉列表框：用于设置尺寸界线的颜色（线宽）。

（2）"尺寸界线 1（2）的线型"下拉列表框：用于设置第一条尺寸界线的线型（DIMLTEX1 系统变量）。

（3）"超出尺寸线"微调框：用于确定尺寸界线超出尺寸线的距离。

（4）"起点偏移量"微调框：用于确定尺寸界线的实际起始点相对于指定尺寸界线起始点的偏移量。

（5）"隐藏"复选框组：确定是否隐藏尺寸界线。

（6）"固定长度的尺寸界线"复选框：选中该复选框，系统以固定长度的尺寸界线标注尺寸，可以在其下面的"长度"文本框中输入长度值。

3. 尺寸样式显示框

在"新建标注样式"对话框的右上方，有一个尺寸样式显示框，该显示框以样例的形式显示用户设置的尺寸样式。

9.1.3 符号和箭头

在"新建标注样式"对话框中，第二个选项卡是"符号和箭头"选项卡，如图 9-7 所示。该选项卡用于设置箭头、圆心标记、弧长符号和半径标注折弯的形式和特性，现对该选项卡中的各选项分别说明如下。

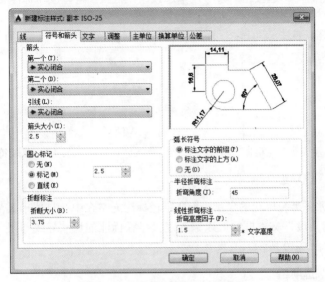

图 9-7 "符号和箭头"选项卡

1．"箭头"选项组

用于设置尺寸箭头的形式。AutoCAD 提供了多种箭头形状，列在"第一个"和"第二个"下拉列表框中。另外，还允许采用用户自定义的箭头形状。两个尺寸箭头可以采用相同的形式，也可采用不同的形式。

（1）"第一（二）个"下拉列表框：用于设置第一（二）个尺寸箭头的形式。单击此下拉列表框，打开各种箭头形式，其中列出了各类箭头的形状即名称。一旦选择了第一个箭头的类型，第二个箭头则自动与其匹配，要想第二个箭头取不同的形状，可在"第二个"下拉列表框中设定。

如果在列表框中选择了"用户箭头"选项，则打开如图 9-8 所示的"选择自定义箭头块"对话框，可以事先把自定义的箭头存成一个图块，在该对话框中输入该图块名即可。

（2）"引线"下拉列表框：确定引线箭头的形式，与"第一个"设置类似。

（3）"箭头大小"微调框：用于设置尺寸箭头的大小。

2．"圆心标记"选项组

用于设置半径标注、直径标注和中心标注中的中心标记和中心线形式。其中各项含义如下。

（1）"无"单选按钮：选中该单选按钮，既不产生中心标记，也不产生中心线。

（2）"标记"单选按钮：选中该单选按钮，中心标记为一个点记号。

（3）"直线"单选按钮：选中该单选按钮，中心标记采用中心线的形式。

（4）"大小"微调框：用于设置中心标记和中心线的大小和粗细。

3．"折断标注"选项组

用于控制折断标注的间距宽度。

4. "弧长符号"选项组

用于控制弧长标注中圆弧符号的显示，其中 3 个单选按钮的含义介绍如下。

（1）"标注文字的前缀"单选按钮：选中该单选按钮，将弧长符号放在标注文字的左侧，如图 9-9（a）所示。

（2）"标注文字的上方"单选按钮：选中该单选按钮，将弧长符号放在标注文字的上方，如图 9-9（b）所示。

（3）"无"单选按钮：选中该单选按钮，不显示弧长符号，如图 9-9（c）所示。

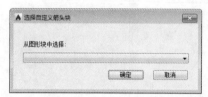

图 9-8　"选择自定义箭头块"对话框

图 9-9　弧长符号

5. "半径折弯标注"选项组

用于控制折弯（Z 字形）半径标注的显示。折弯半径标注通常在中心点位于页面外部时创建。在"折弯角度"文本框中可以输入连接半径标注的尺寸界线和尺寸线的横向直线角度，如图 9-10 所示。

6. "线性折弯标注"选项组

用于控制折弯线性标注的显示。当标注不能精确表示实际尺寸时，常将折弯线添加到线性标注中。通常，实际尺寸比所需值小。

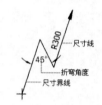

图 9-10　折弯角度

9.1.4　文字

在"新建标注样式"对话框中，第 3 个选项卡是"文字"选项卡，如图 9-11 所示。该选项卡用于设置尺寸文本文字的形式、布置、对齐方式等，现对该选项卡中的各选项分别说明如下。

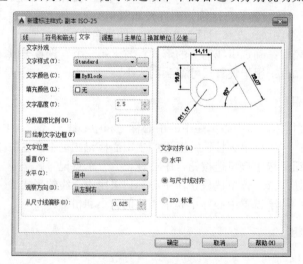

图 9-11　"文字"选项卡

1．"文字外观"选项组

（1）"文字样式"下拉列表框：用于选择当前尺寸文本采用的文字样式。

（2）"文字颜色"下拉列表框：用于设置尺寸文本的颜色。

（3）"填充颜色"下拉列表框：用于设置标注中文字背景的颜色。

（4）"文字高度"微调框：用于设置尺寸文本的字高。如果选用的文本样式中已设置了具体的字高（不是 0），则此处的设置无效；如果文本样式中设置的字高为 0，才以此处设置为准。

（5）"分数高度比例"微调框：用于确定尺寸文本的比例系数。

（6）"绘制文字边框"复选框：选中该复选框，AutoCAD 在尺寸文本的周围加上边框。

2．"文字位置"选项组

（1）"垂直"下拉列表框：用于确定尺寸文本相对于尺寸线在垂直方向的对齐方式，如图 9-12 所示。

图 9-12　尺寸文本在垂直方向的放置

（2）"水平"下拉列表框：用于确定尺寸文本相对于尺寸线和尺寸界线在水平方向的对齐方式。单击此下拉列表框，可从中选择的对齐方式有 5 种：居中、第一条尺寸界线、第二条尺寸界线、第一条尺寸界线上方、第二条尺寸界线上方，如图 9-13（a）～图 9-13（e）所示。

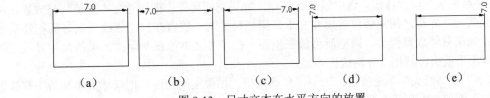

图 9-13　尺寸文本在水平方向的放置

（3）"观察方向"下拉列表框：用于控制标注文字的观察方向（可用 DIMTXTDIRECTION 系统变量设置）。

（4）"从尺寸线偏移"微调框：当尺寸文本放在断开的尺寸线中间时，该微调框用来设置尺寸文本与尺寸线之间的距离。

3．"文字对齐"选项组

该选项组用于控制尺寸文本的排列方向。

（1）"水平"单选按钮：选中该单选按钮，尺寸文本沿水平方向放置。不论标注什么方向的尺寸，尺寸文本总保持水平。

（2）"与尺寸线对齐"单选按钮：选中该单选按钮，尺寸文本沿尺寸线方向放置。

（3）"ISO 标准"单选按钮：选中该单选按钮，当尺寸文本在尺寸界线之间时，沿尺寸线方向放置；在尺寸界线之外时，沿水平方向放置。

9.1.5　调整

在"新建标注样式"对话框中，第 4 个选项卡是"调整"选项卡，如图 9-14 所示。该选项卡根据两条尺寸界线之间的空间，设置将尺寸文本、尺寸箭头放置在两尺寸界线内还是外。如果空间允许，AutoCAD 总是把尺寸文本和箭头放置在尺寸线的里面，如果空间不够，则根据本选项卡的各项设置放置，现对该选项卡中的各选项分别说明如下。

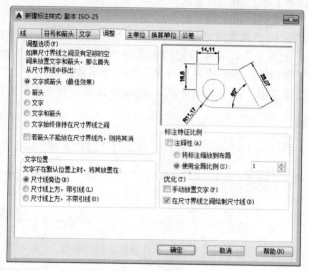

图 9-14   "调整"选项卡

1. "调整选项"选项组

（1）"文字或箭头"单选按钮：选中该单选按钮，如果空间允许，把尺寸文本和箭头都放置在两尺寸界线之间；如果两尺寸界线之间只够放置尺寸文本，则把尺寸文本放置在尺寸界线之间，而把箭头放置在尺寸界线之外；如果只够放置箭头，则把箭头放在里面，把尺寸文本放在外面；如果两尺寸界线之间既放不下文本，也放不下箭头，则把二者均放在外面。

（2）"文字"和"箭头"单选按钮：选中该单选按钮，如果空间允许，把尺寸文本和箭头都放置在两尺寸界线之间；否则把文本和箭头都放在尺寸界线外面。

其他选项含义类似，不再赘述。

2. "文字位置"选项组

用于设置尺寸文本的位置，如图 9-15 所示。

3. "标注特征比例"选项组

（1）"将标注缩放到布局"单选按钮：根据当前模型空间视口和图纸空间之间的比例确定比例因子。当在图纸空间而不是模型空间视口中工作时，或当 TILEMODE 被设置为 1 时，将使用默认的比例因子 1:0。

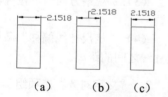

（a）   （b）   （c）

图 9-15   尺寸文本的位置

（2）"使用全局比例"单选按钮：确定尺寸的整体比例系数。其后面的"比例值"微调框可以用来选择需要的比例。

4. "优化"选项组

用于设置附加的尺寸文本布置选项，包含以下两个选项。

（1）"手动放置文字"复选框：选中该复选框，标注尺寸时由用户确定尺寸文本的放置位置，忽略前面的对齐设置。

（2）"在尺寸界线之间绘制尺寸线"复选框：选中该复选框，不管尺寸文本在尺寸界线里面还是在外面，AutoCAD 均在两尺寸界线之间绘出一尺寸线；否则当尺寸界线内放不下尺寸文本而将其放在外面时，尺寸界线之间无尺寸线。

9.1.6　主单位

在"新建标注样式"对话框中，第 5 个选项卡是"主单位"选项卡，如图 9-16 所示。该选项卡用来设置尺寸标注的主单位和精度，以及为尺寸文本添加固定的前缀或后缀。现对该选项卡中的各选项分别说明如下。

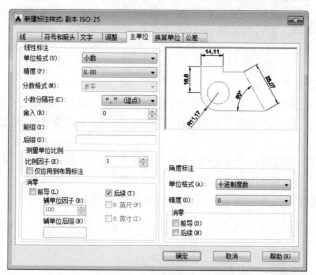

图 9-16　"主单位"选项卡

1．"线性标注"选项组

用来设置标注长度型尺寸时采用的单位和精度。

（1）"单位格式"下拉列表框：用于确定标注尺寸时使用的单位制（角度型尺寸除外）。在其下拉列表框中 AutoCAD 2015 提供了"科学"、"小数"、"工程"、"建筑"、"分数"和"Windows 桌面" 6 种单位制，可根据需要选择。

（2）"精度"下拉列表框：用于确定标注尺寸时的精度，也就是精确到小数点后几位。

🎓 **高手支招**

> 精度设置一定要和用户的需求吻合，如果设置的精度过低，标注会出现误差。

（3）"分数格式"下拉列表框：用于设置分数的形式。AutoCAD 2015 提供了"水平"、"对角"和"非堆叠" 3 种形式供用户选用。

（4）"小数分隔符"下拉列表框：用于确定十进制单位（Decimal）的分隔符。AutoCAD 2015 提供了句点（.）、逗点（,）和空格 3 种形式。

🎓 **高手支招**

> 系统默认的小数分割符是逗点，所以每次标注尺寸时要注意把此处设置为句点。

（5）"舍入"微调框：用于设置除角度之外的尺寸测量圆整规则。在文本框中输入一个值，如果输入"1"，则所有测量值均为整数。

（6）"前缀"文本框：为尺寸标注设置固定前缀。可以输入文本，也可以利用控制符产生特殊字符，这些文本将被加在所有尺寸文本之前。

（7）"后缀"文本框：为尺寸标注设置固定后缀。

2．"测量单位比例"选项组

用于确定 AutoCAD 自动测量尺寸时的比例因子。其中"比例因子"微调框用来设置除角度之外所有尺寸测量的比例因子。例如，用户确定比例因子为 2，AutoCAD 则把实际测量为 1 的尺寸标注为 2。如果选中"仅应用到布局标注"复选框，则设置的比例因子只适用于布局标注。

3．"消零"选项组

用于设置是否省略标注尺寸时的 0。

（1）"前导"复选框：选中该复选框，省略尺寸值处于高位的 0。例如，0.50000 标注为.50000。

（2）"后续"复选框：选中该复选框，省略尺寸值小数点后末尾的 0。例如，8.5000 标注为 8.5，而 30.0000 标注为 30。

（3）"0 英尺（寸）"复选框：选中该复选框，采用"工程"和"建筑"单位制时，如果尺寸值小于 1 尺（寸）时，省略尺（寸）。例如，0'-6 1/2" 标注为 6 1/2"。

（4）"角度标注"选项组：用于设置标注角度时采用的角度单位。

9.1.7　换算单位

在"新建标注样式"对话框中，第 6 个选项卡是"换算单位"选项卡，如图 9-17 所示。该选项卡用于对替换单位的设置，现对该选项卡中的各选项分别说明如下。

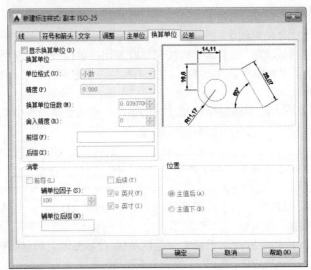

图 9-17　"换算单位"选项卡

1．"显示换算单位"复选框

选中该复选框，则替换单位的尺寸值也同时显示在尺寸文本上。

2．"换算单位"选项组

用于设置替换单位，其中各选项的含义如下。

（1）"单位格式"下拉列表框：用于选择替换单位采用的单位制。

（2）"精度"下拉列表框：用于设置替换单位的精度。

（3）"换算单位倍数"微调框：用于指定主单位和替换单位的转换因子。

（4）"舍入精度"微调框：用于设定替换单位的圆整规则。

（5）"前缀"文本框：用于设置替换单位文本的固定前缀。

（6）"后缀"文本框：用于设置替换单位文本的固定后缀。

3．"消零"选项组

（1）"辅单位因子"微调框：将辅单位的数量设置为一个单位。它用于在距离小于一个单位时以辅单位为单位计算标注距离。例如，如果后缀为 m 而辅单位后缀则以 cm 显示，则输入"100"。

（2）"辅单位后缀"文本框：用于设置标注值辅单位中包含的后缀。可以输入文字或使用控制代码显示特殊符号。例如，输入"cm"可将.96m 显示为 96cm。

其他选项含义与"主单位"选项卡中"消零"选项组含义类似，不再赘述。

4．"位置"选项组

用于设置替换单位尺寸标注的位置。

9.1.8　公差

在"新建标注样式"对话框中，第 7 个选项卡是"公差"选项卡，如图 9-18 所示。该选项卡用于确定标注公差的方式，现对该选项卡中的各选项分别说明如下。

图 9-18　"公差"选项卡

1．"公差格式"选项组

用于设置公差的标注方式。

（1）"方式"下拉列表框：用于设置公差标注的方式。AutoCAD 提供了 5 种标注公差的方式，分别是

"无"、"对称"、"极限偏差"、"极限尺寸"和"基本尺寸",其中"无"表示不标注公差,其余 4
种标注情况如图 9-19 所示。

（2）"精度"下拉列表框:用于确定公差标注的精度。

🎓 **高手支招**

公差标注的精度设置一定要准确,否则标注出的公差值会出现错误。

（3）"上（下）偏差"微调框:用于设置尺寸的上（下）偏差。

（4）"高度比例"微调框:用于设置公差文本的高度比例,即公差文本的高度与一般尺寸文本的高度
之比。

🎓 **高手支招**

国家标准规定,公差文本的高度是一般尺寸文本高度的 0.5 倍,用户要注意设置。

（5）"垂直位置"下拉列表框:用于控制"对称"和"极限偏差"形式公差标注的文本对齐方式,如
图 9-20 所示。

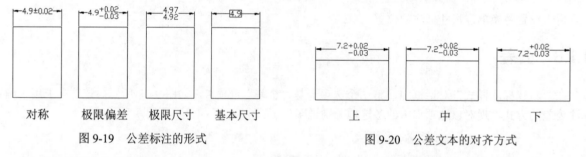

图 9-19 公差标注的形式　　　　　　　　　图 9-20 公差文本的对齐方式

2. "公差对齐"选项组

用于在堆叠时,控制上偏差值和下偏差值的对齐。

（1）"对齐小数分隔符"单选按钮:选中该单选按钮,通过值的小数分割符堆叠值。

（2）"对齐运算符"单选按钮:选中该单选按钮,通过值的运算符堆叠值。

3. "消零"选项组

用于控制是否禁止输出前导 0 和后续 0 以及 0 英尺和 0 英寸部分（可用 DIMTZIN 系统变量设置）。

4. "换算单位公差"选项组

用于对形位公差标注的替换单位进行设置,各项的设置方法与上面相同。

9.2 标 注 尺 寸

正确地进行尺寸标注是设计绘图工作中非常重要的一个环节,AutoCAD 2015 提供了方便快捷的尺寸标注
方法,可通过执行命令实现,也可利用菜单或工具按钮实现。本节重点介绍如何对各种类型的尺寸进行标注。

【预习重点】

☑ 了解尺寸标注类型。
☑ 练习不同类型尺寸标注应用。

9.2.1 线性标注

【执行方式】

☑ 命令行：DIMLINEAR（缩写名：DIMLIN）。
☑ 菜单栏：选择菜单栏中的"标注"→"线性"命令。
☑ 工具栏：单击"标注"工具栏中的"线性"按钮█。
☑ 快捷命令：D+L+I。
☑ 功能区：单击"默认"选项卡"注释"面板中的"线性"按钮█（如图 9-21 所示）或单击"注释"
选项卡"标注"面板中的"线性"按钮█（如图 9-22 所示）。

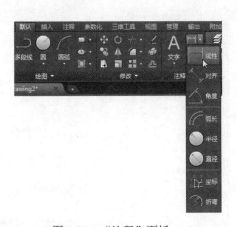
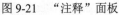

图 9-21　"注释"面板　　　　　　　　图 9-22　"标注"面板

【操作实践——标注胶垫尺寸】

标注如图 9-23 所示的胶垫尺寸。操作步骤如下：

（1）打开"源文件\第 9 章\标注胶垫\胶垫"图形文件。

（2）设置标注样式。

将"尺寸标注"图层设定为当前图层。选择菜单栏中的"格式"→"标注样式"命令，系统弹出如图 9-24 所示的"标注样式管理器"对话框。单击"新建"按钮，在弹出的"创建新标注样式"对话框中设置"新样式名"为"机械制图"，如图 9-25 所示。单击"继续"按钮，系统弹出"新建标注样式：机械制图"对话框。在如图 9-26 所示的"线"选项卡中，设置"基线间距"为 3.75，"超出尺寸线"为 1.25，"起点偏移量"为 0.625，其他设置保持默认。在如图 9-27 所示的"符号和箭头"选项卡中，设置箭头为"实心闭合"，"箭头大小"为 2.5，其他设置保持默认。在如图 9-28 所示的"文字"选项卡中，设置"文字高度"为 3，其他设置保持默认。在如图 9-29 所示的"主单位"选项卡中，设置"精度"为 0.0，"小数分隔符"为句点，其他设置保持默认。完成后

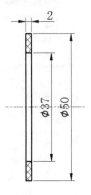

图 9-23　胶垫

单击"确定"按钮退出。在"标注样式管理器"对话框中将"机械制图"样式设置为当前样式，单击"关闭"按钮退出。

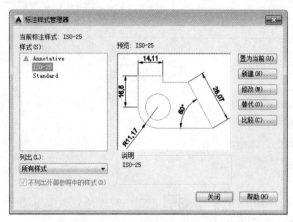

图 9-24 "标注样式管理器"对话框

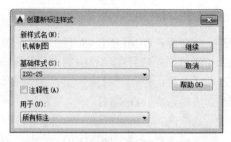

图 9-25 "创建新标注样式"对话框

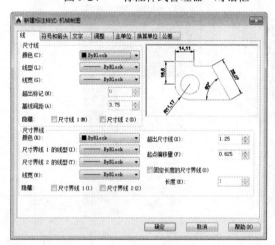

图 9-26 设置"线"选项卡

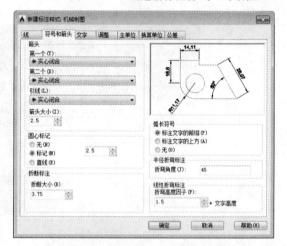

图 9-27 设置"符号和箭头"选项卡

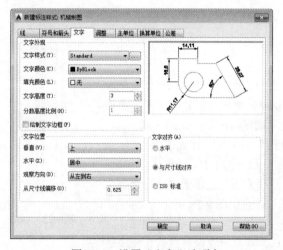

图 9-28 设置"文字"选项卡

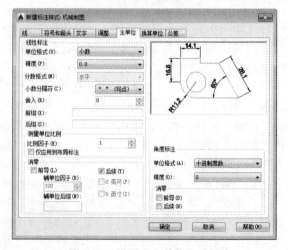

图 9-29 设置"主单位"选项卡

（3）标注尺寸：单击"标注"工具栏中的"线性"按钮█，对图形进行尺寸标注，命令行提示与操作如下。

命令: _dimlinear↙（标注厚度尺寸"2"）
指定第一个尺寸界线原点或 <选择对象>:（指定第一条尺寸边界线位置）
指定第二条尺寸界线原点:（指定第二条尺寸边界线位置）
指定尺寸线位置或[多行文字(M)/文字(T)/角度(A)/水平(H)/垂直(V)/旋转(R)]:（选取尺寸放置位置）
标注文字 = 2
命令: _dimlinear↙（标注直径尺寸"Φ37"）
指定第一个尺寸界线原点或 <选择对象>:（指定第一条尺寸边界线位置）
指定第二条尺寸界线原点:（指定第二条尺寸边界线位置）
指定尺寸线位置或[多行文字(M)/文字(T)/角度(A)/水平(H)/垂直(V)/旋转(R)]: t↙
输入标注文字 <37>: %%c37↙
指定尺寸线位置或[多行文字(M)/文字(T)/角度(A)/水平(H)/垂直(V)/旋转(R)]:（选取尺寸放置位置）
标注文字 = 37
命令: _dimlinear↙（标注直径尺寸"Φ50"）
指定第一个尺寸界线原点或 <选择对象>:（指定第一条尺寸边界线位置）
指定第二条尺寸界线原点:（指定第二条尺寸边界线位置）
指定尺寸线位置或[多行文字(M)/文字(T)/角度(A)/水平(H)/垂直(V)/旋转(R)]: t↙
输入标注文字 <50>: %%c50↙
指定尺寸线位置或[多行文字(M)/文字(T)/角度(A)/水平(H)/垂直(V)/旋转(R)]:（选取尺寸放置位置）
标注文字 = 50

结果如图 9-23 所示。

【选项说明】

（1）指定尺寸线位置：用于确定尺寸线的位置。用户可移动鼠标选择合适的尺寸线位置，然后按 Enter 键或单击，AutoCAD 则自动测量要标注线段的长度并标注出相应的尺寸。

（2）多行文字(M)：用多行文本编辑器确定尺寸文本。

（3）文字(T)：用于在命令行提示下输入或编辑尺寸文本。选择该选项后，命令行提示与操作如下。

输入标注文字 <默认值>:

其中的默认值是 AutoCAD 自动测量得到的被标注线段的长度，直接按 Enter 键即可采用此长度值，也可输入其他数值代替默认值。当尺寸文本中包含默认值时，可使用尖括号"<>"表示默认值。

（4）角度(A)：用于确定尺寸文本的倾斜角度。

（5）水平(H)：水平标注尺寸，不论标注什么方向的线段，尺寸线总保持水平放置。

（6）垂直(V)：垂直标注尺寸，不论标注什么方向的线段，尺寸线总保持垂直放置。

（7）旋转(R)：输入尺寸线旋转的角度值，旋转标注尺寸。

9.2.2　对齐标注

【执行方式】

☑　命令行：DIMALIGNED（快捷命令：DAL）。
☑　菜单栏：选择菜单栏中的"标注"→"对齐"命令。
☑　工具栏：单击"标注"工具栏中的"对齐"按钮█。

☑ 功能区：单击"默认"选项卡"注释"面板中的"对齐"按钮，或单击"注释"选项卡"标注"
面板中的"对齐"按钮。

【操作步骤】

命令: DIMALIGNED↙
指定第一个尺寸界线原点或 <选择对象>:

【选项说明】

这种命令标注的尺寸线与所标注轮廓线平行，标注起始点到终点之间的距离尺寸。

9.2.3 基线标注

基线标注用于产生一系列基于同一尺寸界线的尺寸标注，适用于长度尺寸、角度和坐标标注。在使用
基线标注方式之前，应该先标注出一个相关的尺寸作为基线标准。

【执行方式】

☑ 命令行：DIMBASELINE（快捷命令：DBA）。
☑ 菜单栏：选择菜单栏中的"标注"→"基线"命令。
☑ 工具栏：单击"标注"工具栏中的"基线"按钮。
☑ 功能区：单击"注释"选项卡"标注"面板中的"基线"按钮。

【操作步骤】

命令: DIMBASELINE↙
指定第二条尺寸界线原点或 [放弃(U)/选择(S)] <选择>:

【选项说明】

（1）指定第二条尺寸界线原点：直接确定另一个尺寸的第二条尺寸界线的起点，AutoCAD 以上次标注
的尺寸为基准标注，标注出相应尺寸。

（2）选择(S)：在上述提示下直接按 Enter 键，AutoCAD 提示：

选择基准标注：（选取作为基准的尺寸标注）

🎓 **高手支招**

> 线性标注有水平、垂直或对齐放置。使用对齐标注时，尺寸线与两尺寸界线原点之间的直线（想象或
> 实际）平行。基线（或平行）和连续（或链）标注是一系列基于线性标注的连续标注，连续标注是首尾相
> 连的多个标注。在创建基线或连续标注之前，必须创建线性、对齐或角度标注。可从当前任务最近创建的
> 标注中以增量方式创建基线标注。

9.2.4 连续标注

连续标注又叫尺寸链标注，用于产生一系列连续的尺寸标注，后一个尺寸标注均把前一个标注的第二

条尺寸界线作为它的第一条尺寸界线。适用于长度型尺寸、角度型尺寸和坐标标注。在使用连续标注方式之前，应该先标注出一个相关的尺寸。

【执行方式】

- ☑ 命令行：DIMCONTINUE（快捷命令：DCO）。
- ☑ 菜单栏：选择菜单栏中的"标注"→"连续"命令。
- ☑ 工具栏：单击"标注"工具栏中的"连续"按钮。
- ☑ 功能区：单击"注释"选项卡"标注"面板中的"连续"按钮。

【操作实践——标注压紧套尺寸】

标注如图 9-30 所示的压紧套尺寸。操作步骤如下：

（1）打开文件

单击"标准"工具栏中的"打开"按钮，打开"源文件\第 9 章\标注压紧套\压紧套.dwg"文件。

（2）标注水平尺寸

① 单击"图层"工具栏中的"图层特性管理器"按钮，新建标注层，并将其置为当前图层。

② 单击"标注"工具栏中的"线性"按钮，标注压紧套孔径"φ14"、"φ16"、"φ22"和"φ24"，结果如图 9-31 所示。

③ 单击"标注"工具栏中的"线性"按钮，标注孔深度 5，结果如图 9-32 所示。

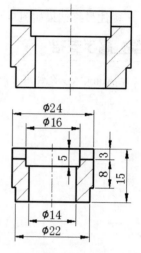

图 9-30 标注压紧套

（3）标注竖直尺寸

① 单击"标注"工具栏中的"基线"按钮，标注竖直尺寸 3、15，命令行提示与操作如下。

```
命令: _dimbaseline
指定第二条尺寸界线原点或 [放弃(U)/选择(S)] <选择>:
标注文字 = 3
指定第二条尺寸界线原点或 [放弃(U)/选择(S)] <选择>:
标注文字 = 15
指定第二条尺寸界线原点或 [放弃(U)/选择(S)] <选择>:
```

如图 9-33 所示。

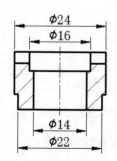
图 9-31 标注其余水平尺寸

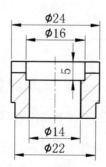
图 9-32 标注孔深

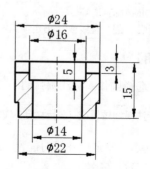
图 9-33 标注孔径

② 单击"标注"工具栏中的"连续"按钮▦，选择竖直尺寸 3，作为基本尺寸，标注连续尺寸 8，命令行提示与操作如下。

命令: _dimcontinue
选择连续标注:
指定第二条尺寸界线原点或 [放弃(U)/选择(S)] <选择>:
标注文字 = 8
指定第二条尺寸界线原点或 [放弃(U)/选择(S)] <选择>:

标注最终结果如图 9-30 所示。

🎓 **高手支招**

AutoCAD 允许用户利用连续标注方式和基线标注方式进行角度标注，如图 9-34 所示。

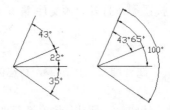

图 9-34　连续型和基线型角度标注

9.2.5　角度型尺寸标注

【执行方式】

- ☑ 命令行：DIMANGULAR（快捷命令：DAN）。
- ☑ 菜单栏：选择菜单栏中的"标注"→"角度"命令。
- ☑ 工具栏：单击"标注"工具栏中的"角度"按钮▨。
- ☑ 功能区：单击"默认"选项卡"注释"面板中的"角度"按钮▨（或单击"注释"选项卡"标注"面板中的"角度"按钮▨）。

【操作步骤】

命令: DIMANGULAR✓
选择圆弧、圆、直线或 <指定顶点>:

【选项说明】

（1）选择圆弧：标注圆弧的中心角。当用户选择一段圆弧后，AutoCAD 提示：

指定标注弧线位置或 [多行文字(M)/文字(T)/角度(A) /象限点(Q)]:（确定尺寸线的位置或选取某一项）

在此提示下确定尺寸线的位置，AutoCAD 系统按自动测量得到的值标注出相应的角度，在此之前用户可以选择"多行文字"、"文字"或"角度"选项，通过多行文本编辑器或命令行来输入或定制尺寸文本，以及指定尺寸文本的倾斜角度。

（2）选择圆：标注圆上某段圆弧的中心角。当用户选择圆上的一点后，AutoCAD 提示选取第二点：

指定角的第二个端点：（选取另一点，该点可在圆上，也可不在圆上）
指定标注弧线位置或 [多行文字(M)/文字(T)/角度(A)/象限点(Q)]：

确定尺寸线的位置，AutoCAD 标出一个角度值，该角度以圆心为顶点，两条尺寸界线通过所选取的两点，第二点可以不必在圆周上。用户可以选择"多行文字"、"文字"或"角度"选项，编辑其尺寸文本或指定尺寸文本的倾斜角度。

（3）选择直线：标注两条直线间的夹角。当用户选择一条直线后，AutoCAD 提示选取另一条直线：

选择第二条直线：（选取另外一条直线）
指定标注弧线位置或 [多行文字(M)/文字(T)/角度(A) /象限点(Q)]：

系统自动标出两条直线之间的夹角。该角以两条直线的交点为顶点，以两条直线为尺寸界线，所标注角度取决于尺寸线的位置。用户还可以选择"多行文字"、"文字"或"角度"选项，编辑其尺寸文本或指定尺寸文本的倾斜角度。

（4）指定顶点：直接按 Enter 键，AutoCAD 提示：

指定角的顶点：（指定顶点）
指定角的第一个端点：（输入角的第一个端点）
指定角的第二个端点：（输入角的第二个端点）
创建了无关联的标注
指定标注弧线位置或 [多行文字(M)/文字(T)/角度(A) /象限点(Q)]：（输入一点作为角的顶点）

给定尺寸线的位置，AutoCAD 根据指定的 3 点标注出角度，如图 9-35 所示。另外，用户还可以选择"多行文字"、"文字"或"角度"选项，编辑其尺寸文本或指定尺寸文本的倾斜角度。

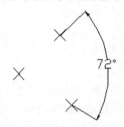

图 9-35　用 DIMANGULAR 命令标注 3 点确定的角度

（5）指定标注弧线位置：指定尺寸线的位置并确定绘制延伸线的方向。指定位置之后，DIMANGULAR 命令将结束。

（6）多行文字(M)：显示在位文字编辑器，可用它来编辑标注文字。要添加前缀或后缀，请在生成的测量值前后输入前缀或后缀。

（7）文字(T)：自定义标注文字，生成的标注测量值显示在尖括号"<>"中。输入标注文字，或按 Enter 键接受生成的测量值。要包括生成的测量值，请用尖括号"<>"表示生成的测量值。

（8）角度(A)：修改标注文字的角度。

（9）象限点(Q)：指定标注应锁定到的象限。打开象限行为后，将标注文字放置在角度标注外时，尺寸线会延伸超过延伸线。

🎓 **高手支招**

角度标注可以测量指定的象限点，该象限点是在直线或圆弧的端点、圆心或两个顶点之间对角度进行标注时形成的。创建角度标注时，可以测量 4 个可能的角度。通过指定象限点，使用户可以确保标注正确的角度。指定象限点后，放置角度标注时，用户可以将标注文字放置在标注的尺寸界线之外，尺寸线将自动延长。

9.2.6　直径标注

【执行方式】

☑　命令行：DIMDIAMETER（快捷命令：DDI）。
☑　菜单栏：选择菜单栏中的"标注"→"直径"命令。
☑　工具栏：单击"标注"工具栏中的"直径"按钮 🔘。
☑　功能区：单击"默认"选项卡"注释"面板中的"直径"按钮 🔘 或单击"注释"选项卡"标注"面板中的"直径"按钮 🔘。

【操作步骤】

命令：DIMDIAMETER✓
选择圆弧或圆：（选择要标注直径的圆或圆弧）
指定尺寸线位置或 [多行文字(M)/文字(T)/角度(A)]:（确定尺寸线的位置或选择某一选项）

用户可以选择"多行文字"、"文字"或"角度"选项来输入、编辑尺寸文本或确定尺寸文本的倾斜角度，也可以直接确定尺寸线的位置，标注出指定圆或圆弧的直径。

【选项说明】

（1）尺寸线位置：确定尺寸线的角度和标注文字的位置。如果未将标注放置在圆弧上而导致标注指向圆弧外，则 AutoCAD 会自动绘制圆弧延伸线。

（2）多行文字(M)：显示在位文字编辑器，可用它来编辑标注文字。要添加前缀或后缀，请在生成的测量值前后输入前缀或后缀。用控制代码和 Unicode 字符串来输入特殊字符或符号。

（3）文字(T)：自定义标注文字，生成的标注测量值显示在尖括号"<>"中。

（4）角度(A)：修改标注文字的角度。

9.2.7　半径标注

【执行方式】

☑　命令行：DIMRADIUS（快捷命令：DRA）。
☑　菜单栏：选择菜单栏中的"标注"→"半径"命令。
☑　工具栏：单击"标注"工具栏中的"半径"按钮 🔘。
☑　功能区：单击"默认"选项卡"注释"面板中的"半径"按钮 🔘 或单击"注释"选项卡"标注"面板中的"半径"按钮 🔘。

【操作实践——标注扳手尺寸】

标注如图 9-36 所示的扳手尺寸。操作步骤如下：

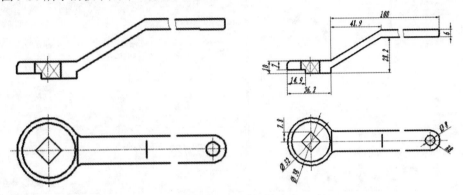

图 9-36　标注扳手尺寸

（1）打开文件

单击"标准"工具栏中的"打开"按钮 ，打开"源文件\第 9 章\标注扳手\扳手.dwg"文件，如图 9-36 左侧所示。

（2）设置图层

单击"图层"工具栏中的"图层特性管理器"按钮 ，新建"标注层"图层，设置颜色为蓝色，线宽为 0.15mm，其余参数默认，如图 9-37 所示。将"标注层"置为当前图层。

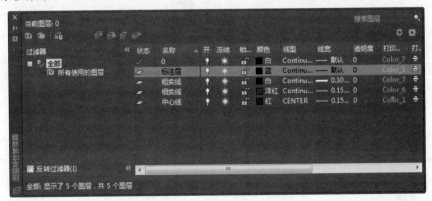

图 9-37　新建图层

（3）设置标注样式

① 单击"样式"工具栏中的"标注样式"按钮 ，系统打开"标注样式管理器"对话框。

② 单击"修改"按钮，打开"修改标注样式"对话框，如图 9-38 所示，打开"文字"选项卡，单击"文字样式"选项右侧的 按钮，弹出"文字样式"对话框，设置"字体名"为"仿宋_GB2312"，"宽度因子"为 0.7，"倾斜角度"为 15，如图 9-39 所示，单击"置为当前"按钮，关闭对话框，完成文本设置，返回"文字"选项卡。

③ 设置"文字高度"为 5，其他选项保持默认设置，如图 9-40 所示。

④ 打开"主单位"选项卡，设置"精度"为 0.0，"小数分隔符"为"句点"，其他选项保持默认设置，如图 9-41 所示。

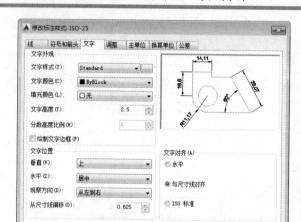

图 9-38 "文字"选项卡

图 9-39 "文字样式"对话框

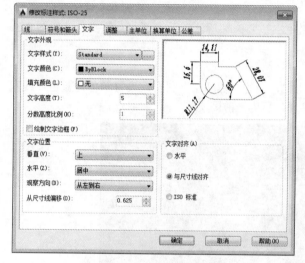

图 9-40 设置文字高度

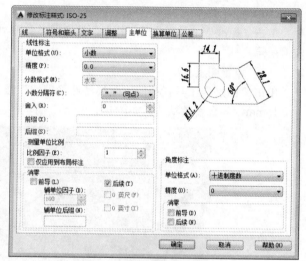

图 9-41 设置"主单位"选项卡

⑤ 单击"确定"按钮，关闭对话框。

（4）标注水平尺寸

① 单击"标注"工具栏中的"线性"按钮 和"基线"按钮 ，标注扳手主视图水平尺寸为 14.9 和 36.2，捕捉尺寸线端点，结果如图 9-42 所示。

② 单击"标注"工具栏中的"线性"按钮 和"基线"按钮 ，标注扳手主视图水平尺寸为 41.9 和 108，双击标注，修改尺寸测量值，输入结果值"108"，标注结果如图 9-43 所示。

（5）标注竖直尺寸

① 单击"标注"工具栏中的"线性"按钮 和"基线"按钮 ，标注扳手主视图竖直尺寸为 7 和 10，标注结果如图 9-44 所示。

② 单击"标注"工具栏中的"线性"按钮 ，标注扳手主视图竖直尺寸为 6 和 28.2，扳手俯视图竖直尺寸为 7.8，标注结果如图 9-45 和图 9-46 所示。

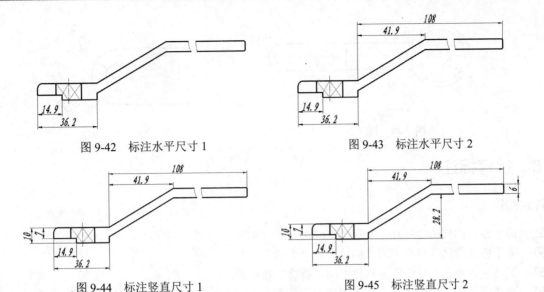

图 9-42　标注水平尺寸 1　　　　　　　　图 9-43　标注水平尺寸 2

图 9-44　标注竖直尺寸 1　　　　　　　　图 9-45　标注竖直尺寸 2

（6）直径标注

单击"标注"工具栏中的"直径"按钮，标注扳手俯视图左侧大圆直径为φ38，命令行提示与操作如下。

命令：_dimdiameter

选择圆弧或圆：

标注文字 =38（如图 9-47 所示）

指定尺寸线位置或 [多行文字(M)/文字(T)/角度(A)]：

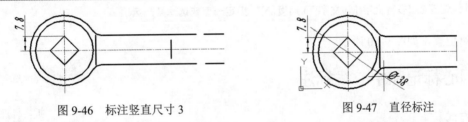

图 9-46　标注竖直尺寸 3　　　　　　　　图 9-47　直径标注

按空格键，继续执行"直径"标注命令，标注扳手俯视图其余圆尺寸为φ32 和φ8，结果如图 9-48 所示。

（7）半径标注

单击"标注"工具栏中的"半径"按钮，标注右侧圆弧，命令行提示与操作如下。

命令：_dimradius

选择圆弧或圆：

标注文字 ＝8（如图 9-49 所示）

指定尺寸线位置或 [多行文字(M)/文字(T)/角度(A)]：

最终结果如图 9-36 所示。

【选项说明】

用户可以选择"多行文字"、"文字"或"角度"选项来输入、编辑尺寸文本或确定尺寸文本的倾斜角度，也可以直接确定尺寸线的位置，标注出指定圆或圆弧的半径。

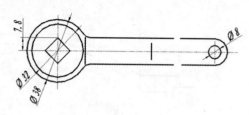

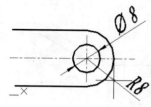

图 9-48　标注直径尺寸　　　　　　　　图 9-49　半径标注

9.2.8　折弯标注

【执行方式】

☑　命令行：DIMJOGGED（快捷命令：DJO 或 JOG）。
☑　菜单栏：选择菜单栏中的"标注"→"折弯"命令。
☑　工具栏：单击"标注"工具栏中的"折弯"按钮▣。
☑　功能区：单击"默认"选项卡"注释"面板中的"折弯"按钮▣或单击"注释"选项卡"标注"面板中的"折弯"按钮▣。

【操作步骤】

```
命令: DIMJOGGED↙
选择圆弧或圆: 选择圆弧或圆
指定中心位置替代: 指定一点
标注文字 = 50
指定尺寸线位置或 [多行文字(M)/文字(T)/角度(A)]: 指定一点或选择某一选项
```

指定折弯位置，如图 9-50 所示。

9.2.9　圆心标记和中心线标注

【执行方式】

图 9-50　折弯标注

☑　命令行：DIMCENTER。
☑　菜单：选择菜单栏中的"标注"→"圆心标记"命令。
☑　工具栏：单击"标注"工具栏中的"圆心标记"按钮⊙。
☑　功能区：单击"注释"选项卡"标注"面板中的"圆心标记"按钮⊙（如图 9-51 所示）。

图 9-51　"标注"面板

【操作步骤】

```
命令: DIMCENTER↙
选择圆弧或圆:（选择要标注中心或中心线的圆或圆弧）
```

9.2.10　快速尺寸标注

快速尺寸标注命令 QDIM 使用户可以交互、动态、自动化地进行尺寸标注。利用 QDIM 命令可以同时选择多个圆或圆弧标注直径或半径，也可同时选择多个对象进行基线标注和连续标注，选择一次即可完成多个标注，既节省时间，又可提高工作效率。

【执行方式】

- ☑ 命令行：QDIM。
- ☑ 菜单栏：选择菜单栏中的"标注"→"快速标注"命令。
- ☑ 工具栏：单击"标注"工具栏中的"快速标注"按钮■。
- ☑ 功能区：单击"注释"选项卡"标注"面板中的"快速"按钮■。

【操作步骤】

命令: QDIM✓
选择要标注的几何图形: 选择要标注尺寸的多个对象✓
指定尺寸线位置或 [连续(C)/并列(S)/基线(B)/坐标(O)/半径(R)/直径(D)/基准点(P)/编辑(E)/设置(T)] <连续>:

【选项说明】

（1）指定尺寸线位置：直接确定尺寸线的位置，系统在该位置按默认的尺寸标注类型标注出相应的尺寸。

（2）连续(C)：产生一系列连续标注的尺寸。在命令行输入"C"，AutoCAD 系统提示用户选择要进行标注的对象，选择完成后按 Enter 键，返回上面的提示，给定尺寸线位置，则完成连续尺寸标注。

（3）并列(S)：产生一系列交错的尺寸标注，如图 9-52 所示。

（4）基线(B)：产生一系列基线标注尺寸。后面的"坐标(O)""半径(R)""直径(D)"含义与此类同。

（5）基准点(P)：为基线标注和连续标注指定一个新的基准点。

（6）编辑(E)：对多个尺寸标注进行编辑。AutoCAD 允许对已存在的尺寸标注添加或移去尺寸点。选择该选项，命令行提示与操作如下。

指定要删除的标注点或 [添加(A)/退出(X)] <退出>:

在此提示下确定要移去的点后按 Enter 键，系统对尺寸标注进行更新。如图 9-53 所示为删除中间标注点后的尺寸标注。

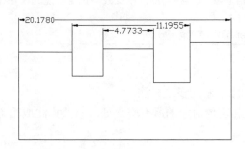

图 9-52 交错尺寸标注

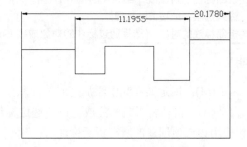

图 9-53 删除中间标注点后的尺寸标注

9.2.11 等距标注

【执行方式】

- ☑ 命令行：DIMSPACE。

☑ 菜单：选择菜单栏中的"标注"→"标注间距"命令。

☑ 工具栏：单击"标注"工具栏中的"等距标注"按钮。

☑ 功能区：单击"注释"选项卡"标注"面板中的"调整间距"按钮。

【操作步骤】

命令: DIMSPACE✓
选择基准标注:（选择平行线性标注或角度标注）
选择要产生间距的标注:（选择平行线性标注或角度标注以从基准标注均匀隔开，并按 Enter 键）
输入值或 [自动(A)] <自动>:（指定间距或按 Enter 键）

【选项说明】

（1）输入值：指定从基准标注均匀隔开选定标注的间距值。

（2）自动(A)：基于在选定基准标注的标注样式中指定的文字高度自动计算间距。所得的间距值是标注文字高度的两倍。

9.2.12 折断标注

【执行方式】

☑ 命令行：DIMBREAK 。

☑ 菜单：选择菜单栏中的"标注"→"打断标注"命令。

☑ 工具栏：单击"标注"工具栏中的"折断标注"按钮。

☑ 功能区：单击"注释"选项卡"标注"面板中的"打断"按钮。

【操作步骤】

命令: DIMBREAK✓
选择要添加/删除折断的标注或 [多个(M)]: （选择标注，或输入"m"并按 Enter 键）
选择要折断标注的对象或 [自动(A)/手动(M)/删除(R)] <自动>: （选择与标注相交或与选定标注的尺寸界线相交的对象，，输入选项，或按 Enter 键）
选择要折断标注的对象:（选择通过标注的对象或按 Enter 键以结束命令）

【选项说明】

（1）多个(M)：指定要向其中添加打断或要从中删除打断的多个标注。

（2）自动(A)：自动将折断标注放置在与选定标注相交的对象的所有交点处。修改标注或相交对象时，会自动更新使用该选项创建的所有折断标注。

（3）删除(R)：从选定的标注中删除所有折断标注。

（4）手动(M)：手动放置折断标注。为打断位置指定标注或尺寸界线上的两点。如果修改标注或相交对象，则不会更新使用该选项创建的任何折断标注。使用该选项，一次仅可以放置一个手动折断标注。

指定第一个打断点:（指定点）
指定第二个打断点:（指定点）

9.3 引 线 标 注

AutoCAD 提供了引线标注功能，利用该功能不仅可以标注特定的尺寸，如圆角、倒角等，还可以实现在图中添加多行旁注、说明。在引线标注中指引线可以是折线，也可以是曲线，指引线端部可以有箭头，也可以没有箭头。

【预习重点】

☑　熟悉引线标注打开的方法。

☑　练习不同引线标注。

9.3.1　一般引线标注

LEADE 命令可以创建灵活多样的引线标注形式，可根据需要把指引线设置为折线或曲线，指引线可带箭头，也可不带箭头，注释文本可以是多行文本，也可以是形位公差，还可以从图形其他部位复制，还可以是一个图块。

【执行方式】

☑　命令行：LEADER。

【操作实践——标注阀杆尺寸】

标注如图 9-54 所示的阀杆尺寸。操作步骤如下：

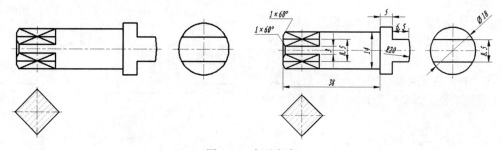

图 9-54　标注阀杆

（1）打开文件

单击"标准"工具栏中的"打开"按钮，打开"源文件\第 9 章\标注阀杆\阀杆.dwg"文件，如图 9-54 所示。

（2）新建图层

单击"图层"工具栏中的"图层特性管理器"按钮，新建"标注层"图层，设置颜色为蓝色，线宽为 0.15mm，其余参数默认，如图 9-55 所示。将"标注层"置为当前图层。

图 9-55　新建图层

（3）设置文字样式

单击"样式"工具栏中的"文字样式"按钮，弹出"文字样式"对话框，设置"字体名"为"仿宋_GB2312"，"宽度因子"为 0.7，"倾斜角度"为 15，如图 9-56 所示。

（4）设置标注样式

① 单击"样式"工具栏中的"标注样式"按钮，系统打开"标注样式管理器"对话框。

② 单击"修改"按钮，打开"修改标注样式"对话框，如图 9-57 所示，选择"主单位"选项卡，设置"精度"为 0.0，"小数分隔符"为"句点"，其他选项保持默认设置，如图 9-57 所示。单击"确定"按钮，关闭对话框。

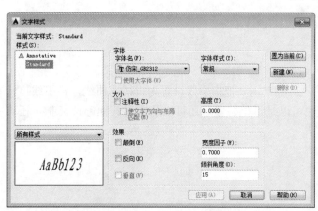

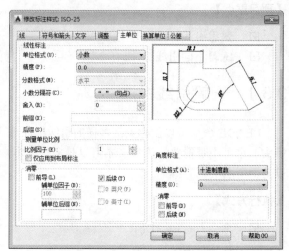

图 9-56　"文字样式"对话框

图 9-57　设置"主单位"选项卡

（5）标注视图

① 单击"标注"工具栏中的"线性"按钮，标注阀杆主视图线性尺寸为 3、8.5、14、5、6.5、38、8.5，捕捉尺寸线端点，结果如图 9-58 所示。

② 单击"标注"工具栏中的"半径"按钮，标注阀杆主视图右侧圆弧半径为 R20，结果如图 9-59 所示。

③ 单击"标注"工具栏中的"直径"按钮，标注阀杆左视图圆直径为 φ18，结果如图 9-60 所示。

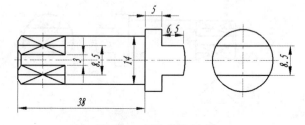

图 9-58　标注线性尺寸

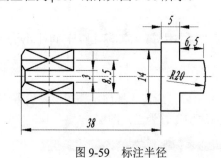

图 9-59　标注半径

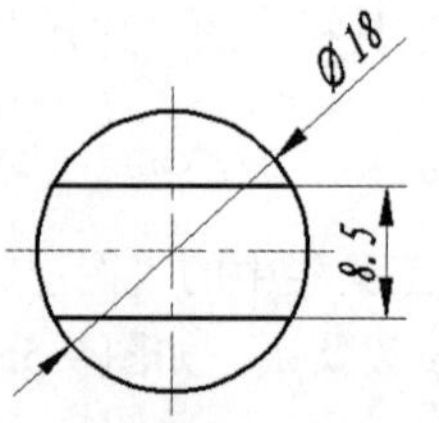

图 9-60　标注直径

④ 在命令行中输入"LEADER"命令，在阀杆主视图左侧单击，捕捉倒角上点，命令行提示与操作如下。

命令: LEADER
指定引线起点:
指定下一点:
指定下一点或 [注释(A)/格式(F)/放弃(U)] <注释>:
指定下一点或 [注释(A)/格式(F)/放弃(U)] <注释>: a
输入注释文字的第一行或 <选项>: 1X60%%d
输入注释文字的下一行:（按 Enter 键）

⑤ 按空格键，继续标注其余倒角，最终结果如图 9-54 所示。

【选项说明】

（1）指定下一点
直接输入一点，AutoCAD 根据前面的点画出折线作为指引线。
（2）注释(A)
输入注释文本，为默认项。在上面提示下直接按 Enter 键，AutoCAD 提示:

输入注释文字的第一行或 <选项>:

① 输入注释文本：在此提示下输入第一行文本后按 Enter 键，可继续输入第二行文本，如此反复执行，直到输入全部注释文本，然后在此提示下直接按 Enter 键，AutoCAD 会在指引线终端标注出所输入的多行文本，并结束 LEADER 命令。
② 直接按 Enter 键：如果在上面的提示下直接按 Enter 键，AutoCAD 提示:

输入注释选项 [公差(T)/副本(C)/块(B)/无(N)/多行文字(M)] <多行文字>:

选择一个注释选项或直接按 Enter 键选择默认的“多行文字”选项。其中各选项的含义如下。
☑ 公差(T)：标注形位公差。
☑ 副本(C)：把已由 LEADER 命令创建的注释复制到当前指引线末端。
执行该选项，系统提示与操作如下。

选择要复制的对象:

在此提示下选取一个已创建的注释文本，则 AutoCAD 把它复制到当前指引线的末端。
☑ 块(B)：插入块，把已经定义好的图块插入到指引线的末端。
执行该选项，系统提示与操作如下。

输入块名或 [?]:

在此提示下输入一个已定义好的图块名，AutoCAD 把该图块插入到指引线的末端。或输入“？”列出当前已有图块，用户可从中选择。
☑ 无(N)：不进行注释，没有注释文本。
☑ 多行文字(M)：用多行文本编辑器标注注释文本并定制文本格式，为默认选项。
（3）格式(F)
确定指引线的形式。选择该选项，AutoCAD 提示:

输入引线格式选项 [样条曲线(S)/直线(ST)/箭头(A)/无(N)] <退出>:
选择指引线形式，或直接按 Enter 键回到上一级提示

① 样条曲线(S)：设置指引线为样条曲线。

② 直线(ST)：设置指引线为折线。

③ 箭头(A)：在指引线的起始位置画箭头。

④ 无(N)：在指引线的起始位置不画箭头。

⑤ 退出：该选项为默认选项，选择该选项退出"格式"选项，返回"指定下一点或[注释(A)/格式(F)/放弃(U)] <注释>:"提示，并且指引线形式按默认方式设置。

9.3.2　快速引线标注

利用 QLEADER 命令可快速生成指引线及注释，而且可以通过命令行优化对话框进行用户自定义，由此可以消除不必要的命令行提示，取得最高的工作效率。

【执行方式】

☑　命令行：QLEADER。

【操作步骤】

命令: QLEADER✓
指定第一个引线点或 [设置(S)] <设置>:

【选项说明】

（1）指定第一个引线点：在上面的提示下确定一点作为指引线的第一点。AutoCAD 提示如下。

指定下一点：（输入指引线的第二点）
指定下一点：（输入指引线的第三点）

AutoCAD 提示用户输入的点的数目由"引线设置"对话框确定。输入完指引线的点后 AutoCAD 提示如下。

指定文字宽度 <0.0000>:（输入多行文本的宽度）
输入注释文字的第一行 <多行文字(M)>:

此时，有两种命令输入选择，含义如下。

① 输入注释文字的第一行：在命令行输入第一行文本。

② 多行文字(M)：打开多行文字编辑器，输入编辑多行文字。

直接按 Enter 键，结束 QLEADER 命令，并把多行文本标注在指引线的末端附近。

（2）设置(S)：直接按 Enter 键或输入"S"，打开"引线设置"对话框，允许对引线标注进行设置。该对话框包含"注释"、"引线和箭头"、"附着"3 个选项卡，下面分别进行介绍。

① "注释"选项卡（如图 9-61 所示）。用于设置引线标注中注释文本的类型、多行文本的格式并确定注释文本是否多次使用。

② "引线和箭头"选项卡（如图 9-62 所示）。用来设置

图 9-61　"注释"选项卡

引线标注中指引线和箭头的形式。其中"点数"选项组设置执行 QLEADER 命令时 AutoCAD 提示用户输入点的数目。例如，设置点数为 3，执行 QLEADER 命令时当用户在提示下指定 3 个点后，AutoCAD 自动提示用户输入注释文本。注意设置的点数要比用户希望的指引线的段数多 1。可利用微调框进行设置，如果选中"无限制"复选框，AutoCAD 会一直提示用户输入点直到连续按两次 Enter 键为止。"角度约束"选项组设置第一段和第二段指引线的角度约束。

③ "附着"选项卡（如图 9-63 所示）：设置注释文本和指引线的相对位置。如果最后一段指引线指向右边，系统自动把注释文本放在右侧；反之放在左侧。利用该选项卡左侧和右侧的单选按钮分别设置位于左侧和右侧的注释文本与最后一段指引线的相对位置，二者可相同也可不相同。

图 9-62 "引线和箭头"选项卡

图 9-63 "附着"选项卡

9.3.3 多重引线标注

多重引线可创建为箭头优先、引线基线优先或内容优先。

【执行方式】

- ☑ 命令行：MLEADER。
- ☑ 菜单栏：选择菜单栏中的"标注"→"多重引线"命令。
- ☑ 工具栏：单击"标注"工具栏中的"多重引线"按钮 。
- ☑ 功能区：单击"注释"选项卡"引线"面板上的"多重引线样式"下拉菜单中的"管理多重引线样式"按钮或单击"注释"选项卡"引线"面板中的"对话框启动器"按钮 。

【操作实践——标注销轴尺寸】

标注如图 9-64 所示的销轴尺寸。操作步骤如下：

（1）打开"源文件\第 9 章\标注销轴\销轴"图形文件。

（2）设置标注样式。将"尺寸标注"图层设定为当前图层。按 9.2.1 节相同方法设置标注样式。

（3）标注线性尺寸。单击"标注"工具栏中的"线性"按钮 ，标注线性尺寸，结果如图 9-65 所示。

（4）设置公差尺寸标注样式。

单击"标注"工具栏中的"标注样式"按钮 ，在打开的"标注样式管理器"的样式列表中选择"机械制图"，单击"替代"按钮。系统打开"替代当前样式"对话框，方法同前，选择"主单位"选项卡，将"主单位"选项卡中的"精度"设置为 0.000；选择"公差"选项卡，在"公差格式"选项组中将"方式"设置为"极限偏差"，设置"上偏差"为"-0.013"，下偏差为"0.035"，设置完成后单击"确定"按钮。

（5）标注公差尺寸。单击"标注"工具栏中的"线性"按钮 ，标注公差尺寸，结果如图 9-66 所示。

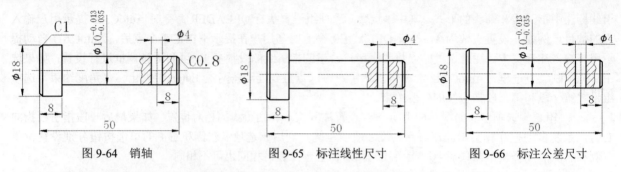

图 9-64　销轴　　　　　图 9-65　标注线性尺寸　　　　　图 9-66　标注公差尺寸

（6）用"引线"命令标注销轴左端倒角，命令行提示与操作如下。

命令: QLEADER↙
指定第一个引线点或 [设置(S)] <设置>:↙（系统打开"引线设置"对话框，分别按如图 9-67 和图 9-68 设置，最后单击"确定"按钮退出）
指定第一个引线点或 [设置(S)] <设置>:（指定销轴左上倒角点）
指定下一点:（适当指定下一点）
指定下一点:（适当指定下一点）
指定文字宽度 <0>:3↙
输入注释文字的第一行 <多行文字(M)>: C1↙
输入注释文字的下一行: ↙

图 9-67　设置注释　　　　　　　　　　图 9-68　设置引线和箭头

　　　结果如图 9-69 所示，单击"修改"工具栏中的"分解"按钮，将引线标注分解，单击"修改"工具栏中的"移动"按钮，将倒角数值 C1 移动到合适位置，结果如图 9-70 所示。

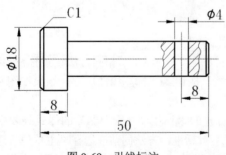

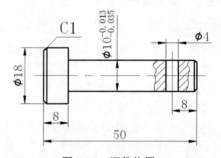

图 9-69　引线标注　　　　　　　　　　图 9-70　调整位置

（7）选择菜单栏中的"标注"→"多重引线"命令，标注销轴右端倒角，命令行提示与操作如下。

命令: _mleader
指定引线箭头的位置或 [引线基线优先(L)/内容优先(C)/选项(O)] <选项>: （指定销轴右上倒角点）
指定引线箭头的位置:

系统打开多行文字编辑器，输入倒角文字 C0.8，完成多重引线标注。单击"修改"工具栏中的"分解"按钮，将引线标注分解，单击"修改"工具栏中的"移动"按钮，将倒角数值 C0.8 移动到合适位置，最终结果如图 9-64 所示。

> **注意**　对于 45° 倒角，可以标注 C*，C1 表示 1×1 的 45° 倒角。如果倒角不是 45°，就必须按常规尺寸标注的方法进行标注。

【选项说明】

（1）引线箭头位置
指定多重引线对象箭头的位置。

（2）引线基线优先(L)
指定多重引线对象的基线的位置。如果先前绘制的多重引线对象是基线优先，则后续的多重引线也将先创建基线（除非另外指定）。

（3）内容优先(C)
指定与多重引线对象相关联的文字或块的位置。如果先前绘制的多重引线对象是内容优先，则后续的多重引线对象也将先创建内容（除非另外指定）。

（4）选项(O)
指定用于放置多重引线对象的选项。
输入选项 [引线类型(L)/引线基线(A)/内容类型(C)/最大节点数(M)/第一个角度(F)/第二个角度(S)/退出选项(X)] <退出选项>:

① 引线类型(L)：指定要使用的引线类型。

选择引线类型 [直线(S)/样条曲线(P)/无(N)] <直线>:

② 内容类型(C)：指定要使用的内容类型。

选择内容类型 [块(B)/多行文字(M)/无(N)] <多行文字>:

③ 最大节点数(M)：指定新引线的最大节点数。

输入引线的最大节点数 <2>:

④ 第一个角度(F)：约束新引线中的第一个点的角度。

输入第一个角度约束 <0>:

⑤ 第二个角度(S)：约束新引线中的第二个点的角度。

输入第二个角度约束 <0>:

⑥ 退出选项(X)：返回到第一个 MLEADER 命令提示。

9.4 几何公差

为方便机械设计工作，AutoCAD 提供了标注形状、位置公差的功能。在新版《机械制图》新国家标准中改为"几何公差"，形位公差的标注形式如图 9-71 所示，主要包括指引线、特征符号、公差值、附加符号、基准代号及其附加符号。本章主要介绍形位公差的使用方法。

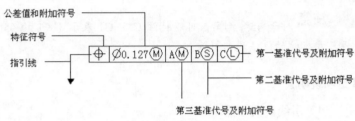

图 9-71 形位公差标注

【预习重点】

- ☑ 对比新旧标准差异。
- ☑ 了解新标准新应用。
- ☑ 对比新旧标注执行方式变化。

【执行方式】

- ☑ 命令行：TOLERANCE（快捷命令：TOL）。
- ☑ 菜单栏：选择菜单栏中的"标注"→"公差"命令。
- ☑ 工具栏：单击"标注"工具栏中的"公差"按钮🔲。
- ☑ 功能区：单击"注释"选项卡"标注"面板中的"公差"按钮🔲。

【操作实践——标注阀盖尺寸】

标注如图 9-72 所示阀盖的尺寸。

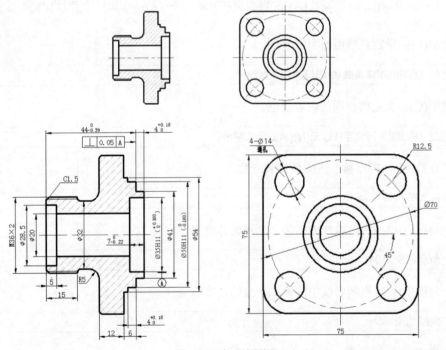

图 9-72 标注阀盖

（1）打开文件。

单击"标准"工具栏中的"打开"按钮，打开"源文件\第9章\标注阀盖\阀盖.dwg"文件。

（2）标注样式。

① 选择菜单栏中的"格式"→"标注样式"命令，设置标注样式。在弹出的"标注样式管理器"对话框中单击"新建"按钮，创建新的标注样式并命名为"机械设计"，用于标注图样中的尺寸。

② 单击"继续"按钮，对弹出的"新建标注样式：机械设计"对话框中的各个选项卡进行设置，如图9-73和图9-74所示。设置完成后，单击"确定"按钮，返回"标注样式管理器"对话框。

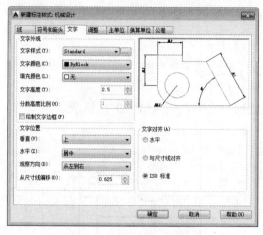

图9-73 "文字"选项卡

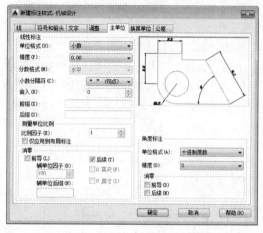

图9-74 "主单位"选项卡

（3）新建标注。

选择"机械设计"选项，单击"新建"按钮，分别设置直径、半径及角度标注样式。其中，在直径及半径标注样式的"调整"选项卡中选中"手动放置文字"复选框，如图9-75所示；在角度标注样式的"文字"选项卡的"文字对齐"选项组中选中"水平"单选按钮，如图9-76所示，其他选项卡的设置均保持默认。

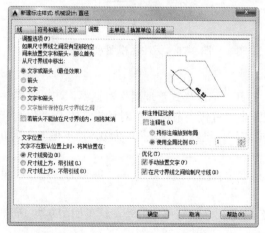

图9-75 直径标注样式的"调整"选项卡

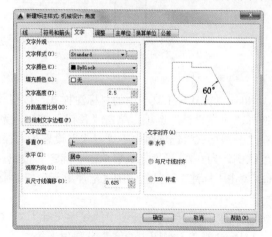

图9-76 角度标注样式的"文字"选项卡

（4）设置标注。

在"标注样式管理器"对话框中选择"机械设计"标注样式，单击"置为当前"按钮，将其设置为当前标注样式。

237

（5）标注阀盖主视图中的线性尺寸。

单击"标注"工具栏中的"线性"按钮，从左至右，依次标注阀盖主视图中的竖直线性尺寸 M36×2、φ28.5、φ20、φ32、φ35、φ41、φ50 及 φ54。在标注尺寸 φ35 时，输入标注文字"%%C35H11（＋0.160＾0）"；在标注尺寸 φ50 时，需要输入标注文字"%%C50H11（ 0＾−0.160）"，结果如图 9-77 所示。

（6）线性标注。

① 单击"标注"工具栏中的"线性"按钮，标注阀盖主视图上部的线性尺寸 44。

② 单击"标注"工具栏中的"连续"按钮，标注连续尺寸 4。

③ 单击"标注"工具栏中的"线性"按钮，标注阀盖主视图中部的线性尺寸 7 和阀盖主视图下部左边的线性尺寸 5。

④ 单击"标注"工具栏中的"基线"按钮，标注基线尺寸 15。

⑤ 单击"标注"工具栏中的"线性"按钮，标注阀盖主视图下部右边的线性尺寸 4。

⑥ 单击"标注"工具栏中的"基线"按钮，标注基线尺寸 6。

⑦ 单击"标注"工具栏中的"连续"按钮，标注连续尺寸 12，结果如图 9-78 所示。

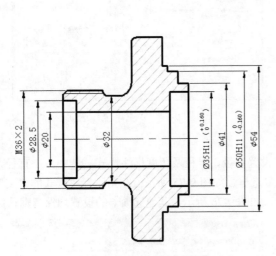
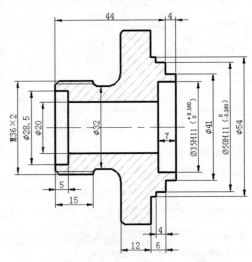

图 9-77　标注主视图竖直线性尺寸　　　　　图 9-78　标注主视图水平线性尺寸

（7）设置样式。

① 单击"样式"工具栏中的"标注样式"按钮，打开"标注样式管理器"对话框，在"样式"列表框中选择"机械设计"选项，单击"替代"按钮，系统弹出"替代当前样式"对话框。打开"公差"选项卡，在"公差格式"选项组中将"方式"设置为"极限偏差"，设置"上偏差"为 0，"下偏差"为 0.39，"高度比例"为 0.7，设置完成后单击"确定"按钮。

② 单击"标注"工具栏中的"标注更新"按钮，选取主视图上线性尺寸 44，即可为该尺寸添加尺寸偏差。

按同样的方式分别为主视图中的线性尺寸为 4、7 及 44 的尺寸注写尺寸偏差，结果如图 9-79 所示。

（8）标注阀盖主视图中的倒角及圆角半径。

① 在命令行中输入"LEADER"命令，标注主视图中的倒角尺寸 C1.5。

② 单击"样式"工具栏中的"标注样式"按钮，打开"标注样式管理器"对话框，选择"机械设计"，单击"置为当前"按钮。

③ 单击"标注"工具栏中的"半径"按钮，标注主视图中的半径尺寸 R5，如图 9-80 所示。

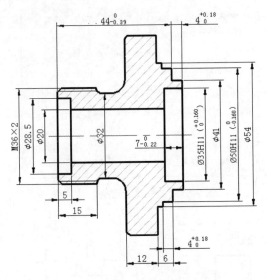

图 9-79　标注尺寸偏差

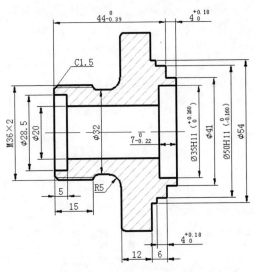

图 9-80　标注主视图尺寸

（9）标注阀盖左视图中的尺寸。

① 单击"标注"工具栏中的"线性"按钮▦，标注阀盖左视图中的线性尺寸 75。

② 单击"标注"工具栏中的"直径"按钮◙，标注阀盖左视图中的直径尺寸 φ70 及 4-φ14。在标注尺寸 4-φ14 时，需要输入标注文字"4-< >"。

③ 单击"标注"工具栏中的"半径"按钮◙，标注左视图中的半径尺寸 R12.5。

④ 单击"标注"工具栏中的"角度"按钮▨，标注左视图中的角度尺寸 45°。

⑤ 选择菜单栏中的"格式"→"文字样式"命令，弹出"文字样式"对话框。创建新文字样式 HZ，用于书写汉字。该标注样式的"字体名"为"仿宋_GB2312"，"宽度比例"为 0.7。

⑥ 选择菜单栏中的"绘图"→"文字"→"单行文字"命令，设置文字样式为 HZ，在尺寸 4-φ14 的引线下部输入文字"通孔"，结果如图 9-81 所示。

（10）标注阀盖主视图中的形位公差。

在命令行中输入"QLEADER"命令，命令行提示与操作如下。

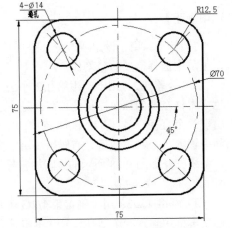

图 9-81　标注左视图尺寸

命令: QLEADER✓
指定第一个引线点或 [设置(S)] <设置>: S✓（在弹出的"引线设置"对话框中，设置各个选项卡，如图 9-82 和图 9-83 所示。设置完成后，单击"确定"按钮）
指定第一个引线点或 [设置(S)] <设置>:（捕捉图 9-80 中阀盖主视图尺寸 44 右端延伸线上的最近点）
指定下一点:（向左移动鼠标，在适当位置处单击，弹出"形位公差"对话框，对其进行设置，如图 9-84 所示。单击"确定"按钮，结果如图 9-85 所示。）

（11）利用相关绘图命令绘制基准符号"基准面 A"，结果如图 9-86 所示。

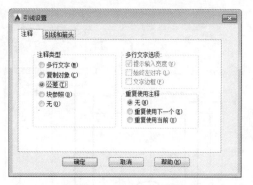

图 9-82   "注释"选项卡

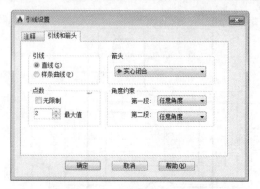

图 9-83   "引线和箭头"选项卡

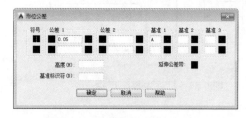

图 9-84   "形位公差"对话框

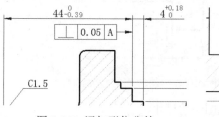

图 9-85   添加形位公差

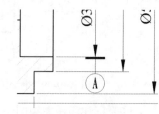

图 9-86   绘制基准符号

（12）保存文件。

单击"标准"工具栏中的"保存"按钮🖫，保存标注的图形文件，最终结果如图 9-72 所示。

【选项说明】

（1）符号：用于设定或改变公差代号。单击下面的黑块，系统打开如图 9-87 所示的"特征符号"列表框，可从中选择需要的公差代号。

（2）公差 1/2：用于产生第 1/2 个公差的公差值及"附加符号"。白色文本框左侧的黑块控制是否在公差值之前加一个直径符号，单击它，则出现一个直径符号；再次单击，则消失。白色文本框用于确定公差值，在其中输入一个具体数值。右侧黑块用于插入"包容条件"符号，单击它，系统打开如图 9-88 所示的"附加符号"列表框，用户可从中选择所需符号。

图 9-87   "特征符号"列表框

（3）基准 1/2/3：用于确定第 1/2/3 个基准代号及材料状态符号。在白色文本框中输入一个基准代号。单击其右侧的黑块，系统打开"包容条件"列表框，可从中选择适当的"包容条件"符号。

图 9-88   "附加符号"列表框

（4）"高度"文本框：用于确定标注复合形位公差的高度。

（5）延伸公差带：单击该黑块，在复合公差带后面加一个复合公差符号，如图 9-89（d）所示，其他形位公差标注如图 9-89 所示的例图。

（6）"基准标识符"文本框：用于产生一个标识符号，用一个字母表示。

  高手支招

在"形位公差"对话框中有两行可以同时对形位公差进行设置，可实现复合形位公差的标注。如果两行中输入的公差代号相同，则得到如图 9-89（e）所示的形式。

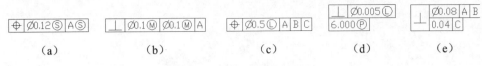

(a)   (b)   (c)   (d)   (e)

图 9-89　形位公差标注举例

9.5　编辑尺寸标注

AutoCAD 允许对已经创建好的尺寸标注进行编辑修改，包括修改尺寸文本的内容、改变其位置、使尺寸文本倾斜一定的角度等，还可以对尺寸界线进行编辑。

【预习重点】

☑　熟悉编辑标注命令的执行方法。

☑　了解编辑标注应用。

9.5.1　尺寸编辑

利用 DIMEDIT 命令可以修改已有尺寸标注的文本内容、把尺寸文本倾斜一定的角度，还可以对尺寸界线进行修改，使其旋转一定角度从而标注一段线段在某一方向上的投影尺寸。DIMEDIT 命令可以同时对多个尺寸标注进行编辑。

【执行方式】

☑　命令行：DIMEDIT（快捷命令：DED）。

☑　菜单栏：选择菜单栏中的"标注"→"对齐文字"→"默认"命令。

☑　工具栏：单击"标注"工具栏中的"编辑标注"按钮。

【操作实践——标注密封垫尺寸】

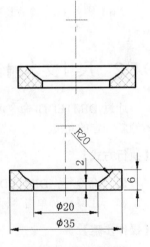

图 9-90　标注密封垫

标注如图 9-90 所示密封垫的尺寸。操作步骤如下：

（1）打开文件

单击"标准"工具栏中的"打开"按钮，打开"源文件\第 9 章\标注密封垫\密封垫.dwg"文件。

（2）标注水平尺寸

① 单击"图层"工具栏中的"图层特性管理器"按钮，将"标注层"置为当前图层。

② 单击"标注"工具栏中的"线性"按钮，标注密封垫水平尺寸为20、35，捕捉尺寸线端点，命令操作如图 9-91 所示。

③ 单击"标注"工具栏中的"线性"按钮，标注密封垫竖直尺寸为2、6，捕捉尺寸线端点，命令操作如图 9-92 所示。

④ 单击"标注"工具栏中的"半径"按钮，标注圆弧半径为 R20，捕捉尺寸线端点，命令操作如图 9-93 所示。

⑤ 单击"标注"工具栏中的"编辑标注"按钮，输入"N"，新建标注，输入"φ20"，如图 9-94

所示。

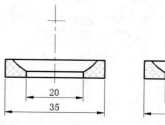

图 9-91　标注水平尺寸

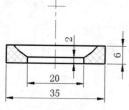

图 9-92　标注竖直尺寸

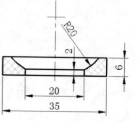

图 9-93　标注半径

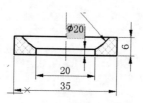

图 9-94　输入标注

⑥ 按 Enter 键，在绘图区选择水平标注 20，如图 9-95 所示继续按 Enter
键，完成编辑，显示标注编辑结果为φ20。

采用同样的方法，编辑标注 35，最终结果如图 9-90 所示。

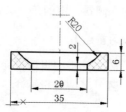

图 9-95　完成标注编辑

【选项说明】

（1）默认(H)：按尺寸标注样式中设置的默认位置和方向放置尺寸文本，
如图 9-96（a）所示。选择该选项，命令行提示与操作如下。

> 选择对象: 选择要编辑的尺寸标注

（2）新建(N)：选择该选项，系统打开多行文字编辑器，可利用该编辑器对尺寸文本进行修改。
（3）旋转(R)：改变尺寸文本行的倾斜角度。尺寸文本的中心点不变，使文本沿指定的角度方向倾斜排
列，如图 9-96（b）所示。若输入角度为 0，则按"新建标注样式"对话框"文字"选项卡中设置的默认方
向排列。
（4）倾斜(O)：修改长度型尺寸标注的尺寸界线，使其倾斜一定角度，与尺寸线不垂直，如图 9-96（c）
所示。

9.5.2　尺寸文本编辑

通过 DIMTEDIT 命令可以改变尺寸文本的位置，使其位于尺寸线上面左端、右端或中间，而且可使文
本倾斜一定的角度。

【执行方式】

☑　命令行：DIMTEDIT。
☑　工具栏：单击"标注"工具栏中的"编辑标注文字"按钮 ▣。

【操作步骤】

> 命令: DIMTEDIT↙
> 选择标注: （选择一个尺寸标注）
> 为标注文字指定新位置或 [左对齐(L)/右对齐(R)/居中(C)/默认(H)/角度(A)]:

【选项说明】

（1）为标注文字指定新位置：更新尺寸文本的位置。用鼠标把文本拖动到新的位置，这时系统变量

DIMSHO 为 ON。

（2）左（右）对齐：使尺寸文本沿尺寸线左（右）对齐，如图 9-96（d）和图 9-96（e）所示。该选项只对长度型、半径型、直径型尺寸标注起作用。

（3）居中(C)：把尺寸文本放在尺寸线上的中间位置，如图 9-96（a）所示。

（4）默认(H)：把尺寸文本按默认位置放置。

（5）角度(A)：改变尺寸文本行的倾斜角度。

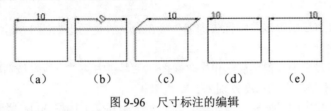

（a）　　　（b）　　　（c）　　　（d）　　　（e）

图 9-96　尺寸标注的编辑

9.6　综合演练——阀体零件图

绘制如图 9-97 所示的阀体零件图。

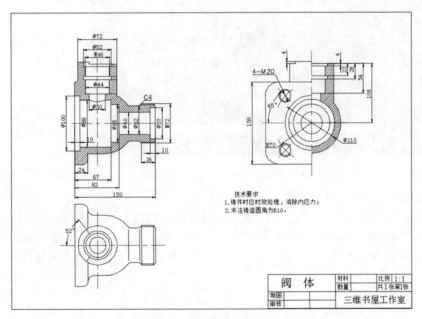

图 9-97　绘制阀体零件图

🌟 手把手教你学

图 9-97 中阀体的绘制过程是复杂二维图形制作中比较典型的实例，在本实例中对绘制异形图做了初步的叙述，主要利用绘制圆弧线，以及利用修剪、圆角等命令来实现。首先绘制中心线和辅助线作为定位线，并且作为绘制其他视图的辅助线；接着绘制主视图和俯视图以及左视图的外轮廓线，然后进行图案填充，最后添加尺寸标注和文字。

【操作步骤】

9.6.1 绘制球阀阀体

（1）打开样板图

① 启动 AutoCAD 2015 应用程序，以 A3.dwt 样板文件为模板，建立新文件；将新文件命名为"阀体.dwg"并保存。

② 单击"图层"工具栏中的"图层特性管理器"按钮 ，设置图层如图 9-98 所示。

（2）绘制中心线和辅助线

① 将"中心线"图层设置为当前图层。单击"绘图"工具栏中的"直线"按钮 ，绘制两条相互垂直的中心线，竖直中心线和水平中心线长度分别为 500 和 700。

② 单击"修改"工具栏中的"偏移"按钮 ，将水平中心线向下偏移 200，竖直中心线向右偏移 400。

③ 单击"绘图"工具栏中的"直线"按钮 ，指定偏移后中心线右下交点为起点，下一点坐标为（@300<135）。

④ 单击"修改"工具栏中的"移动"按钮 ，将绘制的斜线向右下方移动到适当位置，使其仍然经过右下方的中心线交点，结果如图 9-99 所示。

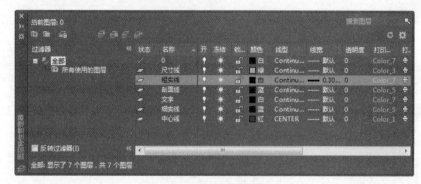

图 9-98　设置图层

图 9-99　中心线和辅助线

（3）绘制主视图

① 单击"修改"工具栏中的"偏移"按钮 ，将上面的中心线向下偏移 75，将左侧的中心线向左偏移 42。

② 选择偏移形成的两条中心线，如图 9-100 所示。然后在"图层"工具栏的"图层"下拉列表中选择"粗实线"选项，如图 9-101 所示。将这两条中心线转换成粗实线，同时其所在图层也转换成"粗实线"，如图 9-102 所示。

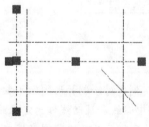

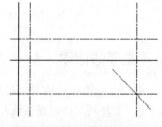

图 9-100　选择中心线　　　　图 9-101　"图层"下拉列表　　　　图 9-102　转换图层

③ 单击"修改"工具栏中的"修剪"按钮 ，将转换的两条粗实线进行修剪，如图 9-103 所示。

④ 单击"修改"工具栏中的"偏移"按钮，将刚修剪的竖直直线分别向右偏移 10、24、58、68、82、124、140、150，将水平直线向上分别偏移 20、25、32、39、40.5、43、46.5、55，结果如图 9-104 所示。单击"修改"工具栏中的"修剪"按钮，将偏移直线后的图形进行修剪，如图 9-105 所示。

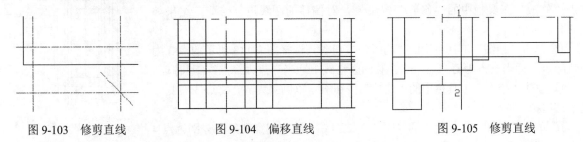

图 9-103　修剪直线　　　　　图 9-104　偏移直线　　　　　图 9-105　修剪直线

⑤ 单击"绘图"工具栏中的"圆弧"按钮，以图 9-105 中点 1 为圆心，以点 2 为起点绘制圆弧，圆弧终点为适当位置，结果如图 9-106 所示。

⑥ 单击"修改"工具栏中的"删除"按钮，删除直线 12。单击"修改"工具栏中的"修剪"按钮，修剪圆弧及与之相交的直线，结果如图 9-107 所示。

⑦ 单击"修改"工具栏中的"倒角"按钮，对右下方的直角进行倒角，倒角距离为 4，采用的修剪模式为"不修剪"。重复"倒角"命令，对其左侧的直角倒斜角，距离为 4。

⑧ 单击"修改"工具栏中的"圆角"按钮，对下端的直角进行圆角处理，圆角半径为 10。重复"圆角"命令，对修剪的圆弧直线相交处倒圆角，半径为 3，结果如图 9-108 所示。

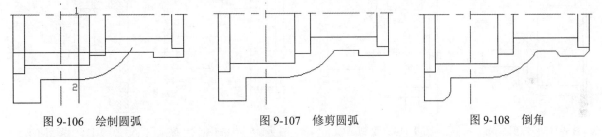

图 9-106　绘制圆弧　　　　　图 9-107　修剪圆弧　　　　　图 9-108　倒角

⑨ 单击"修改"工具栏中的"偏移"按钮，将右下端水平直线向上偏移 2。单击"修改"工具栏中的"延伸"按钮，将偏移的直线进行延伸处理。最后将延伸后直线所在的图层转换到"细实线"，如图 9-109 所示。

⑩ 单击"修改"工具栏中的"镜像"按钮，选择如图 9-110 所示虚线部分作为镜像对象，以水平中心线为镜像轴进行镜像，结果如图 9-111 所示。

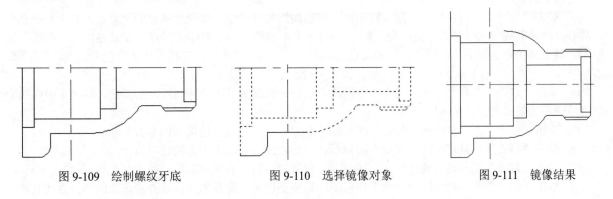

图 9-109　绘制螺纹牙底　　　　图 9-110　选择镜像对象　　　　图 9-111　镜像结果

⑪ 偏移修剪图线。单击"修改"工具栏中的"偏移"按钮 ，将竖直中心线分别向左、右两侧偏移 18、22、26、36；将水平中心线分别向上偏移 54、80、86、104、108、112，并将偏移后的直线转换为中心线，结果如图 9-112 所示。单击"修改"工具栏中的"修剪"按钮 ，对偏移的图线进行修剪，结果如图 9-113 所示。

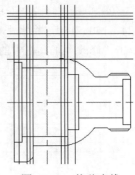

⑫ 单击"绘图"工具栏中的"圆弧"按钮 ，选择图 9-113 所示的点 3 为圆弧起点，适当一点为第二点，点 3 右侧竖直线上适当一点为终点绘制圆弧。

⑬ 单击"修改"工具栏中的"修剪"按钮 ，以圆弧为界，将点 3 右侧直线下部剪掉。

图 9-112　偏移直线

⑭ 单击"绘图"工具栏中的"圆弧"按钮 ，绘制起点和终点分别为点 4 和点 5，第二点为竖直中心线上适当一点的圆弧，结果如图 9-114 所示。

⑮ 单击"修改"工具栏中的"偏移"按钮 ，将图 9-114 中 6、7 两条直线各向外偏移 1，然后将偏移后直线所在的图层转换到"细实线"，结果如图 9-115 所示。

⑯ 将"剖面线"图层设置为当前图层。单击"绘图"工具栏中的"图案填充"按钮 ，打开"图案填充创建"选项卡，设置图案类型为 ANSI31，比例为 1，角度为 0，选择填充区域进行填充，结果如图 9-116 所示。

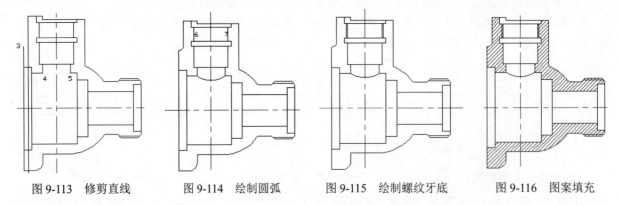

图 9-113　修剪直线　　　图 9-114　绘制圆弧　　　图 9-115　绘制螺纹牙底　　　图 9-116　图案填充

（4）绘制俯视图

① 关闭"填充线"图层。单击"修改"工具栏中的"复制"按钮 ，将图 9-117 主视图中虚线显示的对象向下复制，结果如图 9-118 所示。

② 将"粗实线"图层置为当前图层。单击"绘图"工具栏中的"直线"按钮 ，捕捉主视图上相关点，向下绘制竖直辅助线，如图 9-119 所示。

③ 单击"绘图"工具栏中的"圆"按钮 ，按辅助线与水平中心线交点指定的位置点，以中心线交点为圆心，以辅助线和水平中心线交点为圆弧上一点绘制 4 个同心圆。单击"绘图"工具栏中的"直线"按钮 ，以左侧第 4 条辅助线与第 2 大圆的交点为起点绘制直线。单击"状态栏"中的"动态输入"按钮 ，绘制长度为 100，与水平成 232° 角的直线，如图 9-120 所示。

④ 单击"修改"工具栏中的"修剪"按钮 ，以最外面圆为界，修剪刚绘制的斜线，以水平中心线为界修剪最右侧辅助线。

⑤ 单击"修改"工具栏中的"删除"按钮 ，删除其余辅助线，结果如图 9-121 所示。

⑥ 单击"修改"工具栏中的"圆角"按钮 ，对俯视图同心圆正下方的直角以 10 为半径倒圆角。

⑦ 单击"修改"工具栏中的"打断"按钮 ，将刚修剪的最右侧辅助线打断，结果如图 9-122 所示。

⑧ 单击"修改"工具栏中的"延伸"按钮 ，以刚倒圆角的圆弧为界，将圆角形成的断开直线延伸。

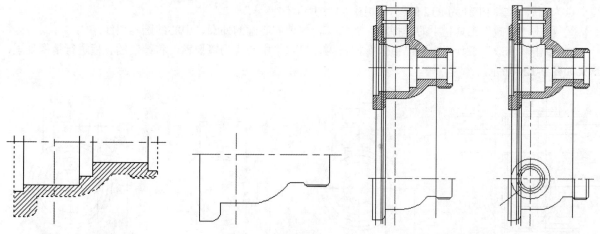

图 9-117 选择对象　　　图 9-118 复制结果　　图 9-119 绘制竖直辅助线　图 9-120 绘制轮廓线

⑨ 单击"修改"工具栏中的"复制"按钮，将刚打断的辅助线向左适当平行复制，结果如图 9-123 所示。

⑩ 单击"修改"工具栏中的"镜像"按钮，以水平中心线为轴，将水平中心线以下的所有对象进行镜像，最终的俯视图如图 9-124 所示。

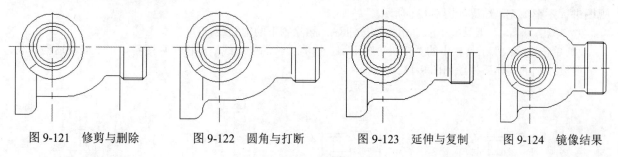

图 9-121 修剪与删除　　图 9-122 圆角与打断　　图 9-123 延伸与复制　　图 9-124 镜像结果

（5）绘制左视图

① 单击"绘图"工具栏中的"直线"按钮，捕捉主视图与左视图上相关点，绘制如图 9-125 所示的水平与竖直辅助线。

② 单击"绘图"工具栏中的"圆"按钮，按水平辅助线与左视图中心线指定的交点为圆弧上的一点，以中心线交点为圆心绘制 5 个同心圆，并初步修剪辅助线，如图 9-126 所示。进一步修剪辅助线，如图 9-127 所示。

③ 绘制孔板。单击"修改"工具栏中的"圆角"按钮，对图 9-127 左下角直角倒圆角，半径为 25。

④ 将"中心线"图层设置为当前图层。单击"绘图"工具栏中的"圆"按钮，以中心线交点为圆心绘制半径为 R70 的中心线圆。

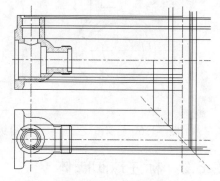

图 9-125 绘制辅助线

⑤ 单击"绘图"工具栏中的"直线"按钮，以中心线交点为起点，向左下方绘制 45° 斜线。

⑥ 将"粗实线"图层设置为当前图层。单击"绘图"工具栏中的"圆"按钮，以中心线圆与斜中心线交点为圆心，绘制半径为 R10 的圆。

⑦ 将"细实线"图层设置为当前图层，单击"绘图"工具栏中的"圆"按钮，以中心线圆与斜中心

线交点为圆心，绘制半径为 R12 的圆，如图 9-128 所示。

⑧ 单击"修改"工具栏中的"打断"按钮■，修剪同心圆的外圆、中心线圆与斜线。

⑨ 单击"修改"工具栏中的"镜像"按钮■，以水平中心线为镜像轴，将绘制的孔板进行镜像处理，结果如图 9-129 所示。

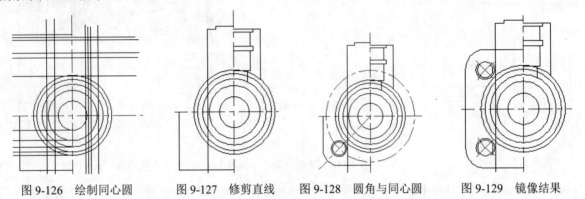

图 9-126　绘制同心圆　　　图 9-127　修剪直线　　　图 9-128　圆角与同心圆　　　图 9-129　镜像结果

⑩ 修剪图线。单击"修改"工具栏中的"修剪"按钮■，选择相应边界，修剪左侧辅助线与 5 个同心圆中的最外边的两个同心圆，结果如图 9-130 所示。

⑪ 图案填充。将"填充线"图层置为当前图层。单击"绘图"工具栏中的"图案填充"按钮■，对左视图进行图案填充，结果如图 9-131 所示。

⑫ 单击"修改"工具栏中的"删除"按钮■，删除剩下的辅助线。

⑬ 单击"修改"工具栏中的"打断"按钮■，修剪过长的中心线，再将左视图整体水平向左适当移动。最终绘制的阀体三视图如图 9-132 所示。

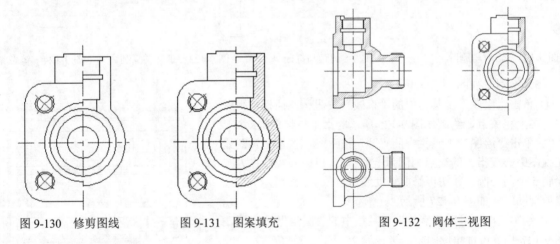

图 9-130　修剪图线　　　　　图 9-131　图案填充　　　　　图 9-132　阀体三视图

9.6.2　标注球阀阀体

（1）设置尺寸样式

选择菜单栏中的"格式"→"标注样式"命令，打开"标注样式管理器"对话框，如图 9-133 所示。单击"修改"按钮，打开"修改标注样式"对话框，选择"符号和箭头"选项卡，设置"箭头大小"为 5，如图 9-134 所示；选择"文字"选项卡，设置"文字样式"右侧按钮，在弹出的"文字样式"对话框中设置文字样式为__，"文字高度"为 8，如图 9-135 所示。

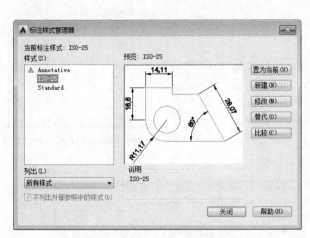

图 9-133 "标注样式管理器"对话框

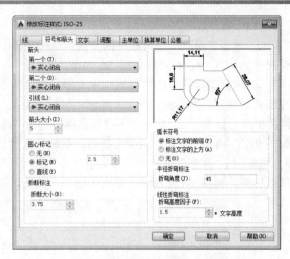

图 9-134 "符号和箭头"选项卡

（2）标注主视图尺寸

① 将"标注层"图层设置为当前图层。单击"标注"工具栏中的"线性"按钮，标注主视图线性尺寸，命令行提示与操作如下。

```
命令: _dimlinear
指定第一个延伸线原点或 <选择对象>:（选择要标注的线性尺寸的第一个点）
指定第二条延伸线原点:（选择要标注的线性尺寸的第二个点）
指定尺寸线位置或 [多行文字(M)/文字(T)/角度(A)/水平(H)/垂直(V)/旋转(R)]: T✓
输入标注文字 <72>: %%C72✓
指定尺寸线位置或 [多行文字(M)/文字(T)/角度(A)/水平(H)/垂直(V)/旋转(R)]:（指定要标注尺寸的位置）
```

② 采用同样的方法，按从上到下，从左到右的顺序，标注线性尺寸φ52、M46、φ44、φ36、φ100、φ86、φ69、φ40、φ64、φ57、M72、10、24、68、82、150、26、10。

③ 标注倒角尺寸。在命令行中输入"QLEADER"命令，输入"S"，弹出"引线设置"对话框，在"附着"选项卡选中"最后一行加下划线"复选框。设置"文字高度"为8，标注倒角C4，标注结果如图9-136所示。

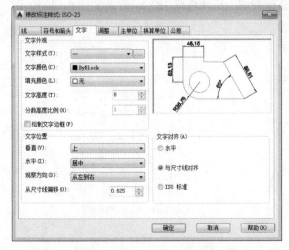

图 9-135 "文字"选项卡

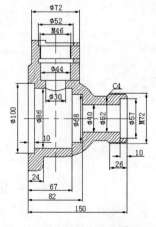

图 9-136 标注主视图线性尺寸

（3）标注左视图

① 单击"标注"工具栏中的"线性"按钮▦，标注左视图线性尺寸为 150、4、4、22、28、54、108。

② 选择菜单栏中的"格式"→"标注样式"命令，打开"标注样式管理器"对话框，单击"新建"按钮，系统打开"创建新标注样式"对话框，在"用于"下拉列表框中选择"直径标注"选项，如图 9-137 所示。单击"继续"按钮，系统打开"新建标注样式"对话框，在"文字"选项卡的"文字对齐"选项组中选中"水平"单选按钮，如图 9-138 所示，单击"确定"按钮，退出对话框。

图 9-137 "创建新标注样式"对话框

图 9-138 "新建标注样式"对话框

采用同样的方法设置半径、角度标注。

③ 单击"标注"工具栏中的"直径"按钮⊘，标注直径尺寸为ϕ110。

④ 单击"标注"工具栏中的"半径"按钮⊘，标注半径尺寸为 R70。

⑤ 单击"标注"工具栏中的"角度"按钮◢，标注角度尺寸为 45°，结果如图 9-139 所示。

（4）标注俯视图

单击"标注"工具栏中的"角度"按钮◢，在俯视图上标注角度 38°，结果如图 9-140 所示。

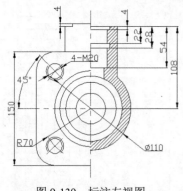
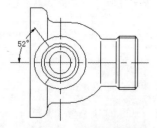

图 9-139 标注左视图   图 9-140 标注俯视图

（5）添加技术要求

将"说明层"图层设置为当前图层。单击"绘图"工具栏中的"多行文字"按钮Ａ，打开多行文字编辑器和"文字编辑器"选项卡，如图 9-141 所示。然后在打开的多行文字编辑器中输入相应的文字，结果如图 9-142 所示。

图 9-141　多行文字编辑器和"文字编辑器"选项卡

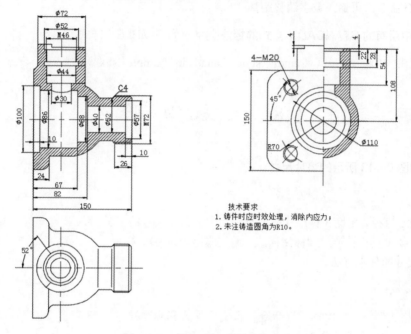

技术要求
1.铸件时应时效处理，消除内应力；
2.未注铸造圆角为R10。

图 9-142　插入"技术要求"文本

（6）填写标题栏

将"0 图层"设定为当前图层，单击"绘图"工具栏中的"多行文字"按钮A，填写标题栏，最终结果如图 9-97 所示。

9.7　名师点拨——跟我学标注

1. 如何修改尺寸标注的比例

方法 1：DIMSCALE 决定了尺寸标注的比例，其值为整数，默认为1，在图形有了一定比例缩放时应最好将其改为缩放比例。

方法 2：选择菜单栏中的"格式"→"标注样式"命令，选择要修改的标注样式，单击"修改"按钮，在弹出的对话框中选择"主单位"选项卡，设置"比例因子"，则图形大小不变，标注结果呈倍率发生变化。

2. 如何修改尺寸标注的关联性

改为关联：选择需要修改的尺寸标注，执行 DIMREASSOCIATE 命令。

改为不关联：选择需要修改的尺寸标注，执行 DIMDISASSOCIATE 命令。

3. 标注样式的操作技巧

可利用 DWT 模板文件创建 CAD 制图的统一文字及标注样式，方便下次制图直接调用，而不必重复设置样式。用户也可以从 CAD 设计中心查找所需的标注样式，直接导入至新建的图纸中，即完成了对其的调用。

4. 如何设置标注与图的间距

执行 DIMEXO 命令，再输入数字调整距离。

5. 如何将图中所有的 STANDADN 样式的标注文字改为 SIMPLEX 样式

可在 ACAD.LSP 中加一句：（vl-cmdf ".style" "standadn" "simplex.shx"）。

9.8 上机实验

【练习 1】标注如图 9-143 所示的垫片尺寸。

1. 目的要求

本练习有线性、直径、角度 3 种尺寸需要标注，由于具体尺寸的要求不同，需要重新设置和转换尺寸标注样式。通过本练习，要求读者掌握各种标注尺寸的基本方法。

2. 操作提示

（1）利用"格式"→"文字样式"命令设置文字样式和标注样式，为后面的尺寸标注输入文字做准备。

（2）利用"标注"→"线性"命令标注垫片图形中的线性尺寸。

（3）利用"标注"→"直径"命令标注垫片图形中的直径尺寸，其中需要重新设置标注样式。

（4）利用"标注"→"角度"命令标注垫片图形中的角度尺寸，其中需要重新设置标注样式。

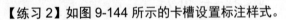

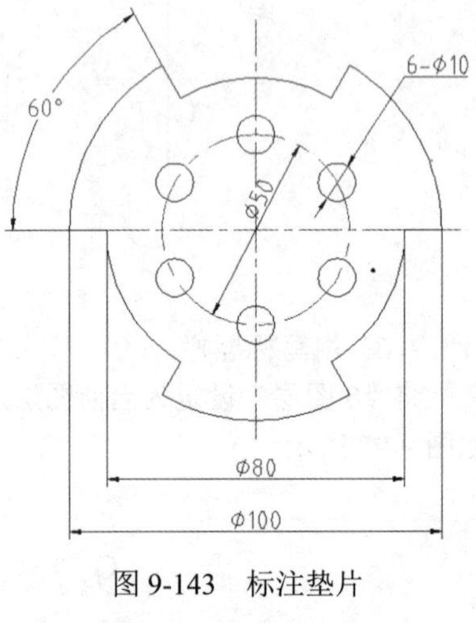

图 9-143　标注垫片

【练习 2】如图 9-144 所示的卡槽设置标注样式。

1. 目的要求

设置标注样式是标注尺寸的首要工作。一般可以根据图形的复杂程度和尺寸类型的多少，决定设置几种尺寸标注样式。本练习要求针对图 9-144 所示的卡槽设置 3 种尺寸标注样式。分别用于普通线性标注、直径标注以及角度标注。

2．操作提示

（1）选择菜单栏中的"格式"→"标注样式"命令，打开"标注样式管理器"对话框。

（2）单击"新建"按钮，打开"创建新标注样式"对话框，在"新样式名"文本框中输入新样式名。

（3）单击"继续"按钮，打开"新建标注样式"对话框。

（4）在对话框的各个选项卡中进行直线和箭头、文字、调整、主单位、换算单位和公差的设置。

（5）确认退出。采用相同的方法设置另外两个标注样式。

【练习3】如图 9-145 所示的轴套设置标注样式。

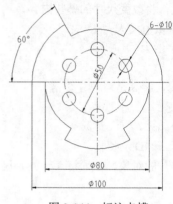

图 9-144　标注卡槽

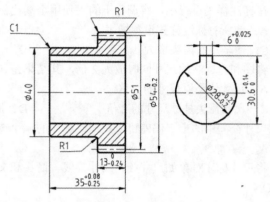

图 9-145　标注轴套

1．目的要求

在进行图形标注前，首先进行标注样式设置，本练习要求针对图 9-145 所示的轴套设置 3 种尺寸标注样式。分别用于普通线性标注、带公差的线性标注以及半径标注。

2．操作提示

（1）选择菜单栏中的"格式"→"标注样式"命令，打开"标注样式管理器"对话框。

（2）单击"新建"按钮，打开"创建新标注样式"对话框，设置基本线性标注样式。

（3）单击"新建"按钮，选择"用于直径"选项，设置半径标注样式。

（4）单击"新建"按钮，在线性标注的基础上添加"极限尺寸"，标注公差。

9.9　模拟考试

（1）若尺寸的公差是 20±0.034，则应该在"公差"页面中，显示公差的（　　）设置。

  A．极限偏差   B．极限尺寸

  C．基本尺寸   D．对称

（2）如图 9-146 所示标注样式文字位置应该设置为（　　）。

  A．尺寸线旁边   B．尺寸线上方，不带引线

  C．尺寸线上方，带引线 D．多重引线上方，带引线

图 9-146　标注 10

（3）如果显示的标注对象小于被标注对象的实际长度，应采用（　　）。

　　A．折弯标注　　　　　　　　　　B．打断标注

　　C．替代标注　　　　　　　　　　D．检验标注

（4）在尺寸公差的上偏差中输入"0.021"，下偏差中输入"0.015"，则标注尺寸公差的结果是（　　）。

　　A．上偏 0.021，下偏 0.015　　　B．上偏–0.021，下偏 0.015

　　C．上偏 0.021，下偏–0.015　　　D．上偏–0.021，下偏–0.015

（5）下列尺寸标注中共用一条基线的是（　　）。

　　A．基线标注　　　B．连续标注　　　C．公差标注　　　D．引线标注

（6）在标注样式设置中，将调整下的"使用全局比例"值增大，将改变尺寸的哪些内容？（　　）

　　A．使所有标注样式设置增大　　　B．使标注的测量值增大

　　C．使全图的箭头增大　　　　　　D．使尺寸文字增大

（7）将图和已标注的尺寸同时放大 2 倍，其结果是（　　）。

　　A．尺寸值是原尺寸的 2 倍　　　B．尺寸值不变，字高是原尺寸 2 倍

　　C．尺寸箭头是原尺寸的 2 倍　　　D．原尺寸不变

（8）尺寸公差中的上下偏差可以在线性标注的哪个选项中堆叠起来？（　　）

　　A．多行文字　　　B．文字　　　C．角度　　　D．水平

（9）将尺寸标注对象如尺寸线、尺寸界线、箭头和文字作为单一的对象，必须将（　　）尺寸标注变量设置为 ON。

　　A．DIMASZ　　　　　　　　　B．DIMASO

　　C．DIMON　　　　　　　　　　D．DIMEXO

（10）绘制并标注如图 9-147 所示的图形。

（11）绘制并标注如图 9-148 所示的图形。

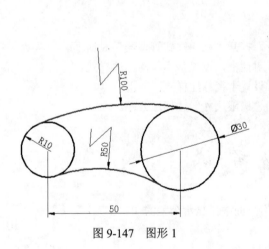

图 9-147　图形 1

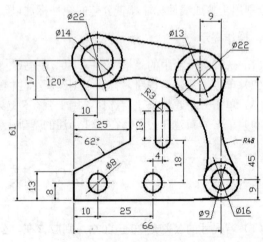

图 9-148　图形 2

第10章

图块、外部参照与光栅图像

在设计绘图过程中经常会遇到一些重复出现的图形（如机械设计中的螺钉、螺帽，建筑设计中的桌椅、门窗等），如果每次都重新绘制这些图形，不仅造成大量的重复工作，而且存储这些图形及其信息要占据相当大的磁盘空间。AutoCAD 提供了图块和外部参照来解决这些问题。

本章主要介绍图块工具、外部参照、光栅图像等知识。

10.1 图　　块

图块又称块，它是由一组图形对象组成的集合，一组对象一旦被定义为图块，它们将成为一个整体，选中图块中任意一个图形对象即可选中构成图块的所有对象。AutoCAD 把一个图块作为一个对象进行编辑修改等操作，用户可根据绘图需要把图块插入到图中指定的位置，在插入时还可以指定不同的缩放比例和旋转角度。如果需要对组成图块的单个图形对象进行修改，还可以利用"分解"命令把图块炸开，分解成若干个对象。图块还可以重新定义，一旦被重新定义，整个图中基于该块的对象都将随之改变。

【预习重点】

☑　了解图块定义。
☑　练习图块应用操作。

10.1.1　定义图块

【执行方式】

☑　命令行：BLOCK（快捷命令：B）。
☑　菜单栏：选择菜单栏中的"绘图"→"块"→"创建"命令。
☑　工具栏：单击"绘图"工具栏中的"创建块"按钮　。
☑　功能区：单击"默认"选项卡"块"面板中的"创建"按钮　（如图 10-1 所示）或单击"插入"选项卡"块定义"面板中的"创建块"按钮　（如图 10-2 所示）。

图 10-1　"块"面板

图 10-2　"块定义"面板

【操作步骤】

执行上述操作后，系统打开如图 10-3 所示的"块定义"对话框，利用该对话框可定义图块并为之命名。

【选项说明】

（1）"基点"选项组：确定图块的基点，默认值是（0,0,0），也可以在下面的 X、Y、Z 文本框中输入块的基点坐标值。单击"拾取点"按钮　，系统临时切换到绘图区，在绘图区中选择一点后，返回"块定义"对话框中，把选择的点作为图块的放置基点。

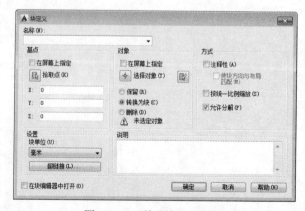

图 10-3　"块定义"对话框

（2）"对象"选项组：用于选择制作图块的对象，以及设置图块对象的相关属性。如图 10-4 所示，把图 10-4（a）中的正五边形定义为图块，图 10-4（b）为选中"删除"单选按钮的结果，图 10-4（c）为选中"保留"单选按钮的结果。

（3）"设置"选项组：指定从 AutoCAD 设计中心拖动图块时用于测量图块的单位，以及缩放、分解和超链接等设置。

（4）"在块编辑器中打开"复选框：选中该复选框，可以在块编辑器中定义动态块，后面将详细介绍。

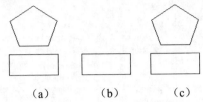

图 10-4　设置图块对象

（5）"方式"选项组：指定块的行为。"注释性"复选框，指定在图纸空间中块参照的方向与布局方向匹配；"按统一比例缩放"复选框指定是否阻止块参照不按统一比例缩放；"允许分解"复选框指定块参照是否可以被分解。

10.1.2　图块的存盘

利用 BLOCK 命令定义的图块保存在其所属的图形当中，该图块只能在该图形中插入，而不能插入到其他的图形中。但是有些图块在许多图形中要经常用到，这时可以用 WBLOCK 命令把图块以图形文件的形式（后缀为.dwg）写入磁盘。图形文件可以在任意图形中用 INSERT 命令插入。

【执行方式】

☑　命令行：WBLOCK（快捷命令：W）。
☑　功能区：单击"插入"选项卡"块定义"面板中的"写块"按钮 ▦。

【操作实践——定义并保存"螺栓"图块】

将如图 10-5 所示的图形定义为图块，命名为"螺栓"，并保存。操作步骤如下：

（1）打开随书光盘中的"源文件\第 10 章\定义保存'螺栓'图块\螺栓.dwg"文件，单击"绘图"工具栏中的"创建块"按钮 ▦，打开"块定义"对话框，如图 10-6 所示。

（2）在"名称"下拉列表框中输入"螺栓"。

（3）单击"拾取点"按钮 ▦，切换到绘图区，选择上端中心点为插入基点，返回"块定义"对话框。

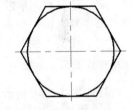

图 10-5　定义图块

（4）单击"选择对象"按钮 ▦，切换到绘图区，选择如图 10-7 所示的对象后，按 Enter 键返回"块定义"对话框。

（5）单击"确定"按钮，关闭对话框。

（6）在命令行中输入"WBLOCK"命令，按 Enter 键，系统打开"写块"对话框，在"源"选项组中选中"块"单选按钮，在右侧的下拉列表框中选择"螺栓"图块，如图 10-7 所示。单击"确定"按钮，即完成"螺栓"图块的存盘。

【选项说明】

（1）"源"选项组：确定要保存为图形文件的图块或图形对象。选中"块"单选按钮，单击右侧的下拉列表框，在其展开的列表中选择一个图块，将其保存为图形文件；选中"整个图形"单选按钮，则把当前的整个图形保存为图形文件；选中"对象"单选按钮，则把不属于图块的图形对象保存为图形文件。对象的选择通过"对象"选项组来完成。

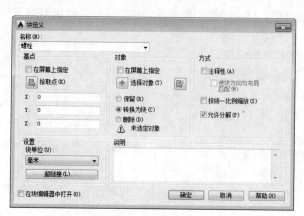

图 10-6 "块定义"对话框

图 10-7 "写块"对话框

（2）"基点"选项组：用于选择图形。

（3）"目标"选项组：用于指定图形文件的名称、保存路径和插入单位。

10.1.3 图块的插入

在 AutoCAD 绘图过程中，可根据需要随时把已经定义好的图块或图形文件插入到当前图形的任意位置，在插入的同时还可以改变图块的大小、旋转一定角度或把图块炸开等。插入图块的方法有多种，本节将逐一进行介绍。

【执行方式】

☑ 命令行：INSERT（快捷命令：I）。

☑ 菜单栏：选择菜单栏中的"插入"→"块"命令。

☑ 工具栏：单击"插入点"工具栏中的"插入块"按钮 或"绘图"工具栏中的"插入块"按钮 。

☑ 功能区：单击"默认"选项卡"块"面板中的"插入"按钮 或单击"插入"选项卡"块"面板中的"插入"按钮 。

【操作实践——标注阀盖表面粗糙度】

标注如图 10-8 所示阀盖表面粗糙度符号。操作步骤如下：

（1）单击"标准"工具栏中的"打开"按钮 ，打开光盘中的"源文件\第 10 章\标注阀盖表面粗糙度\标注阀盖.dwg"文件，如图 10-9 所示。

（2）选择"文件"→"另存为"命令，将文件保存为"标注阀盖表面粗糙度"。

（3）单击"绘图"工具栏中的"直线"按钮 ，在空白处捕捉一点，依次输入点坐标（@5, 0）、（@5<60）、（@10<60），绘制结果如图 10-10 所示。

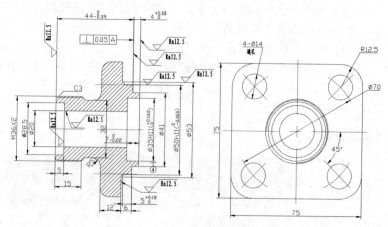

图 10-8 标注表面结构的图形符号

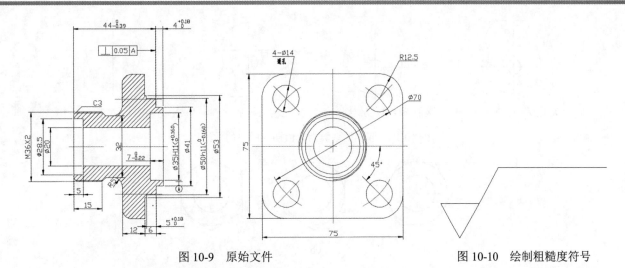

图 10-9　原始文件　　　　　　　　　　　　图 10-10　绘制粗糙度符号

（4）在命令行中输入"WBLOCK"命令，按 Enter 键，打开"写块"对话框。单击"拾取点"按钮🔳，选择图形的下尖点为基点，单击"选择对象"按钮🔳，选择上面的图形为对象，输入图块名称"粗糙度符号"，并指定路径保存图块，单击"确定"按钮退出。

（5）单击"绘图"工具栏中的"插入块"按钮🔳，打开"插入"对话框。单击"浏览"按钮，找到刚才保存的图块，在绘图区指定插入点、比例和旋转角度，插入时选择适当的插入点、比例和旋转角度，将该图块插入到如图 10-8 所示的图形中。

（6）单击"绘图"工具栏中的"多行文字"按钮🅰️，标注文字，标注时注意对文字进行旋转。

（7）采用相同的方法，标注其他粗糙度符号，最终结果如图 10-8 所示。

【选项说明】

（1）"路径"显示框：显示图块的保存路径。

（2）"插入点"选项组：指定插入点，插入图块时该点与图块的基点重合。可以在绘图区指定该点，也可以在下面的文本框中输入坐标值。

（3）"比例"选项组：确定插入图块时的缩放比例。图块被插入到当前图形中时，可以以任意比例放大或缩小。如图 10-11 所示，图 10-11（a）是被插入的图块，图 10-11（b）为按比例系数 1.5 插入该图块的结果，图 10-11（c）为按比例系数 0.5 插入该图块的结果。X 轴方向和 Y 轴方向的比例系数也可以取不同，如图 10-11（d）所示，插入的图块 X 轴方向的比例系数为 1，Y 轴方向的比例系数为 1.5。另外，比例系数还可以是一个负数，当为负数时表示插入图块的镜像，其效果如图 10-12 所示。

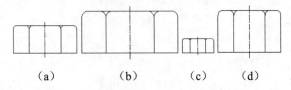

（a）　　　　（b）　　　（c）　　（d）

图 10-11　取不同比例系数插入图块的效果

（4）"旋转"选项组：指定插入图块时的旋转角度。图块被插入到当前图形中时，可以绕其基点旋转一定的角度，角度可以是正数（表示沿逆时针方向旋转），也可以是负数（表示沿顺时针方向旋转）。如图 10-13（a）所示，图 10-13（b）为图块旋转 30°后插入的效果，图 10-13（c）为图块旋转-30°后插入的效果。

X 比例=1，Y 比例=1　　X 比例=-1，Y 比例=1　　X 比例=1，Y 比例=-1　　X 比例=-1，Y 比例=-1

图 10-12　取比例系数为负值插入图块的效果

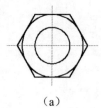 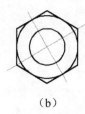 

（a）　　　　　　　（b）　　　　　　　（c）

图 10-13　以不同旋转角度插入图块的效果

如果选中"在屏幕上指定"复选框，系统切换到绘图区，在绘图区选择一点，AutoCAD 自动测量插入点与该点连线和 X 轴正方向之间的夹角，并把它作为块的旋转角。也可以在"角度"文本框中直接输入插入图块时的旋转角度。

（5）"分解"复选框：选中该复选框，则在插入块的同时把其炸开，插入到图形中的组成块对象不再是一个整体，可对每个对象单独进行编辑操作。

10.1.4　动态块

动态块具有灵活性和智能性的特点。用户在操作时可以轻松地更改图形中的动态块参照，通过自定义夹点或自定义特性来操作动态块参照中的几何图形，使用户可以根据需要在位调整块，而不用搜索另一个块以插入或重定义现有的块。

如果在图形中插入一个"门"块参照，编辑图形时可能需要更改门的大小。如果该块是动态的，并且定义为可调整大小，那么只需拖动自定义夹点或在"特性"选项板中指定不同的大小就可以修改门的大小，如图 10-14 所示。用户可能还需要修改门的打开角度，如图 10-15 所示。该"门"块还可能会包含对齐夹点，使用对齐夹点可以轻松地将门块参照与图形中的其他几何图形对齐，如图 10-16 所示。

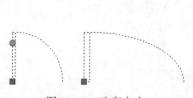 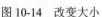 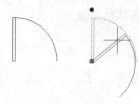 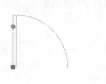

图 10-14　改变大小　　　　　图 10-15　改变角度 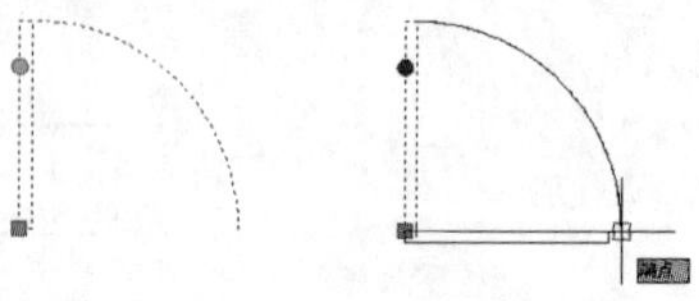　　　　　图 10-16　对齐角点

可以使用块编辑器创建动态块。块编辑器是一个专门的编写区域，用于添加能够使块成为动态块的元素。用户可以创建新的块，也可以向现有的块定义中添加动态行为，还可以像在绘图区中一样创建几何图形。

【执行方式】

☑　命令行：BEDIT（快捷命令：BE）。

☑ 菜单栏：选择菜单栏中的"工具"→"块编辑器"命令。

☑ 工具栏：单击"标准"工具栏中的"块编辑器"按钮🔲。

☑ 快捷菜单：选择一个块参照，在绘图区右击，在弹出的快捷菜单中选择"块编辑器"命令。

☑ 功能区：单击"默认"选项卡"块"面板中的"编辑"按钮🔲或单击"插入"选项卡"块定义"面板中的"块编辑器"按钮🔲。

【操作实践——动态块功能标注阀体表面粗糙度】

利用动态块功能标注图 10-8 所示表面粗糙度符号。操作步骤如下：

（1）单击"标准"工具栏中的"打开"按钮🔲，打开光盘中的"源文件\第 10 章\标注阀盖表面粗糙度\标注阀盖.dwg"文件。

（2）单击"绘图"工具栏中的"直线"按钮🔲，绘制如图 10-17 所示的图形。

（3）在命令行中输入"WBLOCK"命令，打开"写块"对话框，拾取上面图形下尖点为基点，以上面图形为对象，输入图块名称并指定路径，确认退出。

（4）选择菜单栏中的"工具"→"块编辑器"命令，选择刚才保存的块，打开块编辑界面和块编写选项板，在块编写选项板的"参数"选项卡下选择"旋转"选项，命令行提示与操作如下。

```
命令: _BParameter 旋转
指定基点或 [名称(N)/标签(L)/链(C)/说明(D)/选项板(P)/值集(V)]: （指定表面粗糙度图块下角点为基点）
指定参数半径: （指定适当半径）
指定默认旋转角度或 [基准角度(B)] <0>: 0 （指定适当角度）
指定标签位置: （指定适当夹点数）
```

在块编写选项板的"动作"选项卡中选择"旋转"选项，命令行提示与操作如下。

```
命令: _BActionTool 旋转
选择参数: （选择刚设置的旋转参数）
指定动作的选择集
选择对象: （选择表面粗糙度图块）
```

（5）关闭块编辑器。

（6）在当前图形中选择刚才标注的图块，系统显示图块的动态旋转标记，选中该标记，按住鼠标拖动，如图 10-18 所示。直到图块旋转到满意的位置为止，如图 10-19 所示。

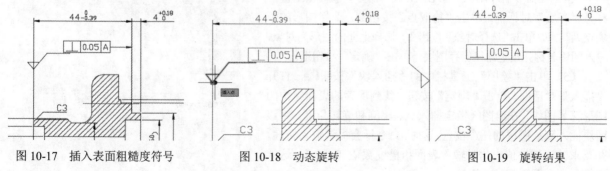

图 10-17　插入表面粗糙度符号　　　图 10-18　动态旋转　　　图 10-19　旋转结果

（7）单击"默认"选项卡"注释"面板中的"单行文字"按钮🅰，标注文字，标注时注意对文字进行旋转。

（8）同样利用插入图块的方法标注其他表面粗糙度。

10.2 图块属性

图块除了包含图形对象以外，还可以具有非图形信息，例如把一个椅子的图形定义为图块后，还可把椅子的号码、材料、重量、价格以及说明等文本信息一并加入到图块当中。图块的这些非图形信息，叫做图块的属性，它是图块的一个组成部分，与图形对象一起构成一个整体，在插入图块时 AutoCAD 把图形对象连同属性一起插入到图形中。

【预习重点】

☑ 编辑图块属性。
☑ 练习编辑图块应用。

10.2.1 定义图块属性

【执行方式】

☑ 命令行：ATTDEF（快捷命令：ATT）。
☑ 菜单栏：选择菜单栏中的"绘图"→"块"→"定义属性"命令。
☑ 功能区：单击"默认"选项卡"块"面板中的"定义属性"按钮■或单击"插入"选项卡"块定义"面板中的"定义属性"按钮■。

【操作实践——属性功能标注阀体表面粗糙度】

利用属性功能标注图 10-8 所示表面粗糙度符号。操作步骤如下：

（1）单击"标准"工具栏中的"打开"按钮■，打开光盘中的"源文件\第 10 章\标注阀盖表面粗糙度\标注阀盖.dwg"文件。

（2）单击"绘图"工具栏中的"直线"按钮■，绘制表面粗糙度符号图形。

（3）选择菜单栏中的"绘图"→"块"→"定义属性"命令，系统打开"属性定义"对话框，进行如图 10-20 所示的设置，其中插入点为粗糙度符号水平线下方，确认退出。

（4）在命令行中输入"WBLOCK"命令，按 Enter 键，打开"写块"对话框。单击"拾取点"按钮■，选择图形的下尖点为基点，单击"选择对象"按钮■，选择上面的图形为对象，输入图块名称并指定路径保存图块，单击"确定"按钮退出。

（5）单击"绘图"工具栏中的"插入块"按钮■，打开"插入"对话框。单击"浏览"按钮，找到保存的表面结构的图形符号图块，在绘图区指定插入点、比例和旋转角度，将该图块插入到绘图区的任意位置，这时，命令行会提示输入属性，并要求验证属性值，此时输入表面粗糙度数值 Ra12.5，这就完成了一个图形符号的标注。

（6）继续插入图形符号图块，输入不同属性值作为表面粗糙度数值，直到完成所有表面粗糙度标注。

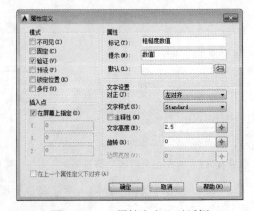

图 10-20 "属性定义"对话框

【选项说明】

（1）"模式"选项组

用于确定属性的模式。

① "不可见"复选框：选中该复选框，属性为不可见显示方式，即插入图块并输入属性值后，属性值在图中并不显示出来。

② "固定"复选框：选中该复选框，属性值为常量，即属性值在属性定义时给定，在插入图块时系统不再提示输入属性值。

③ "验证"复选框：选中该复选框，当插入图块时，系统重新显示属性值提示用户验证该值是否正确。

④ "预设"复选框：选中该复选框，当插入图块时，系统自动把事先设置好的默认值赋予属性，而不再提示输入属性值。

⑤ "锁定位置"复选框：锁定块参照中属性的位置。解锁后，属性可以相对于使用夹点编辑块的其他部分移动，并且可以调整多行文字属性的大小。

⑥ "多行"复选框：选中该复选框，可以指定属性值包含多行文字，可以指定属性的边界宽度。

（2）"属性"选项组

用于设置属性值。在每个文本框中，AutoCAD 允许输入不超过 256 个字符。

① "标记"文本框：输入属性标签。属性标签可由除空格和感叹号以外的所有字符组成，系统自动把小写字母改为大写字母。

② "提示"文本框：输入属性提示。属性提示是插入图块时系统要求输入属性值的提示，如果不在此文本框中输入文字，则以属性标签作为提示。如果在"模式"选项组中选中"固定"复选框，即设置属性为常量，则不需设置属性提示。

③ "默认"文本框：设置默认的属性值。可把使用次数较多的属性值作为默认值，也可不设默认值。

（3）"插入点"选项组

用于确定属性文本的位置。可以在插入时由用户在图形中确定属性文本的位置，也可在 X、Y、Z 文本框中直接输入属性文本的位置坐标。

（4）"文字设置"选项组

用于设置属性文本的对齐方式、文本样式、字高和倾斜角度。

（5）"在上一个属性定义下对齐"复选框

选中该复选框表示把属性标签直接放在前一个属性的下面，而且该属性继承前一个属性的文本样式、字高和倾斜角度等特性。

🎓 高手支招

在动态块中，由于属性的位置包括在动作的选择集中，因此必须将其锁定。

10.2.2　修改属性的定义

在定义图块之前，可以对属性的定义加以修改，不仅可以修改属性标签，还可以修改属性提示和属性默认值。

【执行方式】

☑　命令行：DDEDIT（快捷命令：ED）。

☑ 菜单栏：选择菜单栏中的"修改"→"对象"→"文字"→"编辑"命令。

【操作步骤】

执行上述操作后，选择定义的图块，打开"编辑属性定义"对话框，如图 10-21 所示。该对话框表示要修改属性的"标记"、"提示"及"默认值"，可在各文本框中对各项进行修改。

图 10-21 "编辑属性定义"对话框

10.2.3 图块属性编辑

当属性被定义到图块当中，甚至图块被插入到图形当中之后，用户还可以对图块属性进行编辑。利用 ATTEDIT 命令可以通过对话框对指定图块的属性值进行修改，利用 ATTEDIT 命令不仅可以修改属性值，而且可以对属性的位置、文本等其他设置进行编辑。

【执行方式】

☑ 命令行：ATTEDIT（快捷命令：ATE）。
☑ 菜单栏：选择菜单栏中的"修改"→"对象"→"属性"→"单个"命令。
☑ 工具栏：单击"修改 II"工具栏中的"编辑属性"按钮 ⬇。

【操作步骤】

执行上述命令后，光标变为拾取框，选择要修改属性的图块，系统打开如图 10-22 所示的"编辑属性"对话框。

【选项说明】

对话框中显示出所选图块中包含的前 8 个属性的值，用户可对这些属性值进行修改。如果该图块中还有其他的属性，可单击"上一个"按钮和"下一个"按钮对它们进行观察和修改。

当用户通过菜单栏或工具栏执行上述命令时，系统打开"增强属性编辑器"对话框，如图 10-23 所示。该对话框不仅可以编辑属性值，还可以编辑属性的文字选项和图层、线型、颜色等特性值。

图 10-22 "编辑属性"对话框

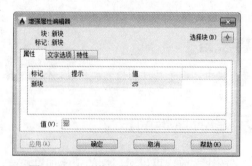

图 10-23 "增强属性编辑器"对话框

另外，还可以通过"块属性管理器"对话框来编辑属性。选择菜单栏中的"修改"→"对象"→"属性"→"块属性管理器"命令，系统打开"块属性管理器"对话框，如图 10-24 所示。单击"编辑"按钮，系统打开"编辑属性"对话框，如图 10-25 所示，可以通过该对话框编辑属性。

图 10-24　"块属性管理器"对话框　　　　图 10-25　"编辑属性"对话框

10.3　外 部 参 照

外部参照"XREF"是把已有的其他图形文件链接到当前图形文件中。与插入"外部块"的区别在于，插入"外部块"是将块的图形数据全部插入到当前图形中，而外部参照只记录参照图形位置等链接信息，并不插入该参照图形的图形数据。

外部参照的工具栏命令集中在"参照"与"参照编辑"工具栏中，如图 10-26 所示。

图 10-26　"参照"工具栏与"参照编辑"工具栏

【预习重点】

☑　了解外部参照的概念。
☑　编辑外部参照。
☑　应用外部参照。

10.3.1　外部参照附着

利用外部参照的第一步是要将外部参照附着到宿主图形上，下面讲述其具体方法。

【执行方式】

☑　命令行：XATTACH（或 XA）。
☑　菜单栏：选择菜单栏中的"插入"→"DWG 参照"命令。
☑　工具栏：单击"参照"工具栏中的"附着外部参照"按钮 。
☑　功能区：单击"插入"选项卡"参照"面板中的"附着"按钮 （如图 10-27 所示）。

图 10-27　"参照"面板

【操作步骤】

执行上述操作后，系统打开如图 10-28 所示的"选择参照文件"对话框。在该对话框中，选择要附着的图形文件，单击"打开"按钮，则打开"附着外部参照"对话框，如图 10-29 所示。

【选项说明】

（1）"参照类型"选项组

①　"附着型"单选按钮：若选中该单选按钮，则外部参照是可以嵌套的。

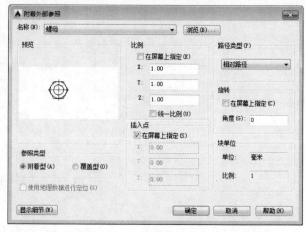

图 10-28　"选择参照文件"对话框　　　　　　图 10-29　"附着外部参照"对话框

　　② "覆盖型"单选按钮：若选中该单选按钮，则外部参照不会嵌套。

　　举个简单的例子，如图 10-30 所示，假设图形 B 附加于图形 A，图形 A 又附加或覆盖于图形 C。如果选择了"附着型"，则 B 图最终也会嵌套到 C 图中去。而选择了"覆盖型"，B 图就不会嵌套进 C 图中，如图 10-31 所示。

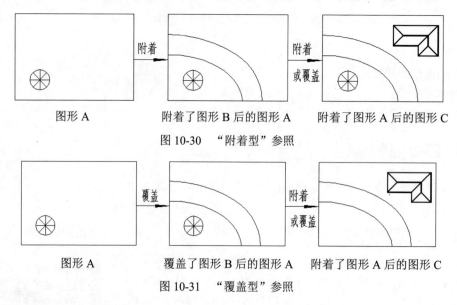

图 10-30　"附着型"参照

图 10-31　"覆盖型"参照

　　（2）"路径类型"下拉列表框

　　① 不使用路径：在不使用路径附着外部参照时，AutoCAD 首先在宿主图形的文件夹中查找外部参照。当外部参照文件与宿主图形位于同一个文件夹时，此选项非常有用。

　　② 完整路径：当使用完整路径附着外部参照时，外部参照的精确位置（例如，C:\Projects\2009\Smith Residence\xrefs\Site plan.dwg）将保存到宿主图形中。此选项的精确度最高，但灵活性最小。如果移动工程文件夹，AutoCAD 将无法融入任何使用完整路径附着的外部参照。

　　③ 相对路径：使用相对路径附着外部参照时，将保存外部参照相对于宿主图形的位置。此选项的灵活性最大。如果移动工程文件夹，AutoCAD 仍可以融入使用相对路径附着的外部参照，只要此外部参照相对宿主图形的位置未发生变化。

10.3.2　外部参照剪裁

附着的外部参照可以根据需要对其范围进行裁剪，也可以控制边框的显示。

1. 裁剪外部参照

【执行方式】

- ☑　命令行：XCLIP。
- ☑　工具栏：单击"参照"工具栏中的"裁剪外部参照"按钮 ▣ 。

【操作步骤】

```
命令: XCLIP↙
选择对象:（选择被参照图形）
选择对象:（继续选择，或按 Enter 键结束命令）
输入剪裁选项[开(ON)/关(OFF)/剪裁深度(C)/删除(D)/生成多段线(P)/新建边界(N)] <新建边界>:
```

【选项说明】

（1）开(ON)：在宿主图形中不显示外部参照或块的被剪裁部分。

（2）关(OFF)：在宿主图形中显示外部参照或块的全部几何信息，忽略剪裁边界。

（3）剪裁深度(C)：在外部参照或块上设置前剪裁平面和后剪裁平面，如果对象位于边界和指定深度定义的区域外将不显示。

（4）删除(D)：为选定的外部参照或块删除剪裁边界。

（5）生成多段线(P)：自动绘制一条与剪裁边界重合的多段线。此多段线采用当前的图层、线型、线宽和颜色设置。

当用 PEDIT 修改当前剪裁边界，然后用新生成的多段线重新定义剪裁边界时，请使用该选项。要在重定义剪裁边界时查看整个外部参照，请使用"关"选项关闭剪裁边界。

（6）新建边界(N)：定义一个矩形或多边形剪裁边界，或者用多段线生成一个多边形剪裁边界。裁剪后，外部参照在剪裁边界内的部分仍然可见，而剩余部分则变为不可见，外部参照附着和块插入的几何图形并未改变，只是改变了显示可见性，并且裁剪边界只对选择的外部参照起作用，对其他图形没有影响，如图 10-32所示。

宿主图形　　　　　插入参照图形后　　　　选择裁剪边界　　　　只有边界内的参照图形被显示

图 10-32　裁剪参照边界

2. 裁剪边界边框

【执行方式】

- ☑　命令行：XCLIPFRAME。

☑ 菜单栏：选择菜单栏中的"修改"→"对象"→"外部参照"→"边框"命令。

☑ 工具栏：单击"参照"工具栏中的"外部参照边框"按钮🔲。

【操作步骤】

命令: XCLIPFRAME↙
输入 XCLIPFRAME 的新值 <0>:

【选项说明】

裁剪外部参照图形时，可以通过该系统变量来控制是否显示裁剪边界的边框。如图 10-33 所示，当其值设置为 1 时，将显示剪裁边框，并且该边框可以作为对象的一部分进行选择和打印。其值设置为 0 时，则不显示剪裁边框。

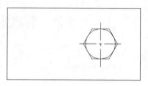 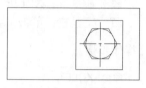

不显示边框　　　　　　显示边框

图 10-33　裁剪边界边框

10.3.3　外部参照绑定

如果将外部参照绑定到当前图形，则外部参照及其依赖命名对象将成为当前图形的一部分。外部参照依赖命名对象的命名语法从"块名|定义名"变为"块名n定义名"。在这种情况下，将为绑定到当前图形中的所有外部参照相关定义名创建唯一的命名对象。例如，如果有一个名为 FLOOR1 的外部参照，它包含一个名为 WALL 的图层，那么在绑定了外部参照后，依赖外部参照的图层 FLOOR1|WALL 将变为名为 FLOOR1$0$WALL 的本地定义图层。如果已经存在同名的本地命名对象，n中的数字将自动增加。在此例中，如果图形中已经存在 FLOOR1$0$WALL，依赖外部参照的图层 FLOOR1|WALL 将重命名为 FLOOR1$1$WALL。

【执行方式】

☑ 命令行：XBIND。

☑ 菜单栏：选择菜单栏中的"修改"→"对象"→"外部参照"→"绑定"命令。

☑ 工具栏：单击"参照"工具栏中的"外部参照绑定"按钮🔲。

【操作步骤】

执行上述操作，系统打开"外部参照绑定"对话框，如图 10-34 所示。

【选项说明】

（1）外部参照：显示所选择的外部参照。可以将其展开，进一步显示该外部参照的各种设置定义名，如标注样式、图层、线型和文字样式等。

（2）绑定定义：显示将被绑定的外部参照的有关设置定义。

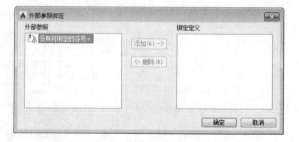

图 10-34　"外部参照绑定"对话框

选择完毕后，确认退出。系统将外部参照所依赖的命名对象（如块、标注样式、图层、线型和文字样式等）添加到用户图形。

10.3.4　外部参照管理

外部参照附着后，可以利用相关命令对其进行管理。

【执行方式】

- ☑　命令行：XREF（或 XR）。
- ☑　菜单栏：选择菜单栏中的"插入"→"外部参照"命令。
- ☑　工具栏：单击"参照"工具栏中的"外部参照"按钮 。
- ☑　快捷菜单：选择外部参照，在绘图区域右击，在弹出的快捷菜单中选择"外部参照管理器"命令。

【操作步骤】

执行该命令，系统自动打开如图 10-35 所示的"外部参照"选项板。在该选项板中，可以附着、组织和管理所有与图形相关联的文件参照，还可以附着和管理参照图形（外部参照）、附着的 DWF 参考底图和输入的光栅图像。

图 10-35　"外部参照"选项板

10.3.5　在单独的窗口中打开外部参照

在宿主图形中，可以选择附着的外部参照，并使用"打开参照"（XOPEN）命令在单独的窗口中打开此外部参照，不需要浏览后再打开外部参照文件。使用"打开参照"命令可以在新窗口中立即打开外部参照。

【执行方式】

- ☑　命令行：XOPEN。
- ☑　菜单栏：选择菜单栏中的"工具"→"外部参照和块在位编辑"→"打开参照"命令。

【操作步骤】

命令: XOPEN↙
选择外部参照:

选择外部参照后，系统立即重新建立一个窗口，显示外部参照图形。

10.3.6　参照编辑

对已经附着或绑定的外部参照，可以通过参照编辑相关命令对其进行编辑。

1．在位编辑参照

【执行方式】

- ☑　命令行：REFEDIT。
- ☑　菜单栏：选择菜单栏中的"工具"→"外部参照和块编辑"→"在位编辑参照"命令。

☑ 工具栏：单击"参照编辑"工具栏中的"在位编辑参照"按钮 。

【操作步骤】

执行上述操作，选择要编辑的参照后，系统打开"参照编辑"对话框，如图 10-36 所示。

【选项说明】

（1）"标识参照"选项卡：为标识要编辑的参照提供形象化辅助工具并控制选择参照的方式。

（2）"设置"选项卡：该选项卡为编辑参照提供选项，如图 10-37 所示。

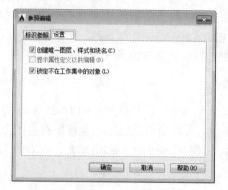

图 10-36　"参照编辑"对话框　　　　图 10-37　"设置"选项卡

在上述对话框完成设定后，确认退出，就可以对所选择的参照进行编辑。

高手支招

对某一个参照进行编辑后，该参照在别的图形中或同一图形别的插入地方的图形也同时改变。如图 10-38（a）中，螺母作为参照两次插入到宿主图形中。对右边的参照进行删除编辑，确认后，左边的参照同时改变，如图 10-38（b）所示。

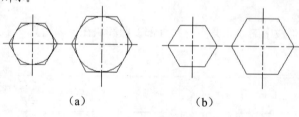

（a）　　　　　　　　　（b）

图 10-38　参照编辑

2. 保存或放弃参照修改

【执行方式】

☑ 命令行：REFCLOSE。

☑ 菜单栏：选择菜单栏中的"工具"→"外部参照和块编辑"→"保存参照编辑"（"关闭参照"）命令。

☑ 工具栏：单击"参照编辑"工具栏中的"保存参照编辑"按钮 （"关闭参照"按钮 ）。

☑ 快捷菜单：在位参照编辑期间，没有选定对象的情况下，在绘图区域右击，在弹出的快捷菜单中选择"关闭 REFEDIT 任务"→"保存参照编辑"（"关闭参照"）命令。

【操作实践——将螺母插入到阀盖】

本实例将螺母以外部参照的形式插入到阀盖图形中，组成如图 10-39 所示的连接配合。操作步骤如下：

（1）打开源文件。单击"标准"工具栏中的"打开"按钮，打开光盘中的"源文件\第 10 章\将螺母添加到阀盖\阀盖.dwg"文件，如图 10-40 所示。

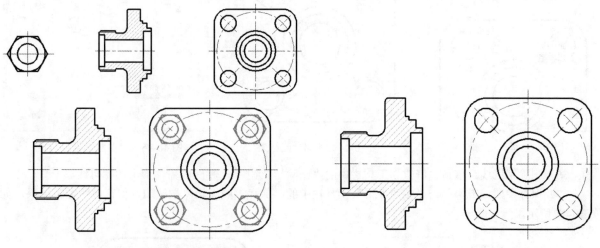

图 10-39　将螺母插入到阀盖　　　　　　　　　　　图 10-40　外部参照

（2）打开"外部参照"对话框。选取菜单栏中的"插入"→"外部参照"命令，打开"外部参照"选项板，如图 10-41 所示，单击"附着 DWG"按钮，弹出"选择外部参照文件"对话框，选择源文件目录下的螺母图形文件，系统打开"附着外部参照"对话框，如图 10-42 所示，单击"确定"按钮退出。

图 10-41　"外部参照"选项板　　　　　　图 10-42　"附着外部参照"对话框

（3）插入螺母零件。将带十字光标的螺母零件放置到阀盖左视图中，捕捉放置点，如图 10-43 所示。

（4）重复插入。利用同样的外部参照附着方法或复制方法重复插入，结果如图 10-44 所示。

（5）进入编辑环境。单击"参照编辑"工具栏中的"在位编辑参照"按钮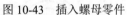，选择插入的螺母，弹出"参照编辑"对话框，如图 10-45 所示。单击"确定"按钮，退出对话框。进入编辑环境，如图 10-46 所示。

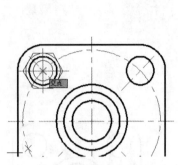

图 10-43　插入螺母零件

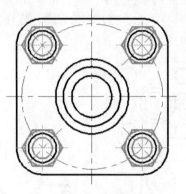

图 10-44　外部参照结果

图 10-45　"参照编辑"对话框

（6）删除辅助线。单击"修改"工具栏中的"删除"按钮，删除阀盖图形上的螺母线。

（7）保存参照编辑。单击"参照编辑"工具栏中的"保存参照编辑"按钮，保存参照编辑结果，如图 10-47 所示。

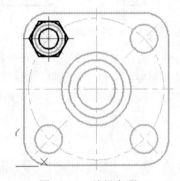

图 10-46　编辑参照

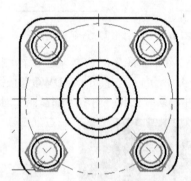

图 10-47　保存参照编辑结果

（8）删除辅助线。单击"修改"工具栏中的"删除"按钮，删除阀盖图形上的螺孔线，最终结果如图 10-39 所示。

（9）保存文件。选择菜单栏中的"文件"→"另存为"命令，弹出"另存为"对话框，输入文件名称"将螺母插入到阀盖"。

注意 本实例中编辑修改插入的参考图形，则插入的参考图形原图随之修改。

3．添加或删除对象

【执行方式】

☑ 命令行：REFSET。

☑ 菜单栏：选择菜单栏中的"工具"→"外部参照和块编辑"→"添加到工作集"（"从工作集删除"）命令。

☑ 工具栏：单击"参照编辑"工具栏中的"添加到工作集"按钮（"从工作集删除"按钮）。

【操作步骤】

命令: REFSET↙
输入选项 [添加(A)/删除(R)] <添加>:（选择相应选项操作即可）

10.4　光　栅　图　像

所谓光栅图像是指由一些称为像素的小方块或点的矩形栅格组成的图像。AutoCAD 2015 提供了对多数常见图像格式的支持，这些格式包括.bmp、.jpeg、.gif、.pcx 等。

光栅图像可以复制、移动或裁剪。也可以通过夹点操作修改图像、调整图像对比度、用矩形或多边形裁剪图像或将图像用作修剪操作的剪切边。

【预习重点】

☑　了解光栅图像的概念。
☑　光栅图像附着。
☑　光栅图像管理。

10.4.1　图像附着

利用图像的第一步是要将图像附着到宿主图形上，下面讲述其具体方法。

【执行方式】

☑　命令行：IMAGEATTACH（或 IAT）。
☑　菜单栏：选择菜单栏中的"插入"→"光栅图像参照"命令。
☑　工具栏：单击"参照"工具栏中的"附着图像"按钮▨。

【操作实践——绘制睡莲满池】

绘制如图 10-48 所示的睡莲满池。操作步骤如下：

（1）单击"绘图"工具栏中的"多边形"按钮▨，绘制一个正八边形。
（2）单击"修改"工具栏中的"偏移"按钮▨，向内偏移正多边形，如图 10-49 所示。

图 10-48　绘制睡莲满池

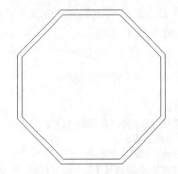

图 10-49　绘制水池外形

（3）选择"插入"菜单栏中的"光栅图像参照"命令，打开如图 10-50 所示的"选择参照文件"对话框。在该对话框中选择需要插入的光栅图像，单击"打开"按钮，打开的"附着图像"对话框如图 10-51 所示。设置完成后，单击"确定"按钮确认退出。命令行提示与操作如下。

指定插入点 <0,0>: <对象捕捉 开>
基本图像大小: 宽: 211.666667，高: 158.750000，Millimeters
指定缩放比例因子或 [单位(U)] <1>:

图 10-50 "选择参照文件"对话框

图 10-51 "附着图像"对话框

附着的图形如图 10-52 所示。

（4）选择菜单栏中的"修改"→"剪裁→"图像"命令，在命令提示下，输入"IMAGECLIP"，裁剪光栅图像。命令行提示与操作如下。

命令: IMAGECLIP↙
选择要剪裁的图像:（框选整个图形）
指定对角点:
已滤除 1 个
输入图像剪裁选项 [开(ON)/关(OFF)/删除(D)/
新建边界(N)] <新建边界>:↙
外部模式-边界外的对象将被隐藏
指定剪裁边界或选择反向选项:[选择多段线(S)/多边形(P)/矩形(R)/反向剪裁(I)] <矩形>:p↙
指定第一点:<对象捕捉 开>（捕捉内部的正八边形的各个端点）
指定下一点或 [放弃(U)]:（捕捉下一点）

指定下一点或 [放弃(U)]:（捕捉下一点）
指定下一点或 [闭合(C)/放弃(U)]: ↙

修剪后的图形如图 10-53 所示。

　图 10-52　附着图像的图形　　　　　　　图 10-53　修剪图像

（5）单击"绘图"工具栏中的"图案填充"按钮，打开"图案填充创建"选项卡，选择 GRAVEL
图案，填充到两个正八边形之间，作为水池边缘的铺石，最终结果如图 10-48 所示。

10.4.2　光栅图像管理

光栅图像附着后，可以利用相关命令对其进行管理。

【执行方式】

命令行：IMAGE（或 IM）。

【操作步骤】

命令: IMAGE↙

系统自动执行该命令，在打开的如图 10-54 所示的"外部参照"
对话框中选择要进行管理的光栅图像，即可对其进行拆离等操作。

在 AutoCAD 2015 中，还有一些关于光栅图像的命令，在"参
照"工具栏中可以找到这些命令。这些命令与外部参照的相关命
令操作方法类似，下面仅作简要介绍，具体操作参照外部参照相关命
令即可。

（1）IMAGECLIP 命令：裁剪图像边界的创建与控制，可以用
矩形或多边形作剪裁边界，也可以控制裁剪功能的打开与关闭，还
可以删除裁剪边界。

（2）IMAGEFRAME 命令：控制图像边框是否显示。

（3）MAGEADJUST 命令：控制图像的亮度、对比度和褪色度。

（4）IMAGEQUALITY 命令：控制图像显示的质量，高质量显
示速度较慢，草稿式显示速度较快。

（5）TRANSPARENCY 命令：控制图像的背景像素是否透明。

图 10-54　"外部参照"对话框

10.5 综合演练——居室布置图

绘制如图 10-55 所示的居室布置图。操作步骤如下:

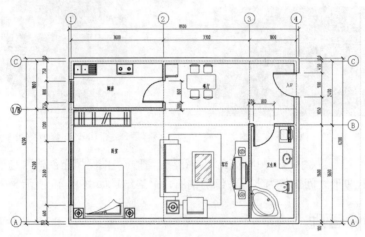

图 10-55 居室布置图

🌟 手把手教你学

图 10-55 中居室布置图的绘制可以借助图块及其属性功能来快速完成,先打开绘制好的基本图元,定义为图块并保存,然后将这些图块插入到绘制好的居室平面图中,最后利用图块的属性功能制作并标注轴号。

【操作步骤】

(1)打开源文件。单击"标准"工具栏中的"打开"按钮 ,打开光盘中的"源文件\第 10 章\居室布置图\居室平面图.dwg"文件,如图 10-56 所示。

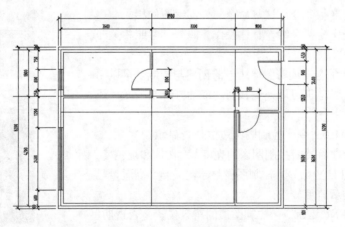

图 10-56 居室平面图

（2）打开源文件。单击"标准"工具栏中的"打开"按钮，打开光盘中的"源文件\第 10 章\居室布置图\建筑基本图元.dwg"文件。选中餐桌全部图形，在命令行中输入"WBLOCK"命令，弹出"写块"对话框，如图 10-57 所示，单击"选择对象"按钮，框选餐桌，右击回到对话框。

（3）单击"拾取点"按钮，用鼠标捕捉餐桌中部弧线中点作为基点，右击返回。

（4）在目标栏指定文件名及路径，确定完成。

此外，也可以先分别将单个椅子和桌子用"块定义"命令生成块，然后将椅子沿周边布置，最后将二者定义成块，这叫做"块嵌套"。请读者自己尝试。

（5）确定"家具"图层为当前图层，暂时不必要的图层（如"文字""尺寸"）作冻结处理。将居室客厅部分放大显示，以便进行插入操作。

（6）单击"绘图"工具栏中的"插入块"按钮，弹出"插入"对话框，如图 10-58 所示。

图 10-57 "写块"对话框

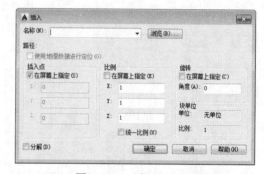

图 10-58 "插入"对话框

（7）单击"浏览"按钮，找到"组合沙发"图块，设置角度为-90，单击"确定"按钮。

（8）移动鼠标捕捉插图点，单击"确定"按钮完成插入操作，如图 10-59 所示。

（9）由于客厅较小，沙发上端小茶几和单人沙发应该去掉。单击"修改"工具栏中的"分解"按钮，将沙发分解开，删除这两部分，然后将地毯部分补全，结果如图 10-60 所示。

也可以将图 10-58 所示"插入"对话框左下角"分解"复选框选中，插入时将自动分解，从而省去分解一步。

（10）重新将修改后的沙发图形定义为图块，完成沙发布置。

（11）单击"绘图"工具栏中的"插入块"按钮，打开"插入"对话框，将餐桌插入到图中合适的位置处，结果如图 10-61 所示。

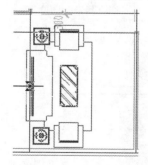
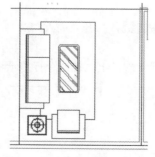
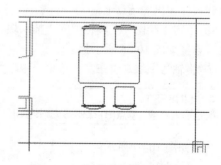

图 10-59 完成组合沙发插入　图 10-60 修改"组合沙发"图块　图 10-61 完成"餐桌"图块插入

通过"插入块"命令布置居室就讲到此。剩余的家具图块均存在于"建筑基本图元.dwg"文件中，读者可参照图 10-62 自己完成。

📢 **提示**

> ① 创建图块之前，宜将待建图形放置到 0 图层上，这样生成的图块插入到其他图层时，其图层特性跟随当前图层自动转化，例如前面制作的餐桌图块。如果图形不放置在 0 层，制作的图块插入到其他图形文件时，将携带原有图层信息进入。
>
> ② 建议将图块图形以 1:1 的比例绘制，以便插入图块时的比例缩放。

（12）制作轴号。

① 将 0 图层设置为当前图层。

② 绘制一个直径为 8mm 的圆。

③ 选择"绘图"→"块"→"定义属性"命令，将"属性定义"对话框按照图 10-63 所示进行设置。

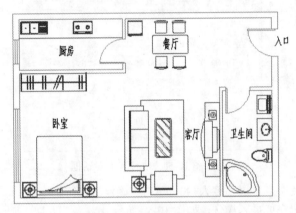

图 10-62　居室室内布置

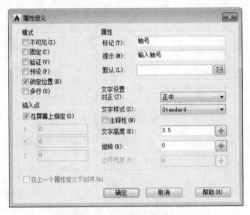

图 10-63　"轴号"属性设置

④ 单击"确定"按钮后将"轴号"二字指定到圆圈内，如图 10-64 所示。

⑤ 执行"写块"（WBLOCK）命令，将圆圈和"轴号"字样全部选中，点取图 10-65 所示点为基点（也可以是其他点，以便于定位为准），将图块保存，文件名为"8mm 轴号.dwg"。

下面把"尺寸"图层置为当前状态，将轴号图块插入到居室平面图中轴线尺寸超出的端点上。

⑥ 单击"绘图"工具栏中的"插入块"按钮，打开"插入"对话框，设置如图 10-66 所示。

⑦ 将轴号图块定位在左上角第一根轴线尺寸端点上，按命令行提示进行操作：

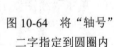

图 10-64　将"轴号"
二字指定到圆圈内

```
命令: INSERT↙
指定插入点或 [基点(B)/比例(S)/旋转(R)]:
```

结果如图 10-67 所示。

图 10-65　"基点"选择　　　　　图 10-66　插入轴号参数　　　　　图 10-67　①号轴线

同理，可以标注其他轴号。也可以复制轴号①到其他位置，通过属性编辑来完成，下面进行介绍。

（13）编辑轴号。

① 将轴号①逐个复制到其他轴线尺寸端部。

② 双击轴号，打开"增强属性编辑器"对话框，修改相应的属性值，完成所有的轴线编号，结果如图 10-55 所示。

10.6　名师点拨——绘图细节

1. 文件占用空间大，计算机运行速度慢怎么办

当图形文件经过多次的修改，特别是插入多个图块以后，文件占有空间会越变越大，这时，计算机运行的速度会变慢，图形处理的速度也变慢。此时可以通过选择"文件"菜单中的"绘图实用程序"→"清除"命令，清除无用的图块、字型、图层、标注形式、复线形式等，这样，图形文件也会随之变小。

2. 内部图块与外部图块的区别

内部图块是在一个文件内定义的图块，可以在该文件内部自由作用，内部图块一旦被定义，它就和文件同时被存储和打开。外部图块将"块"以主文件的形式写入磁盘，其他图形文件也可以使用它，要注意这是外部图块和内部图块的一个重要区别。

3. 外部参照插入文件与图块插入文件对比

插入"外部块"是将块的图形数据全部插入到当前图形中，而外部参照只记录参照图形位置等链接信息，并不插入该参照图形的图形数据。所以相同的结果文件，采取外部参照插入的方式要比图块插入的方式文件小。

10.7　上机实验

【练习 1】标注如图 10-68 所示穹顶展览馆立面图形的标高符号。

1. 目的要求

在实际绘图过程中，会经常遇到重复性的图形单元。解决这类问题最简单快捷的办法是将重复性的图

形单元制作成图块，然后将图块插入图形。本练习通过标高符号的标注，使读者掌握图块相关的操作。

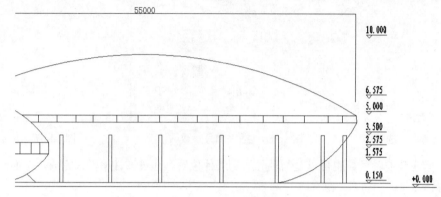

图 10-68　标注标高符号

2．操作提示

（1）利用"直线"命令绘制标高符号。

（2）定义标高符号的属性，将标高值设置为其中需要验证的标记。

（3）将绘制的标高符号及其属性定义成图块。

（4）保存图块。

（5）在建筑图形中插入标高图块，每次插入时输入不同的标高值作为属性值。

【练习2】将如图 10-69（a）所示的轴、轴承、盖板和螺钉图形作为图块插入到图 10-69（b）中，完成箱体组装图。

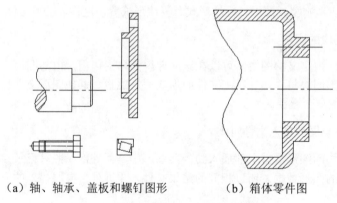

（a）轴、轴承、盖板和螺钉图形　　　　（b）箱体零件图

图 10-69　箱体组装零件图

1．目的要求

组装图是机械制图中最重要也是最复杂的图形。为了保持零件图与组装图的一致性，同时减少一些常用零件的重复绘制，经常采用图块插入的形式。本练习通过组装零件图，使读者掌握图块相关命令的使用方法与技巧。

2．操作提示

（1）将图 10-69（a）中的盖板零件图定义为图块并保存。

（2）打开绘制好的箱体零件图，如图 10-69（b）所示。

（3）执行"插入块"命令，将步骤（1）中定义好的图块设置相关参数，插入到箱体零件图中。最终形成的组装图如图 10-70 所示。

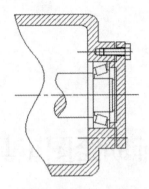

图 10-70　箱体组装图

10.8　模　拟　考　试

（1）如果想把一个光栅图像彻底地从当前文档中删除应当（　　）。

　　A．卸载　　　　　　B．拆离　　　　　　C．删除　　　　　　D．剪切

（2）关于外部参照说法错误的是（　　）。

　　A．如果外部参照包含任何可变块属性，它们将被忽略

　　B．用于定位外部参照的已保存路径只能是完整路径或相对路径

　　C．可以使用 DesignCenter（设计中心）将外部参照附着到图形

　　D．可以通过从设计中心拖动外部参照

（3）当 imageframe 的值为多少时，关闭光栅文件的边框（　　）。

　　A．imageframe＝0　　　　　　　　B．imageframe＝1

　　C．imageframe＝2　　　　　　　　D．imageframe＝3

（4）下列关于块的说法正确的是（　　）。

　　A．块只能在当前文档中使用

　　B．只有用 WBLOCK 命令写到盘上的块才可以插入另一图形文件中

　　C．任何一个图形文件都可以作为块插入另一幅图中

　　D．用 BLOCK 命令定义的块可以直接通过 INSERT 命令插入到任何图形文件中

辅助绘图工具

为了提高系统整体的图形设计效率，并有效地管理整个系统的所有图形设计文件，经过不断地探索和完善，AutoCAD 推出了大量的集成化绘图工具，利用设计中心和工具选项板，用户可以建立自己的个性化图库，也可以利用其他用户提供的资源快速准确地进行图形设计。

本章主要介绍查询工具、设计中心、工具选项板、视口与空间、出图等知识。

11.1　对　象　查　询

在绘制图形或阅读图形的过程中，有时需要即时查询图形对象的相关数据，例如，对象之间的距离，建筑平面图室内面积等。为了方便查询，AutoCAD 提供了相关的查询命令。

对象查询的菜单命令集中在"工具"→"查询"菜单中，如图 11-1 所示。而其工具栏命令则主要集中在"查询"工具栏中，如图 11-2 所示。

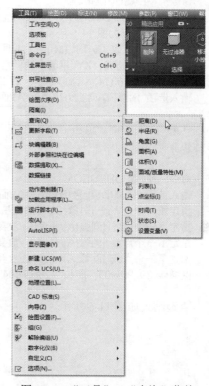

图 11-1　"工具"→"查询"菜单

【预习重点】

☑　打开查询菜单。

☑　练习查询距离命令。

☑　练习其余查询命令。

11.1.1　查询距离

【执行方式】

☑　命令行：DIST。

☑　菜单栏：选择菜单栏中的"工具"→"查询"→"距离"命令。

☑　工具栏：单击"查询"工具栏中的"距离"按钮。

☑　功能区：单击"默认"选项卡"实用工具"面板上"测量"下拉菜单中的"距离"按钮（如图 11-3 所示）。

图 11-2　"查询"工具栏　　　　　　　　　图 11-3　"测量"下拉菜单

【操作实践——查询法兰盘属性】

在图 11-4 中通过查询法兰盘的属性来熟悉查询命令的用法。操作步骤如下：

（1）打开文件。单击"标准"工具栏中的"打开"按钮，打开光盘中的"源文件\第 11 章\法兰盘.dwg"文件。

（2）点查询。选择菜单栏中的"工具"→"查询"→"点坐标"命令，查询中心点的坐标值。命令行提示与操作如下。

```
命令:'_id 指定点:　　X = 924.3817　　　Y = 583.4961　　　Z = 0.0000
```

要进行更多查询，重复以上步骤即可。

（3）距离查询。单击"查询"工具栏中的"距离"按钮，快速计算出任意指定的两点间的距离，命令行提示与操作如下。

```
命令: _MEASUREGEOM
输入选项 [距离(D)/半径(R)/角度(A)/面积(AR)/体积(V)] <距离>: _distance
指定第一点：（如图 11-5 所示）
指定第二个点或 [多个点(M)]：（如图 11-5 所示）
距离 =  55.0000，XY 平面中的倾角 =30，  与 XY 平面的夹角 = 0
X 增量 = 47.6314，  Y 增量 = 27.5000，   Z 增量 = 0.0000
输入选项 [距离(D)/半径(R)/角度(A)/面积(AR)/体积(V)/退出(X)] <距离>:
```

（4）面积查询。单击"查询"工具栏中的"面积"按钮，计算一系列指定点之间的面积和周长，命令行提示与操作如下。

```
命令: _MEASUREGEOM
输入选项 [距离(D)/半径(R)/角度(A)/面积(AR)/体积(V)] <距离>: _area
指定第一个角点或 [对象(O)/增加面积(A)/减少面积(S)/退出(X)] <对象(O)>:（单击如图 11-6 所示的 1 点）
指定下一个点或 [圆弧(A)/长度(L)/放弃(U)]：（单击如图 11-6 所示的 2 点）
指定下一个点或 [圆弧(A)/长度(L)/放弃(U)]：（单击如图 11-6 所示的 3 点）
指定下一个点或 [圆弧(A)/长度(L)/放弃(U)/总计(T)] <总计>:（按 Enter 键）
区域 = 3929.5903，周长 =285.7884
```

查询结果如图 11-6 所示。

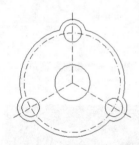 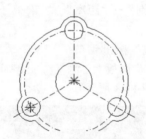 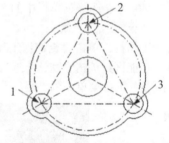

图 11-4　法兰盘零件图　　　图 11-5　查询法兰盘两点间距离　　图 11-6　查询法兰盘三点形成的面的周长及面积

高手支招

图形查询功能主要是通过一些查询命令来完成的，这些命令在"查询"工具栏中大多都可以找到。通过查询工具，可以查询点的坐标、距离、面积、面域和质量特性。

【选项说明】

查询结果的各个选项的说明如下。

（1）距离：两点之间的三维距离。

（2）XY 平面中的倾角：两点之间连线在 XY 平面上的投影与 X 轴的夹角。

（3）与 XY 平面的夹角：两点之间连线与 XY 平面的夹角。

（4）X 增量：第二点 X 坐标相对于第一点 X 坐标的增量。

（5）Y 增量：第二点 Y 坐标相对于第一点 Y 坐标的增量。

（6）Z 增量：第二点 Z 坐标相对于第一点 Z 坐标的增量。

11.1.2　查询对象状态

【执行方式】

- ☑　命令行：STATUS。
- ☑　菜单栏：选择菜单栏中的"工具"→"查询"→"状态"命令。

【操作步骤】

执行上述命令后，系统自动切换到文本显示窗口，显示当前所有文件的状态，包括文件中的各种参数状态以及文件所在磁盘的使用状态，如图 11-7 所示。

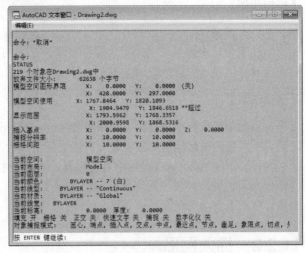

图 11-7　文本显示窗口

列表显示、点坐标、时间、系统变量等查询工具与查询对象状态的方法和功能相似，这里不再赘述。

11.2　设 计 中 心

使用 AutoCAD 设计中心可以很容易地组织设计内容，并把它们拖动到自己的图形中。可以使用 AutoCAD 设计中心窗口的内容显示框来观察用 AutoCAD 设计中心资源管理器所浏览资源的细目，如图 11-8 所示。在该区域中，左侧方框为 AutoCAD 设计中心的资源管理器，右侧方框为 AutoCAD 设计中心的内容显示框。其中，上面窗口为文件显示框，中间窗口为图形预览显示框，下面窗口为说明文本显示框。

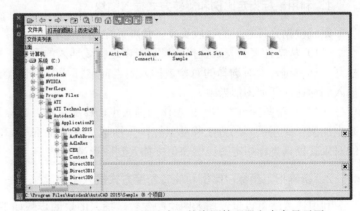

图 11-8　AutoCAD 设计中心的资源管理器和内容显示区

【预习重点】

- ☑　打开设计中心。
- ☑　利用设计中心操作图形。

11.2.1　启动设计中心

【执行方式】

- ☑　命令行：ADCENTER（快捷命令：ADC）。
- ☑　菜单栏：选择菜单栏中的"工具"→"选项板"→"设计中心"命令。
- ☑　工具栏：单击"标准"工具栏中的"设计中心"按钮圖。
- ☑　功能区：单击"视图"选项卡"选项板"面板中的"设计中心"按钮圖。

☑ 快捷键：Ctrl＋2。

【操作步骤】

执行上述操作后，系统打开"设计中心"选项板。第一次启动设计中心时，默认打开的选项卡为"文件夹"选项卡。内容显示区采用大图标显示，左边的资源管理器显示系统的树形结构，浏览资源的同时，在内容显示区显示所浏览资源的有关细目或内容，如图 11-8 所示。

【选项说明】

可以利用鼠标拖动边框的方法来改变 AutoCAD 设计中心资源管理器和内容显示区以及 AutoCAD 绘图区的大小，但内容显示区的最小尺寸应能显示两列大图标。

如果要改变 AutoCAD 设计中心的位置，可以按住鼠标左键拖动，松开鼠标左键后，AutoCAD 设计中心便处于当前位置，到新位置后，仍可用鼠标改变各窗口的大小。也可以通过设计中心边框左上方的"自动隐藏"按钮来自动隐藏设计中心。

11.2.2 插入图形

在利用 AutoCAD 绘制图形时，可以将图块插入到图形当中。将一个图块插入到图形中时，块定义就被复制到图形数据库当中。在一个图块被插入图形之后，如果原来的图块被修改，则插入到图形当中的图块也随之改变。

当其他命令正在执行时，不能插入图块到图形当中。例如，如果在插入块时，在提示行正在执行一个命令，此时光标变成一个带斜线的圆，提示操作无效。另外，一次只能插入一个图块。

AutoCAD 设计中心提供了两种插入图块的方法："利用鼠标指定比例和旋转方式"与"精确指定坐标、比例和旋转角度方式"。

1．利用鼠标指定比例和旋转方式插入图块

系统根据光标拉出的线段长度、角度确定比例与旋转角度，插入图块的步骤如下。

（1）从文件夹列表或查找结果列表中选择要插入的图块，按住鼠标左键，将其拖动到打开的图形中。松开鼠标左键，此时选择的对象被插入到当前被打开的图形当中。利用当前设置的捕捉方式，可以将对象插入到存在的任何图形当中。

（2）在绘图区单击指定一点作为插入点，移动鼠标，光标位置点与插入点之间距离为缩放比例，单击确定比例。采用同样的方法移动鼠标，光标指定位置和插入点的连线与水平线的夹角为旋转角度。被选择的对象就根据光标指定的比例和角度插入到图形当中。

2．精确指定坐标、比例和旋转角度方式插入图块

利用该方法可以设置插入图块的参数，插入图块的步骤如下：

（1）从文件夹列表或查找结果列表框中选择要插入的对象，拖动对象到打开的图形中。

（2）右击，可以选择快捷菜单中的"比例""旋转"等命令，如图 11-9 所示。

（3）在相应的命令行提示下输入比例和旋转角度等数值。被选择的对象根据指定的参数插入到图形当中。

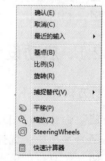

图 11-9 快捷菜单

11.2.3　图形复制

1．在图形之间复制图块

利用 AutoCAD 设计中心可以浏览和装载需要复制的图块，然后将图块复制到剪贴板中，再利用剪贴板将图块粘贴到图形当中，具体方法如下：

（1）在"设计中心"选项板中选择需要复制的图块，右击，在弹出的快捷菜单中选择"复制"命令。

（2）将图块复制到剪贴板上，然后通过"粘贴"命令粘贴到当前图形上。

2．在图形之间复制图层

利用 AutoCAD 设计中心可以将任何一个图形的图层复制到其他图形。如果已经绘制了一个包括设计所需的所有图层的图形，在绘制新图形时，可以新建一个图形，并通过 AutoCAD 设计中心将已有的图层复制到新的图形当中，这样可以节省时间，并保证图形间的一致性。

图形之间复制图层的两种方法介绍如下：

（1）拖动图层到已打开的图形。确认要复制图层的目标图形文件被打开，并且是当前的图形文件。在"设计中心"选项板中选择要复制的一个或多个图层，按住鼠标左键拖动图层到打开的图形文件，松开鼠标后被选择的图层即被复制到打开的图形当中。

（2）复制或粘贴图层到打开的图形。确认要复制图层的图形文件被打开，并且是当前的图形文件。在"设计中心"选项板中选择要复制的一个或多个图层，右击，在弹出的快捷菜单中选择"复制"命令。如果要粘贴图层，确认粘贴的目标图形文件被打开，并为当前文件。

11.3　工具选项板

工具选项板中的选项卡提供了组织、共享和放置块及填充图案的有效方法。工具选项板还可以包含由第三方开发人员提供的自定义工具。

【预习重点】

☑　打开工具选项板。
☑　设置工具选项板参数。

11.3.1　打开工具选项板

【执行方式】

☑　命令行：TOOLPALETTES（快捷命令：TP）。
☑　菜单栏：选择菜单栏中的"工具"→"选项板"→"工具选项板"命令。
☑　工具栏：单击"标准"工具栏中的"工具选项板窗口"按钮▊。
☑　功能区：单击"视图"选项卡"选项板"面板中的"工具选项板"按钮▊。
☑　快捷键：Ctrl+3。

【操作步骤】

执行上述操作后，系统自动打开工具选项板，如图 11-10 所示。

在工具选项板中，系统设置了一些常用图形选项卡，这些常用图形可以方便用户绘图。

11.3.2　新建工具选项板

用户可以创建新的工具选项板，这样有利于个性化作图，也能够满足特殊作图需要。

【执行方式】

☑　命令行：CUSTOMIZE。

☑　菜单栏：选择菜单栏中的"工具"→"自定义"→"工具选项板"命令。

☑　工具栏：单击"工具选项板"中的"特性"按钮▓。

【操作步骤】

（1）执行菜单栏命令后，系统打开"自定义"对话框，如图 11-11 所示。在"选项板"列表框中右击，在弹出的快捷菜单中选择"新建选项板"命令。

（2）执行工具栏操作后，在"选项板"列表框中出现一个"新建选项板"，可以为其命名，确定后，工具选项板中就增加了一个新的选项卡，如图 11-12 所示。

图 11-10　工具选项板

图 11-11　"自定义"对话框

图 11-12　新建选项卡

 高手支招

在绘图中还可以将常用命令添加到工具选项板中。"自定义"对话框打开后，就可以将工具按钮从工具栏拖到工具选项板中，或将工具从"自定义用户界面（CUI）"编辑器拖到工具选项板中。

11.3.3 向工具选项板中添加内容

将图形、块和图案填充从设计中心拖动到工具选项板中。

例如，在 DesignCenter 文件夹上右击，在弹出的快捷菜单中选择"创建块的工具选项板"命令，如图 11-13 所示。设计中心中存储的图元就出现在工具选项板中新建的 DesignCenter 选项卡上，如图 11-14 所示。这样就可以将设计中心与工具选项板结合起来，建立一个快捷方便的工具选项板。将工具选项板中的图形拖动到另一个图形中时，图形将作为块插入。

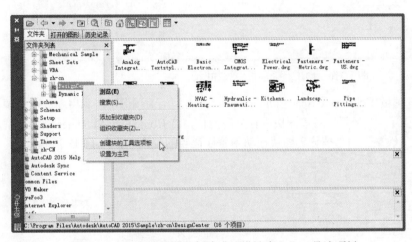

图 11-13 将存储的图元创建成"设计中心"工具选项板

图 11-14 新创建的工具选项板

【操作实践——布置居室平面图】

利用设计中心绘制如图 11-15 所示的居室布置平面图。操作步骤如下：

（1）打开文件。单击"标准"工具栏中的"打开"按钮，打开光盘中的"源文件\第 11 章\居室布置平面图\居室平面图.dwg"文件，显示住房结构截面图。其中，进门为餐厅，左手边为厨房，右手边为卫生间，正对面为客厅，客厅左边为卧室。

（2）新建图层。单击"图层"工具栏中的"图层特性管理器"按钮，新建"住房"图层。

（3）单击"标准"工具栏中的"工具选项板窗口"按钮，打开工具选项板。在工具选项板中右击，在弹出的快捷菜单中选择"新建选项板"命令，在工具选项板中创建新的选项卡并命名为"住房"。

（4）单击"标准"工具栏中的"设计中心"按钮，打开"设计中心"选项板，将设计中心中的 Kitchens、House Designer、Home Space Planner 图块拖动到工具选项板的"住

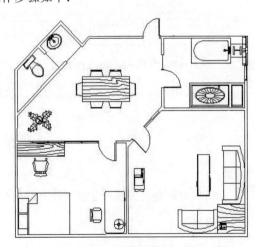

图 11-15 居室布置平面图

房"选项卡中，如图 11-16 所示。

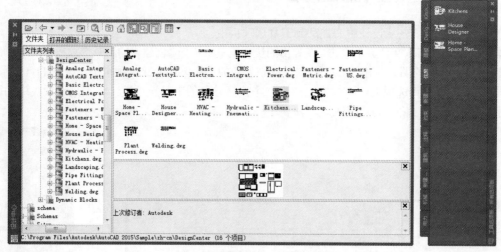

图 11-16   向工具选项板中添加图块

（5）布置餐厅。将工具选项板中的 Home Space Planner 图块拖动到当前图形中，利用缩放命令调整图块与当前图形的相对大小，如图 11-17 所示。对该图块进行分解操作，将 Home Space Planner 图块分解成单独的小图块集。将图块集中的"饭桌"和"植物"图块拖动到餐厅适当的位置，如图 11-18 所示。

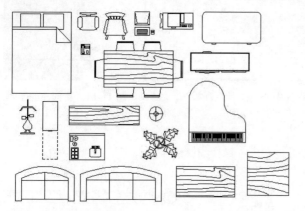

图 11-17   将 Home Space Planner 图块拖动到当前图形

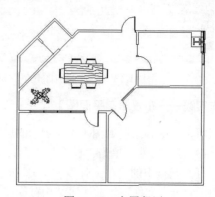

图 11-18   布置餐厅

（6）采用相同的方法布置其他房间，最终结果如图 11-15 所示。

11.4   视口与空间

视口和空间是有关图形显示和控制的两个重要概念，下面简要介绍。

【预习重点】

☑   了解视口与空间的概念。

☑   了解布局空间。

11.4.1　视口

绘图区可以被划分为多个相邻的非重叠视口，在每个视口中可以进行平移和缩放操作，也可以进行三维视图设置与三维动态观察，如图 11-19 所示。

1. 新建视口

【执行方式】

- ☑ 命令行：VPORTS。
- ☑ 菜单栏：选择菜单栏中的"视图"→"视口"→"新建视口"命令。
- ☑ 工具栏：单击"视口"工具栏中的"显示'视口'对话框"按钮。
- ☑ 功能区：单击"视图"选项卡"模型视口"面板中的"视口配置"下拉按钮（如图 11-20 所示）。

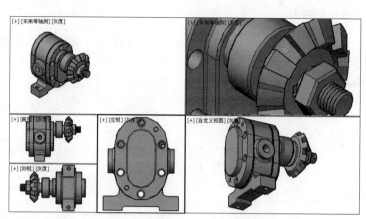

图 11-19　视口

【操作步骤】

执行上述操作后，系统打开如图 11-21 所示的"视口"对话框的"新建视口"选项卡，该选项卡中列出了一个标准视口配置列表，可用来创建层叠视口。如图 11-22 所示为按图 11-21 中设置创建的新图形视口，可以在多视口的单个视口中再创建多视口。

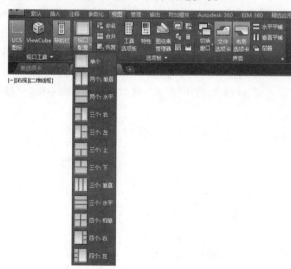

图 11-20　"视口配置"下拉菜单

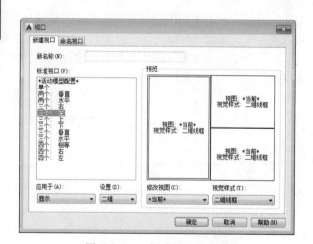

图 11-21　"新建视口"选项卡

2. 命名视口

【执行方式】

- ☑ 菜单栏：选择菜单栏中的"视图"→"视口"→"命名视口"命令。

☑ 工具栏：单击"视口"工具栏中的"显示'视口'对话框"按钮 📇 。

☑ 功能区：单击"视图"选项卡"模型视口"面板中的"命名"按钮 📇 。

【操作步骤】

执行上述操作后，系统打开如图 11-23 所示的"视口"对话框的"命名视口"选项卡，该选项卡用来显示保存在图形文件中的视口配置。其中，"当前名称"提示行显示当前视口名称；"命名视口"列表框用来显示保存的视口配置；"预览"显示框用来预览被选择的视口配置。

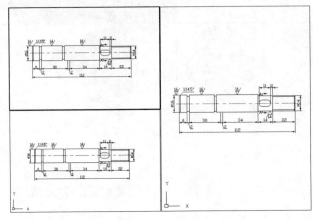

图 11-22　创建视口

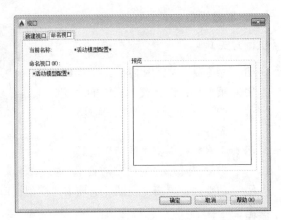

图 11-23　"命名视口"选项卡

11.4.2　模型空间与图纸空间

AutoCAD 可在两个环境中完成绘图和设计工作，即"模型空间"和"图纸空间"。模型空间又可分为平铺式和浮动式。大部分设计和绘图工作都是在平铺式模型空间中完成的，而图纸空间是模拟手工绘图的空间，它是为绘制平面图而准备的一张虚拟图纸，是一个二维空间的工作环境。从某种意义上说，图纸空间就是为布局图面、打印出图而设计的，还可在其中添加诸如边框、注释、标题和尺寸标注等内容。

在模型空间和图纸空间中，都可以进行输出设置。在绘图区底部有"模型"选项卡及一个或多个布局选项卡，如图 11-24 所示。

单击"模型"或布局选项卡，可以在它们之间进行空间的切换，如图 11-25 和图 11-26 所示。

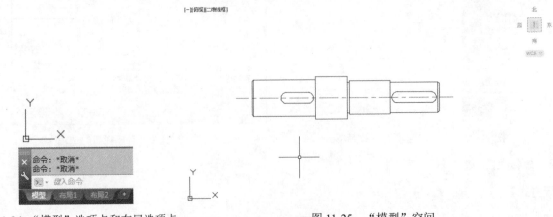

图 11-24　"模型"选项卡和布局选项卡　　　　图 11-25　"模型"空间

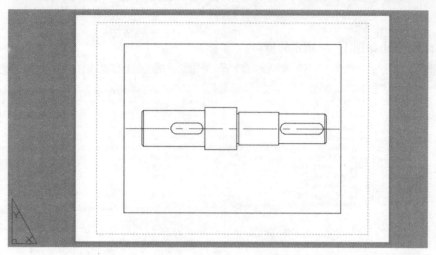

图 11-26 "布局"空间

举一反三

输出图像文件方法如下：

选择菜单栏中的"文件"→"输出"命令，或直接在命令行中输入"EXPORT"，系统将打开"输出"对话框，在"保存类型"下拉列表框中选择"*.bmp"格式，单击"保存"按钮，在绘图区选中要输出的图形后按 Enter 键，被选图形便被输出为".bmp"格式的图形文件。

11.5 出 图

出图是计算机绘图的最后一个环节，正确的出图需要正确的设置，下面简要讲述出图的基本设置。

【预习重点】

☑ 了解设置打印设备。

☑ 创建新布局。

☑ 出图设置。

11.5.1 打印设备的设置

最常见的打印设备有打印机和绘图仪。在输出图样时，首先要添加和配置要使用的打印设备。

1. 打开打印设备

【执行方式】

☑ 命令行：PLOTTERMANAGER。

☑ 菜单栏：选择菜单栏中的"文件"→"绘图仪管理器"命令。

【操作步骤】

执行上述命令，弹出如图 11-27 所示的窗口。

图 11-27　Plotters 窗口

（1）选择菜单栏中的"工具"→"选项"命令，打开"选项"对话框。

（2）选择"打印和发布"选项卡，单击"添加或配置绘图仪"按钮，如图 11-28 所示。

（3）此时，系统打开 Plotters 窗口，如图 11-27 所示。

（4）要添加新的绘图仪器或打印机，可双击 Plotters 窗口中的"添加绘图仪向导"选项，打开"添加绘图仪-简介"对话框，如图 11-29 所示，按向导逐步完成添加。

图 11-28　"打印和发布"选项卡

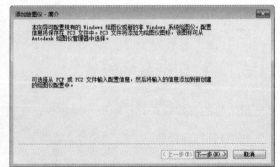

图 11-29　"添加绘图仪-简介"对话框

2．绘图仪配置编辑器

双击 Plotters 窗口中的绘图仪配置图标，如 DWF6 ePlot.pc3，打开"绘图仪配置编辑器"对话框，如

图 11-30 所示，对绘图仪进行相关设置。

在"绘图仪配置编辑器"对话框中有 3 个选项卡，可根据需要进行配置。

11.5.2　创建布局

图纸空间是图纸布局环境，可用于指定图纸大小、添加标题栏、显示模型的多个视图及创建图形标注和注释。

【执行方式】

☑　命令行：LAYOUTWIZARD。

☑　菜单栏：选择菜单栏中的"插入"→"布局"→"创建布局向导"命令。

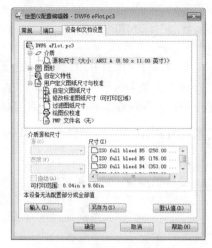

图 11-30　"绘图仪配置编辑器"对话框

【操作步骤】

（1）选择菜单栏中的"插入"→"布局"→"创建布局向导"命令，打开"创建布局-开始"对话框。在"输入新布局的名称"文本框中输入新布局名称，如图 11-31 所示。

（2）逐步设置，最后单击"完成"按钮，完成新布局"机械零件图"的创建。系统自动返回到布局空间，显示新创建的布局"机械零件图"，如图 11-32 所示。

图 11-31　"创建布局-开始"对话框

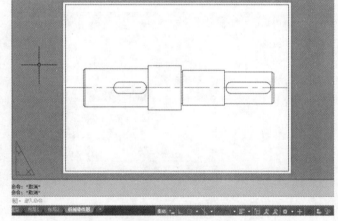

图 11-32　完成"机械零件图"布局的创建

🎓 **高手支招**

　　AutoCAD 中图形显示比例较大时，圆和圆弧看起来由若干直线段组成，这并不影响打印结果，但在输出图像时，输出结果将与绘图区显示完全一致，因此，若发现有圆或圆弧显示为折线段时，应在输出图像前使用 VIEWRES 命令，对屏幕的显示分辨率进行优化，使圆和圆弧看起来尽量光滑逼真。AutoCAD 中输出的图像文件，其分辨率为屏幕分辨率，即 72dpi。如果该文件用于其他程序仅供屏幕显示，则此分辨率已经合适。若最终要打印出来，就要在图像处理软件（如 Photoshop）中将图像的分辨率提高，一般设置为 300dpi 即可。

11.5.3 页面设置

页面设置可以对打印设备和其他影响最终输出的外观和格式进行设置，并将这些设置应用到其他布局中。在"模型"选项卡中完成图形的绘制之后，可以通过单击布局选项卡开始创建要打印的布局。页面设置中指定的各种设置和布局将一起存储在图形文件中，可以随时修改页面设置中的参数。

【执行方式】

☑ 命令行：PAGESETUP。
☑ 菜单栏：选择菜单栏中的"文件"→"页面设置管理器"命令。
☑ 快捷菜单：在"模型"空间或"布局"空间中右击"模型"或布局选项卡，在弹出的快捷菜单中选择"页面设置管理器"命令，如图 11-33 所示。

图 11-33 选择"页面设置管理器"命令

【操作步骤】

（1）选择菜单栏中的"文件"→"页面设置管理器"命令，打开"页面设置管理器"对话框，如图 11-34 所示。在该对话框中，可以完成新建布局、修改原有布局、输入存在的布局和将某一布局置为当前等操作。

（2）在"页面设置管理器"对话框中单击"新建"按钮，打开"新建页面设置"对话框，如图 11-35 所示。

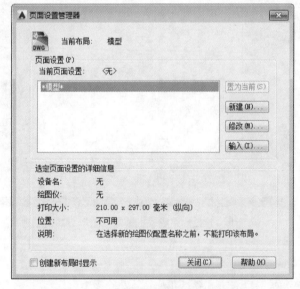

图 11-34 "页面设置管理器"对话框

图 11-35 "新建页面设置"对话框

（3）在"新页面设置名"文本框中输入新建页面的名称，如"机械图"，单击"确定"按钮，打开"页面设置-模型"对话框，如图 11-36 所示。

（4）在"页面设置-模型"对话框中，可以设置布局和打印设备并预览布局的结果。对于一个布局，可利用"页面设置"对话框来完成其设置，虚线表示图纸中当前配置的图纸尺寸和绘图仪的可打印区域。设置完毕后，单击"确定"按钮。

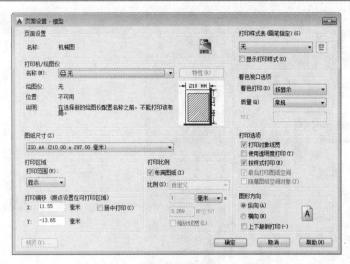

图 11-36　"页面设置-模型"对话框

11.5.4　从模型空间输出图形

从"模型"空间输出图形时，需要在打印时指定图纸尺寸，即在"打印"对话框中选择要使用的图纸尺寸。该对话框中列出的图纸尺寸取决于在"打印"或"页面设置"对话框中选定的打印机或绘图仪。

【执行方式】

- ☑　命令行：PLOT。
- ☑　菜单栏：选择菜单栏中的"文件"→"打印"命令。
- ☑　工具栏：单击"标准"工具栏中的"打印"按钮🖨。

【操作步骤】

（1）打开需要打印的图形文件，如"机械零件图"。

（2）选择菜单栏中的"文件"→"打印"命令，执行打印操作。

（3）打开"打印-模型"对话框，如图 11-37 所示，在该对话框中设置相关选项。

【选项说明】

"打印-模型"对话框中的各项功能介绍如下。

（1）"页面设置"选项组：列出了图形中已命名或已保存的页面设置，可以将这些已保存的页面设置作为当前页面设置，也可以单击"添加"按钮，基于当前设置创建一个新的页面设置。

（2）"打印机/绘图仪"选项组：用于指定打印时使用已配置的打印设备。在"名称"下拉列表框中列出了可用的 PC3 文件或系统打印机，可以从中选择。设备名称前面的图标用于识别是 PC3 文件还是系统打印机。

（3）"打印份数"微调框：用于指定要打印的份数。当打印到文件时，此选项不可用。

（4）"应用到布局"按钮：单击此按钮，可将当前打印设置保存到当前布局中。

其他选项与"页面设置-模型"对话框中的相同，此处不再赘述。

完成所有的设置后，单击"确定"按钮，开始打印。

预览按执行 PREVIEW 命令时在图纸上打印的方式显示图形。要退出打印预览并返回"打印"对话框，按 Esc 键，然后按 Enter 键，或右击，在弹出的快捷菜单中选择"退出"命令。打印预览效果如图 11-38 所示。

图 11-37 "打印-模型"对话框

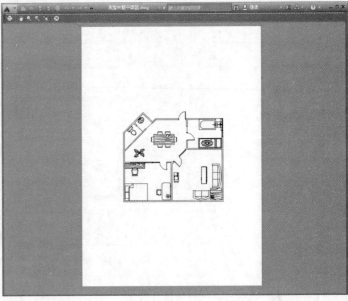

图 11-38 打印预览

11.5.5 从图纸空间输出图形

从图纸空间输出图形时，根据打印的需要进行相关参数的设置，首先应在"页面设置-模型"对话框中指定图纸的尺寸。

【操作步骤】

（1）打开需要打印的图形文件，将视图空间切换到"布局1"，如图 11-39 所示。在"布局1"选项卡上右击，在弹出的快捷菜单中选择"页面设置管理器"命令。

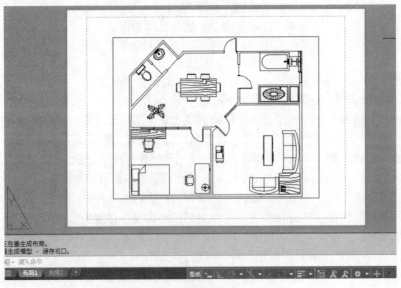

图 11-39 切换到"布局1"

（2）打开"页面设置管理器"对话框，如图 11-40 所示。单击"新建"按钮，打开"新建页面设置"对话框。

（3）在"新建页面设置"对话框的"新页面设置名"文本框中输入"零件图"，如图 11-41 所示。

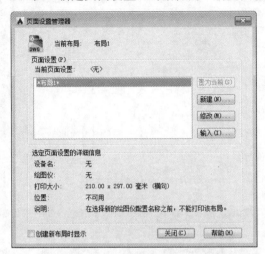

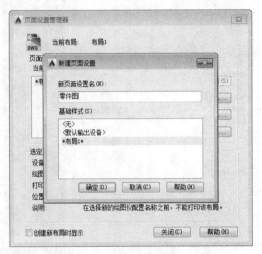

图 11-40　"页面设置管理器"对话框　　　　　　图 11-41　创建"零件图"新页面

（4）单击"确定"按钮，打开"页面设置-布局 1"对话框，根据打印的需要进行相关参数的设置，如图 11-42 所示。

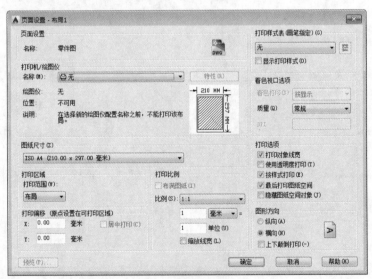

图 11-42　"页面设置-布局 1"对话框

（5）设置完成后，单击"确定"按钮，返回到"页面设置管理器"对话框。在"页面设置"列表框中选择"零件图"选项，单击"置为当前"按钮，将其设置为当前布局，如图 11-43 所示。

（6）单击"关闭"按钮，完成"零件图"布局的创建，如图 11-44 所示。

（7）单击"标准"工具栏中的"打印"按钮 ，打开"打印-布局 1"对话框，如图 11-45 所示，不需要重新设置，单击左下方的"预览"按钮，打印预览效果如图 11-46 所示。

（8）如果对效果满意，在预览窗口中右击，在弹出的快捷菜单中选择"打印"命令，完成一张零件图的打印。

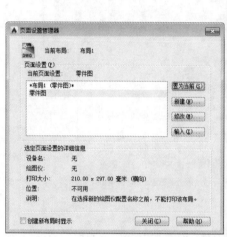

图 11-43　将"零件图"布局置为当前

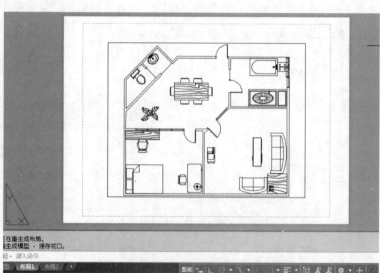

图 11-44　完成"零件图"布局的创建

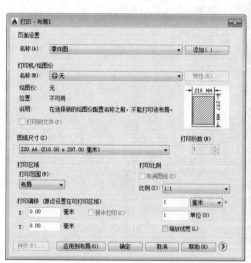

图 11-45　"打印-布局 1"对话框

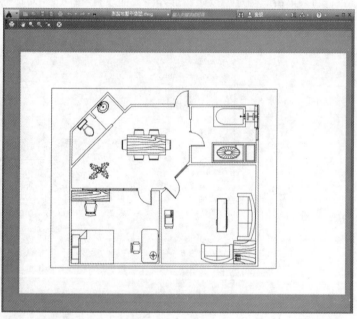

图 11-46　打印预览效果

🎓 **高手支招**

在布局空间里，还可以先绘制图样，然后将图框与标题栏都以"块"的形式插入到布局中，组成一份完整的技术图纸。

11.6　综合演练——球阀装配平面图

绘制如图 11-47 所示的球阀装配图。

手把手教你学

本实例绘制的装配平面图由阀体、阀盖、密封圈、阀芯、压紧套、阀杆和扳手等零件图组成，装配图是零部件加工和装配过程中重要的技术文件。在设计过程中要用到剖视以及放大等表达方式，还要标注装配尺寸，绘制和填写明细表等。因此，通过球阀装配图的绘制，可以提高综合设计能力。

本实例的制作思路是将零件图的视图进行修改，制作成块，然后将这些块插入装配图中，制作块的步骤本节不再介绍，用户可以参考相应的介绍。

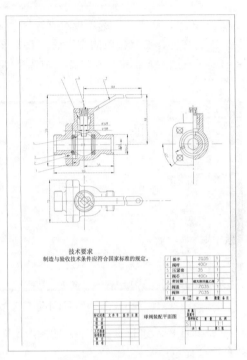

图 11-47　球阀装配平面图

【操作步骤】

11.6.1　配置绘图环境

（1）启动 AutoCAD 2015 应用程序，单击"标准"工具栏中的"新建"按钮，打开"选择样板文件"对话框，选择随书光盘中的"源文件\球阀平面图\A2 竖向样板图.dwt"文件，单击"打开"按钮，建立新文件。

（2）单击"标准"工具栏中的"保存"按钮，将新文件命名为"球阀平面装配图.dwg"并保存。

11.6.2　组装装配图

1．装配零件图

将"粗实线"图层设置为当前图层。

（1）插入阀体平面图。

① 单击"标准"工具栏中的"设计中心"按钮，AutoCAD 打开"设计中心"选项板，如图 11-48 所示。

> **注意**　球阀装配平面图主要由阀体、阀盖、密封圈、阀芯、压紧套、阀杆和扳手等零件图组成。在绘制零件图时，用户可以为了装配的需要，将零件的主视图以及其他视图分别定义成图块，但是在定义的图块中不包括零件的尺寸标注和定位中心线，块的基点应选择在与其零件有装配关系或定位关系的关键点上。本实例球阀平面装配图中所有的装配零件图在附赠光盘的"平面装配图"中，并且已定义好块，用户可以直接应用。具体尺寸参考各零件的立体图。

🔧 **举一反三**

> 在 AutoCAD 设计中心中有"文件夹"、"打开的图形"和"历史记录"等选项卡，用户可以根据需要选择相应的选项。

② 在"设计中心"选项板左侧选择"文件夹"选项卡，则计算机中所有的文件都会显示在其中，找出要插入的文件。选择相应的文件后，双击该文件，然后单击该文件中的"块"选项，则图形中所有的块都会出现在右边的图框中，然后在其中选择"阀体主视图"块，双击该块，打开"插入"对话框，如图 11-49 所示。

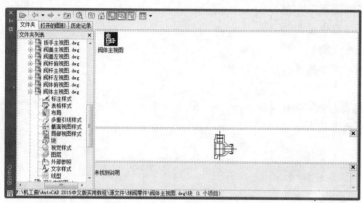

图 11-48   "设计中心"选项板

图 11-49   "插入"对话框

③ 按照图示进行设置，插入的图形比例为 1:1，旋转角度为 0°，单击"确定"按钮，则此时 AutoCAD 命令行会提示：

指定插入点或 [基点(B)/比例(S)/旋转(R)]:100, 200

---

④ 在命令行中输入坐标值，则"阀体主视图"块会插入到"球阀平面装配图"中，且插入后轴右端中心线处的坐标为（100,200），结果如图 11-50 所示。

⑤ 在"设计中心"选项板中继续插入"阀体俯视图"块，插入的图形比例为 1:1，旋转角度为 0°，插入点的坐标为（100,100）；继续插入"阀体左视图"块，插入的图形比例为 1:1，旋转角度为 0°，插入点的坐标为（300,200），结果如图 11-51 所示。

（2）插入阀盖主视图。

① 单击"标准"工具栏中的"设计中心"按钮 ，AutoCAD 打开"设计中心"选项板，在相应的文件夹中找出"阀盖主视图"，并选择"块"，右边将显示该平面图中定义的块，如图 11-52 所示。插入"阀盖主视图"块，插入的图形比例为 1:1，旋转角度为 0°，插入点的坐标为（88,200）。由于

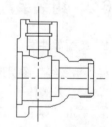

图 11-50   插入阀体后的图形

阀盖的外形轮廓与阀体的左视图的外形轮廓相同，故"阀盖左视图"块不需要插入。因为阀盖是一个对称结构，所以把"阀盖主视图"块插入到"阀体装配平面图"的俯视图中，也可以利用"复制"命令，向下复制"阀盖主视图"块，结果如图 11-53 所示。

② 单击"修改"工具栏中的"分解"按钮 ，分解俯视图中的"阀盖主视图"块并修改，具体过程不再介绍，可以参考前面相应的命令，结果如图 11-54 所示。

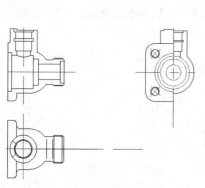

图 11-51　插入阀体后的装配图

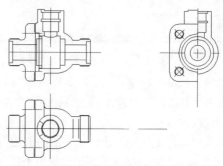

图 11-52　"设计中心"选项板

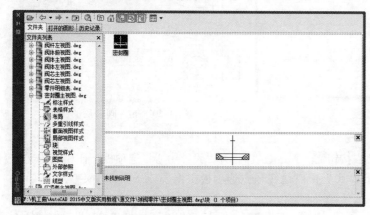

图 11-53　插入阀盖后的图形

图 11-54　修改视图后的图形

（3）插入密封圈平面图。

① 单击"标准"工具栏中的"设计中心"按钮，打开"设计中心"选项板，在相应的文件夹中找出"密封圈主视图"，并选择"块"，在右边将显示该平面图中定义的块，如图 11-55 所示。

② 插入"密封圈"块，插入的图形比例为 1:1，旋转角度为 90°，插入点的坐标为（120,200）。由于该装配图中有两个密封圈，所以再插入一个，插入的图形比例为 1:1，旋转角度为　90°，插入点的坐标为（77, 200），结果如图 11-56 所示。

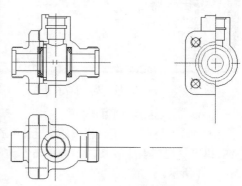

图 11-55　"设计中心"选项板

图 11-56　插入密封圈后的图形

（4）插入阀芯平面图。

① 单击"标准"工具栏中的"设计中心"按钮，AutoCAD 打开"设计中心"选项板，在相应的文件

夹中找出"阀芯主视图",并选择"块",在右边将显示该平面图中定义的块,如图 11-57 所示。

② 插入"阀芯主视图"块,插入的图形比例为 1:1,旋转角度为 0°,插入点的坐标为（100, 200），结果如图 11-58 所示。

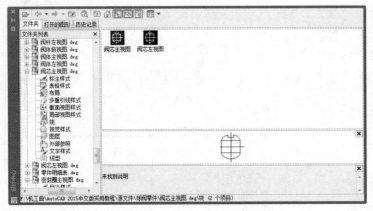

图 11-57　"设计中心"选项板

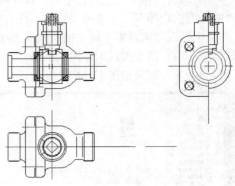

图 11-58　插入阀芯主视图后的图形

（5）插入阀杆平面图。

① 单击"标准"工具栏中的"设计中心"按钮，AutoCAD 打开"设计中心"选项板，在相应的文件夹中找出"阀杆主视图"，并选择"块"，在右边将显示该平面图中定义的块，如图 11-59 所示。

② 插入"阀杆主视图"块，插入的图形比例为 1:1，旋转角度为-90°，插入点的坐标为（100,227）；插入"阀杆俯视图"块，插入的图形比例为 1:1，旋转角度为 0°，插入点的坐标为（100,100），插入"阀杆左视图"块，插入的图形比例为 1:1，旋转角度为-90°，插入点的坐标为（300,227），结果如图 11-60 所示。

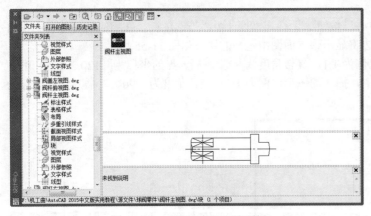

图 11-59　"设计中心"选项板

图 11-60　插入阀杆后的图形

（6）插入压紧套平面图。

① 单击"标准"工具栏中的"设计中心"按钮，AutoCAD 打开"设计中心"选项板，在相应的文件夹中找出"压紧套主视图"，并单击左边的"块"，右边在顶点选项板中出现该平面图中定义的块，如图 11-61 所示。

② 插入"压紧套"块，插入的图形比例为 1:1，旋转角度为 0°，插入点的坐标为"100, 235"；继续插入"压紧套"块，插入的图形比例为 1:1，旋转角度为 0°，插入点的坐标为（300, 235），效果如图 11-62 所示。

把主视图和左视图中的"压紧套"块分解并修改，具体过程不再介绍，可以参考前面相应的命令，效果如图 11-63 所示。

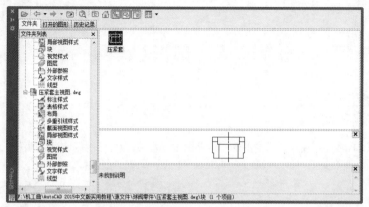

图 11-61　"设计中心"选项板

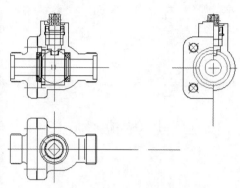

图 11-62　插入压紧套后的图形

（7）插入扳手平面图。

① 单击"标准"工具栏中的"设计中心"按钮，AutoCAD 打开"设计中心"选项板，在相应的文件夹中找出"扳手主视图"，并选择"块"，在右边将显示该平面图中定义的块，如图 11-64 所示。

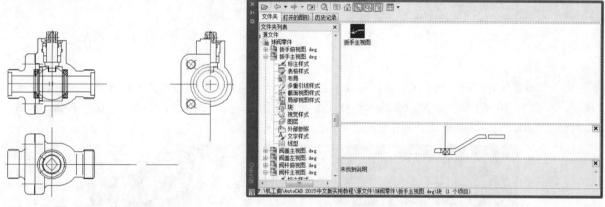

图 11-63　修改视图后的图形

图 11-64　"设计中心"选项板

② 插入"扳手主视图"块，插入的图形比例为 1∶1，旋转角度为 0°，插入点的坐标为（100,254）；继续插入"扳手俯视图"块，插入的图形比例为 1∶1，旋转角度为 0°，插入点的坐标为（100,100），结果如图 11-65 所示。

把主视图和俯视图中的"扳手"块分解并修改，具体过程不再介绍，可以参考前面相应的命令，效果如图 11-66 所示。

2．填充剖面线

将"剖面线"图层设置为当前图层。

（1）修改视图。综合运用各种命令，将图 11-66 中的图形进行修改并绘制填充剖面线的区域线，结果如图 11-67 所示。

（2）填充剖面线。单击"绘图"工具栏中的"图案填充"按钮，选择"图案填充创建"选项卡，如图 11-68 所示，选择填充图案为 ANSI31，设置角度为 0°，比例为 1，单击"拾取点"按钮，用鼠标在图中所需添加剖面线的区域内拾取任意一点，按 Enter 键，剖面线绘制完毕，如图 11-69 所示。

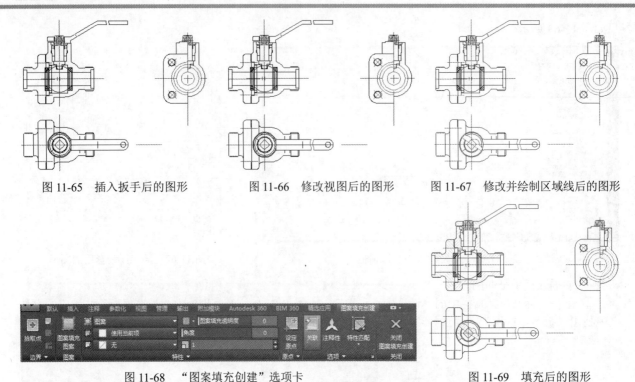

图 11-65　插入扳手后的图形　　　图 11-66　修改视图后的图形　　　图 11-67　修改并绘制区域线后的图形

图 11-68　"图案填充创建"选项卡　　　　　　　　　图 11-69　填充后的图形

注意 如果填充后用户感觉不满意，可以单击图形中的剖面线，系统会打开"图案填充编辑器"选项卡，如图 11-70 所示。用户可以在其中重新设定填充的样式，设置好以后，单击"确定"按钮，剖面线则会以刚刚设置好的参数显示，重复此过程，直到满意为止。

图 11-70　"图案填充编辑器"选项卡

11.6.3　标注球阀装配平面图

1. 标注尺寸

注意 在装配图中，不需要将每个零件的尺寸全部标注出来，在装配图中，需要标注的尺寸有规格尺寸、装配尺寸、外形尺寸、安装尺寸以及其他重要尺寸。

（1）切换图层。将"尺寸线"图层设置为当前图层。

（2）设置标注样式。单击"样式"工具栏中的"标注样式"按钮，打开"修改标注样式"对话框，如图 11-71 所示。修改其中的引线标注方式，将箭头的大小设置为 5，文字高度设置为 5，设置精度为 0。

在本实例中，只需要标注一些装配尺寸，而且这些尺寸都为线性标注，比较简单，不再赘述，如图 11-72 所示为标注后的装配图。

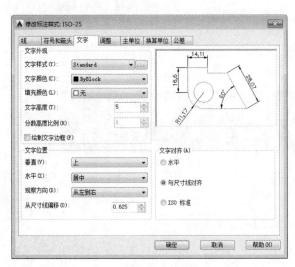

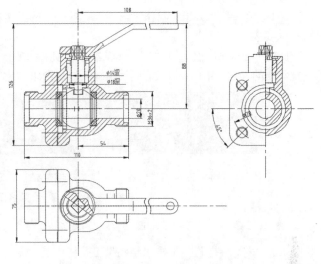

图 11-71　"修改标注样式"对话框　　　　图 11-72　标注尺寸后的装配图

> **注意**　标注零件序号采用引线标注方式，在标注引线时，为了保证引线中的文字在同一水平线上，可以在合适的位置绘制一条辅助线。

2．标注零件序号

在命令行中输入"LEADER"命令，标注零件序号，结果如图 11-73 所示。

11.6.4　填写标题栏

1．填写明细表

（1）切换图层。将"文字层"图层设置为当前图层。

（2）单击"标准"工具栏中的"设计中心"按钮，将"明细表"图块插入到装配图中，插入点选择在标题栏的右上角处。

> **注意**　本实例中插入的明细表基点在左下角点，为保证明细表右下角点与标题栏右上角点重合，设置对应插入坐标为（240，–113）。

（3）单击"绘图"工具栏中的"多行

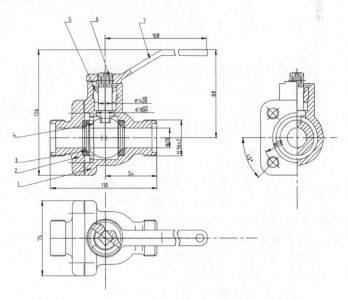

图 11-73　标注零件序号后的装配图

文字"按钮 **A**，填写明细表，如图 11-74 所示。

2. 填写技术要求

（1）填写技术要求：单击"绘图"工具栏中的"多行文字"按钮 **A**，填写技术要求。

此时 AutoCAD 会打开"文字编辑器"选项卡和多行文字编辑器，在其中设置需要的样式、字体和高度，然后再输入技术要求的内容，如图 11-75 所示。

7	扳手	ZG25	1	
6	阀杆	40Cr	1	
5	压紧套	35	1	
4	阀芯	40Cr	1	
3	密封圈	填充聚四氟乙烯	2	
2	阀盖	ZG25	1	
1	阀体	ZG25	1	
序号	名 称	材 料	数量	备注

图 11-74　装配图明细表

图 11-75　"文字编辑器"选项卡和多行文字编辑器

（2）填写标题栏：单击"绘图"工具栏中的"多行文字"按钮 **A**，填写标题栏中相应的项目，效果如图 11-76 所示。

图 11-76　填写好的标题栏

11.7　名师点拨——对比模型空间与图纸空间

AutoCAD 有两个不同的空间，即模型空间和图纸空间。

模型空间中视口的特征如下。

（1）在模型空间中，可以绘制全比例的二维图形和三维模型，并带有尺寸标注。

（2）模型空间中，每个视口都包含对象的一个视图。例如，设置不同的视口会得到俯视图、正视图、侧视图和立体图等。

（3）用 VPORTS 命令创建视口和视口设置并保存起来，以备后用。

（4）视口是平铺的，各视口不能重叠，总是彼此相邻。

（5）在某一时刻只有一个视口处于激活状态，十字光标只能出现在一个视口中，并且也只能编辑该活动的视口（如平移、缩放等）。

（6）只能打印活动的视口。如果 UCS 图标设置为 ON，该图标就会出现在每个视口中。

（7）系统变量 MAXACTVP 决定了视口的范围是 2～64。

图纸空间中视口的特征如下。

① 状态栏上的 PAPER 取代了 MODEL。

② VPORTS、PS、MS 和 VPLAYER 命令处于激活状态（只有激活了 MS 命令后，才可使用 PLAN、

VPOINT 和 DVIEW 命令）。

③ 视口的边界是实体，可以删除、移动、缩放、拉伸视口。

④ 视口的形状没有限制，例如，可以创建圆形视口、多边形视口等。

⑤ 视口不是平铺的，可以用各种方法将其重叠、分离。

⑥ 每个视口都在创建对应的图层上，视口边界与图层的颜色相同，但边界的线型总是实线。出图时如不想打印视口，可将其单独置于一个图层上，冻结即可。

⑦ 可以同时打印多个视口。

⑧ 十字光标可以不断延伸，穿过整个图形屏幕，与每个视口无关。

⑨ 可以通过 MVIEW 命令打开或关闭视口；用 SOLVIEW 命令创建视口或者用 VPORTS 命令恢复在模型空间中保存的视口。在默认状态下，视口创建后都处于激活状态，关闭一些视口可以提高重绘速度。

⑩ 在打印图形且需要隐藏三维图形的隐藏线时，可以使用 MVIEW 和 HIDEPLOT 命令拾取要隐藏的视口边界。

⑪ 系统变量 MAXACTVP 决定了活动状态下的视口数是 64。

通过上面的讲解，相信大家对这两个空间已经有了明确的认识，但切记，当第一次进入图纸空间时，看不见视口，必须用 VPORTS 或 MVIEW 命令创建新视口或者恢复已有的视口配置（一般在模型空间保存）。可以利用 MS 命令和 PS 命令在模型空间和 LAYOUT（图纸空间）中切换。

11.8　上机实验

【练习 1】利用工具选项板绘制如图 11-77 所示的轴承图形。

1．目的要求

工具选项板最大的优点是简捷、方便、集中，读者可以在某个专门工具选项板上组织需要的素材，快速简便地绘制图形。通过练习图形的绘制，使读者掌握灵活利用工具选项板快速绘图。

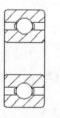

图 11-77　轴承

2．操作提示

（1）打开工具选项板，在工具选项板的"机械"选项卡中选择"滚珠轴承"图块，插入到新建空白图形中，通过快捷菜单进行缩放。

（2）利用"图案填充"命令对图形剖面进行填充。

【练习 2】利用设计中心创建一个常用机械零件工具选项板，并利用该选项板绘制如图 11-78 所示的盘盖组装图。

1．目的要求

设计中心与工具选项板的优点是能够建立一个完整的图形库，并且能够简捷地绘制图形。通过练习组装图形的绘制，使读者掌握利用设计中心创建工具选项板的方法。

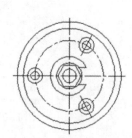

图 11-78　盘盖组装图

2．操作提示

（1）打开设计中心与工具选项板。

（2）创建一个新的工具选项板选项卡。

（3）在设计中心查找已经绘制好的常用机械零件图。

（4）将查找到的常用机械零件图拖入到新创建的工具选项板选项卡中。

（5）打开一个新图形文件。

（6）将需要的图形文件模块从工具选项板上拖入到当前图形中，并进行适当的缩放、移动、旋转等操作，最终完成如图 11-78 所示的图形。

11.9　模　拟　考　试

（1）如果要合并两个视口，必须（　　　）。

　　A．是模型空间视口并且共享长度相同的公共边　　　B．在"模型"选项卡进行

　　C．在"布局"选项卡进行　　　　　　　　　　　　　D．大小相同

（2）在模型空间如果有多个图形，只需打印其中一张，最简单的方法是（　　　）。

　　A．在打印范围下选择"显示"　　　　　　　　B．在打印范围下选择"图形界限"

　　C．在打印范围下选择"窗口"　　　　　　　　D．在打印选项下选择"后台打印"

（3）如图 11-79 所示的图形填充区域的面积是（　　　）。

　　A．1874.43　　　　　　　　B．1877.45　　　　　　　C．1878.47　　　　　　　D．1884.43

（4）关于模型空间视口，下列说法错误的是（　　　）。

　　A．使用"模型"选项卡，可以将绘图区域拆分成一个或多个相邻的矩形视图

　　B．在"模型"选项卡上创建的视口充满整个绘图区域并且相互之间不重叠

　　C．可以创建多边形视口

　　D．在一个视口中做出修改后，其他视口也会立即更新

（5）打开随书光盘中相应的源文件，建立如图 11-80 所示的多窗口视口，并命名保存。

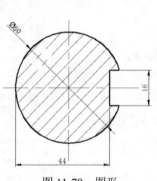

图 11-79　图形

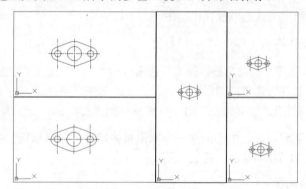

图 11-80　多窗口视口

第 12 章

三维造型基础知识

随着 AutoCAD 技术的普及，越来越多的工程技术人员使用 AutoCAD 来进行工程设计。虽然在工程设计中，通常都使用二维图形描述三维实体，但是由于三维图形的逼真效果，可以通过三维立体图直接得到透视图或平面效果图。因此，计算机三维设计越来越受到工程技术人员的青睐。

本章主要介绍三维坐标系统、创建三维坐标系、动态观察三维图形、三维点的绘制、三维直线的绘制、三维构造线的绘制、三维多段线的绘制、三维曲面的绘制等知识。

12.1 三维坐标系统

AutoCAD 2015 使用的是笛卡儿坐标系。其使用的直角坐标系有两种类型，一种是世界坐标系（WCS），另一种是用户坐标系（UCS）。绘制二维图形时，常用的坐标系，即世界坐标系（WCS），由系统默认提供。世界坐标系又称通用坐标系或绝对坐标系，对于二维绘图来说，世界坐标系足以满足要求。为了方便创建三维模型，AutoCAD 2015 允许用户根据自己的需要设定坐标系，即用户坐标系（UCS），合理地创建UCS，可以方便地创建三维模型。

AutoCAD 有两种视图显示方式：模型空间和图纸空间。模型空间使用单一视图显示，我们通常使用的都是这种显示方式；图纸空间能够在绘图区创建图形的多视图，用户可以对其中每一个视图进行单独操作。在默认情况下，当前 UCS 与 WCS 重合。图 12-1（a）为模型空间下的 UCS 坐标系图标，通常放在绘图区左下角处；也可以指定它放在当前 UCS 的实际坐标原点位置，如图 12-1（b）所示。图 12-1（c）为布局空间下的坐标系图标。

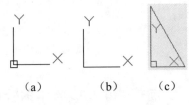

图 12-1 坐标系图标

【预习重点】

☑ 观察坐标系应用。

☑ 练习打开与关闭坐标系。

12.1.1 右手法则与坐标系

在 AutoCAD 中通过右手法则确定直角坐标系 Z 轴的正方向和绕轴线旋转的正方向，称之为"右手定则"。这是因为用户只需要简单地使用右手即可确定所需要的坐标信息。

在 AutoCAD 中输入坐标采用绝对坐标和相对坐标两种形式，格式如下。

☑ 绝对坐标格式：X，Y，Z。

☑ 相对坐标格式：@X，Y，Z。

AutoCAD 可以用柱坐标和球坐标定义点的位置。

柱面坐标系统类似于 2D 极坐标输入，由该点在 XY 平面的投影点到 Z 轴的距离、该点与坐标原点的连线在 XY 平面的投影与 X 轴的夹角及该点沿 Z 轴的距离来定义。格式如下。

☑ 绝对坐标形式：XY 距离 < 角度，Z 距离。

☑ 相对坐标形式：@ XY 距离 < 角度，Z 距离。

例如，绝对坐标 10<60，20 表示在 XY 平面的投影点距离 Z 轴 10 个单位，该投影点与原点在 XY 平面的连线相对于 X 轴的夹角为 60°，沿 Z 轴离原点 20 个单位的一个点，如图 12-2 所示。

球面坐标系统中，3D 球面坐标的输入也类似于 2D 极坐标的输入。球面坐标系统由坐标点到原点的距离、该点与坐标原点的连线在 XY 平面内的投影与 X 轴的夹角以及该点与坐标原点的连线与 XY 平面的夹角来定义。具体格式如下。

☑ 绝对坐标形式：XYZ 距离 <XY 平面内投影角度 < 与 XY 平面夹角。

☑ 相对坐标形式：@ XYZ 距离 <XY 平面内投影角度 < 与 XY 平面夹角。

例如，坐标 10<60<15 表示该点距离原点为 10 个单位，与原点连线的投影在 XY 平面内与 X 轴成 60°

夹角，连线与 XY 平面成 15° 夹角，如图 12-3 所示。

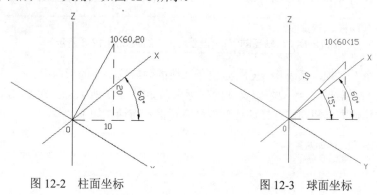

图 12-2　柱面坐标　　　　　　　　图 12-3　球面坐标

12.1.2　创建坐标系

【执行方式】

☑　命令行：UCS。
☑　菜单栏：选择菜单栏中的"工具" → "新建 UCS"命令。
☑　工具栏：单击 UCS 工具栏中的任一按钮。
☑　功能区：单击"视图"选项卡"坐标"面板中的 UCS 按钮 ⊥（如图 12-4 所示）。

图 12-4　"坐标"面板

【操作步骤】

命令: UCS↙
当前 UCS 名称: *左视*
指定 UCS 的原点或 [面(F)/命名(NA)/对象(OB)/上一个(P)/视图(V)/世界(W)/X/Y/Z/Z 轴(ZA)] <世界>:

【选项说明】

（1）指定 UCS 的原点：使用一点、两点或三点定义一个新的 UCS。如果指定单个点 1，当前 UCS 的原点将会移动而不会更改 X、Y 和 Z 轴的方向。选择该选项，命令行提示与操作如下。

指定 X 轴上的点或 <接受>: 继续指定 X 轴通过的点 2 或直接按 Enter 键，接受原坐标系 X 轴为新坐标系的 X 轴
指定 XY 平面上的点或 <接受>: 继续指定 XY 平面通过的点 3 以确定 Y 轴或直接按 Enter 键，接受原坐标系 XY 平面为新坐标系的 XY 平面，根据右手法则，相应的 Z 轴也同时确定

示意图如图 12-5 所示。

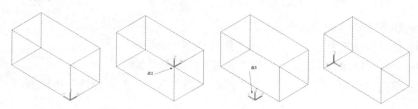

图 12-5　指定原点

（2）面(F)：将 UCS 与三维实体的选定面对齐。要选择一个面，请在此面的边界内或面的边上单击，被

选中的面将亮显，UCS 的 X 轴将与找到的第一个面上最近的边对齐。选择该选项，命令行提示与操作如下。

> 选择实体面、曲面或网格:（选择面）
> 输入选项 [下一个(N)/X 轴反向(X)/Y 轴反向(Y)] <接受>:✓（结果如图 12-6 所示）

如果选择"下一个"选项，系统将 UCS 定位于邻接的面或选定边的后向面。

（3）对象(OB)：根据选定三维对象定义新的坐标系，如图 12-7 所示。新建 UCS 的拉伸方向（Z 轴正方向）与选定对象的拉伸方向相同。选择该选项，命令行提示与操作如下。

> 选择对齐 UCS 的对象: 选择对象

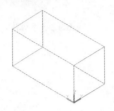 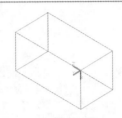

图 12-6　选择面确定坐标系　　图 12-7　选择对象确定坐标系

对于大多数对象，新 UCS 的原点位于离选定对象最近的顶点处，并且 X 轴与一条边对齐或相切。对于平面对象，UCS 的 XY 平面与该对象所在的平面对齐。对于复杂对象，将重新定位原点，但是轴的当前方向保持不变。

（4）视图(V)：以垂直于观察方向（平行于屏幕）的平面为 XY 平面，创建新的坐标系。UCS 原点保持不变。

（5）世界(W)：将当前用户坐标系设置为世界坐标系。WCS 是所有用户坐标系的基准，不能被重新定义。

🎓 高手支招

> 该选项不能用于下列对象：三维多段线、三维网格和构造线。

（6）X、Y、Z：绕指定轴旋转当前 UCS。
（7）Z 轴(ZA)：利用指定的 Z 轴正半轴定义 UCS。

12.1.3　坐标系设置

可以利用相关命令对坐标系进行设置，具体方法如下：

【执行方式】

- ☑　命令行：UCSMAN（快捷命令：UC）。
- ☑　菜单栏：选择菜单栏中的"工具"→"命名 UCS"命令。
- ☑　工具栏：单击"UCS II"工具栏中的"命名 UCS"按钮。
- ☑　功能区：单击"视图"选项卡"坐标"面板中的"UCS，命名 UCS"按钮。

【操作步骤】

执行上述操作后，系统打开如图 12-8 所示的 UCS 对话框。

【选项说明】

（1）"命名 UCS"选项卡

该选项卡用于显示已有的 UCS、设置当前坐标系，如图 12-8 所示。

在"命名 UCS"选项卡中，用户可以将世界坐标系、上一次使用的 UCS 或某一命名的 UCS 设置为当前坐标。其具体方法是：从列表框中选择某一坐标系，单击"置为当前"按钮。还可以利用选项卡中的"详细信息"按钮，了解指定坐标系相对于某一坐标系的详细信息。其具体步骤是：单击"详细信息"按钮，系统打开如图 12-9 所示的"UCS 详细信息"对话框，该对话框详细说明了用户所选坐标系的原点及 X、Y 和 Z 轴的方向。

图 12-8　UCS 对话框

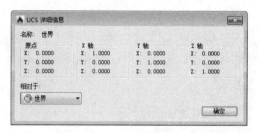

图 12-9　"UCS 详细信息"对话框

（2）"正交 UCS"选项卡

该选项卡用于将 UCS 设置成某一正交模式，如图 12-10 所示。其中，"深度"列用来定义用户坐标系 XY 平面上的正投影与通过用户坐标系原点平行平面之间的距离。

（3）"设置"选项卡

该选项卡用于设置 UCS 图标的显示形式、应用范围等，如图 12-11 所示。

图 12-10　"正交 UCS"选项卡

图 12-11　"设置"选项卡

12.1.4　动态坐标系

打开动态坐标系的具体操作方法是单击状态栏中的"将 UCS 捕捉到活动实体平面（动态 UCS）"按钮。可以使用动态 UCS 在三维实体的平整面上创建对象，而无须手动更改 UCS 方向。在执行命令的过程中，当将光标移动到面上方时，动态 UCS 会临时将 UCS 的 XY 平面与三维实体的平整面对齐，如图 12-12 所示。

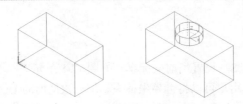

图 12-12　动态 UCS

动态 UCS 激活后，指定的点和绘图工具（如极轴追踪和栅格）都将与动态 UCS 建立的临时 UCS 相关联。

12.2　观　察　模　式

图形的观察功能有动态观察功能、相机功能、漫游和飞行以及运动路径动画的功能。本节主要介绍最常用的观察模式。

【预习重点】

☑　了解不同观察视图模式。

☑　对比不同视图模式。

12.2.1　动态观察

AutoCAD 2015 提供了具有交互控制功能的三维动态观测器，利用三维动态观测器用户可以实时地控制和改变当前视口中创建的三维视图，以得到期望的效果。动态观察分为 3 类，分别是受约束的动态观察、自由动态观察和连续动态观察，具体介绍如下。

1. 受约束的动态观察

【执行方式】

☑　命令行：3DORBIT（快捷命令：3DO）。

☑　菜单栏：选择菜单栏中的"视图"→"动态观察"→"受约束的动态观察"命令。

☑　快捷菜单：启用交互式三维视图后，在视口中右击，在弹出的快捷菜单中选择"受约束的动态观察"命令，如图 12-13 所示。

☑　工具栏：单击"动态观察"工具栏中的"受约束的动态观察"按钮或"三维导航"工具栏中的"受约束的动态观察"按钮（如图 12-14 所示）。

☑　功能区：单击"视图"选项卡"导航"面板上的"动态观察"下拉菜单中的"动态观察"按钮（如图 12-15 所示）。

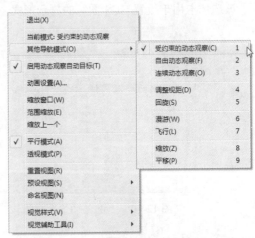

图 12-13　快捷菜单

图 12-14　"动态观察"和"三维导航"工具栏

图 12-15　"动态观察"下拉菜单

【操作步骤】

执行上述操作后，视图的目标将保持静止，而视点将围绕目标移动。但是，从用户的视点看起来就像三维模型正在随着光标的移动而旋转，用户可以此方式指定模型的任意视图。

系统显示三维动态观察光标图标。如果水平拖动鼠标，相机将平行于世界坐标系（WCS）的 XY 平面移动。如果垂直拖动鼠标，相机将沿 Z 轴移动，如图 12-16 所示。

🎓 高手支招

3DORBIT 命令处于活动状态时，无法编辑对象。

2．自由动态观察

【执行方式】

- ☑ 命令行：3DFORBIT。
- ☑ 菜单栏：选择菜单栏中的"视图"→"动态观察"→"自由动态观察"命令。
- ☑ 快捷菜单：启用交互式三维视图后，在视口中右击，在弹出的快捷菜单中选择"自由动态观察"命令，如图 12-13 所示。
- ☑ 工具栏：单击"动态观察"工具栏中的"自由动态观察"按钮 或"三维导航"工具栏中的"自由动态观察"按钮 。
- ☑ 功能区：单击"视图"选项卡"导航"面板上的"动态观察"下拉菜单中的"自由动态观察"按钮 。

【操作步骤】

执行上述操作后，在当前视口出现一个绿色的大圆，在大圆上有 4 个绿色的小圆，如图 12-17 所示。此时通过拖动鼠标就可以对视图进行旋转观察。

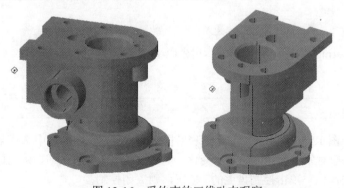

图 12-16　受约束的三维动态观察

图 12-17　自由动态观察

在三维动态观测器中，查看目标的点被固定，用户可以利用鼠标控制相机位置绕观察对象得到动态的观测效果。当光标在绿色大圆的不同位置进行拖动时，光标的表现形式是不同的，视图的旋转方向也不同。视图的旋转由光标的表现形式和其位置决定，光标在不同位置有 ⊙、⊙、✧、↻ 几种表现形式，可分别对对象进行不同形式的旋转。

3. 连续动态观察

【执行方式】

☑　命令行：3DCORBIT。

☑　菜单栏：选择菜单栏中的"视图"→"动态观察"→"连续动态观察"命令。

☑　快捷菜单：启用交互式三维视图后，在视口中右击，在弹出的快捷菜单中选择"连续动态观察"命令，如图 12-13 所示。

☑　工具栏：单击"动态观察"工具栏中的"连续动态观察"按钮◎或"三维导航"工具栏中的"连续动态观察"按钮◎。

☑　功能区：单击"视图"选项卡"导航"面板上的"动态观察"下拉菜单中的"连续动态观察"按钮◎。

【操作步骤】

执行上述操作后，绘图区出现动态观察图标，按住鼠标左键拖动，图形按鼠标拖动的方向旋转，旋转速度为鼠标拖动的速度，如图 12-18 所示。

图 12-18　连续动态观察

🎓 高手支招

> 如果设置了相对于当前 UCS 的平面视图，就可以在当前视图用绘制二维图形的方法在三维对象的相应面上绘制图形。

12.2.2　视图控制器

使用视图控制器功能，可以方便地转换方向视图。

【执行方式】

☑　命令行：NAVVCUBE。

☑　菜单栏：选择菜单栏中的"视图"→SteeringWheels 命令。

☑　工具栏：单击"导航栏"中的 SteeringWheels 下拉菜单（如图 12-19 所示）。

【操作步骤】

命令: NAVSWHEEL✓

执行该命令后，控制盘显示控制盘，如图 12-20 所示，控制盘随着鼠标一起移动，在控制盘中选择某项显示命令，并按住鼠标左键，移动鼠标，图形对象进行相应的显示变化。单击控制盘上的 ⌄ 按钮，系统打开如图 12-21 所示的快捷菜单，可以进行相关操作。单击控制盘上的 ✕ 按钮，则关闭控制盘。

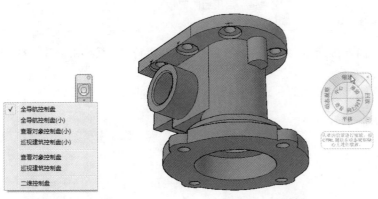

图 12-19　Steeringwheels 下拉菜单　　　图 12-20　控制盘　　　图 12-21　快捷菜单

12.2.3　相机

相机是 AutoCAD 提供的另外一种三维动态观察功能。相机与动态观察的不同之处在于：动态观察是视点相对对象位置发生变化，相机观察是视点相对对象位置不发生变化。

1．创建相机

【执行方式】

☑　　命令行：CAMERA。

☑　　菜单栏：选择菜单栏中的"视图"→"创建相机"命令。

☑　　功能区：单击"可视化"选项卡"相机"面板中的"创建相机"按钮📷（如图 12-22 所示）。

图 12-22　"相机"面板

【操作步骤】

```
命令: CAMERA
当前相机设置: 高度=0 镜头长度=50 毫米
指定相机位置: (指定位置)
指定目标位置: (指定位置)
输入选项 [?/名称(N)/位置(LO)/高度(H)/坐标(T)/镜头(LE)/剪裁(C)/视图(V)/退出(X)] <退出>:
```

设置完毕后，界面出现一个相机符号，表示创建了一个相机。

【选项说明】

（1）位置(LO)：指定相机的位置。

（2）高度(H)：更改相机的高度。

（3）坐标(T)：指定相机的目标。

（4）镜头(LE)：更改相机的焦距。

（5）剪裁(C)：定义前后剪裁平面并设置它们的值。选择该选项，系统提示与操作如下。

```
是否启用前向剪裁平面？ [是(Y)/否(N)] <否>: (指定"是"启用前向剪裁)
指定从坐标平面的后向剪裁平面偏移 <0>: (输入距离)
```

是否启用后向剪裁平面？ [是(Y)/否(N)] <否>: （指定"是"启用后向剪裁）
指定从坐标平面的后向剪裁平面偏移 <0>: （输入距离）

剪裁范围内的对象不可见，如图 12-23 所示为设置剪裁平面后单击相机符号，系统显示对应的相机预览视图。

（6）视图(V)：设置当前视图以匹配相机设置。选择该选项，系统提示与操作如下。

是否切换到相机视图？ [是(Y)/否(N)] <否>

2. 调整距离

【执行方式】

☑ 命令行：3DDISTANCE。
☑ 菜单栏：选择菜单栏中的"视图"→"相机"→"调整视距"命令。
☑ 快捷菜单：启用交互式三维视图后，在视口中右击，在弹出的快捷菜单中选择"调整视距"命令。
☑ 工具栏：单击"相机调整"工具栏中的"调整视距"按钮或单击"三维导航"工具栏中的"调整视距"按钮。

【操作步骤】

命令: 3DDISTANCE↙
按 Esc 键或 Enter 键退出，或者右击显示快捷菜单

执行该命令后，系统将光标更改为具有上箭头和下箭头的直线。单击并向屏幕顶部垂直拖动光标使相机靠近对象，从而使对象显示得更大。单击并向屏幕底部垂直拖动光标使相机远离对象，从而使对象显示得更小，如图 12-24 所示。

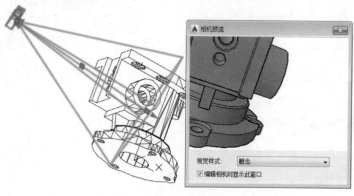

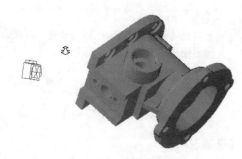

图 12-23 相机及其对应的相机预览

图 12-24 调整距离

3. 回旋

【执行方式】

☑ 命令行：3DSWIVEL。
☑ 菜单栏：选择菜单栏中的"视图"→"相机"→"回旋"命令。
☑ 快捷菜单：启用交互式三维视图后，在视口中右击，在弹出的快捷菜单中选择"回旋"命令。
☑ 工具栏：单击"相机调整"工具栏中的"回旋"按钮或单击"三维导航"工具栏中的"回旋"

按钮。

【操作步骤】

命令: 3DSWIVEL↙
按 Esc 键或 Enter 键退出，或者右击显示快捷菜单

执行该命令后，系统在拖动方向上模拟平移相机，查看的目标将更改。可以沿 XY 平面或 Z 轴回旋视图，如图 12-25 所示。

12.2.4　漫游和飞行

使用漫游和飞行功能，可以产生一种在 XY 平面行走或飞越视图的观察效果。

1．漫游

【执行方式】

图 12-25　回旋

- ☑　命令行：3DWALK。
- ☑　菜单栏：选择菜单栏中的"视图"→"漫游和飞行"→"漫游"命令。
- ☑　快捷菜单：启用交互式三维视图后，在视口中右击，在弹出的快捷菜单中选择"漫游"命令。
- ☑　工具栏：单击"漫游和飞行"工具栏中的"漫游"按钮 或单击"三维导航"工具栏中的"漫游"按钮 。

【操作步骤】

命令: 3DWALK↙

执行该命令后，系统在当前视口中激活漫游模式，在当前视图上显示一个绿色的十字形表示当前漫游位置，同时系统打开"定位器"选项板。在键盘上使用 4 个箭头键或 W（前）、A（左）、S（后）、D（右）键和鼠标来确定漫游的方向。要指定视图的方向，请沿要进行观察的方向拖动鼠标，也可以直接通过定位器调节目标指示器设置漫游位置，如图 12-26 所示。

2．飞行

【执行方式】

- ☑　命令行：3DFLY。
- ☑　菜单栏：选择菜单栏中的"视图"→"漫游和飞行"→"飞行"命令。
- ☑　快捷菜单：启用交互式三维视图后，在视口中右击，在弹出的快捷菜单中选择"飞行"命令。
- ☑　工具栏：单击"漫游和飞行"工具栏中的"飞行"按钮 或单击"三维导航"工具栏中的"飞行"按钮 。

【操作步骤】

命令: 3DFLY↙

执行该命令后，系统在当前视口中激活飞行模式，同时系统打开"定位器"选项板。可以离开 XY 平面，

就像在模型中飞越或环绕模型飞行一样。在键盘上使用 4 个箭头键或 W（前）、A（左）、S（后）、D（右）键和鼠标来确定飞行的方向，如图 12-27 所示。

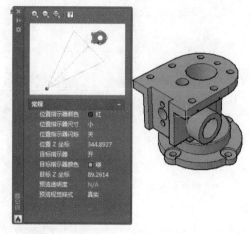

图 12-26　漫游设置

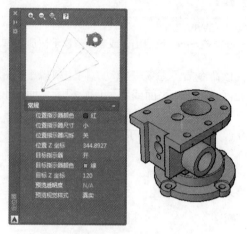

图 12-27　飞行设置

3．漫游和飞行设置

【执行方式】

- ☑　命令行：WALKFLYSETTINGS。
- ☑　菜单栏：选择菜单栏中的"视图"→"漫游和飞行"→"漫游和飞行设置"命令。
- ☑　快捷菜单：启用交互式三维视图后，在视口中右击，在弹出的快捷菜单中选择"飞行"命令。
- ☑　工具栏：单击"漫游和飞行"工具栏中的"漫游和飞行设置"按钮或单击"三维导航"工具栏中的"漫游和飞行设置"按钮。

【操作步骤】

命令: WALKFLYSETTINGS✓

执行该命令后，系统打开"漫游和飞行设置"对话框，如图 12-28 所示，可以通过该对话框设置漫游和飞行的相关参数。

12.2.5　运动路径动画

使用运动路径动画功能，可以设置观察的运动路径，并输出运动观察过程动画文件。

图 12-28　"漫游和飞行设置"对话框

【执行方式】

- ☑　命令行：ANIPATH。
- ☑　菜单栏：选择菜单栏中的"视图"→"运动路径动画"命令。

【操作步骤】

命令: ANIPATH✓

执行该命令后，系统打开"运动路径动画"对话框，如图 12-29 所示。其中的"相机"和"目标"选项组分别有"点"和"路径"两个单选按钮，可以分别设置相机或目标为点或路径。如图 12-29 所示，设置"相机"为"路径"，单击 ⊕ 按钮，选择图 12-30 中左边的样条曲线为路径。设置"将目标链接至"为"点"，单击 ⊕ 按钮，选择图 12-30 中右边的实体上一点为目标点。"动画设置"选项组中"角减速"表示相机转弯时，以较低的速率移动相机。"反向"表示反转动画的方向。

设置好各个参数后，单击"确定"按钮，系统生成动画，同时给出动画预览，如图 12-31 所示，可以使用各种播放器播放产生的动画。

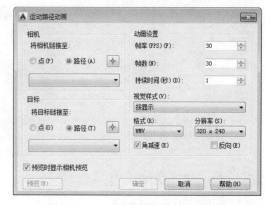

图 12-29　"运动路径动画"对话框

图 12-30　路径和目标

图 12-31　动画预览

12.2.6　控制盘

在 AutoCAD 2015 中，使用该功能可以方便地观察图形对象。

【执行方式】

- ☑ 命令行：NAVSWHEEL。
- ☑ 菜单栏：选择菜单栏中的"视图"→SteeringWheels 命令。
- ☑ 工具栏：单击"导航栏"中的 SteeringWheels 下拉菜单（如图 12-32 所示）。

【操作步骤】

命令: NAVSWHEEL↙

执行该命令后，控制盘显示控制盘，如图 12-33 所示，控制盘随着鼠标一起移动，在控制盘中选择某项显示命令，并按住鼠标左键，移动鼠标，则图形对象进行相应的显示变化。单击控制盘上的 ⊙ 按钮，系统打开如图 12-34 所示的快捷菜单，可以进行相关操作。单击控制盘上的 ✕ 按钮，则关闭控制盘。

图 12-32　SteeringWheels 下拉菜单

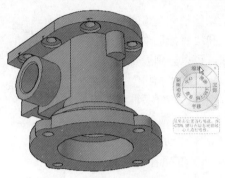

图 12-33　控制盘

图 12-34　快捷菜单

12.2.7　运动显示器

在 AutoCAD 2015 中，使用该功能可以建立运动。

【执行方式】

☑　命令行：NAVSMOTION。

☑　菜单栏：选择菜单栏中的"视图"→ShowMotion 命令。

【操作步骤】

命令: NAVSMOTION↙

执行上面的命令后，系统打开"运动显示器"工具栏，如图 12-35 所示。单击其中的 按钮，系统打开"新建视图/快照特性"对话框，如图 12-36 所示，对其中各项特性进行设置后，即可建立一个运动。

图 12-37 为设置建立运动后的界面，图 12-38 为单击"运动显示器"工具栏中的 按钮，然后执行动作后的结果界面。

图 12-35　"运动显示器"工具栏

图 12-36　"新建视图/快照特性"对话框

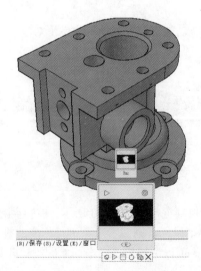

图 12-37　建立运动后的界面

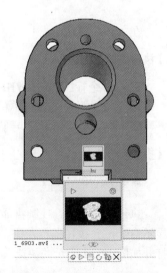

图 12-38　执行运动后的界面

12.3　显 示 形 式

在 AutoCAD 中，三维实体有多种显示形式，包括二维线框、三维线框、三维消隐、真实、概念、消隐显示等。

【预习重点】

☑　观察模型不同的显示形式。

12.3.1　消隐

【执行方式】

☑　命令行：HIDE（快捷命令：HI）。
☑　菜单栏：选择菜单栏中的"视图"→"消隐"命令。
☑　工具栏：单击"渲染"工具栏中的"隐藏"按钮 📷。
☑　功能区：单击"视图"选项卡"视觉样式"面板中的"隐藏"按钮 📷（如图 12-39 所示）。

图 12-39　"视觉样式"面板

【操作步骤】

命令: HIDE✓

执行上述操作后，系统将被其他对象挡住的图线隐藏起来，以增强三维视觉效果，如图 12-40 所示。

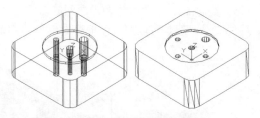

图 12-40　消隐效果

12.3.2　视觉样式

【执行方式】

☑　命令行：VSCURRENT。
☑　菜单栏：选择菜单栏中的"视图"→"视觉样式"→"二维线框"命令。
☑　工具栏：单击"视觉样式"工具栏中的"二维线框"按钮 📷。
☑　功能区：单击"视图"选项卡"视觉样式"面板中的"视觉样式"下拉菜单（如图 12-41 所示）。

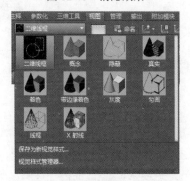

图 12-41　"视觉样式"下拉菜单

【操作步骤】

命令:VSCURRENT✓
输入选项 [二维线框(2)/线框(W)/隐藏(H)/真实(R)/概念(C)/着色(S)/带边缘着色(E)/灰度(G)/勾画(SK)/X 射线(X)/其他(O)] <二维线框>:

【选项说明】

（1）二维线框(2)：用直线和曲线表示对象的边界。光栅和 OLE 对象、线型和线宽都是可见的。即使将 COMPASS 系统变量的值设置为 1，它也不会出现在二维线框视图中。如图 12-42 所示为 UCS 坐标和手柄二维线框图。

（2）线框(W)：显示对象时利用直线和曲线表示边界。显示一个已着色的三维 UCS 图标。光栅和 OLE 对象、线型及线宽不可见。可将 COMPASS 系统变量设置为 1 来查看坐标球，将显示应用到对象的材质颜色。如图 12-43 所示为 UCS 坐标和手柄三维线框图。

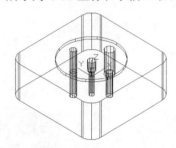
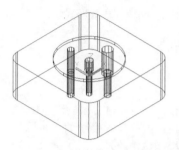

图 12-42　UCS 坐标和手柄的二维线框图　　　　图 12-43　UCS 坐标和手柄的三维线框图

（3）隐藏(H)：显示用三维线框表示的对象并隐藏表示后向面的直线。如图 12-44 所示为 UCS 坐标和手柄的消隐图。

（4）真实(R)：着色多边形平面间的对象，并使对象的边平滑化。如果已为对象附着材质，将显示已附着到对象材质。如图 12-45 所示为 UCS 坐标和手柄的真实图。

（5）概念(C)：着色多边形平面间的对象，并使对象的边平滑化。着色使用冷色和暖色之间的过渡，效果缺乏真实感，但是可以更方便地查看模型的细节。如图 12-46 所示为 UCS 坐标和手柄的概念图。

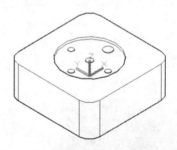

图 12-44　UCS 坐标和手柄的消隐图　　图 12-45　UCS 坐标和手柄的真实图　　图 12-46　UCS 坐标和手柄的概念图

（6）着色(S)：产生平滑的着色模型。

（7）带边缘着色(E)：产生平滑、带有可见边的着色模型。

（8）灰度(G)：使用单色面颜色模式可以产生灰色效果。

（9）勾画(SK)：使用外伸和抖动产生手绘效果。

（10）X 射线(X)：更改面的不透明度使整个场景变成部分透明。

（11）其他(O)：选择该选项，命令行提示与操作如下。

输入视觉样式名称 [?]:

可以输入当前图形中的视觉样式名称或输入"?"，以显示名称列表并重复该提示。

12.3.3 视觉样式管理器

【执行方式】

- ☑ 命令行：VISUALSTYLES。
- ☑ 菜单栏：选择菜单栏中的"视图"→"视觉样式"→"视觉样式管理器"命令或"工具"→"选项板"→"视觉样式"命令。
- ☑ 工具栏：单击"视觉样式"工具栏中的"管理视觉样式"按钮 。
- ☑ 功能区：单击"视图"选项卡"视觉样式"面板上"视觉样式"下拉菜单中的"视觉样式管理器"按钮或单击"视图"选项卡"视觉样式"面板中的"对话框启动器"按钮或单击"视图"选项卡"选项板"面板中的"视觉样式"按钮 。

【操作步骤】

命令: VISUALSTYLES✓

执行上述操作后，系统打开"视觉样式管理器"选项板，可以对视觉样式的各参数进行设置，如图 12-47 所示。如图 12-48 所示为按图 12-47 所示进行设置的概念图显示结果，读者可以与图 12-46 进行比较，感觉它们之间的差别。

图 12-47 "视觉样式管理器"选项板

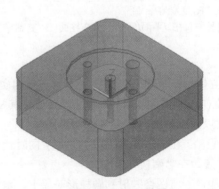

图 12-48 显示结果

12.4 渲 染 实 体

渲染是对三维图形对象加上颜色和材质因素，或灯光、背景、场景等因素的操作，能够更真实地表达图形的外观和纹理。渲染是输出图形前的关键步骤，尤其是在效果图的设计中。

【预习重点】

☑ 练习贴图、材质命令。

☑ 练习渲染命令。

☑ 对比渲染前后实体模型。

12.4.1 贴图

贴图的功能是在实体附着带纹理的材质后，调整实体或面上纹理贴图的方向。当材质被映射后，调整材质以适应对象的形状，将合适的材质贴图类型应用到对象中，可以使之更加适合于对象。

【执行方式】

☑ 命令行：MATERIALMAP。

☑ 菜单栏：选择菜单栏中的"视图"→"渲染"→"贴图"命令（如图 12-49 所示）。

☑ 工具栏：单击"渲染"工具栏中的"平面贴图"按钮（如图 12-50 所示）或"贴图"工具栏中的按钮（如图 12-51 所示）。

图 12-49　贴图子菜单

图 12-50　"渲染"工具栏　　　图 12-51　"贴图"工具栏

【操作步骤】

命令: MATERIALMAP↙
选择选项[长方体(B)/平面(P)/球面(S)/柱面(C)/复制贴图至(Y)/重置贴图(R)] <长方体>:

【选项说明】

（1）长方体(B)：将图像映射到类似长方体的实体上。该图像将在对象的每个面上重复使用。

（2）平面(P)：将图像映射到对象上，就像将其从幻灯片投影器投影到二维曲面上一样，图像不会失真，但是会被缩放以适应对象。该贴图最常用于面。

（3）球面(S)：在水平和垂直两个方向上同时使图像弯曲。纹理贴图的顶边在球体的"北极"压缩为一个点；同样，底边在"南极"压缩为一个点。

（4）柱面(C)：将图像映射到圆柱形对象上，水平边将一起弯曲，但顶边和底边不会弯曲。图像的高度将沿圆柱体的轴进行缩放。

（5）复制贴图至(Y)：将贴图从原始对象或面应用到选定对象。

（6）重置贴图(R)：将 UV 坐标重置为贴图的默认坐标。

12.4.2 材质

自 AutoCAD 2015 版本开始，附着材质的方式与以前版本有很大的不同，分为"材质浏览器"和"材质编辑器"两种编辑方式。

1. 附着材质

【执行方式】

- ☑　命令行：RMAT。
- ☑　命令行：MATBROWSEROPEN。
- ☑　菜单栏：选择菜单栏中的"视图"→"渲染"→"材质浏览器"命令。
- ☑　工具栏：单击"渲染"工具栏中的"材质浏览器"按钮 。
- ☑　功能区：单击"视图"选项卡"选项板"面板中的"材质浏览器"按钮 （如图 12-52 所示）或单击"可视化"选项卡"材质"面板中的"材质浏览器"按钮 （如图 12-53 所示）。

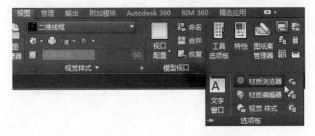

图 12-52　"选项板"面板　　　　　图 12-53　"材质"面板

【操作步骤】

将常用的材质都集成到工具选项板中，如图 12-54 所示。具体附着材质的步骤如下。

选择需要的材质类型，直接拖动到对象上，如图 12-55 所示。这样材质就附着了。当将视觉样式转换成"真实"时，显示出附着材质后的图形，如图 12-56 所示。

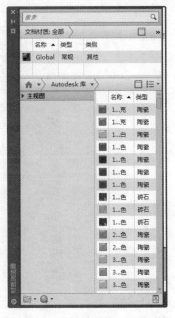

图 12-54　"材质浏览器"选项板

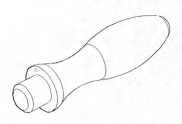

图 12-55　指定对象

图 12-56　附着材质后

2．设置材质

【执行方式】

- ☑ 命令行：RMAT。
- ☑ 命令行：MATEDITOROPEN。
- ☑ 菜单栏：选择菜单栏中的"视图"→"渲染"→"材质编辑器"命令。
- ☑ 工具栏：单击"渲染"工具栏中的"材质编辑器"按钮 。
- ☑ 功能区：单击"视图"选项卡"选项板"面板中的"材质编辑器"按钮 。

【操作步骤】

执行上述操作后，系统打开如图 12-57 所示的"材质编辑器"选项板。通过该选项板，可以对材质的有关参数进行设置。

12.4.3　渲染

1．高级渲染设置

【执行方式】

- ☑ 命令行：RPREF（快捷命令：RPR）。
- ☑ 菜单栏：选择菜单栏中的"视图"→"渲染"→"高级渲染设置"命令。
- ☑ 工具栏：单击"渲染"工具栏中的"高级渲染设置"按钮 。
- ☑ 功能区：单击"视图"选项卡"选项板"面板中的"渲染"按钮 （如图 12-58 所示）。

【操作步骤】

执行上述操作后，系统打开如图 12-59 所示的"高级渲染设置"选项板。通过该选项板，可以对渲染的有关参数进行设置。

图 12-57　"材质编辑器"选项板

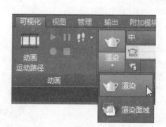

图 12-58　"渲染"下拉菜单

图 12-59　"高级渲染设置"选项板

2. 渲染

【执行方式】

- ☑　命令行: RENDER(快捷命令: RR)。
- ☑　菜单栏: 选择菜单栏中的"视图"→"渲染"→"渲染"命令。
- ☑　工具栏: 单击"渲染"工具栏中的"渲染"按钮。
- ☑　功能区: 单击"可视化"选项卡"渲染"面板上"渲染"下拉菜单中的"渲染"按钮(如图 12-60 所示)。

图 12-60　"渲染"下拉菜单

【操作步骤】

执行上述操作后,系统打开如图 12-61 所示的"渲染"对话框,显示渲染结果和相关参数。

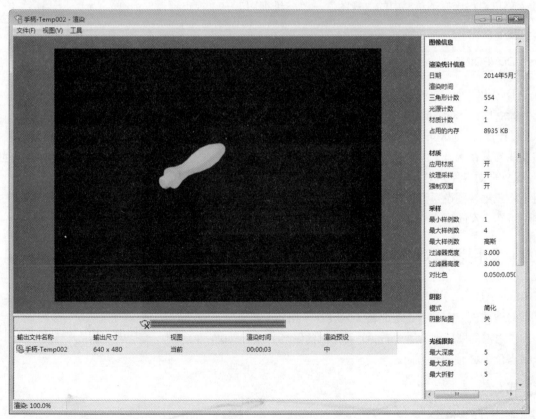

图 12-61　"渲染"对话框

12.5 视 点 设 置

对三维造型而言，不同的角度和视点观察的效果完全不同，所谓"横看成岭侧成峰"。为了以合适的角度观察物体，需要设置观察的视点。AutoCAD 为用户提供了相关的方法。

【预习重点】

- ☑ 了解视点预设应用范围。
- ☑ 练习如何设置观察视点。

12.5.1 利用对话框设置视点

AutoCAD 提供了"视点预置"功能，帮助读者事先设置观察视点。具体操作方法如下。

【执行方式】

- ☑ 命令行：DDVPOINT。
- ☑ 菜单栏：选择菜单栏中的"视图"→"三维视图"→"视点预设"命令。

【操作步骤】

命令: DDVPOINT↙

执行 DDVPOINT 命令或选择相应的菜单，AutoCAD 弹出"视点预设"对话框，如图 12-62 所示。

在"视点预设"对话框中，左侧的图形用于确定视点和原点的连线在 XY 平面的投影与 X 轴正方向的夹角；右侧的图形用于确定视点和原点的连线与其在 XY 平面的投影的夹角。用户也可以在"自：X 轴"和"自：XY 平面"两个文本框中输入相应的角度。"设置为平面视图"按钮用于将三维视图设置为平面视图。用户设置好视点的角度后，单击"确定"按钮，AutoCAD 2015 按该点显示图形。

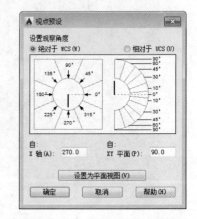

图 12-62 "视点预设"对话框

12.5.2 利用罗盘确定视点

在 AutoCAD 中，用户可以通过罗盘和三轴架确定视点。罗盘是以二维显示的地球仪，它的中心是北极（0,0,1），相当于视点位于 Z 轴的正方向；内部的圆环为赤道（n,n,0）；外部的圆环为南极（0,0,-1），相当于视点位于 Z 轴的负方向。

【执行方式】

- ☑ 命令行：VPOINT。
- ☑ 菜单栏：选择菜单栏中的"视图"→"三维视图"→"视点"命令。

【操作步骤】

命令行提示与操作如下：

命令: VPOINT
当前视图方向：　VIEWDIR=0.0000,0.0000,1.0000
指定视点或 [旋转(R)] <显示指南针和三轴架>：

图 12-63　罗盘和三轴架

"显示指南针和三轴架"是系统默认的选项，直接按 Enter 键即执行<显示坐标球和三轴架>命令，AutoCAD 出现如图 12-63 所示的罗盘和三轴架。

在图 12-63 中，罗盘相当于球体的俯视图，十字光标表示视点的位置。确定视点时，拖动鼠标使光标在坐标球移动时，三轴架的 X、Y 轴也会绕 Z 轴转动。三轴架转动的角度与光标在坐标球上的位置相对应，光标位于坐标球的不同位置，对应的视点也不相同。当光标位于内环内部时，相当于视点在球体的上半球；当光标位于内环与外环之间时，相当于视点在球体的下半球。用户根据需要确定好视点的位置后按 Enter 键，AutoCAD 按该视点显示三维模型。

12.6　基本三维绘制

在三维图形中，有一些最基本的图形元素，它们是组成三维图形的最基本要素。下面依次进行讲解。

【预习重点】

☑　熟练掌握基本三维的绘制方法。

12.6.1　绘制三维点

点是图形中最简单的单元。前面已经学过二维点的绘制方法，三维点的绘制方法与二维类似，下面简要讲述。

【执行方式】

☑　命令行：POINT。
☑　菜单栏：选择菜单栏中的"绘图"→"点"命令。
☑　工具栏：单击"绘图"工具栏中的"点"按钮⊠。
☑　功能区：单击"默认"选项卡"绘图"面板中的"多点"按钮⊠。

【操作步骤】

命令: POINT↙
当前点模式：　PDMODE=0　PDSIZE=0.0000
指定点：

另外，绘制三维直线、构造线和样条曲线时，具体绘制方法与二维相似，不再赘述。

12.6.2　绘制三维多段线

在前面学习过二维多段线，三维多段线与二维多段线类似，也是由具有宽度的线段和圆弧组成。只是这些线段和圆弧是空间的。下面具体讲述其绘制方法。

【执行方式】

☑　命令行：3DPLOY。

☑　菜单栏：选择菜单栏中的"绘图"→"三维多段线"命令。

☑　功能区：单击"默认"选项卡"绘图"面板中的"三维多段线"按钮 。

【操作步骤】

命令: 3DPLOY↙
指定多段线的起点:（指定某一点或者输入坐标点）
指定直线的端点或 [放弃(U)]:（指定下一点）

12.6.3　绘制三维面

三维面是指以空间 3 个点或 4 个点组成一个面。可以通过任意指点 3 点或 4 点来绘制三维面。下面具体讲述其绘制方法。

【执行方式】

☑　命令行：3DFACE（快捷命令：3F）。

☑　菜单栏：选择菜单栏中的"绘图"→"建模"→"网格"→"三维面"命令。

【操作步骤】

命令: 3DFACE↙
指定第一点或 [不可见(I)]: 指定某一点或输入 I

【选项说明】

（1）指定第一点：输入某一点的坐标或用鼠标确定某一点，以定义三维面的起点。在输入第一点后，可按顺时针或逆时针方向输入其余的点，以创建普通三维面。如果在输入 4 点后按 Enter 键，则以指定第 4 点生成一个空间的三维平面。如果在提示下继续输入第二个平面上的第 3 点和第 4 点坐标，则生成第二个平面。该平面以第一个平面的第 3 点和第 4 点作为第二个平面的第一点和第二点，创建第二个三维平面。继续输入点可以创建用户要创建的平面，按 Enter 键结束。

（2）不可见(I)：控制三维面各边的可见性，以便创建有孔对象的正确模型。如果在输入某一边之前输入"I"，则可以使该边不可见。如图 12-64 所示为创建一长方体时某一边使用 I 命令和不使用 I 命令的视图比较。

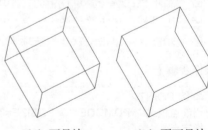

（a）可见边　　　　（b）不可见边

图 12-64　"不可见"命令选项视图比较

12.6.4　绘制多边网格面

在 AutoCAD 中，可以指定多个点来组成空间平面，下面简要介绍其具体方法。

【执行方式】

☑　命令行：PFACE。

【操作步骤】

命令: PFACE↙
为顶点 1 指定位置: 输入点 1 的坐标或指定一点
为顶点 2 或 <定义面> 指定位置: 输入点 2 的坐标或指定一点
… …
为顶点 n 或 <定义面> 指定位置: 输入点 N 的坐标或指定一点

在输入最后一个顶点的坐标后，在提示下直接按 Enter 键，命令行提示与操作如下。

输入顶点编号或 [颜色(C)/图层(L)]: 输入顶点编号或输入选项

输入平面上顶点的编号后，根据指定的顶点序号，AutoCAD 会生成一平面。当确定了一个平面上的所有顶点之后，在提示状态下按 Enter 键，AutoCAD 则指定另外一个平面上的顶点。

12.6.5　绘制三维网格

在 AutoCAD 中，可以指定多个点来组成三维网格，这些点按指定的顺序来确定其空间位置。下面简要介绍其具体方法。

【执行方式】

☑　命令行：3DMESH。

【操作步骤】

命令: 3DMESH↙
输入 M 方向上的网格数量: 输入 2～256 之间的值
输入 N 方向上的网格数量: 输入 2～256 之间的值
指定顶点(0,0)的位置: 输入第一行第一列的顶点坐标
指定顶点(0,1)的位置: 输入第一行第二列的顶点坐标
指定顶点(0,2)的位置: 输入第一行第三列的顶点坐标
…
指定顶点(0,N-1)的位置: 输入第一行第 N 列的顶点坐标
指定顶点(1, 0)的位置: 输入第二行第一列的顶点坐标
指定顶点(1, 1)的位置: 输入第二行第二列的顶点坐标
…
指定顶点(1, N-1)的位置: 输入第二行第 N 列的顶点坐标
…
指定顶点(M-1, N-1)的位置: 输入第 M 行第 N 列的顶点坐标

如图 12-65 所示为绘制的三维网格表面。

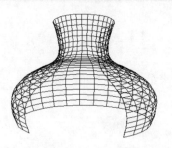

图 12-65　三维网格表面

12.6.6　绘制三维螺旋线

【执行方式】

☑　命令：HELIX。
☑　菜单栏：选择菜单栏中的"绘图"→"螺旋"命令。
☑　工具栏：单击"建模"工具栏中的"螺旋"按钮▤。
☑　功能区：单击"默认"选项卡"绘图"面板中的"螺旋"按钮▤。

【操作步骤】

命令: HELIX↙
圈数 = 3.000 0　　　　扭曲=CCW（螺旋线的当前设置）
指定底面的中心点：（指定螺旋线底面的中心点。该底面与当前 UCS 或动态 UCS 的 XY 面平行）
指定底面半径或 [直径(D)]:（输入螺旋线的底面半径或通过"直径(D)"选项输入直径）
指定顶面半径或 [直径(D)]:（输入螺旋线的顶面半径或通过"直径(D)"选项输入直径）
指定螺旋高度或 [轴端点(A)/圈数(T)/圈高(H)/扭曲(W)]:

【选项说明】

（1）指定螺旋高度：指定螺旋线的高度。执行该选项，即输入高度值后按 Enter 键，即可绘制出对应的螺旋线。

📢 提示

> 可以通过拖曳的方式动态确定螺旋线的各尺寸。

（2）轴端点(A)：确定螺旋线轴的另一端点位置。执行该选项，AutoCAD 提示如下。

指定轴端点:

在此提示下指定轴端点的位置即可。指定轴端点后，所绘螺旋线的轴线沿螺旋线底面中心点与轴端点的连线方向，即螺旋线底面不再与 UCS 的 XY 面平行。

（3）圈数(T)：设置螺旋线的圈数（默认值为3，最大值为500）。执行该选项，AutoCAD 提示如下。

输入圈数:

在此提示下输入圈数值即可。

（4）圈高(H)：指定螺旋线一圈的高度（即圈间距，又称为节距，指螺旋线旋转一圈后，沿轴线方向移动的距离）。执行该选项，AutoCAD 提示如下。

指定圈间距：

根据提示响应即可。

（5）扭曲(W)：确定螺旋线的旋转方向（即旋向）。执行该选项，AutoCAD 提示如下。

输入螺旋的扭曲方向 [顺时针(CW)/逆时针(CCW)] <CCW>：

根据提示响应即可。

如图 12-66 所示为底面半径为 50，顶面半径为 30，高度为 60 的螺旋线。

图 12-66　螺旋线

12.7　综合演练——观察阀体三维模型

本实例观察的阀体三维模型如图 12-67 所示。

☆ 手把手教你学

熟悉了基本的三维观察模式之后，下面将通过实际的案例来进一步熟悉这些三维观察功能。本实例需要创建 UCS 坐标、设置视点、使用动态观察命令观察阀体等，这些都是在 AutoCAD 三维造型中必须要掌握和运用的基本方法和步骤。

图 12-67　观察阀体三维模型

【操作步骤】

（1）打开图形文件"阀体.dwg"，选择配套光盘中的"源文件\第 12 章\阀体.dwg"文件，单击"打开"按钮，或双击该文件名，即可将该文件打开。

（2）运用"视觉样式"隐藏实体中不可见的图线，选择菜单栏中的"视图"→"视觉样式"→"消隐"命令。此时，命令行显示为"输入选项 [二维线框(2)/线框(W)/隐藏(H)/真实(R)/概念(C)/着色(S)/带边缘着色(E)/灰度(G)/勾画(SK)/X 射线(X)/其他(O)] <真实>：_H"。

（3）坐标设置。

打开 UCS 图标显示并创建 UCS 坐标系，将 UCS 坐标系原点设置在阀体的上端顶面中心点上。

① 选择菜单栏中的"视图"→"显示"→"UCS 图标/开"命令，若选择"开"则屏幕显示图标，否则隐藏图标。

② 在命令行中输入"UCS"命令，根据系统提示选择阀体顶面圆的圆心后按 Enter 键，将坐标系原点设置到阀体的上端顶面中心点。

③ 在命令行中输入"UCSICON"命令，可打开或关闭坐标系显示，结果如图 12-68 所示。

（4）设置三维视点。

① 选择菜单栏中的"视图"→"三维视图"→"视点"命令，打开坐标轴和三轴架图，如图 12-69 所示。

② 在命令行提示下选择坐标球上一点作为视点图。在坐标球上使用鼠标移动十字光标，同时三轴架根据坐标指示的观察方向旋转。

（5）选择菜单栏中的"视图"→"动态观察"→"自由动态观察"命令，此时，绘图区显示图标，如图 12-70 所示。使用鼠标移动视图，将阀体移动到合适的位置，如图 12-71 所示。

图 12-68　UCS 移到顶面结果

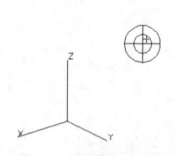

图 12-69　坐标轴和三轴架图

图 12-70　显示图标

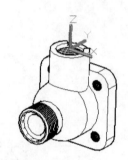

图 12-71　转动阀体

12.8　名师点拨——透视立体模型

1．鼠标中键的用法

（1）Ctrl+鼠标中键可以实现类似其他软件的游动漫游。

（2）双击鼠标中键相当于 ZOOM E。

2．如何设置视点

在视点预置对话框中，如果选用了相对于 UCS 的选择项，关闭对话框，再执行 VPOINT 命令时，系统默认为相对于当前的 UCS 设置视点。其中，视点只确定观察的方向，没有距离的概念。

3．网格面绘制技巧

如果在顶点的序号前加负号，则生成的多边形网格面的边界不可见。系统变量 SPLFRAME 控制不可见边界的显示。如果变量值非 0，不可见边界变成可见，而且能够进行编辑。如果变量值为 0，则保持边界的不可见性。

4．三维坐标系显示设置

在三维视图中用动态观察器旋转模型，以不同角度观察模型，单击"西南等轴测"按钮，返回原坐标系；单击"前视""后视""左视""右视"等按钮，观察模型后，再单击"西南等轴测"按钮，坐标系发生变化。

12.9　上机实验

利用三维动态观察器观察如图 12-72 所示的泵盖图形。

1. 目的要求

为了更清楚地观察三维图形，了解三维图形各部分各方位的结构特征，需要从不同视角观察三维图形，利用三维动态观察器能够方便地对三维图形进行多方位观察。通过本练习，要求读者掌握从不同视角观察物体的方法。

2．操作提示

（1）打开三维动态观察器。

（2）灵活利用三维动态观察器的各种工具进行动态观察。

图 12-72　泵盖

12.10　模拟考试

（1）在对三维模型进行操作错误的是（　　　）。

　　A．消隐指的是显示用三维线框表示的对象并隐藏表示后向面的直线

　　B．在三维模型使用着色后，使用"重画"命令可停止着色图形以网格显示

　　C．用于着色操作的工具条名称是视觉样式

　　D．SHADEMODE 命令配合参数实现着色操作

（2）在 SteeringWheels 控制盘中，单击动态观察选项，可以围绕轴心进行动态观察，动态观察的轴心使用鼠标加（　　　）键可以调整。

　　A．Shift　　　　　　B．Ctrl　　　　　　C．Alt　　　　　　D．Tab

（3）VIEWCUBE 默认放置在绘图窗口的（　　　）位置。

　　A．右上　　　　　　B．右下　　　　　　C．左上　　　　　　D．左下

（4）按如下要求创建螺旋体实体，然后计算其体积。其中螺旋线底面直径是 100，顶面的直径是 50，螺距是 5，圈数是 10，丝径直径是（　　　）。

　　A．968.34　　　　　B．16657.68　　　　C．25678.35　　　　D．69785.32

（5）用 VPOINT 命令，输入视点坐标（–1,–1,1）后，结果同以下哪个三维视图？（　　　）

　　A．西南等轴测　　　B．东南等轴测　　　C．东北等轴测　　　D．西北等轴测

（6）UCS 图标默认样式中，下面哪些说明是不正确的？（　　　）

　　A．三维图标样式　　　　　　　　　　　B．线宽为 0

　　C．模型空间的图标颜色为白　　　　　　D．布局选项卡图标颜色为 160

（7）利用动态观测器观察 C:\Program Files\AutoCAD 2015\Sample\Welding Fixture Model 图形。

第13章

基本三维造型绘制

　　本章主要介绍不同三维造型的绘制方法，具体内容包括长方体、圆柱体等基本三维网格的绘制，直纹、平移等三维网格的绘制，长方体、圆柱体等三维实体的绘制，三维曲面的绘制和布尔运算符。

13.1 绘制基本三维网格

三维基本图元与三维基本形体表面类似，有长方体表面、圆柱体表面、棱锥面、楔体表面、球面、圆锥面、圆环面等。

【预习重点】

☑ 对比三维网格与三维实体模型。
☑ 练习网格长方体应用。

13.1.1 绘制网格长方体

【执行方式】

☑ 命令行：MESH。
☑ 菜单栏：选择菜单栏中的"绘图"→"建模"→"网格"→"图元"→"长方体(B)"命令。
☑ 工具栏：单击"平滑网格图元"工具栏中的"网格长方体"按钮▣。
☑ 功能区：单击"三维工具"选项卡"建模"面板中的"网格长方体"按钮▣。

【操作步骤】

命令: MESH
当前平滑度设置为: 0
输入选项 [长方体(B)/圆锥体(C)/圆柱体(CY)/棱锥体(P)/球体(S)/楔体(W)/圆环体(T)/设置(SE)] <长方体>:B
指定第一个角点或 [中心(C)]:
指定其他角点或 [立方体(C)/长度(L)]:
指定高度或 [两点(2P)] <15>:

【选项说明】

（1）指定第一个角点：设置网格长方体的第一个角点。
（2）中心：设置网格长方体的中心。
（3）立方体：将长方体的所有边设置为长度相等。
（4）宽度：设置网格长方体沿 Y 轴的宽度。
（5）高度：设置网格长方体沿 Z 轴的高度。
（6）两点（高度）：基于两点之间的距离设置高度。

其他基本三维网格的绘制方法与长方体网格类似，这里不再赘述。

13.1.2 绘制网格圆锥体

【执行方式】

☑ 命令行：MESH。
☑ 菜单栏：选择菜单栏中的"绘图"→"建模"→"网格"→"图元"→"圆锥体(C)"命令。

☑ 工具栏：单击"平滑网格图元"工具栏中的"网格圆锥体"按钮 ▲。
☑ 功能区：单击"三维工具"选项卡"建模"面板中的"网格圆锥体"按钮 ▲。

【操作步骤】

命令: _.MESH
当前平滑度设置为: 0
输入选项 [长方体(B)/圆锥体(C)/圆柱体(CY)/棱锥体(P)/球体(S)/楔体(W)/圆环体(T)/设置(SE)] <圆锥体>: _CONE
指定底面的中心点或[三点(3P)/两点(2P)/切点、切点、半径(T)/椭圆(E)]:
指定底面半径或 [直径(D)]:
指定高度或 [两点(2P)/轴端点(A)/顶面半径(T)] <100.0000>:

【选项说明】

（1）指定底面的中心点：设置网格圆锥体底面的中心点。
（2）三点(3P)：通过指定三点设置网格圆锥体的位置、大小和平面。
（3）两点（直径）：根据两点定义网格圆锥体的底面直径。
（4）切点、切点、半径(T)：定义具有指定半径，且半径与两个对象相切的网格圆锥体的底面。
（5）椭圆(E)：指定网格圆锥体的椭圆底面。
（6）指定底面半径：设置网格圆锥体底面的半径。
（7）指定直径：设置圆锥体的底面直径。
（8）指定高度：设置网格圆锥体沿与底面所在平面垂直的轴的高度。
（9）两点（高度）：通过指定两点之间的距离定义网格圆锥体的高度。
（10）指定轴端点：设置圆锥体的顶点的位置，或圆锥体平截面顶面的中心位置。轴端点的方向可以为三维空间中的任意位置。
（11）指定顶面半径：指定创建圆锥体平截面时圆锥体的顶面半径。

13.1.3 绘制网格圆柱体

【执行方式】

☑ 命令行：MESH。
☑ 菜单栏：选择菜单栏中的"绘图"→"建模"→"网格"→"图元"→"圆柱体(CY)"命令。
☑ 工具栏：单击"平滑网格图元"工具栏中的"网格圆柱体"按钮 ▥。
☑ 功能区：单击"三维工具"选项卡"建模"面板中的"网格圆柱体"按钮 ▥。

【操作步骤】

命令: _MESH
当前平滑度设置为: 0
输入选项 [长方体(B)/圆锥体(C)/圆柱体(CY)/棱锥体(P)/球体(S)/楔体(W)/圆环体(T)/设置(SE)] <圆柱体>:
_CYLINDER
指定底面的中心点或 [三点(3P)/两点(2P)/切点、切点、半径(T)/椭圆(E)]:
指定底面半径或 [直径(D)]:
指定高度或 [两点(2P)/轴端点(A)] <100>:

【选项说明】

（1）指定底面的中心点：设置网格圆柱体底面的中心点。

（2）三点(3P)：通过指定三点设置网格圆柱体的位置、大小和平面。

（3）两点（直径）：通过指定两点设置网格圆柱体底面的直径。

（4）两点（高度）：通过指定两点之间的距离定义网格圆柱体的高度。

（5）切点、切点、半径(T)：定义具有指定半径，且半径与两个对象相切的网格圆柱体的底面。如果指定的条件可生成多种结果，则将使用最近的切点。

（6）椭圆(E)：指定网格圆柱体的椭圆底面。

（7）指定底面半径：设置网格圆柱体底面的半径。

（8）指定直径：设置圆柱体的底面直径。

（9）指定高度：设置网格圆柱体沿与底面所在平面垂直的轴的高度。

（10）指定轴端点：设置圆柱体顶面的位置。轴端点的方向可以为三维空间中的任意位置。

13.1.4　绘制网格棱锥体

【执行方式】

- ☑　命令行：MESH。
- ☑　菜单栏：选择菜单栏中的"绘图"→"建模"→"网格"→"图元"→"棱锥体(P)"命令。
- ☑　工具栏：单击"平滑网格图元"工具栏中的"网格棱锥体"按钮 ▲。
- ☑　功能区：单击"三维工具"选项卡"建模"面板中的"网格棱锥体"按钮 ▲。

【操作步骤】

```
命令: _MESH
当前平滑度设置为: 0
输入选项 [长方体(B)/圆锥体(C)/圆柱体(CY)/棱锥体(P)/球体(S)/楔体(W)/圆环体(T)/设置(SE)] <棱锥体>:
_PYRAMID
4 个侧面    外切
指定底面的中心点或 [边(E)/侧面(S)]:
指定底面半径或 [内接(I)] <50>::
指定高度或 [两点(2P)/轴端点(A)/顶面半径(T)] <100>:
```

【选项说明】

（1）指定底面的中心点：设置网格棱锥体底面的中心点。

（2）边(E)：设置网格棱锥体底面一条边的长度，如指定的两点所指明的长度一样。

（3）侧面(S)：设置网格棱锥体的侧面数，输入3～32之间的正值。

（4）指定底面半径：设置网格棱锥体底面的半径。

（5）内接(I)：指定网格棱锥体的底面是内接的，还是绘制在底面半径内。

（6）指定高度：设置网格棱锥体沿与底面所在的平面垂直的轴的高度。

（7）两点（高度）：通过指定两点之间的距离定义网格棱锥体的高度。

（8）指定轴端点：设置棱锥体顶点的位置，或棱锥体平截面顶面的中心位置。轴端点的方向可以为三维空间中的任意位置。

（9）指定顶面半径：指定创建棱锥体平截面时网格棱锥体的顶面半径。

（10）外切：指定棱锥体的底面是外切的，还是绕底面半径绘制。

13.1.5 绘制网格球体

【执行方式】

- ☑ 命令行：MESH。
- ☑ 菜单栏：选择菜单栏中的"绘图"→"建模"→"网格"→"图元"→"球体(S)"命令。
- ☑ 工具栏：单击"平滑网格图元"工具栏中的"网格球体"按钮⊕。
- ☑ 功能区：单击"三维工具"选项卡"建模"面板中的"网格球体"按钮⊕。

【操作步骤】

命令: _MESH
当前平滑度设置为: 0
输入选项 [长方体(B)/圆锥体(C)/圆柱体(CY)/棱锥体(P)/球体(S)/楔体(W)/圆环体(T)/设置(SE)] <球体>: _SPHERE
指定中心点或 [三点(3P)/两点(2P)/切点、切点、半径(T)]:
指定半径或 [直径(D)] <214.2721>:

【选项说明】

（1）指定中心点：设置球体的中心点。
（2）三点(3P)：通过指定三点设置网格球体的位置、大小和平面。
（3）两点（直径）：通过指定两点设置网格球体的直径。
（4）切点、切点、半径(T)：使用与两个对象相切的指定半径定义网格球体。

13.1.6 绘制网格楔体

【执行方式】

- ☑ 命令行：MESH。
- ☑ 菜单栏：选择菜单栏中的"绘图"→"建模"→"网格"→"图元"→"楔体(W)"命令。
- ☑ 工具栏：单击"平滑网格图元"工具栏中的"网格楔体"按钮◿。
- ☑ 功能区：单击"三维工具"选项卡"建模"面板中的"网格楔体"按钮◿。

【操作步骤】

命令: _MESH
当前平滑度设置为: 0
输入选项 [长方体(B)/圆锥体(C)/圆柱体(CY)/棱锥体(P)/球体(S)/楔体(W)/圆环体(T)/设置(SE)] <楔体>: _WEDGE
指定第一个角点或 [中心(C)]:
指定其他角点或 [立方体(C)/长度(L)]:
指定高度或 [两点(2P)] <84.3347>:

【选项说明】

（1）立方体(C)：将网格楔体底面的所有边设为长度相等。
（2）长度(L)：设置网格楔体底面沿 X 轴的长度。
（3）宽度：设置网格楔体沿 Y 轴的宽度。
（4）指定高度：设置网格楔体的高度。输入正值将沿当前 UCS 的 Z 轴正方向绘制高度。输入负值将沿 Z 轴负方向绘制高度。

（5）两点（高度）：通过指定两点之间的距离定义网格楔体的高度。

13.1.7 绘制网格圆环体

【执行方式】

- ☑ 命令行：MESH。
- ☑ 菜单栏：选择菜单栏中的"绘图"→"建模"→"网格"→"图元"→"圆环体(T)"命令。
- ☑ 工具栏：单击"平滑网格图元"工具栏中的"网格圆环体"按钮 。
- ☑ 功能区：单击"三维工具"选项卡"建模"面板中的"网格圆环体"按钮 。

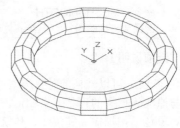

【操作实践——绘制手镯】

绘制如图 13-1 所示的手镯。操作步骤如下：

（1）单击"视图"工具栏中的"西南等轴测"按钮 ，设置视图方向。

（2）在命令行中输入"DIVMESHTORUSPATH"命令，将圆环体网格的边数设置为 20，命令行提示与操作如下。

图 13-1 手镯

```
命令: DIVMESHTORUSPATH
输入 DIVMESHTORUSPATH 的新值 <8>: 20
```

（3）单击"三维工具"选项卡"建模"面板中的"网格圆环体"按钮 ，绘制手镯网格。命令行提示与操作如下。

```
命令: _MESH
当前平滑度设置为: 0
输入选项 [长方体(B)/圆锥体(C)/圆柱体(CY)/棱锥体(P)/球体(S)/楔体(W)/圆环体(T)/设置(SE)] <圆环体>: _TORUS
指定中心点或 [三点(3P)/两点(2P)/切点、切点、半径(T)]: 0,0,0
指定半径或 [直径(D)]: 50
指定圆管半径或 [两点(2P)/直径(D)]: 8
```

此步结果如图 13-2 所示。

（4）用消隐命令（HIDE）对图形进行处理。最终结果如图 13-1 所示。

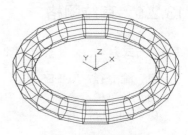

【选项说明】

（1）指定中心点：设置网格圆环体的中心点。

（2）三点(3P)：通过指定三点设置网格圆环体的位置、大小和旋转面。圆管的路径通过指定的点。

（3）两点（圆环体直径）：通过指定两点设置网格圆环体的直径。直径从圆环体的中心点开始计算，直至圆管的中心点。

图 13-2 手镯网格

（4）切点、切点、半径(T)：定义与两个对象相切的网格圆环体半径。

（5）指定半径（圆环体）：设置网格圆环体的半径，从圆环体的中心点开始测量，直至圆管的中心点。

（6）指定直径（圆环体）：设置网格圆环体的直径，从圆环体的中心点开始测量，直至圆管的中心点。

（7）指定圆管半径：设置沿网格圆环体路径扫掠的轮廓半径。

（8）两点（圆管半径）：基于指定的两点之间的距离设置圆管轮廓的半径。

（9）指定圆管直径：设置网格圆环体圆管轮廓的直径。

13.1.8　通过转换创建网格

【执行方式】

☑　命令行：MESH。
☑　菜单栏：选择菜单栏中的"绘图"→"建模"→"网格"→"网格"→"平滑网格"命令。

【操作步骤】

命令：_MESHSMOOTH
选择要转换的对象：（三维实体或曲面）

【选项说明】

（1）可以转换的对象类型：将图元实体对象转换为网格时可获得最稳定的结果。也就是说，结果网格与原实体模型的形状非常相似。尽管转换结果可能与期望的有所差别，但也可转换其他类型的对象。这些对象包括扫掠曲面和实体、传统多边形和多面网格对象、面域、闭合多段线和使用创建的对象。对于上述对象，通常可以通过调整转换设置来改善结果。

（2）调整网格转换设置：如果转换未获得预期效果，请尝试更改"网格镶嵌选项"对话框中的设置。例如，如果"平滑网格优化"网格类型致使转换不正确，可以将镶嵌形状设置为"三角形"或"主要象限点"。

13.2　绘制三维网格

在三维造型的生成过程中，有一种思路是通过二维图形来生成三维网格。AutoCAD 提供了 4 种方法来实现。

【预习重点】

☑　对比基本网格与网格曲面。

13.2.1　直纹网格

【执行方式】

☑　命令行：RULESURF。
☑　菜单栏：选择菜单栏中的"绘图"→"建模"→"网格"→"直纹网格"命令。
☑　功能区：单击"三维工具"选项卡"建模"面板中的"直纹曲面"按钮 （如图 13-3 所示）。

图 13-3　"建模"面板

【操作步骤】

命令: _rulesurf
当前线框密度: SURFTAB1=6
选择第一条定义曲线:
选择第二条定义曲线:

13.2.2 平移网格

【执行方式】

☑ 命令行：TABSURF。
☑ 菜单栏：选择菜单栏中的"绘图"→"建模"→"网格"→"平移网格"命令。
☑ 功能区：单击"三维工具"选项卡"建模"面板中的"平移曲面"按钮 ![图标]。

【操作步骤】

命令: _tabsurf
当前线框密度: SURFTAB1=6
选择用作轮廓曲线的对象: （选择一个已经存在的轮廓曲线）
选择用作方向矢量的对象: （选择一个方向线）

【选项说明】

（1）轮廓曲线：可以是直线、圆弧、圆、椭圆、二维或三维多段线。AutoCAD 默认从轮廓曲线上离选定点最近的点开始绘制曲面。

（2）方向矢量：指出形状的拉伸方向和长度。在多段线或直线上选定的端点决定拉伸的方向。

13.2.3 边界网格

【执行方式】

☑ 命令行：EDGESURF。
☑ 菜单栏：选择菜单栏中的"绘图"→"建模"→"网格"→"边界网格"命令。
☑ 功能区：单击"三维工具"选项卡"建模"面板中的"边界曲面"按钮 ![图标]。

【操作步骤】

命令: _edgesurf
当前线框密度: SURFTAB1=6   SURFTAB2=6
选择用作曲面边界的对象 1: （指定第一条边界线）
选择用作曲面边界的对象 2: （指定第二条边界线）
选择用作曲面边界的对象 3: （指定第三条边界线）
选择用作曲面边界的对象 4: （指定第四条边界线）

【选项说明】

系统变量 SURFTAB1 和 SURFTAB2 分别控制 M、N 方向的网格分段数。可通过在命令行输入

SURFTAB1 改变 M 方向的默认值，在命令行输入 SURFTAB2 改变 N 方向的默认值。

13.2.4　旋转网格

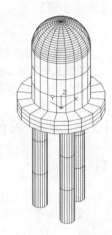

图 13-4　三极管

【执行方式】

☑　命令行：REVSURF。
☑　菜单栏：选择菜单栏中的"绘图"→"建模"→"网格"→"旋转网格"
　　命令。

【操作实践——绘制三极管】

绘制如图 13-4 所示的三极管。操作步骤如下：

（1）单击"视图"工具栏中的"西南等轴测"按钮 ，将当前视图切换到西南
等轴测视图。

（2）在命令行中输入"DIVMESHCYLAXIS"命令，将圆柱网格的边数设置为
20，命令行提示与操作如下。

```
命令: DIVMESHCYLAXIS
输入 DIVMESHCYLAXIS 的新值 <8>: 20
```

（3）单击"三维工具"选项卡"建模"面板中的"网格圆柱体"按钮 ，绘制一个圆柱体表面模型，
命令行提示与操作如下。

```
命令: _MESH
当前平滑度设置为: 0
输入选项 [长方体(B)/圆锥体(C)/圆柱体(CY)/棱锥体(P)/球体(S)/楔体(W)/圆环体(T)/设置(SE)] <圆柱体>:
_CYLINDER
指定底面的中心点或 [三点(3P)/两点(2P)/切点、切点、半径(T)/椭圆(E)]: 0,0,0
指定底面半径或 [直径(D)] <72.0107>: 3
指定高度或 [两点(2P)/轴端点(A)] <129.2239>: 1
```

此步结果如图 13-5 所示。

（4）单击"平滑网格单元"工具栏中的"圆柱体"按钮 ，绘制一个底面中心点为（0,0,1），底面半
径为 2，高度为 4 的圆锥体表面模型。此步结果如图 13-6 所示。

（5）将当前视图设置为"前视"。

（6）单击"默认"选项卡"绘图"面板中的"圆弧"按钮 ，以（0,5）为圆心绘制半径为 2，角度为
90° 的圆弧。

（7）单击"默认"选项卡"绘图"面板中的"直线"按钮 ，绘制以圆心为起点，长度为 2 的竖直线，
结果如图 13-7 所示。

（8）在命令行中输入"REVSURF"命令，创建旋转网格，命令行提示与操作如下。

```
命令: REVSURF
当前线框密度: SURFTAB1=20　SURFTAB2=20
选择要旋转的对象:选择圆弧
选择定义旋转轴的对象:选择竖直线
```

指定起点角度 <0>:
指定夹角 (+=逆时针，-=顺时针) <360>:

切换到西南等轴测，结果如图 13-8 所示。

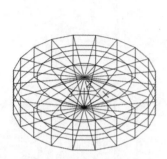
图 13-5　绘制圆柱体表面

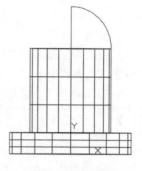
图 13-6　绘制另一圆柱体表面

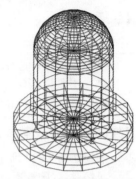
图 13-7　绘制圆弧

图 13-8　创建旋转曲面

（9）单击"三维工具"选项卡"建模"面板中的"网格圆柱体"按钮🔲，绘制一个底面中心点为（1.5,0,0），地面半径为 0.5，高度为-8 的圆柱体表面模型，结果如图 13-9 所示。

（10）单击"默认"选项卡"修改"面板中的"环形阵列"按钮🔲，以坐标原点为基点，将步骤（9）所绘制的圆柱体表面进行极轴阵列，阵列个数为 3，结果如图 13-10 所示。

（11）用消隐命令（HIDE）对图形进行处理。最终结果如图 13-4 所示。

【选项说明】

（1）起点角度：如果设置为非零值，平面将从生成路径曲线位置的某个偏移处开始旋转。

（2）包含角：用来指定绕旋转轴旋转的角度。

（3）系统变量 SURFTAB1 和 SURFTAB2：用来控制生成网格的密度。SURFTAB1 指定在旋转方向上绘制的网格线数目；SURFTAB2 指定将绘制的网格线数目进行等分。

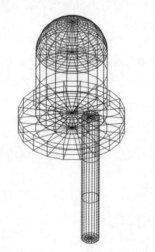
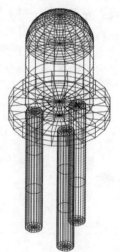
图 13-9　绘制圆柱体表面后的图形　　图 13-10　阵列圆柱面

13.3　创建基本三维实体

复杂的三维实体都是由最基本的实体单元，例如长方体、圆柱体等通过各种方式组合而成的。本节将简要讲述这些基本实体单元的绘制方法。

【预习重点】

☑　了解基本三维实体命令的执行方法。

☑　练习绘制长方体。

☑ 练习绘制圆柱体。

13.3.1 长方体

【执行方式】

☑ 命令行：BOX。
☑ 菜单栏：选择菜单栏中的"绘图"→"建模"→"长方体"命令。
☑ 工具栏：单击"建模"工具栏中的"长方体"按钮◻。
☑ 功能区：单击"三维工具"选项卡"建模"面板中的"长方体"按钮◻。

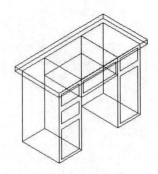

图 13-11　写字台

【操作实践——绘制写字台】

绘制如图 13-11 所示的写字台。操作步骤如下：

（1）将视区设置为前视图、俯视图、左视图和西南等轴测图 4 个视图。选择菜单栏中的"视图"→"视口"→"4 个视口"命令，将视区设置为 4 个视口。单击左上角视口，将该视图激活，选择菜单栏中的"视图"→"三维视图"→"前视"命令，将其设置为主视图。利用相同的方法，将右上角的视图设置为左视图，左下角的视图设置为俯视图。右下角设置为西南等轴测视图，设置好的视图如图 13-12 所示。

（2）激活俯视图，单击"建模"工具栏中的"长方体"按钮◻，在俯视图中绘制两个长方体，作为写字台的两条腿。命令行提示与操作如下。

命令: _box
指定第一个角点或 [中心(C)]: 100,100,100
指定其他角点或 [立方体(C)/长度(L)]: @30,50,80

同样方法绘制长方体，角点坐标是（180,100,100）和（@30, 50, 80），执行上述步骤后的图形如图 13-13 所示。

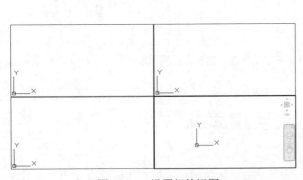

图 13-12　设置好的视图

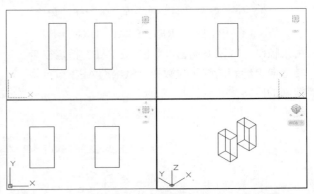

图 13-13　绘制两条腿

（3）在写字台的中间部分绘制一个抽屉。同样方法绘制长方体，角点坐标是（130,100,160）和（@50,50,20），执行上述操作步骤后的图形如图 13-14 所示。

（4）绘制写字台的桌面。同样方法绘制长方体，角点坐标是（95,95,180）和（@120,60,5），结果如图 13-15 所示。

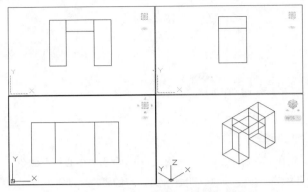

图 13-14　添加了抽屉后的图形

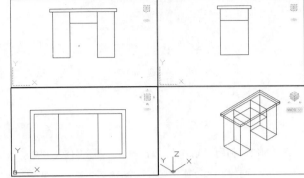

图 13-15　绘制了桌面后的图形

（5）激活主视图。在命令行中输入 UCS 命令，修改坐标系。命令行提示与操作如下。

命令: UCS↙
当前 UCS 名称: *世界*
指定 UCS 的原点或 [面(F)/命名(NA)/对象(OB)/上一个(P)/视图(V)/世界(W)/X/Y/Z/Z 轴(ZA)] <世界>: （捕捉写字台左下角点）
指定 X 轴上的点或 <接受>:↙

（6）利用 3DFACE 命令绘制写字台的抽屉。

命令: 3DFACE↙
指定第一点或 [不可见(I)]: 3,3,0↙
指定第二点或 [不可见(I)]: 27,3,0↙
指定第三点或 [不可见(I)] <退出>: 27,37,0↙
指定第四点或 [不可见(I)] <创建三侧面>: 3,37,0↙
指定第三点或 [不可见(I)] <退出>:↙

同样方法，执行 3DFACE 命令，给出第一、二、三、四点的坐标分别为{（3,43,0）、（27,43,0）、（27,57,0）、（3,57,0）}，{（3,63,0）、（27,63,0）、（27,77,0）、（3,77,0）}，{（33,63,0）、（77,63,0）、（77,77,0）、（33,77,0）}，{（83,63,0）、（107,63,0）、（107,77,0）、（83,77,0）}，{（83,57,0）、（107,57,0）、（107,3,0）、（83,3,0）}，结果如图 13-11 所示。

【选项说明】

（1）指定第一个角点：用于确定长方体的一个顶点位置。

① 角点：用于指定长方体的其他角点。输入另一角点的数值，即可确定该长方体。如果输入的是正值，则沿着当前 UCS 的 X、Y 和 Z 轴的正向绘制长度。如果输入的是负值，则沿着 X、Y 和 Z 轴的负向绘制长度。如图 13-16 所示为利用"角点"命令创建的长方体。

② 立方体(C)：用于创建一个长、宽、高相等的长方体。如图 13-17 所示为利用立方体命令创建的长方体。

③ 长度(L)：按要求输入长、宽、高的值。如图 13-18 所示为利用"长、宽和高"命令创建的长方体。

（2）中心点：利用指定的中心点创建长方体。如图 13-19 所示为利用"中心点"命令创建的长方体。

图 13-16　利用"角点"命令创建的长方体

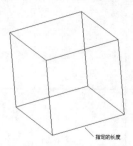

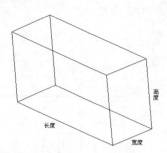

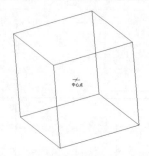

图 13-17 利用"立方体"命令
创建的长方体

图 13-18 利用"长、宽和高"命令
创建的长方体

图 13-19 利用"中心点"命令
创建的长方体

注意 如果在创建长方体时选择"立方体"或"长度"选项，则还可以在单击指定长度时指定长方体在 XY 平面中的旋转角度；如果选择"中心点"选项，则可以利用指定中心点来创建长方体。

13.3.2 圆柱体

【执行方式】

- ☑ 命令行：CYLINDER（快捷命令：CYL）。
- ☑ 菜单栏：选择菜单栏中的"绘图"→"建模"→"圆柱体"命令。
- ☑ 工具条：单击"建模"工具栏中的"圆柱体"按钮 。
- ☑ 功能区：单击"三维工具"选项卡"建模"面板中的"圆柱体"按钮 。

【操作实践——绘制凉亭】

绘制如图 13-20 所示的凉亭。操作步骤如下：

（1）单击"建模"工具栏中的"圆柱体"按钮 ，绘制圆柱体，命令行提示与操作如下。

```
命令: _cylinder
指定底面的中心点或 [三点(3P)/两点(2P)/切点、切点、半径(T)/椭圆(E)]: 0,0,0
指定底面半径或 [直径(D)] <240.6381>: 200
指定高度或 [两点(2P)/轴端点(A)] <30.7452>: 20
命令: _cylinder
指定底面的中心点或 [三点(3P)/两点(2P)/切点、切点、半径(T)/椭圆(E)]:0,0,20
指定底面半径或 [直径(D)] <240.6381>: 10
指定高度或 [两点(2P)/轴端点(A)] <30.7452>: 65
```

（2）使用同样的方法绘制底面中心点为（0,0,85），半径为 60，高为 10 的圆柱体；绘制底面中心点为（85,0,20），半径为 5，高为 30 的圆柱体；绘制底面中心点为（85,0,50），半径为 18，高为 10 的圆柱体；绘制底面中心点为（160,0,20），半径为 7.5，高为 220 的圆柱体。

（3）单击"视图"工具栏中的"西南等轴测"按钮 ，将当前视图切换到西南等轴测视图，绘制结果如图 13-21 所示。

（4）单击"视图"工具栏中的"俯视"按钮 ，将当前视图设为俯视图。

（5）单击"修改"工具栏中的"环形阵列"按钮 ，设置项目总数为 8，填充角度为 360，选择凉亭柱和圆板凳为阵列对象，阵列图形。

（6）单击"视图"工具栏中的"西南等轴测"按钮，设置视图方向，如图 13-22 所示。

图 13-20　凉亭

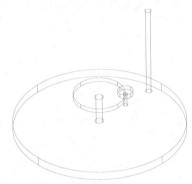

图 13-21　绘制圆柱

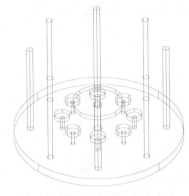

图 13-22　阵列处理

（7）单击"默认"选项卡"绘图"面板中的"三维多段线"按钮，绘制多段线，命令行提示与操作如下。

```
命令: _3dpoly
指定多段线的起点: 0,0,240
指定直线的端点或 [放弃(U)]: @0,180,0
指定直线的端点或 [放弃(U)]: @0,0,20
指定直线的端点或 [闭合(C)/放弃(U)]: @0,20,0
指定直线的端点或 [闭合(C)/放弃(U)]: @0,0,10
指定直线的端点或 [闭合(C)/放弃(U)]: @0,-80,30
指定直线的端点或 [闭合(C)/放弃(U)]: @0,-120,80
指定直线的端点或 [闭合(C)/放弃(U)]:
命令: _3dpoly
指定多段线的起点: @（按 Enter 键，自动捕捉上一点）
指定直线的端点或 [放弃(U)]: @0,0,50
指定直线的端点或 [放弃(U)]:
```

绘制结果如图 13-23 所示。

（8）在命令行中输入"SURFTAB1"命令，设置网格数为 10。

（9）在命令行中输入"REVSURF"命令，旋转曲面，命令行提示与操作如下。

```
命令: REVSURF
当前线框密度: SURFTAB1=10　SURFTAB2=10
选择要旋转的对象:（选择步骤 7 中绘制的第一条多线段）
选择定义旋转轴的对象:（选择步骤 7 中绘制的第二条多线段）
指定起点角度 <0>:
指定夹角 (+=逆时针, -=顺时针) <360>:
```

（10）单击"渲染"工具栏中的"隐藏"按钮，对实体进行消隐，结果如图 13-24 所示。

【选项说明】

（1）中心点：先输入底面圆心的坐标，然后指定底面的半径和高度，此选项为系统的默认选项。AutoCAD

按指定的高度创建圆柱体，且圆柱体的中心线与当前坐标系的 Z 轴平行，如图 13-25 所示。也可以指定另一个端面的圆心来指定高度，AutoCAD 根据圆柱体两个端面的中心位置来创建圆柱体，该圆柱体的中心线就是两个端面的连线，如图 13-26 所示。

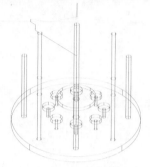

图 13-23　绘制多线段

图 13-24　消隐实体

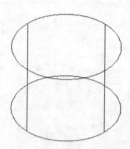

图 13-25　按指定高度创建圆柱体

（2）椭圆(E)：创建椭圆柱体。椭圆端面的绘制方法与平面椭圆一样，创建的椭圆柱体如图 13-27 所示。其他的基本实体，如楔体、圆锥体、球体、圆环体等的创建方法与长方体和圆柱体类似，不再赘述。

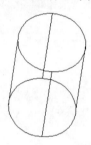

图 13-26　指定圆柱体另一个端面的中心位置

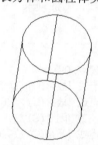

图 13-27　椭圆柱体

🎓 **高手支招**

　　实体模型具有边和面，还有在其表面内由计算机确定的质量。实体模型是最容易使用的三维模型，它的信息最完整，不会产生歧义。与线框模型和曲面模型相比，实体模型的信息最完整、创建方式最直接，所以，在 AutoCAD 三维绘图中，实体模型应用最为广泛。

13.4　布　尔　运　算

布尔运算在教学的集合运算中得到广泛应用，AutoCAD 也将该运算应用到了建模的创建过程中。

【预习重点】

　　☑　了解布尔运算。
　　☑　练习如何使用布尔操作。
　　☑　复习 6.1.2 节讲述的布尔运算。
　　☑　对比布尔运算的不同应用。

布尔运算在数学的集合运算中得到广泛应用，AutoCAD 也将该运算应用到了实体的创建过程中。用户可以对三维实体对象进行并集、交集、差集的运算。如图 13-28 所示为 3 个圆柱体进行交集运算后的图形。

【操作实践——绘制密封圈立体图】

绘制如图 13-29 所示的密封圈立体图。操作步骤如下：

（1）新建文件。单击"标准"工具栏中的"新建"按钮 ，弹出"新建"对话框，在"打开"按钮下拉列表中选择"无样板-公制"选项，进入绘图环境。

（2）设置线框密度。在命令行中输入"ISOLINES"命令，默认设置是 4，有效值的范围为 0～2047。设置对象上每个曲面的轮廓线数目为 10，命令行提示与操作如下。

命令: ISOLINES✓
输入 ISOLINES 的新值 <8>: 10✓

（3）设置视图方向。单击"视图"工具栏中的"西南等轴测"按钮 ，将当前视图方向设置为西南等轴测视图。

（4）绘制外形轮廓。单击"建模"工具栏中的"圆柱体"按钮 ，绘制底面中心点在原点，直径为 35，高度为 6 的圆柱体，结果如图 13-30 所示。

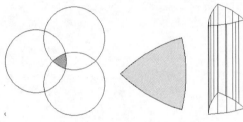 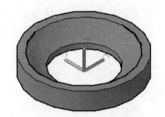 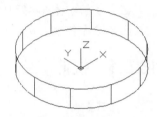

图 13-28　3 个圆柱体交集后的图形　　　图 13-29　密封圈立体图　　　图 13-30　绘制的外形轮廓

（5）绘制内部轮廓。

① 单击"建模"工具栏中的"圆柱体"按钮 ，绘制底面中心点在原点（0，0，0），直径为 20，高度为 2 的圆柱体，结果如图 13-31 所示。

② 差集处理。单击"实体编辑"工具栏中的"差集"按钮 ，将外形圆柱体轮廓和内部圆柱体轮廓进行差集处理，命令行提示与操作如下。

命令:_subtract
选择要从中减去的实体、曲面和面域...
选择对象: 找到 1 个（选择外形圆柱体轮廓）
选择对象:
选择要减去的实体、曲面和面域...
选择对象: 找到 1 个（选择内部圆柱体轮廓）
选择对象:

（6）绘制球体。

① 单击"建模"工具栏中的"球体"按钮 ，绘制密封圈的内部轮廓，球心为（0，0，19），半径为 20，结果如图 13-32 所示。

② 差集处理。单击"实体编辑"工具栏中的"差集"按钮 ，从实体中减去球体，结果如图 13-33 所示。

（7）保存文件。单击"标准"工具栏中的"保存"按钮 ，将新文件命名为"密封圈立体图.dwg"，并保存。

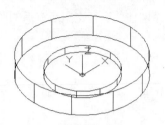

图 13-31　绘制圆柱体后的图形

图 13-32　绘制的外形轮廓

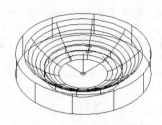

图 13-33　差集处理后的图形

13.5　由二维图形生成三维造型

与三维网格的生成原理一样，也可以通过二维图形来生成三维实体。AutoCAD 提供了 5 种方法来实现，具体如下所述。

【预习重点】

☑　了解实体直接绘制实体与二维生成三维实体的差异。

☑　联系各种生成方法。

13.5.1　拉伸

【执行方式】

☑　命令行：EXTRUDE（快捷命令：EXT）。

☑　菜单栏：选择菜单栏中的"绘图"→"建模"→"拉伸"命令。

☑　工具栏：单击"建模"工具栏中的"拉伸"按钮 🔳。

☑　功能区：单击"三维工具"选项卡"建模"面板中的"拉伸"按钮 🔳。

【操作实践——绘制大厦门立体图】

本实例绘制如图 13-34 所示的大厦门。操作步骤如下：

（1）单击"视图"工具栏中的"左视"按钮 🔳，将当前视图设为左视图。

（2）单击"绘图"工具栏中的"多段线"按钮 🔳，绘制台阶平面图，命令行提示与操作如下。

命令：_pline
指定起点：0,0
当前线宽为 0.0000
指定下一个点或 [圆弧(A)/半宽(H)/长度(L)/放弃(U)/宽度(W)]: @220,0
指定下一点或 [圆弧(A)/闭合(C)/半宽(H)/长度(L)/放弃(U)/宽度(W)]: @0,70
指定下一点或 [圆弧(A)/闭合(C)/半宽(H)/长度(L)/放弃(U)/宽度(W)]: @-100,0
指定下一点或 [圆弧(A)/闭合(C)/半宽(H)/长度(L)/放弃(U)/宽度(W)]: @0,-10
指定下一点或 [圆弧(A)/闭合(C)/半宽(H)/长度(L)/放弃(U)/宽度(W)]: @-20,0
指定下一点或 [圆弧(A)/闭合(C)/半宽(H)/长度(L)/放弃(U)/宽度(W)]: @0,-10
指定下一点或 [圆弧(A)/闭合(C)/半宽(H)/长度(L)/放弃(U)/宽度(W)]: @-20,0
指定下一点或 [圆弧(A)/闭合(C)/半宽(H)/长度(L)/放弃(U)/宽度(W)]: @0,-10

指定下一点或 [圆弧(A)/闭合(C)/半宽(H)/长度(L)/放弃(U)/宽度(W)]: @-20,0
指定下一点或 [圆弧(A)/闭合(C)/半宽(H)/长度(L)/放弃(U)/宽度(W)]: @0,-10
指定下一点或 [圆弧(A)/闭合(C)/半宽(H)/长度(L)/放弃(U)/宽度(W)]: @-20,0
指定下一点或 [圆弧(A)/闭合(C)/半宽(H)/长度(L)/放弃(U)/宽度(W)]: @0,-10
指定下一点或 [圆弧(A)/闭合(C)/半宽(H)/长度(L)/放弃(U)/宽度(W)]: @-20,0
指定下一点或 [圆弧(A)/闭合(C)/半宽(H)/长度(L)/放弃(U)/宽度(W)]: @0,-10
指定下一点或 [圆弧(A)/闭合(C)/半宽(H)/长度(L)/放弃(U)/宽度(W)]: @-20,0
指定下一点或 [圆弧(A)/闭合(C)/半宽(H)/长度(L)/放弃(U)/宽度(W)]: c

绘制结果如图 13-35 所示。

（3）单击"建模"工具栏中的"拉伸"按钮，拉伸图形，命令行提示与操作如下。

命令: _extrude
当前线框密度:　ISOLINES=4，闭合轮廓创建模式 = 实体
选择要拉伸的对象或 [模式(MO)]: _MO 闭合轮廓创建模式 [实体(SO)/曲面(SU)] <实体>: _SO
选择要拉伸的对象或 [模式(MO)]: 找到 1 个（选择图 13-35 所示的多线段）
选择要拉伸的对象或 [模式(MO)]:
指定拉伸的高度或 [方向(D)/路径(P)/倾斜角(T)/表达式(E)] <77.0136>:300

（4）单击"视图"工具栏中的"西南等轴测"按钮，设置视图方向，结果如图 13-36 所示。

图 13-34　大厦门

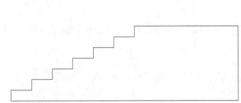

图 13-35　绘制台阶平面图

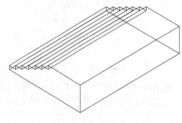

图 13-36　绘制台阶

（5）选择菜单栏中的"工具"→"新建 UCS"→"世界"命令，变换坐标系。

（6）单击"建模"工具栏中的"圆柱体"按钮，绘制一个圆柱体，命令行提示与操作如下。

命令: _cylinder
当前线框密度:　ISOLINES=4
指定底面的中心点或 [三点(3P)/两点(2P)/切点、切点、半径(T)/椭圆(E)]: -285,-205,70
指定底面半径或 [直径(D)] <27.6505>: 10
指定高度或 [两点(2P)/轴端点(A)] <60.5587>: 200

绘制结果如图 13-37 所示。

（7）单击"修改"工具栏中的"矩形阵列"按钮，选择圆柱体为阵列对象，行数设为 2，列数设为 2，行偏移为 70，列偏移为 270，如图 13-38 所示。

（8）单击"建模"工具栏中的"长方体"按钮，指定第一个角点为（-300,-220,270），另一个角点为（@300,100,20），完成长方体的绘制，结果如图 13-39 所示。

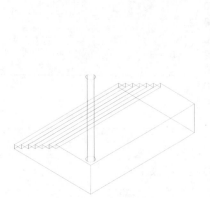

图 13-37　绘制圆柱

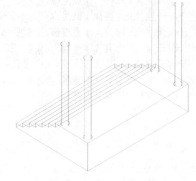

图 13-38　阵列处理

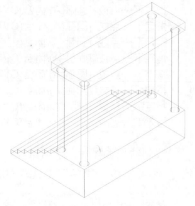

图 13-39　绘制长方体

（9）单击"建模"工具栏中的"圆柱体"按钮，绘制 3 个圆柱体，命令行提示与操作如下。

命令: _cylinder
指定底面的中心点或 [三点(3P)/两点(2P)/切点、切点、半径(T)/椭圆(E)]: -300,-220,295
指定底面半径或 [直径(D)] <82.3018>:10
指定高度或 [两点(2P)/轴端点(A)] <20.0000>: a
指定轴端点: @0,100,0

（10）同理，继续利用"圆柱体"命令，绘制底面中心点为（-300,-120,295），底面半径为 10，轴端点为（@300,0,0）以及底面中心点为（0,-120,295），底面半径为 10，轴端点为（@0,-100,0）的两个圆柱体，结果如图 13-40 所示。

（11）单击"建模"工具栏中的"球体"按钮，绘制一个球体，命令行提示与操作如下。

命令: _sphere
指定中心点或 [三点(3P)/两点(2P)/切点、切点、半径(T)]: -300,-120,295
指定半径或 [直径(D)] <10.0000>: 10

（12）同理，继续利用球体命令，绘制中心点为（0,-120,295），半径为 10 的球体，结果如图 13-41 所示。

（13）单击"渲染"工具栏中的"渲染"按钮，渲染实体如图 13-34 所示。

【选项说明】

（1）拉伸高度：按指定的高度拉伸出三维实体对象。输入高度值后，根据实际需要，指定拉伸的倾斜角度。如果指定的角度为 0，AutoCAD 则把二维对象按指定的高度拉伸成柱体；如果输入角度值，拉伸后实体截面沿拉伸方向按此角度变化，成为一个棱台或圆台体。如图 13-42 所示为不同角度拉伸圆的结果。

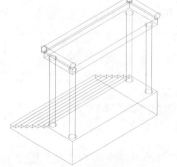
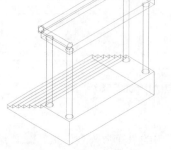

图 13-40　绘制圆柱

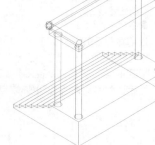

图 13-41　绘制球体

（2）路径(P)：以现有的图形对象作为拉伸创建三维实体对象。如图 13-43 所示为沿圆弧曲线路径拉伸圆的结果。

（a）拉伸前　（b）拉伸锥角为 0°

（c）拉伸锥角为 10°　（d）拉伸锥角为-10°

图 13-42　拉伸圆效果

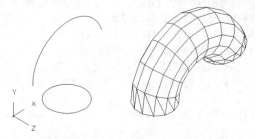

图 13-43　沿圆弧曲线路径拉伸圆

 举一反三

可以使用创建圆柱体的"轴端点"命令确定圆柱体的高度和方向。轴端点是圆柱体顶面的中心点，轴端点可以位于三维空间的任意位置。

13.5.2　旋转

【执行方式】

☑　命令行：REVOLVE（快捷命令：REV）。
☑　菜单栏：选择菜单栏中的"绘图"→"建模"→"旋转"命令。
☑　工具栏：单击"建模"工具栏中的"旋转"按钮。
☑　功能区：单击"三维工具"选项卡"建模"面板中的"旋转"按钮。

【操作实践——绘制压紧套立体图】

绘制如图 13-44 所示的压紧套立体图。操作步骤如下：

【操作步骤】

（1）新建文件。单击"标准"工具栏中的"新建"按钮，弹出"新建"对话框，选择默认模板，单击"打开"按钮，进入绘图环境。

（2）设置线框密度。在命令行中输入"ISOLINES"命令，默认值是 4，更改设定值为 10。

（3）设置视图方向。单击"视图"工具栏中的"西南等轴测"按钮，进入三维绘图模式。

（4）绘制螺纹。

① 绘制螺纹截面。单击"绘图"工具栏中的"多段线"按钮，为绘制螺纹作准备。连接（0,0）、（11,0）、（@1,0.75）、（@-1,0.75）、（@-11,0）和 c，形成封闭线，结果如图 13-45 所示。

图 13-44　压紧套立体图

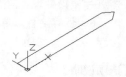

图 13-45　绘制螺纹截面

② 旋转截面。单击"建模"工具栏中的"旋转"按钮[图]，将步骤①绘制的多段线绕 Y 轴旋转一周，命令行提示与操作如下。

```
命令: _revolve
当前线框密度: ISOLINES=4，闭合轮廓创建模式 = 曲面
选择要旋转的对象或 [模式(MO)]: _MO 闭合轮廓创建模式 [实体(SO)/曲面(SU)] <实体>: _SO
选择要旋转的对象或 [模式(MO)]: 找到 1 个
选择要旋转的对象或 [模式(MO)]:
指定轴起点或根据以下选项之一定义轴 [对象(O)/X/Y/Z] <对象>: y
指定旋转角度或 [起点角度(ST)/反转(R)/表达式(EX)] <360>:
```

结果如图 13-46 所示。

③ 三维阵列旋转。单击"建模"工具栏中的"三维阵列"按钮[图]，按照矩形阵列旋转后的图形，行数为 7 行，列数为 1，层数为 1，行间距为 1.5。消隐后结果如图 13-47 所示。

（5）绘制其他图形。

① 绘制圆柱体 1。单击"建模"工具栏中的"圆柱体"按钮[图]，绘制一端的圆柱体。底面中心点为（0，10.5，0），半径为 11，轴端点为（0，14.5，0）。

② 并集处理。单击"实体编辑"工具栏中的"并集"按钮[图]，将视图中所有的图形并集处理。消隐后结果如图 13-48 所示。

图 13-46　旋转后的图形

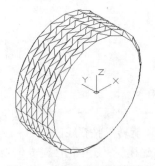

图 13-47　阵列处理后的图形

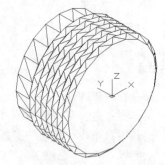

图 13-48　绘制圆柱体后的图形

③ 绘制长方体。单击"建模"工具栏中的"长方体"按钮[图]，在角点（-15，0，-1.5）和（@30，3，3）之间绘制一个长方体，为另一端的松紧刀口作准备。消隐后结果如图 13-49 所示。

④ 差集处理。单击"实体编辑"工具栏中的"差集"按钮[图]，将并集后的图形与长方体进行差集处理。消隐后结果如图 13-50 所示。

⑤ 绘制圆柱体。单击"建模"工具栏中的"圆柱体"按钮[图]，绘制圆柱体 2 和图柱体 3。

☑　圆柱体 2：底面中心点为（0，0，0），半径为 8，轴端点为（0，5，0）。

☑　圆柱体 3：底面中心点为（0，0，0），半径为 7，轴端点为（0，14.5，0）。

⑥ 差集处理。单击"实体编辑"工具栏中的"差集"按钮[图]，将并集后的图形与步骤⑤绘制的两个圆柱体进行差集处理。消隐后结果如图 13-51 所示。

（6）保存文件。单击"标准"工具栏中的"保存"按钮[图]，将新文件命名为"压紧套立体图.dwg"，并保存。

【选项说明】

（1）指定旋转轴的起点：通过两个点来定义旋转轴。AutoCAD 将按指定的角度和旋转轴旋转二维对象。

（2）对象(O)：选择已经绘制好的直线或用多段线命令绘制的直线段作为旋转轴线。

（3）X(Y)轴：将二维对象绕当前坐标系（UCS）的 X（Y）轴旋转。

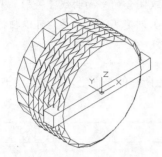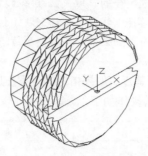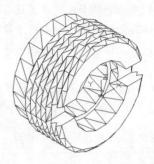

图 13-49　绘制长方体后的图形　　图 13-50　差集处理后的图形 1　　图 13-51　差集处理后的图形 2

13.5.3　扫掠

【执行方式】

- ☑　命令行：SWEEP。
- ☑　菜单栏：选择菜单栏中的"绘图"→"建模"→"扫掠"命令。
- ☑　工具栏：单击"建模"工具栏中的"扫掠"按钮 。
- ☑　功能区：单击"三维工具"选项卡"建模"面板中的"扫掠"按钮 。

【操作步骤】

命令: SWEEP✓
当前线框密度: ISOLINES=8，闭合轮廓创建模式 = 实体
选择要扫掠的对象或 [模式(MO)]:（选择对象，如图 13-52（a）中圆）
选择要扫掠的对象或 [模式(MO)]: ✓
选择扫掠路径或 [对齐(A)/基点(B)/比例(S)/扭曲(T)]:（选择对象，如图 13-52（a）中螺旋线）

扫掠结果如图 13-52（b）所示。

（a）对象和路径　　（b）结果

图 13-52　扫掠

【选项说明】

（1）对齐(A)：指定是否对齐轮廓以使其作为扫掠路径切向的法向，在默认情况下，轮廓是对齐的。选择该选项，命令行提示与操作如下。

扫掠前对齐垂直于路径的扫掠对象[是(Y)/否(N)] <是>:输入"n"，指定轮廓无须对齐；按 Enter 键，指定轮廓将对齐

🔧 举一反三

使用扫掠命令，可以通过沿开放或闭合的二维或三维路径扫掠开放或闭合的平面曲线（轮廓）来创建新实体或曲面。扫掠命令用于沿指定路径以指定轮廓的形状（扫掠对象）创建实体或曲面。可以扫掠多个对象，但是这些对象必须在同一平面内。如果沿一条路径扫掠闭合的曲线，则生成实体。

（2）基点(B)：指定要扫掠对象的基点。如果指定的点不在选定对象所在的平面上，则该点将被投影到该平面上。选择该选项，命令行提示与操作如下。

指定基点：指定选择集的基点

（3）比例(S)：指定比例因子以进行扫掠操作。从扫掠路径的开始到结束，比例因子将统一应用到扫掠的对象上。选择该选项，命令行提示与操作如下。

输入比例因子或 [参照(R)] <1.0000>：指定比例因子，输入"r"，调用参照选项；按 Enter 键，选择默认值

其中"参照(R)"选项表示通过拾取点或输入值来根据参照的长度缩放选定的对象。

（4）扭曲(T)：设置正被扫掠对象的扭曲角度。扭曲角度指定沿扫掠路径全部长度的旋转量。选择该选项，命令行提示与操作如下。

输入扭曲角度或允许非平面扫掠路径倾斜 [倾斜(B)] <n>：指定小于 360° 的角度值，输入"b"，打开倾斜；按 Enter 键，选择默认角度值

其中"倾斜(B)"选项指定被扫掠的曲线是否沿三维扫掠路径（三维多线段、三维样条曲线或螺旋线）自然倾斜（旋转）。

如图 13-53 所示为扭曲扫掠示意图。

13.5.4 放样

【执行方式】

- ☑ 命令行：LOFT。
- ☑ 菜单栏：选择菜单栏中的"绘图"→"建模"→"放样"命令。

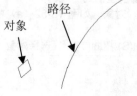

（a）对象和路径   （b）不扭曲   （c）扭曲 45°

图 13-53 扭曲扫掠

- ☑ 工具栏：单击"建模"工具栏中的"放样"按钮⬚。
- ☑ 功能区：单击"三维工具"选项卡"建模"面板中的"放样"按钮⬚。

【操作步骤】

命令：LOFT↙
当前线框密度： ISOLINES=4，闭合轮廓创建模式 = 实体
按放样次序选择横截面或 [点(PO)/合并多条边(J)/模式(MO)]：（依次选择图 13-54 中 3 个截面）
按放样次序选择横截面或 [点(PO)/合并多条边(J)/模式(MO)]：
输入选项 [导向(G)/路径(P)/仅横截面(C)/设置(S)] <仅横截面>：S

（1）设置(S)：选择该选项，系统打开"放样设置"对话框，如图 13-55 所示。其中有 4 个单选按钮，如图 13-56（a）所示为选中"直纹"单选按钮的放样结果示意图，如图 13-56（b）所示为选中"平滑拟合"单选按钮的放样结果示意图，如图 13-56（c）所示为选中"法线指向"单选按钮并选择"所有横截面"选项的放样结果示意图，如图 13-56（d）所示为选中"拔模斜度"单选按钮并设置"起点角度"为 45°、"起点幅值"为 10、"端点角度"为 60°、"端点幅值"为 10 的放样结果示意图。

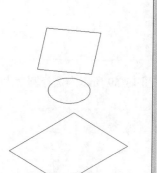
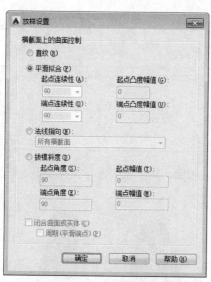
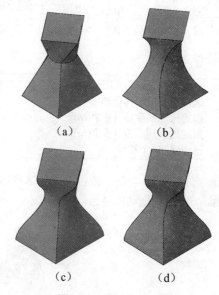

图 13-54　选择截面　　　图 13-55　"放样设置"对话框　　　图 13-56　放样示意图

（2）导向(G)：指定控制放样实体或曲面形状的导向曲线。导向曲线是直线或曲线，可通过将其他线框信息添加至对象来进一步定义实体或曲面的形状，如图 13-57 所示。选择该选项，命令行提示与操作如下。

选择导向曲线: 选择放样实体或曲面的导向曲线，然后按 Enter 键

（3）路径(P)：指定放样实体或曲面的单一路径，如图 13-58 所示。选择该选项，命令行提示与操作如下。

选择路径: 指定放样实体或曲面的单一路径

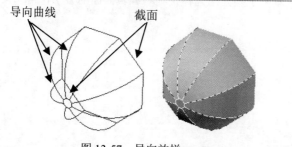
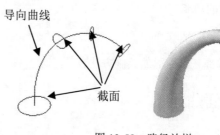

图 13-57　导向放样　　　　　　　图 13-58　路径放样

注意　路径曲线必须与横截面的所有平面相交。

13.5.5　拖拽

【执行方式】

- ☑ 命令行：PRESSPULL。
- ☑ 工具栏：单击"建模"工具栏中的"按住并拖动"按钮📧。
- ☑ 功能区：单击"三维工具"选项卡"建模"面板中的"按住并拖动"按钮📧。

【操作步骤】

```
命令: PRESSPULL↙
选择对象或边界区域:
指定拉伸高度或 [多个(M)]:
指定拉伸高度或 [多个(M)]:
已创建 1 个拉伸
```

选择有限区域后，按住鼠标左键并拖动，相应的区域就会进行拉伸变形。如图 13-59 所示为选择圆台上表面，按住并拖动的结果。

（a）圆台　　（b）向下拖动　　（c）向上拖动

图 13-59　按住并拖动

13.6　绘制三维曲面

AutoCAD 2014 提供了基准命令来创建和编辑曲面，本节主要介绍几种绘制和编辑曲面的方法，帮助读者熟悉三维曲面的功能。

【预习重点】

- ☑ 熟练掌握三维曲面的绘制方法。

13.6.1　平面曲面

【执行方式】

- ☑ 命令行：PLANESURF。
- ☑ 菜单栏：选择菜单栏中的"绘图"→"建模"→"曲面"→"平面"命令。
- ☑ 工具栏：单击"曲面创建"工具栏中的"平面曲面"按钮📧。

☑　功能区：单击"三维工具"选项卡"曲面"面板中的"平面曲面"按钮（如图 13-60 所示）。

图 13-60　"曲面"面板

【操作实践——绘制葫芦】

绘制如图 13-61 所示的葫芦。操作步骤如下：

（1）将视图切换到"前视图"，单击"默认"选项卡"绘图"面板上的"直线"按钮▨和"样条曲线拟合"按钮▨，绘制如图 13-62 所示的图形。

（2）在命令行中输入"SURFTAB1"命令，将线框密度设置为 20，命令行提示与操作如下。

命令: SURFTAB1
输入 SURFTAB1 的新值 <6>: 20

（3）同理将 SURFTAB2 的线框密度设置为 20。

（4）将视图切换到"西南等轴测"，在命令行中输入"REVSURF"命令，将样条曲线绕竖直线旋转 360°，创建旋转网格，结果如图 13-63 所示。

（5）在命令行中输入"UCS"命令，将坐标系恢复到世界坐标系。

（6）单击"默认"选项卡"绘图"面板上的"圆"按钮▨，以坐标原点为圆心，捕捉旋转曲面下方端点绘制圆。

（7）单击"三维工具"选项卡"曲面"面板中的"平面曲面"按钮▨，以圆为对象创建平面。命令行提示与操作如下。

命令: _Planesurf
指定第一个角点或 [对象(O)] <对象>: O
选择对象: （选择步骤（6）绘制的圆）
选择对象:

结果如图 13-64 所示。

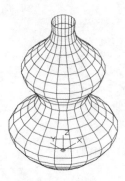
图 13-61　葫芦

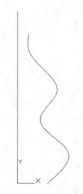
图 13-62　绘制图形

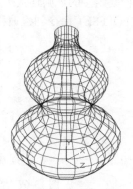
图 13-63　旋转曲面

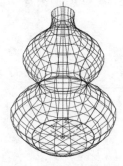
图 13-64　平面曲面

【选项说明】

（1）指定第一个角点：通过指定两个角点来创建矩形形状的平面曲面，如图 13-65 所示。

（2）对象(O)：通过指定平面对象创建平面曲面，如图 13-66 所示。

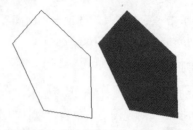

图 13-65　矩形形状的平面曲面　　　图 13-66　指定平面对象创建平面曲面

13.6.2　偏移曲面

【执行方式】

☑　命令行：SURFOFFSET。

☑　菜单栏：选择菜单栏中的"绘图"→"建模"→"曲面"→"偏移"命令。

☑　工具栏：单击"曲面创建"工具栏中的"曲面偏移"按钮█。

☑　功能区：单击"三维工具"选项卡"曲面"面板中的"曲面偏移"按钮█。

【操作步骤】

命令: SURFOFFSET↙
连接相邻边 = 否
选择要偏移的曲面或面域:（选择要偏移的曲面）
指定偏移距离或 [翻转方向(F)/两侧(B)/实体(S)/连接(C)/表达式(E)] <0.0000>: (指定偏移距离)

【选项说明】

（1）指定偏移距离：指定偏移曲面和原始曲面之间的距离。

（2）翻转方向(F)：反转箭头显示的偏移方向。

（3）两侧(B)：沿两个方向偏移曲面。

（4）实体(S)：从偏移创建实体。

（5）连接(C)：如果原始曲面是连接的，则连接多个偏移曲面。

如图 13-67 所示为利用 SURFOFFSET 命令创建偏移曲面的过程。

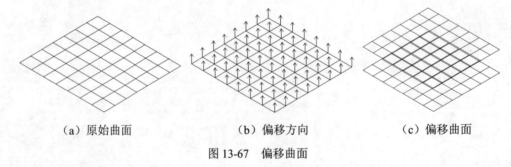

（a）原始曲面　　　　　（b）偏移方向　　　　　（c）偏移曲面

图 13-67　偏移曲面

13.6.3　过渡曲面

【执行方式】

☑　命令行：SURFBLEND。

☑　菜单栏：选择菜单栏中的"绘图"→"建模"→"曲面"→"过渡"命令。

☑　工具栏：单击"曲面创建"工具栏中的"曲面过渡"按钮![按钮]。

☑　功能区：单击"三维工具"选项卡"曲面"面板中的"曲面过渡"按钮![按钮]。

【操作步骤】

命令: SURFBLEND↙
连续性 = G1 - 相切，凸度幅值 = 0.5
选择要过渡的第一个曲面的边或 [链(CH)]:（选择如图 13-68 所示第一个曲面上的边 1,2）
选择要过渡的第二个曲面的边或 [链(CH)]:（选择如图 13-68 所示第二个曲面上的边 3,4）
按 Enter 键接受过渡曲面或 [连续性(CON)/凸度幅值(B)]:（按 Enter 键确认，结果如图 13-69 所示）

【选项说明】

（1）选择曲面边：选择边对象或者曲面或面域作为第一条边和第二条边。

（2）链(CH)：选择连续的连接边。

（3）连续性(CON)：测量曲面彼此融合的平滑程度。默认值为 G0。选择一个值或使用夹点来更改连续性。

（4）凸度幅值(B)：设定过渡曲面边与其原始曲面相交处该过渡曲面边的圆度。

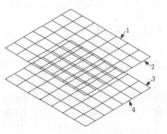
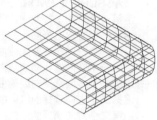

图 13-68　选择边　　　　　图 13-69　创建过渡曲面

13.6.4　圆角曲面

【执行方式】

☑　命令行：SURFFILLET。

☑　菜单栏：选择菜单栏中的"绘图"→"建模"→"曲面"→"圆角"命令。

☑　工具栏：单击"曲面创建"工具栏中的"曲面圆角"按钮![按钮]。

☑　功能区：单击"三维工具"选项卡"曲面"面板中的"曲面圆角"按钮![按钮]。

【操作步骤】

命令: SURFFILLET↙
半径 =0.0000，修剪曲面 = 是
选择要圆角化的第一个曲面或面域或者 [半径(R)/修剪曲面(T)]: R↙
指定半径或 [表达式(E)] <1.0000>:（指定半径值）
选择要圆角化的第一个曲面或面域或者 [半径(R)/修剪曲面(T)]:（选择图 13-70（a）中曲面 1）
选择要圆角化的第二个曲面或面域或者 [半径(R)/修剪曲面(T)]:（选择图 13-70（a）中曲面 2）

结果如图 13-70（b）所示。

【选项说明】

（1）第一个和第二个曲面或面域：指定第一个和第二个曲面或面域。

（2）半径(R)：指定圆角半径。使用圆角夹点或输入值来更改半径。输入的值不能小于曲面之间的间隙。

（a）已有曲面　　（b）创建圆角曲面结果

图 13-70　创建圆角曲面

（3）修剪曲面(T)：将原始曲面或面域修剪到圆角曲面的边。

13.6.5　网络曲面

【执行方式】

☑　命令行：SURFNETWORK。

☑　菜单栏：选择菜单栏中的"绘图"→"建模"→"曲面"→"网络"命令。

☑　工具栏：单击"曲面创建"工具栏中的"曲面网络"按钮 。

☑　功能区：单击"三维工具"选项卡"曲面"面板中的"曲面网络"按钮 。

【操作步骤】

命令: SURFNETWORK↙
沿第一个方向选择曲线或曲面边:（选择图 13-71（a）中曲线 1）
沿第一个方向选择曲线或曲面边:（选择图 13-71（a）中曲线 2）
沿第一个方向选择曲线或曲面边:（选择图 13-71（a）中曲线 3）
沿第一个方向选择曲线或曲面边:（选择图 13-71（a）中曲线 4）
沿第一个方向选择曲线或曲面边:↙（也可以继续选择相应的对象）
沿第二个方向选择曲线或曲面边:（选择图 13-71（a）中曲线 5）
沿第二个方向选择曲线或曲面边:（选择图 13-71（a）中曲线 6）
沿第二个方向选择曲线或曲面边:（选择图 13-71（a）中曲线 7）
沿第二个方向选择曲线或曲面边:↙（也可以继续选择相应的对象）

结果如图 13-71（b）所示。

13.6.6　修补曲面

创建修补曲面是指通过在已有的封闭曲面边上构成一个曲面的方式来创建一个新曲面，如图 13-72 所示，图 13-72（a）所示是已有曲面，图 13-72（b）所示是创建出的修补曲面。

（a）已有曲线　　　（b）三维曲面

图 13-71　创建三维曲面

【执行方式】

☑　命令行：SURFPATCH。

☑　菜单栏：选择菜单栏中的"绘图"→"建模"→"曲面"→"修补"命令。

☑　工具栏：单击"曲面创建"工具栏中的"曲面修补"按钮 。

☑　功能区：单击"三维工具"选项卡"曲面"面板中的"曲面修补"按钮 。

（a）已有曲面　　　（b）创建修补曲面结果

图 13-72　创建修补曲面

【操作步骤】

命令: SURFPATCH↙
连续性 = G0 - 位置，凸度幅值 = 0.5

选择要修补的曲面边或 [链(CH)/曲线(CU)] <曲线>：（选择对应的曲面边或曲线）
选择要修补的曲面边或 [链(CH)/曲线(CU)] <曲线>：↙（也可以继续选择曲面边或曲线）
按 Enter 键接受修补曲面或 [连续性(CON)/凸度幅值(B)/约束几何图形(CONS)]：

【选项说明】

（1）连续性(CON)：设置修补曲面的连续性。

（2）凸度幅值(B)：设置修补曲面边与原始曲面相交时的圆滑程度。

（3）约束几何图形(CONS)：选择附加的约束曲线来构成修补曲面。

13.7 综合演练——螺栓立体图

绘制如图 13-73 所示的螺栓立体图。

☆ 手把手教你学

本实例绘制的六角头螺栓的型号为 AM10×40（GB 5782—86），其表示公
称直径 d = 10mm，长度 L = 52mm，性能等级为 8.8 级，表面氧化，A 型的螺栓，
如图 13-73 所示。

本实例的制作思路：首先利用"螺旋"命令绘制螺纹线，然后使用"扫掠"
命令扫掠螺纹，再绘制中间的连接圆柱体，最后绘制螺栓头。

图 13-73　螺栓立体图

【操作步骤】

（1）启动 AutoCAD 2015，使用默认设置绘图环境。

（2）建立新文件。单击"标准"工具栏中的"新建"按钮 ，弹出"选择样板"对话框，单击"打开"
按钮右侧的下拉按钮 ，以"无样板打开-公制（毫米）"方式建立新文件，将新文件命名为"螺栓立体图.dwg"，
并保存。

（3）设置线框密度。默认设置是 8，设置对象上每个曲面的轮廓线数目为 10。

（4）设置视图方向。单击"视图"工具栏中的"西南等轴测"按钮 ，将当前视图方向设置为西南等
轴测视图。

（5）创建螺纹。

① 绘制螺旋线。单击"建模"工具栏中的"螺旋"按钮 ，绘制螺纹轮廓，命令行提示与操作如下。

```
命令：_Helix
圈数 = 3.0000      扭曲=CCW
指定底面的中心点：0, 0, −1
指定底面半径或 [直径(D)] <1.0000>: 5
指定顶面半径或 [直径(D)] <5.0000>:
指定螺旋高度或 [轴端点(A)/圈数(T)/圈高(H)/扭曲(W)] <1.0000>: t
输入圈数 <3.0000>: 17
指定螺旋高度或 [轴端点(A)/圈数(T)/圈高(H)/扭曲(W)] <1.0000>: 17
```

结果如图 13-74 所示。

② 切换视图方向。单击"视图"工具栏中的"前视"按钮▣，将视图切换到前视方向。

> **注意** 此处扫掠生成的牙型经常出现错误，原因是螺旋线的起点位置设置错误。在绘制螺旋线时，鼠标的放置位置就是螺旋线的起点和终点位置，本实例螺旋线起点位置应如图 13-74 所示。

③ 绘制牙型截面轮廓。单击"绘图"工具栏中的"直线"按钮▨，捕捉螺旋线的上端点绘制牙型截面轮廓，尺寸参照如图 13-75 所示；单击"绘图"工具栏中的"面域"按钮▣，将其创建成面域，结果如图 13-76 所示。

④ 设置视图方向。单击"视图"工具栏中的"西南等轴测"按钮▣，将视图切换到西南等轴测视图。

⑤ 扫掠形成实体。单击"建模"工具栏中的"扫掠"按钮▣，命令行提示与操作如下。

```
命令: SWEEP
当前线框密度: ISOLINES=4，闭合轮廓创建模式 = 实体
选择要扫掠的对象或 [模式(MO)]: 找到 1 个（选择牙型截面轮廓）
选择要扫掠的对象或 [模式(MO)]:
选择扫掠路径或 [对齐(A)/基点(B)/比例(S)/扭曲(T)]: （选择螺旋线）
```

结果如图 13-77 所示。

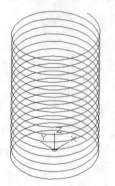 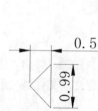 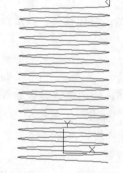 

图 13-74 绘制螺旋线　　图 13-75 牙型尺寸　　图 13-76 绘制牙型截面轮廓　　图 13-77 扫掠实体

⑥ 创建圆柱体。单击"建模"工具栏中的"圆柱体"按钮▣，以坐标点（0，0，0）为底面中心点，创建半径为 5，轴端点为（@0，15，0）的圆柱体 1；以坐标点（0，0，0）为底面中心点，半径为 6，轴端点为（@0，-3，0）的圆柱体 2；以坐标点（0，15，0）为底面中心点，半径为 6，轴端点为（@0，3，0）的圆柱体 3，结果如图 13-78 所示。

> **注意** 有时坐标系经过几次旋转或切换视图后不是图 13-79 所示的方向，这时需要将坐标系调整成如图 13-79 中的坐标系或者在绘制圆柱时相应的调整坐标值。

⑦ 布尔运算处理。单击"实体编辑"工具栏中的"差集"按钮▣，将从半径为 5 的圆柱体 1 中减去螺纹。

⑧ 单击"实体编辑"工具栏中的"差集"按钮▣，从主体中减去半径为 6 的两个圆柱体 2、3，消隐后

结果如图 13-79 所示。

（6）绘制中间柱体。单击"建模"工具栏中的"圆柱体"按钮，绘制底面中心点在（0，0，0），半径为5，轴端点为(@0，-25，0)的圆柱体4，消隐后结果如图 13-80 所示。

（7）绘制螺栓头部。

① 设置坐标系。在命令行中输入"UCS"命令，返回世界坐标系。

② 绘制圆柱体。单击"建模"工具栏中的"圆柱体"按钮，以坐标点（0，0，-26）为底面中心点，创建半径为7，高度为1的圆柱体5，消隐后结果如图 13-81 所示。

③ 绘制截面1。单击"绘图"工具栏中的"多边形"按钮，以坐标点（0，0，-26）为中心点，创建内切圆半径为8的正六边形，如图 13-82 所示。

④ 拉伸截面。单击"建模"工具栏中的"拉伸"按钮，拉伸步骤③绘制的六边形截面，高度为5，消隐结果如图 13-83 所示。

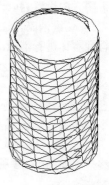

图 13-78　创建圆柱体　　　　图 13-79　差集结果

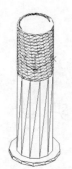

图 13-80　绘制圆柱体　　图 13-81　绘制圆柱体　　图 13-82　绘制拉伸截面　　图 13-83　拉伸截面

⑤ 设置视图方向。单击"视图"工具栏中的"前视"按钮，设置视图方向。

⑥ 绘制截面2。单击"绘图"工具栏中的"直线"按钮，绘制直角边长为1的等腰直角三角形，结果如图 13-84 所示。

⑦ 创建面域。单击"绘图"工具栏中的"面域"按钮，将步骤⑥绘制的三角形截面创建为面域。

⑧ 旋转截面。单击"建模"工具栏中的"旋转"按钮，选择步骤⑥绘制的三角形，选择 Y 轴为旋转轴，旋转角度为360°，消隐结果如图 13-85 所示。

⑨ 差集处理。单击"实体编辑"工具栏中的"差集"按钮，从拉伸实体中减去旋转实体，消隐结果如图 13-86 所示。

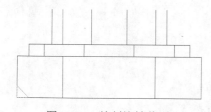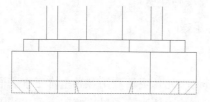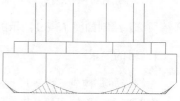

图 13-84　绘制旋转截面　　　　图 13-85　旋转截面　　　　图 13-86　差集运算

⑩ 并集处理。单击"实体编辑"工具栏中的"并集"按钮，合并所有图形。

⑪ 设置视图方向。单击"视图"工具栏中的"西南等轴测"按钮，将当前视图方向设置为西南等轴测视图。

⑫ 三维消隐。选择菜单栏中的"视图"→"视觉样式"→"消隐"命令，对合并实体进行消隐，结果如图 13-87 所示。

⑬ 关闭坐标系。选择菜单栏中的"视图"→"显示"→"UCS 图标"→"开"命令，关闭坐标系。

⑭ 旋转实体。选择菜单栏中的"视图"→"动态观察"→"自由动态观察"命令，将实体旋转到易观察的角度。

⑮ 改变视觉样式。选择菜单栏中的"视图"→"视觉样式"→"概念"命令，最终效果如图 13-73 所示。

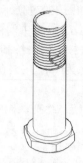

图 13-87　隐藏并集图形

13.8　名师点拨——拖曳功能限制

拖曳功能每条导向曲线必须满足以下条件才能正常工作。
（1）与每个横截面相交。
（2）从第一个横截面开始。
（3）到最后一个横截面结束。

13.9　上机实验

【练习1】绘制如图 13-88 所示的吸顶灯。

1．目的要求

三维表面是构成三维图形的基本单元，灵活利用各种基本三维表面构建三维图形是三维绘图的关键技术与能力要求。通过本练习，要求读者熟练掌握各种三维表面绘制方法，体会构建三维图形的技巧。

2．操作提示

（1）利用"三维视点"命令设置绘图环境。
（2）利用"网格圆环体"命令绘制两个圆环体作为外沿。
（3）利用"网格圆锥体"命令绘制灯罩。

图 13-88　吸顶灯

【练习2】绘制如图 13-89 所示的足球门。

1．目的要求

三维表面是构成三维图形的基本单元，灵活利用各种基本三维表面构建三维图形是三维绘图的关键技术与能力要求。通过本练习，要求读者熟练掌握各种三维表面绘制方法，体会构建三维图形的技巧。

图 13-89　足球门

2. 操作提示

（1）利用"视图/三维视图/视点"命令设置绘图环境。
（2）绘制一系列直线和圆弧作为球门基本框架。
（3）利用"边界网格"命令绘制球网。
（4）利用"网格圆柱体"命令绘制门柱和门梁。

13.10　模 拟 考 试

（1）按如图 13-90 中图形 1 所示创建单叶双曲表面的实体，然后计算其体积为（　　）。

　　A．1689.25　　　　　　B．3568.74　　　　　　C．6767.65　　　　　　D．8635.21

（2）按如图 13-91 所示图形 2 创建实体，然后将其中的圆孔内表面绕其轴线倾斜-5°，最后计算实体的体积为（　　）。

　　A．153680.25　　　　　B．189756.34　　　　　C．223687.38　　　　　D．278240.42

图 13-90　图形 1

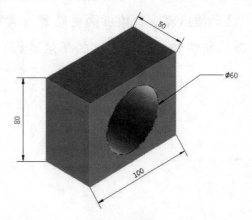

图 13-91　图形 2

（3）绘制如图 13-92 所示的支架图形。
（4）绘制如图 13-93 所示的圆柱滚子轴承。

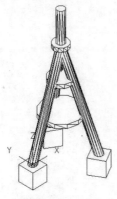

图 13-92　支架

图 13-93　圆柱滚子轴承

第 14 章

三维实体操作

　　实体建模是 AutoCAD 三维建模中比较重要的一部分。实体模型是能够完整描述对象的 3D 模型，比三维线框、三维曲面更能表达实物。本章主要介绍基本三维实体的创建、二维图形生成三维实体、三维实体的布尔运算、三维实体的编辑、三维实体的颜色处理等知识。

14.1　三维编辑功能

三维编辑主要是对三维物体进行编辑，包括三维镜像、三维阵列、三维移动以及三维旋转等。

【预习重点】

- ☑　了解三维编辑功能的用法。
- ☑　练习使用三维镜像。
- ☑　练习使用三维阵列。
- ☑　练习使用对齐对象。
- ☑　练习使用三维移动。
- ☑　练习使用三维旋转。

14.1.1　三维镜像

【执行方式】

- ☑　命令行：MIRROR3D。
- ☑　菜单栏：选择菜单栏中的"修改"→"三维操作"→"三维镜像"命令。

【操作实践——绘制罗马柱立体图】

绘制如图 14-1 所示的罗马柱立体图。操作步骤如下：

（1）绘制圆柱。

① 单击"建模"工具栏中的"圆柱体"按钮▣，绘制两个圆柱体，命令行提示与操作如下。

```
命令: _cylinder
指定底面的中心点或 [三点(3P)/两点(2P)/切点、切点、半径(T)/椭圆(E)]:0,0,0
指定底面半径或 [直径(D)]: 20
指定高度或 [两点(2P)/轴端点(A)]: 300
命令: _cylinder
指定底面的中心点或 [三点(3P)/两点(2P)/切点、切点、半径(T)/椭圆(E)]: 20,0,50
指定底面半径或 [直径(D)]: 5
指定高度或 [两点(2P)/轴端点(A)]: 200
```

② 单击"视图"工具栏中的"西南等轴测"按钮▣，设置视图方向，结果如图 14-2 所示。

（2）绘制球体。

单击"建模"工具栏中的"球体"按钮▣，绘制两个球体，命令行提示与操作如下。

```
命令: _sphere
指定中心点或 [三点(3P)/两点(2P)/切点、切点、半径(T)]: 20,0,50
指定半径或 [直径(D)] <20.0000>: 5
命令: _sphere
指定中心点或 [三点(3P)/两点(2P)/切点、切点、半径(T)]: 20,0,250
指定半径或 [直径(D)] <20.0000>: 5
```

绘制结果如图 14-3 所示。

（3）并集处理。

单击"实体编辑"工具栏中的"并集"按钮 ⚙，将两个球体与圆柱进行并集运算。

（4）阵列图形。

单击"修改"工具栏中的"环形阵列"按钮 ⚙，选择并集后图形作为阵列对象，设置项目总数为 8，填充角度为 360°，中心点为（0,0），如图 14-4 所示。

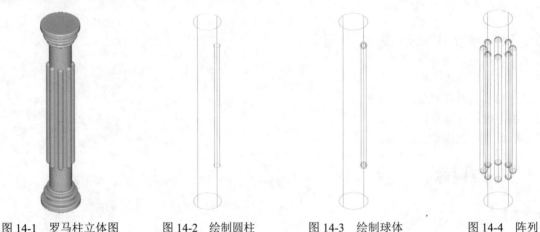

图 14-1　罗马柱立体图　　　图 14-2　绘制圆柱　　　图 14-3　绘制球体　　　图 14-4　阵列

（5）并集处理。

单击"实体编辑"工具栏中的"并集"按钮 ⚙，将所有图形进行并集运算。

（6）绘制三维多线段。

单击"默认"选项卡"绘图"面板中的"三维多段线"按钮 ⚙，绘制三维多段线，命令行提示与操作如下。

```
命令: _3dpoly
指定多段线的起点: 0,0,300
指定直线的端点或 [放弃(U)]: @25,0
指定直线的端点或 [放弃(U)]: @0,0,5
指定直线的端点或 [闭合(C)/放弃(U)]: @-5,0,0
指定直线的端点或 [闭合(C)/放弃(U)]: @0,0,5
指定直线的端点或 [闭合(C)/放弃(U)]: @10,0,0
指定直线的端点或 [闭合(C)/放弃(U)]: @0,0,5
指定直线的端点或 [闭合(C)/放弃(U)]: @-5,0,0
指定直线的端点或 [闭合(C)/放弃(U)]: @0,0,10
指定直线的端点或 [闭合(C)/放弃(U)]: @10,0,0
指定直线的端点或 [闭合(C)/放弃(U)]: @0,0,10
指定直线的端点或 [闭合(C)/放弃(U)]: @-35,0,0
指定直线的端点或 [闭合(C)/放弃(U)]: c
```

绘制结果如图 14-5 所示。

（7）旋转图形。

单击"建模"工具栏中的"旋转"按钮 ⚙，旋转图形，命令行提示与操作如下。

```
命令: _revolve
前线框密度: ISOLINES=4, 闭合轮廓创建模式 = 实体
```

选择要旋转的对象或 [模式(MO)]: _MO 闭合轮廓创建模式 [实体(SO)/曲面(SU)] <实体>: _SO
选择要旋转的对象或 [模式(MO)]: （选择多线段）
选择要旋转的对象或 [模式(MO)]:
指定轴起点或根据以下选项之一定义轴 [对象(O)/X/Y/Z] <对象>:0,0,0
指定轴端点: 0,0,10
指定旋转角度或 [起点角度(ST)/反转(R)/表达式(EX)] <360>:

绘制结果如图 14-6 所示。

（8）圆角处理。

单击"修改"工具栏中的"圆角"按钮，将上述旋转的矩形的棱边做圆角处理，圆角半径为 2，绘制结果如图 14-7 所示。

（9）三维镜像处理。

选择菜单栏中的"修改"→"三维操作"→"三维镜像"命令，镜像图形，命令行提示与操作如下。

命令: _mirror3d
选择对象: （选择上述旋转体）
选择对象:
指定镜像平面 (三点) 的第一个点或 [对象(O)/最近的(L)/Z 轴(Z)/视图(V)/XY 平面(XY)/YZ 平面(YZ)/ZX 平面(ZX)/三点(3)] <三点>: 0,0,150
在镜像平面上指定第二点: 0,10,150
在镜像平面上指定第三点: 10,10,150
是否删除源对象? [是(Y)/否(N)] <否>:

绘制结果如图 14-8 所示。

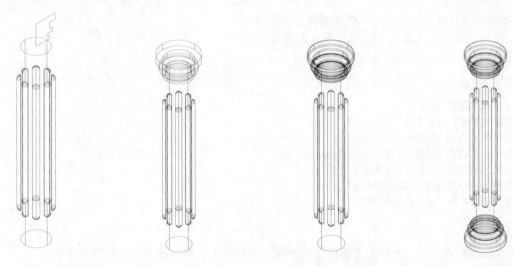

图 14-5　绘制三维多线段　　图 14-6　旋转图形　　图 14-7　圆角处理　　图 14-8　三维镜像处理

（10）单击"视图"选项卡"视觉样式"面板上的"视觉样式"下拉菜单中的"概念"按钮，结果如图 14-1 所示。

【选项说明】

（1）三点：输入镜像平面上点的坐标。该选项通过 3 个点确定镜像平面，是系统的默认选项。
（2）最近的(L)：相对于最后定义的镜像平面对选定的对象进行镜像处理。

（3）Z 轴(Z)：利用指定的平面作为镜像平面。选择该选项后，出现如下提示。

在镜像平面上指定点:（输入镜像平面上一点的坐标）
在镜像平面的 Z 轴（法向）上指定点:（输入与镜像平面垂直的任意一条直线上任意一点的坐标）
是否删除源对象? [是(Y)/否(N)]:（根据需要确定是否删除源对象）

（4）视图(V)：指定一个平行于当前视图的平面作为镜像平面。
（5）XY（YZ、ZX）平面：指定一个平行于当前坐标系 XY（YZ、ZX）平面的平面作为镜像平面。

14.1.2　三维阵列

【执行方式】

☑　命令行：3DARRAY。
☑　菜单栏：选择菜单栏中的"修改"→"三维操作"→"三维阵列"命令。
☑　工具栏：单击"建模"工具栏中的"三维阵列"按钮⊞。

【操作实践——绘制箭楼立体图】

绘制如图 14-9 所示的箭楼立体图。操作步骤如下：
（1）单击"建模"工具栏中的"圆柱体"按钮⊡，绘制底面中心点为（0,0,0），半径为 8，高度为 40 的圆柱体。
（2）单击"视图"工具栏中的"西南等轴测"按钮⊙，将当前视图切换到西南等轴测视图，结果如图 14-10 所示。
（3）单击"默认"选项卡"绘图"面板中的"三维多段线"按钮⊿，绘制三维多段线，命令行提示与操作如下。

图 14-9　箭楼立体图　　图 14-10　绘制圆柱

```
命令: _3dpoly
指定多段线的起点: 8,0,40
指定直线的端点或  [放弃(U)]: @3,0,7
指定直线的端点或  [放弃(U)]: @0,0,6
指定直线的端点或  [闭合(C)/放弃(U)]: @3,0,0
指定直线的端点或  [闭合(C)/放弃(U)]: @0,0,-6
指定直线的端点或  [闭合(C)/放弃(U)]: @-3,0,-6
指定直线的端点或  [闭合(C)/放弃(U)]: c
```

绘制结果如图 14-11 所示。
（4）单击"建模"工具栏中的"旋转"按钮⊡，旋转图形，命令行提示与操作如下。

```
命令: _revolve
当前线框密度:  ISOLINES=4，闭合轮廓创建模式 = 实体
选择要旋转的对象或  [模式(MO)]: _MO 闭合轮廓创建模式 [实体(SO)/曲面(SU)] <实体>: _SO
选择要旋转的对象或  [模式(MO)]: 找到 1 个（选择上述绘制的多线段）
选择要旋转的对象或  [模式(MO)]:
指定轴起点或根据以下选项之一定义轴 [对象(O)/X/Y/Z] <对象>: 0,0,0
指定轴端点: 0,0,10
指定旋转角度或 [起点角度(ST)/反转(R)/表达式(EX)] <360>:
```

绘制结果如图 14-12 所示。

（5）单击"建模"工具栏中的"长方体"按钮■，绘制第一个角点为（-2,14,49），其他角点为（2,-14,54）的长方体，结果如图 14-13 所示。

（6）单击"建模"工具栏中的"三维阵列"按钮■，阵列步骤（5）中绘制的长方体，命令行提示与操作如下。

命令: _3darray
选择对象:（选择步骤（5）绘制的长方体）
选择对象:
输入阵列类型 [矩形(R)/环形(P)] <矩形>:p
输入阵列中的项目数目: 3
指定要填充的角度 (+=逆时针, -=顺时针) <360>:
旋转阵列对象? [是(Y)/否(N)] <是>:
指定阵列的中心点: 0,0,0
指定旋转轴上的第二点: 0,0,10

绘制结果如图 14-14 所示。

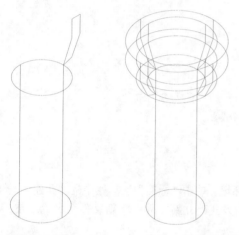
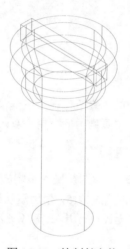
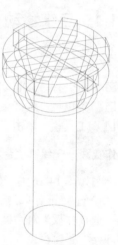

图 14-11　绘制三维多线段　　图 14-12　旋转图形　　　　图 14-13　绘制长方体　　　　图 14-14　三维阵列

（7）差集处理。

单击"实体编辑"工具栏中的"差集"按钮■，将步骤（5）绘制的长方体从步骤（4）旋转的实体中减去，如图 14-15 所示。

【选项说明】

（1）矩形(R)：对图形进行矩形阵列复制，是系统的默认选项。

（2）环形(P)：对图形进行环形阵列复制。

14.1.3　对齐对象

【执行方式】

☑　命令行：ALIGN（快捷命令：AL）。

☑　菜单栏：选择菜单栏中的"修改"→"三维操作"→"对齐"命令。

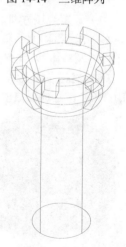

图 14-15　差集

☑ 工具栏：单击"建模"工具栏中的"三维对齐"按钮█。

【操作步骤】

执行上述操作后，命令行提示与操作如下。

```
命令: 3DALIGN↙
选择对象:（选择对齐的对象）
选择对象:（选择下一个对象或按 Enter 键）
指定源平面和方向...
指定基点或 [复制(C)]:（指定点 2）
指定第二点或 [继续(C)] <C>:（指定点 1）
指定第三个点或 [继续(C)] <C>:
指定目标平面和方向...
指定第一个目标点:（指定点 2）
指定第二个目标点或 [退出(X)] <X>:
指定第三个目标点或 [退出(X)] <X>:↙
```

14.1.4 三维移动

【执行方式】

☑ 命令行：3DMOVE。
☑ 菜单栏：选择菜单栏中的"修改"→"三维操作"→"三维移动"命令。
☑ 工具栏：单击"建模"工具栏中的"三维移动"按钮█。

【操作实践——绘制皮带轮立体图】

绘制如图 14-16 所示的皮带轮立体图。操作步骤如下：

（1）建立新文件。启动 AutoCAD 2015，使用默认绘图环境。单击"标准"工具栏中的"新建"按钮█，打开"选择样板"对话框，以"无样板打开-公制（毫米）"方式建立新文件；将新文件命名为"皮带轮立体图.dwg"并保存。

（2）设置线框密度。在命令行中输入"ISOLINES"命令，默认值为 8，设置系统变量值为 10。

（3）设置视图方向。单击"视图"工具栏中的"西南等轴测"按钮█，切换到西南等轴测视图。

（4）绘制圆柱体。单击"建模"工具栏中的"圆柱体"按钮█，绘制以坐标原点为圆心，创建半径为 100，高为 60 的圆柱体 1。继续以坐标原点为圆心，创建半径为 80，高为 20 的圆柱体 2，结果如图 14-17 所示。

（5）复制圆柱主体。单击"修改"工具栏中的"复制"按钮█，将圆柱体 2 从点（0，0，0）复制到点（0，0，40），生成圆柱体 3，结果如图 14-18 所示。

图 14-16 皮带轮立体图

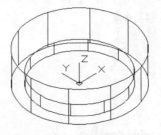

图 14-17 创建圆柱

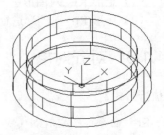

图 14-18 复制圆柱

（6）差集运算 1。单击"建模"工具栏中的"差集"按钮，对圆柱 1 与圆柱 2、3 进行差集运算。

（7）设置视图方向。单击"视图"工具栏中的"前视"按钮，对视图进行切换。

高手支招

执行"前视"操作后，坐标系发生旋转。

（8）绘制旋转截面 1。单击"绘图"工具栏中的"多段线"按钮，绘制多段线，点坐标依次为（−100, 30, 0）、（@0, 15）、（@18<−30）、（@0,−12）、（@18<210），最后闭合图形，结果如图 14-19 所示。

（9）旋转实体。单击"建模"工具栏中的"旋转"按钮，旋转多段线，命令行提示与操作如下。

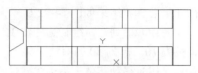

图 14-19 绘制多段线

```
命令: REVOLVE✓ ✓
选择要旋转的对象或 [模式(MO)]:（选取多段线，然后按 Enter 键）
指定轴起点或根据以下选项之一定义轴 [对象(O)/X/Y/Z] <对象>: Y✓
指定旋转角度或 [起点角度(ST)/反转(R)/表达式(EX)] <360>:✓
```

（10）差集运算 2。单击"实体编辑"工具栏中的"差集"按钮，将创建的圆柱与旋转实体进行差集运算。

（11）设置视图方向。单击"视图"工具栏中的"西南等轴测"按钮，切换到西南等轴测视图。

（12）消隐实体。单击"渲染"工具栏中的"消隐"按钮，进行消隐处理后的图形如图 14-20 所示。

（13）设置坐标系。在命令行中输入"UCS"命令，将坐标系返回默认世界坐标系，命令行提示与操作如下。

```
命令: UCS
当前 UCS 名称: *没有名称*
指定 UCS 的原点或 [面(F)/命名(NA)/对象(OB)/上一个(P)/视图(V)/世界(W)/X/Y/Z/Z 轴(ZA)] <世界>:
```

消隐结果如图 14-20 所示。

（14）绘制拉伸截面 2。单击"绘图"工具栏中的"圆"按钮，以原点为中心，绘制半径为 50 的圆。

（15）拉伸实体。单击"建模"工具栏中的"拉伸"按钮，拉伸绘制的圆，创建凸台，命令行提示与操作如下。

```
命令: _extrude
当前线框密度: ISOLINES=10，闭合轮廓创建模式=实体
选择要拉伸的对象或 [模式(MO)]: _MO 闭合轮廓创建模式 [实体(SO)/曲面(SU)] <实体>: _SO
选择要拉伸的对象或 [模式(MO)]: 找到 1 个
选择要拉伸的对象或 [模式(MO)]:
指定拉伸的高度或 [方向(D)/路径(P)/倾斜角(T)/表达式(E)] <20.0000>: t
指定拉伸的倾斜角度或 [表达式(E)] <0>: –15
指定拉伸的高度或 [方向(D)/路径(P)/倾斜角(T)/表达式(E)] <20.0000>: 30
```

结果如图 14-21 所示。

（16）镜像实体。选择菜单栏中的"修改"→"三维操作"→"三维镜像"命令，镜像凸台，命令行提示与操作如下。

```
命令: Mirror3D✓
选择对象: （选取凸台，然后按 Enter 键）
```

指定镜像平面（三点）的第一个点或 [对象(O)/最近的(L)/Z 轴(Z)/视图(V)/XY 平面(XY)/YZ 平面(YZ)/ZX 平面(ZX)/三点(3)] <三点>: 0,0,30
在镜像平面上指定第二点: 30,50,30
在镜像平面上指定第三点: 50,0,30
是否删除源对象？[是(Y)/否(N)] <否>: ↙

（17）并集运算。单击"实体编辑"工具栏中的"并集"按钮◙，将创建的凸台与带轮外轮廓实体进行并集运算，结果如图 14-22 所示。

（18）绘制孔。绘制圆柱体 3。单击"建模"工具栏中的"圆柱体"按钮◙，以坐标原点为圆心，创建半径为 10，高为 50 的圆柱。

（19）移动实体。单击"建模"工具栏中的"三维移动"按钮◙，将其沿 X 轴方向移动 68，命令行提示与操作操作如下。

```
命令: _3dmove
选择对象: 找到 1 个（选择圆柱体 3）
选择对象:
指定基点或 [位移(D)] <位移>:
** MOVE **
指定移动点或 [基点(B)/复制(C)/放弃(U)/退出(X)]: 68
```

（20）三维消隐。选择菜单栏中的"视图"→"视觉样式"→"消隐"命令，隐藏实体，结果如图 14-23 所示。

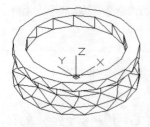
图 14-20 消隐结果

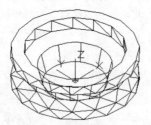
图 14-21 创建凸台

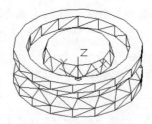
图 14-22 并集结果

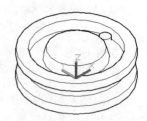
图 14-23 消隐结果

（21）阵列圆柱。单击"建模"工具栏中的"三维阵列"按钮▦，阵列移动后的圆柱体 3，命令行提示与操作如下。

```
命令: 3Darray↙
选择对象: （选取圆柱，然后按 Enter 键）
输入阵列类型 [矩形(R)/环形(P)] <矩形>: P↙
输入阵列中的项目数目: 6↙
指定要填充的角度 (+=逆时针, -=顺时针) <360>: ↙
旋转阵列对象？ [是(Y)/否(N)] <是>: N↙
指定阵列的中心点: 0,0,0↙
指定旋转轴上的第二点: 0,0,50↙
```

🎓 **高手支招**

在执行"三维阵列"操作时，尽量关闭所有捕捉模式，否则在选择阵列中心点时，系统会忽略命令行中输入的点坐标，而选择自动捕捉最近点，从而无法得到需要的阵列结果。

（22）差集运算。单击"实体编辑"工具栏中的"差集"按钮，将创建的实体与阵列的圆柱进行差集运算，结果如图 14-24 所示。

（23）创建键槽结构。绘制如图 14-25 所示键槽孔截面，圆半径为 20，槽长、宽分别为 5、10，并进行拉伸。

（24）差集运算。单击"实体编辑"工具栏中的"差集"按钮，将创建的实体与拉伸实体进行差集运算。

（25）关闭坐标系。选择菜单栏中的"视图"→"显示"→"UCS 图标"→"开"命令，完全显示图形。

（26）改变视觉样式。选择菜单栏中的"视图"→"视觉样式"→"概念"命令，最终结果如图 14-16 所示。

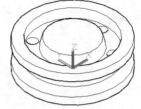

图 14-24　差集结果

图 14-25　绘制键槽孔截面

【选项说明】

其操作方法与二维移动命令类似。

14.1.5　三维旋转

【执行方式】

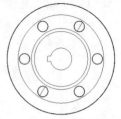

- ☑　命令行：3DROTATE。
- ☑　菜单栏：选择菜单栏中的"修改"→"三维操作"→"三维旋转"命令。
- ☑　工具栏：单击"建模"工具栏中的"三维旋转"按钮。

【操作实践——绘制扶手椅立体图】

绘制如图 14-26 所示的扶手椅立体图。操作步骤如下：

（1）单击"建模"工具栏中的"长方体"按钮，绘制两个长方体，命令行提示与操作如下。

图 14-26　扶手椅立体图

```
命令: _box
指定第一个角点或 [中心(C)]: 0,0,0
指定其他角点或 [立方体(C)/长度(L)]: 100,100,10
命令: _box
指定第一个角点或 [中心(C)]: 100,0,0
指定其他角点或 [立方体(C)/长度(L)]: @-5,100,110
```

绘制结果如图 14-27 所示。

（2）单击"建模"工具栏中的"三维旋转"按钮，旋转椅背，命令行提示与操作如下。

```
命令: _3drotate
UCS 当前的正角方向： ANGDIR=逆时针　ANGBASE=0
选择对象：（选择椅背）
选择对象：
指定基点: 100,0,0
拾取旋转轴： （拾取 Y 轴）
指定角的起点或输入角度: -10
```

绘制结果如图 14-28 所示。

（3）单击"建模"工具栏中的"长方体"按钮█，绘制角点坐标为（110,0,40）和（35,-5,45），（35,0,45）和（@5,-5,-100），（72,0,45）和（@5,-5,-100）的 3 个长方体，结果如图 14-29 所示。

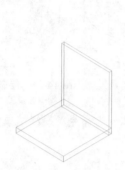  

图 14-27　绘制长方体　　　　图 14-28　三维旋转　　　　图 14-29　绘制长方体

（4）单击"建模"工具栏中的"三维旋转"按钮█，旋转图形，命令行提示与操作如下。

命令：_3drotate
UCS 当前的正角方向：ANGDIR=逆时针　ANGBASE=0
选择对象:（选择左边的椅腿）
选择对象:
指定基点:35,0,45
拾取旋转轴：（拾取 Y 轴）
指定角的起点或输入角度: -20
命令：_3drotate
UCS 当前的正角方向：ANGDIR=逆时针　ANGBASE=0
选择对象:（选择右边的椅腿）
选择对象:
指定基点:77,0,45
拾取旋转轴:
指定角的起点或输入角度: 20

绘制结果如图 14-30 所示。

（5）单击"实体编辑"工具栏中的"并集"按钮█，将组成椅腿的 3 个长方体合并。

选择菜单栏中的"修改"→"三维操作"→"三维镜像"命令，镜像椅腿，命令行提示与操作如下。

命令：_mirror3d
选择对象:（选择椅腿）
选择对象:
指定镜像平面（三点）的第一个点或 [对象(O)/最近的(L)/Z 轴(Z)/视图(V)/XY 平面(XY)/YZ 平面(YZ)/ZX 平面(ZX)/三点(3)] <三点>: 0,50,0
在镜像平面上指定第二点: 10,50,0
在镜像平面上指定第三点: 0,50,10
是否删除源对象？[是(Y)/否(N)] <否>:

绘制结果如图 14-31 所示。

（6）单击"修改"工具栏中的"圆角"按钮█，圆角半径为 2，对椅子主体的各边进行圆角处理。

（7）单击"渲染"工具栏中的"隐藏"按钮，消隐之后结果如图 14-32 所示。

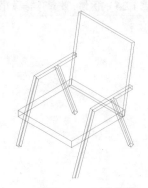

图 14-30　旋转图形　　　　　图 14-31　三维镜像　　　　　图 14-32　圆角处理

14.2　编辑曲面

一个曲面绘制完成后，有时需要修改其中的错误或者在此基础上形成更复杂的造型，本节主要介绍如何修剪曲面和延伸曲面。

【预习重点】

☑　练习修剪曲面。
☑　练习取消修剪曲面。
☑　练习延伸曲面。

14.2.1　修剪曲面

【执行方式】

☑　命令行：SURFTRIM。
☑　菜单栏：选择菜单栏中的"修改"→"曲面编辑"→"修剪"命令。
☑　工具栏：单击"曲面编辑"工具栏中的"曲面修剪"按钮。
☑　功能区：单击"三维工具"选项卡"实体编辑"面板中的"曲面修剪"按钮（如图 14-33 所示）。

图 14-33　"实体编辑"面板

【操作步骤】

执行上述操作后，命令行提示与操作如下。

命令: SURFTRIM↙
延伸曲面 = 是, 投影 = 自动
选择要修剪的曲面或面域或者 [延伸(E)/投影方向(PRO)]: （选择图 14-34 中的曲面）

选择剪切曲线、曲面或面域:（选择图 14-34 中的曲线）
选择要修剪的区域 [放弃(U)]: （选择图 14-34 的区域，修剪结果如图 14-35 所示）

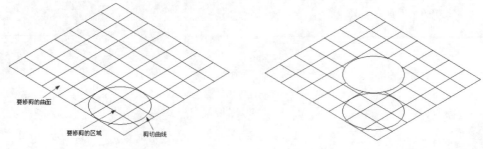

图 14-34　原始曲面　　　　　　　　　图 14-35　修剪曲面

【选项说明】

（1）要修剪的曲面或面域：选择要修剪的一个或多个曲面或面域。

（2）延伸(E)：控制是否修剪剪切曲面以与修剪曲面的边相交。选择该选项，命令行提示与操作如下。

延伸修剪几何图形 [是(Y)/否(N)] <是>:

（3）投影方向(PRO)：剪切几何图形会投影到曲面。选择该选项，命令行提示与操作如下。

指定投影方向 [自动(A)/视图(V)/UCS(U)/无(N)] <自动>:

① 自动(A)：在平面平行视图中修剪曲面或面域时，剪切几何图形将沿视图方向投影到曲面上；使用平面曲线在角度平行视图或透视视图中修剪曲面或面域时，剪切几何图形将沿曲线平面垂直的方向投影到曲面上；使用三维曲线在角度平行视图或透视视图中修剪曲面或面域时，剪切几何图形将沿与当前 UCS 与当前 UCS 的 Z 方向平行的方向投影到曲面上。

② 视图(V)：基于当前视图投影几何图形。

③ UCS(U)：沿当前 UCS 的+Z 和–Z 轴投影几何图形。

④ 无(N)：当剪切曲线位于曲面上时，才会修剪曲面。

14.2.2　取消修剪曲面

【执行方式】

☑　命令行：SURFUNTRIM。
☑　菜单栏：选择菜单栏中的"修改"→"曲面编辑"→"取消修剪"命令。
☑　工具栏：单击"曲面编辑"工具栏中的"曲面取消修剪"按钮圝。
☑　功能区：单击"三维工具"选项卡"实体编辑"面板中的"曲面取消修剪"按钮圝。

【操作步骤】

执行上述操作后，命令行提示与操作如下。

命令: SURFUNTRIM↙
选择要取消修剪的曲面边或 [曲面(SUR)]: （选择图 14-35 中的曲面，修剪结果如图 14-34 所示）

14.2.3　延伸曲面

【执行方式】

☑　命令行：SURFEXTEND。

☑　菜单栏：选择菜单栏中的"修改"→"曲面编辑"→"延伸"命令。

☑　工具栏：单击"曲面编辑"工具栏中的"曲面延伸"按钮 ![]。

☑　功能区：单击"三维工具"选项卡"实体编辑"面板中的"曲面延伸"按钮 ![]。

【操作步骤】

执行上述操作后，命令行提示与操作如下。

命令: SURFEXTEND↙
模式 = 延伸, 创建 = 附加
选择要延伸的曲面边：（选择图 14-36 中的边）
指定延伸距离或 [模式(M)]:（输入延伸距离，或者拖动鼠标到适当位置，如图 14-37 所示）

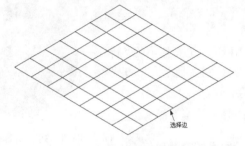
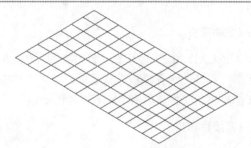

选择边

图 14-36　选择延伸边　　　　　　　　　图 14-37　延伸曲面

【选项说明】

（1）指定延伸距离：指定延伸长度。

（2）模式(M)：选择该项，命令行提示与操作如下。

延伸模式 [延伸(E)/拉伸(S)] <延伸>:S
创建类型 [合并(M)/附加(A)] <附加>:

① 延伸(E)：以尝试模仿并延续曲面形状的方式拉伸曲面。

② 拉伸(S)：拉伸曲面，而不尝试模仿并延续曲面形状。

③ 合并(M)：将曲面延伸指定的距离，而不创建新曲面。如果原始曲面为 NURBS 曲面，则延伸的曲面也为 NURBS 曲面。

④ 附加(A)：创建与原始曲面相邻的新延伸曲面。

14.3　剖切视图

在 AutoCAD 中，可以利用剖切功能对三维造型进行剖切处理，这样便于用户观察三维造型内部结构。

【预习重点】

- ☑ 观察剖切模型结果。
- ☑ 练习剖切操作。
- ☑ 练习剖切截面操作。
- ☑ 练习截面平面操作。

14.3.1 剖切

【执行方式】

- ☑ 命令行：SLICE（快捷命令：SL）。
- ☑ 菜单栏：选择菜单栏中的"修改"→"三维操作"→"剖切"命令。
- ☑ 功能区：单击"三维工具"选项卡"实体编辑"面板中的"剖切"按钮▶️（如图 14-33 所示）。

【操作实践——绘制阀芯立体图】

绘制如图 14-38 所示的阀芯立体图。操作步骤如下：

1. 建立新文件

启动 AutoCAD 2015，使用默认设置绘图环境。单击"标准"工具栏中的"新建"按钮🗋，打开"选择样板"对话框，以"无样板打开-公制（毫米）"方式建立新文件；将新文件命名为"阀芯立体图.dwg"并保存。

图 14-38　阀芯立体图

2. 设置线框密度

在命令行中输入"ISOLINES"命令，默认值为 8，设置系统变量值为 10。

3. 绘制视图

（1）绘制球体。单击"建模"工具栏中的"球体"按钮⬤，绘制球心在原点，半径为 20 的球，结果如图 14-39 所示。

（2）剖切球体。选择菜单栏中的"修改"→"三维操作"→"剖切"命令，将步骤（1）绘制的球体分别沿过点（16, 0, 0）的 YZ 平面方向进行剖切处理。命令行提示与操作如下。

命令: _slice
选择要剖切的对象：（选择球体）
选择要剖切的对象：
指定切面的起点或 [平面对象(O)/曲面(S)/Z 轴(Z)/视图(V)/XY(XY)/YZ(YZ)/ZX(ZX)/三点(3)] <三点>: yz
指定 YZ 平面上的点 <0,0,0>: 16,0,0
在所需的侧面上指定点或 [保留两个侧面(B)] <保留两个侧面>:

结果如图 14-40 所示。

用同样的方法继续绘制过点（16, 0, 0）的 YZ 平面方向剖切处理，命令行提示与操作如下。

命令: SLICE
选择要剖切的对象：找到 1 个
选择要剖切的对象：

指定切面的起点或 [平面对象(O)/曲面(S)/Z 轴(Z)/视图(V)/XY(XY)/YZ(YZ)/ZX(ZX)/三点(3)] <三点>: yz
指定 YZ 平面上的点 <0, 0, 0>:　16, 0, 0
在所需的侧面上指定点或 [保留两个侧面(B)] <保留两个侧面>:（在球面右侧单击）

两次剖切结果如图 14-41 所示。

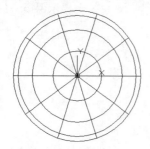

图 14-39　绘制球体

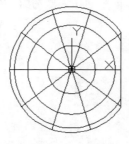

图 14-40　剖切球体

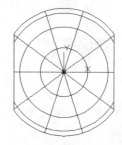

图 14-41　剖切后的图形

（3）绘制圆柱体。

① 设置视图方向。单击"视图"工具栏中的"左视"按钮，将视图切换到左视图。

② 绘制圆柱体。单击"建模"工具栏中的"圆柱体"按钮，分别绘制两个圆柱体。

③ 圆柱体 1：底面中心点为（0, 0, 0），半径为 10，轴端点为（0, 0, 16）。

④ 圆柱体 2：底面中心点为（0, 48, 0），半径为 34，轴端点为（0, 48, 5）。

结果如图 14-42 所示。

单击"视图"工具栏中的"西南等轴测"按钮，切换到西南等轴测视图。

（4）三维镜像。选择菜单栏中的"修改"→"三维操作"→"三维镜像"命令，将步骤（3）绘制的两个圆柱体沿过原点的 XY 平面进行镜像操作，结果如图 14-43 所示。

（5）差集处理。单击"实体编辑"工具栏中的"差集"按钮，将球体和 4 个圆柱体进行差集处理。

（6）消隐实体。单击"渲染"工具栏中的"隐藏"按钮，进行消隐处理，结果如图 14-44 所示。

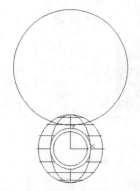

图 14-42　绘制圆柱体后的图形

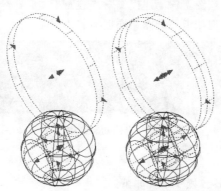

图 14-43　三维镜像图形

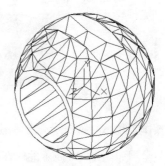

图 14-44　消隐结果

（7）关闭坐标系。选择菜单栏中的"视图"→"显示"→"UCS 图标"→"开"命令，完全显示图形。

（8）改变视觉样式。选择菜单栏中的"视图"→"视觉样式"→"概念"命令，最终效果如图 14-38 所示。

【选项说明】

（1）平面对象(O)：将所选对象的所在平面作为剖切面。

（2）曲面(S)：将剪切平面与曲面对齐。

（3）Z 轴(Z)：通过平面指定一点与在平面的 Z 轴（法线）上指定另一点来定义剖切平面。

（4）视图(V)：以平行于当前视图的平面作为剖切面。

（5）XY(XY)/YZ(YZ)/ZX(ZX)：将剖切平面与当前用户坐标系（UCS）的 XY 平面/YZ 平面/ZX 平面对齐。

（6）三点(3)：根据空间的 3 个点确定的平面作为剖切面。确定剖切面后，系统会提示保留一侧或两侧。

14.3.2　剖切截面

【执行方式】

☑　命令行：SECTION（快捷命令：SEC）。

【操作步骤】

执行上述命令后，命令行提示与操作如下。

命令: SECTION↙
选择对象：（选择要剖切的实体）
指定截面上的第一个点，依照 [对象(O)/Z 轴(Z)/视图(V)/XY /YZ /ZX /三点(3)] <三点>:

14.3.3　截面平面

通过截面平面功能可以创建实体对象的二维截面平面或三维截面实体。

【执行方式】

☑　命令行：SECTIONPLANE。

☑　菜单栏：选择菜单栏中的"绘图"→"建模"→"截面平面"命令。

☑　功能区：单击"三维工具"选项卡"截面"面板中的"截面平面"按钮（如图 14-45 所示）。

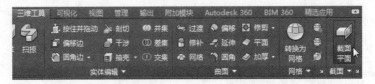

图 14-45　"截面"面板

【操作实践——绘制阀杆立体图】

绘制如图 14-46 所示的阀杆立体图。操作步骤如下：

（1）建立新文件。

启动 AutoCAD 2015，使用默认设置绘图环境。单击"标准"工具栏中的"新建"按钮，打开"选择样板"对话框，以"无样板打开-公制（毫米）"方式建立新文件，将新文件命名为"阀杆立体图.dwg"并保存。

（2）设置线框密度。

在命令行中输入"ISOLINES"命令，默认值为8，设置系统变量值为10。

（3）设置视图方向。

单击"视图"工具栏中的"西南等轴测"按钮，切换到西南等轴测视图。

（4）设置用户坐标系。

在命令行中输入"UCS"命令，将坐标系绕 X 轴旋转 90°。

（5）绘制阀杆主体。

① 创建圆柱体。单击"建模"工具栏中的"圆柱体"按钮，采用"指定底面圆心点、底面半径和高度"的模式绘制圆柱体 1，其原点为圆心，半径为 7，高度为 14。

采用"指定底面圆心点、底面直径和高度"的模式绘制其余圆柱体，参数如下。

☑　圆柱体 2：圆心为（0, 0, 14），直径为 14，高为 24。

☑　圆柱体 3：圆心为（0, 0, 38），直径为 18，高为 5。

☑　圆柱体 4：圆心为（0, 0, 43），直径为 18，高为 5。

圆柱体绘制结果如图 14-47 所示。

② 创建球。单击"建模"工具栏中的"球体"按钮，在点（0, 0, 30）处绘制半径为 20 的球体，结果如图 14-48 所示。

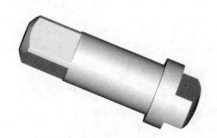
图 14-46　阀杆立体图

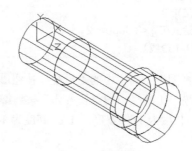
图 14-47　创建圆柱

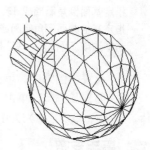
图 14-48　创建球

③ 设置视图方向。单击"视图"工具栏中的"左视"按钮，设置视图方向。

④ 剖切球与圆柱 4。选择菜单栏中的"修改"→"三维操作"→"剖切"命令，选取球及圆柱 4，以 ZX 平面为剖切面，分别指定剖切面上的点为（0, 4, 25）及（0, −4, 25），对实体进行对称剖切，保留实体中部，结果如图 14-49 所示。

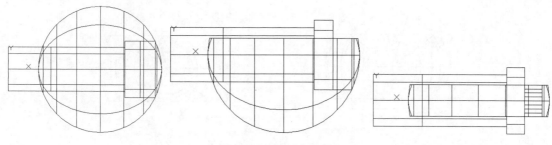
图 14-49　剖切后的实体

⑤ 剖切球。选择菜单栏中的"修改"→"三维操作"→"剖切"命令，选取球，以 YZ 平面为剖切面，指定剖切面上的点为（48, 0），对球进行剖切，保留球的右部，结果如图 14-50 所示。

（6）绘制细部特征。

设置视图方向。单击"视图"工具栏中的"西南等轴测"按钮，切换到西南等轴测视图。

① 对左端φ14 圆柱进行倒角操作。单击"修改"工具栏中的"倒角"按钮，对齿轮边缘进行倒直角操作，结果如图 14-51 所示。

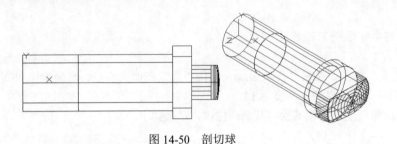
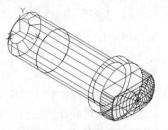

图 14-50　剖切球　　　　　　　　　　　　　　　　　图 14-51　倒角后的实体

命令：_chamfer
（"修剪"模式）当前倒角距离 1 = 0.0000，距离 2 = 0.0000
选择第一条直线或 [放弃(U)/多段线(P)/距离(D)/角度(A)/修剪(T)/方式(E)/多个(M)]：（选择圆柱 1 边线）
基面选择…
输入曲面选择选项 [下一个(N)/当前(OK)] <当前(OK)>：
指定基面倒角距离或 [表达式(E)]：3
指定其他曲面倒角距离或 [表达式(E)] <3.0000>：2
选择边或 [环(L)]：　（选择圆柱 1 边线）

② 设置视图方向。单击"视图"工具栏中的"后视"按钮，设置视图方向。
③ 创建长方体。单击"建模"工具栏中的"长方体"按钮，采用"中心点、长度"的模式绘制长方体，以坐标（0, 0, −7）为中心，长度为 11，宽度为 11，高度为 14，结果如图 14-52 所示。

🎓 **高手支招**

> 执行"长方体"操作时，需打开"正交"模式或关闭"捕捉"模式，否则绘制的长方体为斜向长方体。

④ 旋转长方体。单击"建模"工具栏中的"三维旋转"按钮，将步骤③绘制的长方体，以 Z 轴为旋转轴，以坐标原点为旋转轴上的点，旋转 45°，结果如图 14-53 所示。

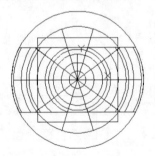
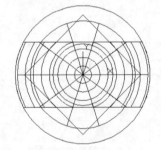

图 14-52　创建长方体　　　　　　　　　　　　　　　图 14-53　旋转长方体

⑤ 设置视图方向。单击"视图"工具栏中的"西南等轴测"按钮，将视图切换到西南等轴测视图。
⑥ 交集运算。单击"实体编辑"工具栏中的"交集"按钮，将φ14 圆柱与长方体进行交集运算。
⑦ 并集运算。单击"实体编辑"工具栏中的"并集"按钮，将实体进行并集运算。
⑧ 消隐实体。单击"渲染"工具栏中的"隐藏"按钮，将图形进行消隐处理。
⑨ 关闭坐标系。选择菜单栏中的"视图"→"显示"→"UCS 图标"→"开"命令，完全显示图形。
⑩ 改变视觉样式。选择菜单栏中的"视图"→"视觉样式"→"概念"命令，最终效果如图 14-46 所示。

14.4　实体三维操作

【预习重点】

☑　练习倒角、圆角操作。
☑　对比二维、三维图形倒角操作。

14.4.1　倒角

【执行方式】

☑　命令行：CHAMFER（快捷命令：CHA）。
☑　菜单栏：选择菜单栏中的"修改"→"倒角"命令。
☑　工具栏：单击"修改"工具栏中的"倒角"按钮 。
☑　功能区：单击"默认"选项卡"修改"面板中的"倒角"按钮 。

【操作实践——绘制螺母立体图】

绘制如图 14-54 所示的螺母立体图。操作步骤如下：

1．建立新文件

单击"标准"工具栏中的"新建"按钮 ，弹出"选择样板"对话框，单击
"打开"按钮右侧的下拉按钮 ，以"无样板打开-公制（毫米）"方式建立新文件，
将新文件命名为"螺母立体图.dwg"并保存。

2．设置线框密度

在命令行中输入"ISOLINES"命令，默认值为 8，设置系统变量值为 10。

图 14-54　螺母

3．设置视图方向

单击"视图"工具栏中的"西南等轴测"按钮 ，切换到西南等轴测视图。

4．创建螺纹

（1）绘制螺纹线。单击"建模"工具栏中的"螺旋"按钮 ，绘制螺纹轮廓，命令行提示与操作如下。

命令: HELIX
圈数 = 3.0000　　　扭曲=CCW
指定底面的中心点: 0, 0, 1.75
指定底面半径或 [直径(D)] <1.0000>: 5
指定顶面半径或 [直径(D)] <5.0000>:
指定螺旋高度或 [轴端点(A)/圈数(T)/圈高(H)/扭曲(W)] <1.0000>: t
输入圈数 <3.0000>: 7
指定螺旋高度或 [轴端点(A)/圈数(T)/圈高(H)/扭曲(W)] <1.0000>: 12.5

结果如图 14-55 所示。

🎓 **高手支招**

按上述命令行执行"螺旋"命令绘制的螺旋线，每次绘制的起始角度略有不同。读者绘制过程中，如起始角度与图 14-55 中不同，也可直接按步骤向下绘制操作；也可利用"三维旋转"命令将螺旋线旋转成图 14-55 中的角度，再按步骤操作。

（2）切换坐标系。在命令行中输入"UCS"命令，设置新坐标系，命令行提示与操作如下。

```
命令: _ucs
当前 UCS 名称: *世界*
指定 UCS 的原点或 [面(F)/命名(NA)/对象(OB)/上一个(P)/视图(V)/世界(W)/X/Y/Z/Z 轴(ZA)] <世界>:（捕捉螺旋线的上端点）
指定 X 轴上的点或 <接受>:（捕捉螺旋线上一点）
指定 XY 平面上的点或 <接受>:
命令: UCS
当前 UCS 名称: *没有名称*
指定 UCS 的原点或 [面(F)/命名(NA)/对象(OB)/上一个(P)/视图(V)/世界(W)/X/Y/Z/Z 轴(ZA)] <世界>: X
指定绕 Y 轴的旋转角度 <90>:
```

结果如图 14-56 所示。

（3）绘制牙型截面轮廓。

① 选择菜单栏中的"视图"→"三维视图"→"平面视图"→"当前 UCS"命令，进入绘制界面。

② 单击"绘图"工具栏中的"直线"按钮✏，捕捉螺旋线的上端点绘制牙型截面轮廓，尺寸如图 14-57 所示。

③ 单击"绘图"工具栏中的"面域"按钮◎，将其创建成面域。

④ 单击"视图"工具栏中的"西南等轴测"按钮⬢，结果如图 14-58 所示。

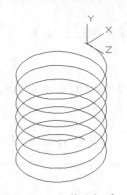
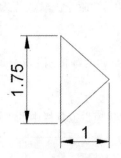
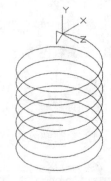

图 14-55　绘制螺纹线　　　图 14-56　切换坐标系　　　图 14-57　牙型尺寸　　　图 14-58　绘制的牙型截面轮廓

（4）扫掠形成实体。单击"建模"工具栏中的"扫掠"按钮⬢，选择牙型轮廓为轮廓，选择螺旋线作为路径，结果如图 14-59 所示。

（5）创建圆柱体。

① 切换坐标系。在命令行中输入"UCS"命令，将坐标系切换到世界坐标系。

② 绘制圆柱体。单击"建模"工具栏中的"圆柱体"按钮◎，绘制圆柱体。

☑ 圆柱体 1：底面中心点为（0, 0, 0），半径为 5，轴端点为（@0, 0, 8.75）。

☑ 圆柱体 2：底面中心点为（0, 0, 0），半径为 8，轴端点为（@0, 0, -5）。

☑ 圆柱体 3：底面中心点为（0, 0, 8.75），半径为 8，轴端点为（@0, 0, 5），结果如图 14-60 所示。

（6）并集运算。单击"实体编辑"工具栏中的"并集"按钮，将螺纹与半径为 4 的圆柱体进行并集处理。

（7）差集运算。单击"实体编辑"工具栏中的"差集"按钮，从螺纹主体中减去半径为 8 的两个圆柱体，结果如图 14-61 所示。

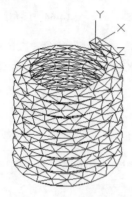
图 14-59 扫掠实体

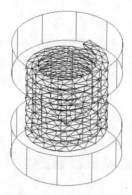
图 14-60 创建圆柱体

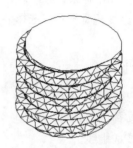
图 14-61 布尔运算处理

5．绘制外形轮廓

（1）绘制六边形。单击"绘图"工具栏中的"多边形"按钮，以坐标点（0, 0, 0）为中心绘制外切于圆，半径为 10 的正六边形。

（2）拉伸正多边形。单击"建模"工具栏中的"拉伸"按钮，将绘制的正多边形进行拉伸处理，拉伸距离为 8.75，结果如图 14-62 所示。

（3）差集处理。单击"实体编辑"工具栏中的"差集"按钮，将拉伸的正六边体和螺纹进行差集处理，结果如图 14-63 所示。

（4）倒角处理。单击"修改"工具栏中的"倒角"按钮，将拉伸的六边体的上、下两边进行倒角处理，倒角距离为 1，命令行提示与操作如下。

```
命令：_chamfer
（"不修剪"模式）当前倒角距离 1 = 0.0000，距离 2 = 0.0000
选择第一条直线或 [放弃(U)/多段线(P)/距离(D)/角度(A)/修剪(T)/方式(E)/多个(M)]: d
指定第一个倒角距离 <0.0000>: 1
指定第二个倒角距离 <1.0000>:1
选择第一条直线或 [放弃(U)/多段线(P)/距离(D)/角度(A)/修剪(T)/方式(E)/多个(M)]:
基面选择...
输入曲面选择选项 [下一个(N)/当前(OK)] <当前(OK)>: n
输入曲面选择选项 [下一个(N)/当前(OK)] <当前(OK)>:
指定基面倒角距离或 [表达式(E)]: 1
指定其他曲面倒角距离或 [表达式(E)] <1.0000>:
选择边或 [环(L)]:
选择边或 [环(L)]:
```

最终结果如图 14-64 所示。

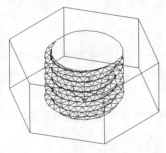

图 14-62　拉伸后的正多边形

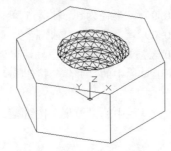

图 14-63　差集处理

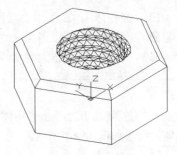

图 14-64　倒角结果

（5）关闭坐标系。选择菜单栏中的"视图"→"显示"→"UCS 图标"→"开"命令，完全显示图形。

（6）改变视觉样式。选择菜单栏中的"视图"→"视觉样式"→"概念"命令，最终结果如图 14-54 所示。

【选项说明】

（1）选择第一条直线

选择实体的一条边，该选项为系统的默认选项。选择某一条边以后，与此边相邻的两个面中的一个面的边框就变成虚线。

按提示要求选择基面，默认选项是当前，即以虚线表示的面作为基面。如果选择"下一个(N)"选项，则以与所选边相邻的另一个面作为基面。

① 选择边：确定需要进行倒角的边，该选项为系统的默认选项。

在此提示下，按 Enter 键对选择好的边倒直角，也可以继续选择其他需要倒直角的边。

② 选择环：对基面上所有的边都倒直角。

（2）其他选项

与二维斜角类似，此处不再赘述。

14.4.2　圆角

【执行方式】

☑　命令行：FILLET（快捷命令：F）。

☑　菜单栏：选择菜单栏中的"修改"→"圆角"命令。

☑　工具栏：单击"修改"工具栏中的"圆角"按钮 。

☑　功能区：单击"默认"选项卡"修改"面板中的"圆角"按钮 。

【操作实践——绘制塔楼】

绘制如图 14-65 所示的塔楼。操作步骤如下：

（1）单击"绘图"工具栏中的"矩形"按钮 ，绘制角点为（0,0,59）和（@26,26）的矩形。

（2）单击"视图"工具栏中的"西南等轴测"按钮 ，将当前视图设为西南等轴测视图，结果如图 14-66 所示。

图 14-65　塔楼

（3）单击"建模"工具栏中的"拉伸"按钮，拉伸矩形，设置倾斜角度为-20.5，拉伸高度为 16，如图 14-67 所示。

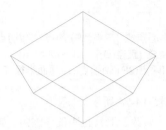

图 14-66　绘制的矩形　　　　　　　　　　　　图 14-67　拉伸处理

（4）单击"建模"工具栏中的"长方体"按钮，绘制角点为（0,0,0）和（26,26,59），（-5,5,59）和（@36,16,12）的两个长方体，结果如图 14-68 所示。

（5）单击"修改"工具栏中的"圆角"按钮，将绘制的第二个长方体上方的两条棱进行圆角处理，圆角半径为 4，绘制结果如图 14-69 所示。

（6）单击"建模"工具栏中的"长方体"按钮，绘制角点为（5,-5,59）和（@16,36,12）的长方体，结果如图 14-70 所示。

（7）单击"修改"工具栏中的"圆角"按钮，将步骤（6）绘制的第二个长方体的上方的两条棱进行圆角处理，圆角半径为 4，绘制结果如图 14-71 所示。

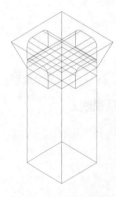

图 14-68　绘制长方体　　　图 14-69　圆角处理　　　图 14-70　绘制长方体　　　图 14-71　圆角处理

（8）单击"实体编辑"工具栏中的"差集"按钮，将圆角后的长方体从拉伸实体中减去，绘制结果如图 14-72 所示。

（9）单击"建模"工具栏中的"圆柱体"按钮，绘制两个圆柱体，命令行提示与操作如下。

```
命令: _cylinder
指定底面的中心点或 [三点(3P)/两点(2P)/切点、切点、半径(T)/椭圆(E)]: 13,13,75
指定底面半径或 [直径(D)] <20.0000>: 11
指定高度或 [两点(2P)/轴端点(A)] <12.0000>: 13
命令: _cylinder
指定底面的中心点或 [三点(3P)/两点(2P)/切点、切点、半径(T)/椭圆(E)]: 13,13,88
指定底面半径或 [直径(D)] <11.0000>: 13
指定高度或 [两点(2P)/轴端点(A)] <13.0000>: 12
```

绘制结果如图 14-73 所示。

（10）单击"建模"工具栏中的"圆锥体"按钮 🔺，绘制一个圆锥体，命令行提示与操作如下。

```
命令: _cone
指定底面的中心点或 [三点(3P)/两点(2P)/切点、切点、半径(T)/椭圆(E)]: 13,13,100
指定底面半径或 [直径(D)] <13.0000>: 16
指定高度或 [两点(2P)/轴端点(A)/顶面半径(T)] <12.0000>: 8
```

绘制结果如图 14-74 所示。

（11）单击"修改"工具栏中的"圆角"按钮 🔲，将塔楼的四棱进行圆角处理，圆角半径为 4。单击"渲染"工具栏中的"隐藏"按钮 🔲，对实体进行消隐，结果如图 14-75 所示。

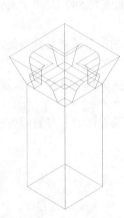 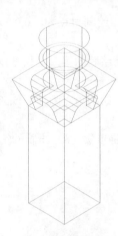 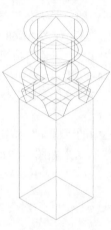 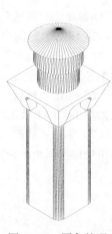

图 14-72　差集处理　　图 14-73　绘制圆柱　　图 14-74　绘制圆锥　　图 14-75　圆角处理

【选项说明】

选择"链(C)"选项，表示与此边相邻的边都被选中，并进行倒圆角的操作，如图 14-76 所示。

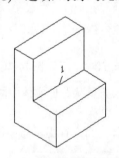 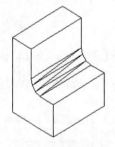 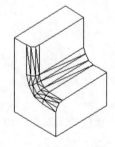

（a）选择倒圆角边"1"　　　（b）边倒圆角结果　　　（c）链倒圆角结果

图 14-76　对实体棱边倒圆角

14.5　综合演练——阀体立体图

本实例创建如图 14-77 所示的阀体。

图 14-77　阀体

手把手教你学

阀体是典型的机械零件，绘制过程中综合运用了"长方体""圆柱体""球体""圆角""拉伸""扫掠""三维旋转"以及布尔运算的相关命令。本实例结构复杂，通过对本实例的学习，可以帮助读者深入掌握相关知识点，从而达到融会贯通的效果。

【绘制步骤】

（1）建立新文件。启动 AutoCAD 2015，使用默认绘图环境。单击"标准"工具栏中的"新建"按钮 ，打开"选择样板"对话框，以"无样板打开-公制（毫米）"方式建立新文件，将新文件命名为"阀体立体图.dwg"并保存。

（2）设置线框密度。在命令行中输入"ISOLINES"命令，默认值为 8，设置系统变量值为 10。

（3）设置视图方向。单击"视图"工具栏中的"西南等轴测"按钮 ，切换到西南等轴测视图。

（4）设置用户坐标系。在命令行输入"UCS"命令，将其绕 X 轴旋转 90°。

（5）创建长方体。单击"建模"工具栏中的"长方体"按钮 ，以（0, 0, 0）为中心点，创建长为 75、宽为 75、高为 12 的长方体。

（6）圆角操作。单击"修改"工具栏中的"圆角"按钮 ，对长方体进行倒圆角操作，圆角半径为 12.5，如图 14-78 所示。

（7）设置坐标系。在命令行中输入"UCS"命令，将坐标原点移动到（0, 0, 6）。

（8）创建外形圆柱 1。单击"建模"工具栏中的"圆柱体"按钮 ，以（0, 0, 0）为圆心，创建直径为 55、高为 17 的圆柱。

（9）创建球。单击"建模"工具栏中的"球体"按钮 ，以（0, 0, 17）为圆心，创建直径为 55 的球。设置坐标系。在命令行中输入"UCS"命令，将坐标原点移动到（0, 0, 63）。

（10）创建外形圆柱 2。单击"建模"工具栏中的"圆柱体"按钮 ，以（0, 0, 0）为圆心，分别创建直径为 36、高为-15 的圆柱体 1 和直径为 32、高为-34 的圆柱体 2。

（11）并集运算。单击"实体编辑"工具栏中的"并集"按钮 ，将所有的实体进行并集运算。

（12）消隐实体。单击"渲染"工具栏中的"隐藏"按钮 ，进行消隐处理后的图形如图 14-79 所示。

（13）创建内形圆柱。单击"建模"工具栏中的"圆柱体"按钮 ，以（0, 0, 0）为圆心，分别创建直径为 28.5、高为-5 的圆柱体 3 和直径为 20、高为-34 的圆柱体 4；以（0, 0, -34）为圆心，创建直径为 35、高为-7 的圆柱体 5；以（0, 0, -41）为圆心，创建直径为 43、高为-29 的圆柱体 6；以（0, 0, -70）为圆心，创建直径为 50、高为-5 的圆柱体 7。

（14）设置坐标系。将坐标原点移动到（0, 56,-54），并将其绕 X 轴旋转 90°。

（15）创建外形圆柱。单击"建模"工具栏中的"圆柱体"按钮 ，以（0, 0, 0）为圆心，创建直径为 36、高为 50 的圆柱体 8。

（16）布尔运算。单击"实体编辑"工具栏中的"并集"按钮 ，将实体与φ36 外形圆柱进行并集运算。

（17）差集运算。单击"实体编辑"工具栏中的"差集"按钮 ，将实体与内形圆柱进行差集运算。

（18）消隐实体。单击"渲染"工具栏中的"隐藏"按钮 ，进行消隐处理后的图形如图 14-80 所示。

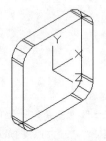

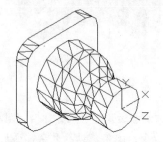
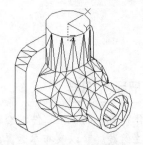

| 图 14-78　倒圆角操作 | 图 14-79　并集运算后的实体 | 图 14-80　布尔运算后的实体 |

（19）创建内形圆柱。单击"建模"工具栏中的"圆柱体"按钮 ，以（0, 0, 0）为圆心，创建直径为 26、高为 4 的圆柱体 9；以（0, 0, 4）为圆心，创建直径为 24、高为 9 的圆柱体 10；以（0, 0, 13）为圆心，创建直径为 24.3、高为 3 的圆柱体 11；以（0, 0, 16）为圆心，创建直径为 22、高为 13 的圆柱体 12；以（0, 0, 29）为圆心，创建直径为 18、高为 27 的圆柱体 13。

（20）差集运算。单击"实体编辑"工具栏中的"差集"按钮 ，将实体与内形圆柱进行差集运算。

（21）消隐实体。单击"渲染"工具栏中的"隐藏"按钮 ，进行消隐处理后的图形如图 14-81 所示。

（22）拉伸截面。

① 设置坐标系。在命令行中输入"UCS"命令，将坐标系绕 Z 轴旋转 180°。

② 设置视图方向。选择菜单栏中的"视图"→"三维视图"→"平面视图"→"当前 UCS"命令，设置视图方向。

③ 绘制辅助圆。单击"绘图"工具栏中的"圆"按钮 ，以（0, 0）为圆心，分别绘制直径为 36 和 26 的圆。

④ 绘制辅助直线。单击"绘图"工具栏中的"直线"按钮 ，从（0, 0）→（@18<45）及从（0, 0）→（@18<135），分别绘制直线。

⑤ 修剪图形。单击"修改"工具栏中的"修剪"按钮 ，对圆进行修剪。

⑥ 创建面域。单击"绘图"工具栏中的"面域"按钮 ，将绘制的二维图形创建为面域，结果如图 14-82 所示。

⑦ 设置视图方向。单击"视图"工具栏中的"西南等轴测"按钮 ，切换到西南等轴测视图。

⑧ 面域拉伸。单击"建模"工具栏中的"拉伸"按钮 ，将面域拉伸。

⑨ 差集运算。单击"实体编辑"工具栏中的"差集"按钮 ，将阀体与拉伸实体进行差集运算，结果如图 14-83 所示。

（23）创建螺纹。

① 设置坐标系。在命令行中输入"UCS"命令，将坐标系绕 Y 轴旋转 180°。

② 新建图层。单击"图层"工具栏中的"图层特性管理器"按钮 ，新建"图层 1"，并将其置为当前图层，同时关闭"0"图层。

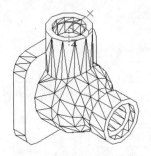

图 14-81　差集运算后的实体

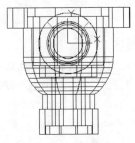

图 14-82　创建面域

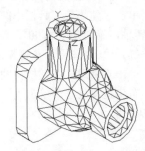

图 14-83　差集拉伸实体后的阀体

③　绘制螺纹线。单击"建模"工具栏中的"螺旋"按钮，绘制螺纹轮廓，命令行提示与操作如下。

```
命令: _Helix
圈数 = 8.0000        扭曲=CCW
指定底面的中心点: 0, 0, -2
指定底面半径或 [直径(D)] <1.0000>:18
指定顶面半径或 [直径(D)] <18.0000>:
指定螺旋高度或 [轴端点(A)/圈数(T)/圈高(H)/扭曲(W)] <1.0000>: t
输入圈数 <3.0000>: 8
指定螺旋高度或 [轴端点(A)/圈数(T)/圈高(H)/扭曲(W)] <1.0000>: 20
```

结果如图 14-84 所示。

④　切换坐标系。在命令行中输入"UCS"命令，绕 X 轴旋转 90°，设置新坐标系。

⑤　绘制牙型截面轮廓。单击"绘图"工具栏中的"多边形"按钮，捕捉螺旋线的上端点，绘制边长为 2 的正三角形（打开"正交"模式）作为牙型截面轮廓，如图 14-85 所示。

⑥　扫掠形成实体。单击"建模"工具栏中的"扫掠"按钮，选择牙型轮廓为轮廓，选择螺旋线作为路径，消隐结果如图 14-86 所示。

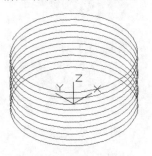

图 14-84　绘制螺纹线

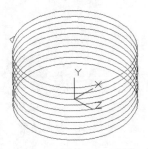

图 14-85　绘制牙型截面

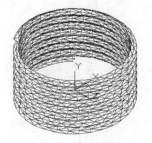

图 14-86　扫掠实体

（24）创建圆柱体。

①　切换坐标系。在命令行中输入"UCS"命令，将坐标系绕 X 轴旋转-90°。

②　单击"建模"工具栏中的"圆柱体"按钮，绘制螺纹辅助圆柱体。

☑　　圆柱体 13：底面中心点为（0, 0, 0），半径为 20，高度为-5。

☑　　圆柱体 14：底面中心点为（0, 0, 12），半径为 20，高度为 10。

结果如图 14-87 所示。

③　差集运算。单击"实体编辑"工具栏中的"差集"按钮，从螺纹主体中减去半径为 20 的两个圆柱体，消隐结果如图 14-88 所示。

④ 单击"建模"工具栏中的"三维旋转"按钮 ⚙，选择螺纹实体，捕捉基点坐标（0，0，0），选择 X 轴为旋转轴，旋转角度为 90°。

⑤ 打开"0"图层，并将其设为当前图层。

⑥ 单击"修改"工具栏中的"移动"按钮 ⚙，捕捉点（0，0，0），移动到点（0，-42，-56）处。

⑦ 布尔运算处理。单击"实体编辑"工具栏中的"并集"按钮 ⚙，合并基体与螺纹实体，消隐结果如图 14-89 所示。

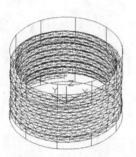

图 14-87　绘制辅助圆柱体

图 14-88　差集结果

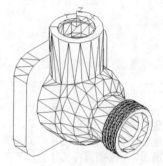

图 14-89　创建阀体外螺纹图

（25）创建基座孔。

① 绘制圆柱体。单击"建模"工具栏中的"圆柱体"按钮 ⚙，绘制底面中心点为（-25，9，-31），半径为 5，轴端点为（@0，12，0）的圆柱体 15，结果如图 14-90 所示。

② 复制圆柱体。单击"修改"工具栏中的"复制"按钮 ⚙，捕捉基点（-25，9，-31），将螺纹复制到点（25，9，-31）、（-25，9，-81）、（25，9，-81）处，结果如图 14-91 所示。单击"实体编辑"工具栏中的"差集"按钮 ⚙，从基体中减去复制的 4 个圆柱体，消隐结果如图 14-92 所示。

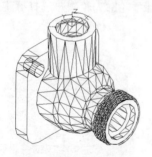

图 14-90　绘制辅助圆柱体

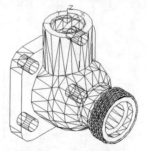

图 14-91　复制结果

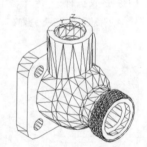

图 14-92　差集结果

③ 关闭坐标系。选择菜单栏中的"视图"→"显示"→"UCS 图标"→"开"命令，完全显示图形。

④ 改变视觉样式。选择菜单栏中的"视图"→"视觉样式"→"概念"命令，最终显示效果如图 14-77 所示。

14.6　名师点拨——三维编辑跟我学

1. 三维阵列绘制注意事项

进行三维阵列操作时，关闭"对象捕捉""三维对象捕捉"等功能，取消对中心点捕捉的影响；否则得不到预想结果。

2．"隐藏"命令的应用

在创建复杂的模型时，一个文件中往往存在有多个实体造型，以至于无法观察被遮挡的实体，此时可以将当前不需要操作的实体造型通过关闭实体造型所在图层隐藏起来，即可对需要操作的实体进行编辑操作。完成后再利用"显示所有实体"命令把隐藏的实体显示出来。

14.7　上机实验

【练习1】创建如图 14-93 所示的三通管。

1．目的要求

三维图形具有形象逼真的特点，但是三维图形的创建比较复杂，需要读者掌握的知识比较多。本练习要求读者熟悉三维模型创建的步骤，掌握三维模型的创建技巧。

图 14-93　三通管

2．操作提示

（1）创建 3 个圆柱体。
（2）镜像和旋转圆柱体。
（3）圆角处理。

【练习2】创建如图 14-94 所示的轴。

1．目的要求

轴是最常见的机械零件。本练习需要创建的轴集中了很多典型的机械结构形式，如轴体、孔、轴肩、键槽、螺纹、退刀槽、倒角等，因此需要用到的三维命令也比较多。通过本练习，可以使读者进一步熟悉三维绘图的技能。

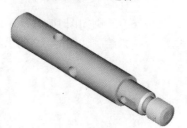

图 14-94　轴

2．操作提示

（1）顺次创建直径不等的 4 个圆柱。
（2）对 4 个圆柱进行并集处理。
（3）转换视角，绘制圆柱孔。
（4）镜像并拉伸圆柱孔。
（5）对轴体和圆柱孔进行差集处理。
（6）采用同样的方法创建键槽结构。
（7）创建螺纹结构。
（8）对轴体进行倒角处理。
（9）渲染处理。

14.8　模　拟　考　试

（1）可以将三维实体对象分解成原来组成三维实体的部件的命令是（　　）。

　A．分解　　　　　　B．剖切　　　　　　C．分割　　　　　　D．切割

（2）在三维对象捕捉中，下面哪一项不属于捕捉模式？（　　）

　A．顶点　　　　　　B．节点　　　　　　C．面中心　　　　　D．端点

（3）绘制如图 14-95 所示的齿轮。

（4）绘制如图 14-96 所示的弯管接头。

（5）绘制如图 14-97 所示的内六角螺钉。

图 14-95　齿轮　　　　　　图 14-96　弯管接头　　　　图 14-97　内六角螺钉

（6）绘制如图 14-98 所示的方向盘，并进行渲染处理。

（7）绘制如图 14-99 所示的旋塞体并赋材质，然后进行渲染。

图 14-98　方向盘　　　　　　图 14-99　旋塞体

第15章

三维造型编辑

　　三维造型编辑是指对三维造型的结构单元本身进行编辑，从而改变造型形状和结构，是 AutoCAD 三维建模中最复杂的一部分内容。本章主要介绍实体编辑、网格编辑、三维装配等知识。

15.1 实 体 编 辑

对单个三维实体本身的某些部分或某些要素进行编辑，从而改变三维实体造型。

【预习重点】

☑　练习拉伸面操作。

☑　练习复制面操作。

☑　练习抽壳操作。

☑　观察编辑命令适用对象。

15.1.1　复制边

【执行方式】

☑　命令行：SOLIDEDIT。

☑　菜单栏：选择菜单栏中的"修改"→"实体编辑"→"复制边"命令。

☑　工具栏：单击"实体编辑"工具栏中的"复制边"按钮▣。

☑　功能区：单击"三维工具"选项卡"实体编辑"面板中的"复制边"按钮▣。

【操作实践——绘制扳手立体图】

绘制如图 15-1 所示的扳手立体图。操作步骤如下：

（1）建立新文件

启动 AutoCAD 2015，使用默认设置绘图环境。单击"标准"工具栏中的"新建"按钮▣，打开"选择样板"对话框，单击"打开"按钮右侧的下拉按钮▾，以"无样板打开-公制（毫米）"方式建立新文件；将新文件命名为"扳手立体图.dwg"，并保存。

（2）设置线框密度

在命令行中输入"ISOLINES"命令，默认值为 8，设置系统变量值为 10。

（3）设置视图方向

单击"视图"工具栏中的"西南等轴测"按钮▣，切换到西南等轴测视图。

图 15-1　扳手立体图

（4）绘制端部

① 绘制圆柱体。单击"建模"工具栏中的"圆柱体"按钮▣，绘制底面中心点位于原点，半径为 19，高度为 10 的圆柱体。

② 复制圆柱体底边。单击"实体编辑"工具栏中的"复制边"按钮▣，选取圆柱底面边线，在原位置进行复制。命令行提示与操作如下。

命令: _solidedit
实体编辑自动检查:　SOLIDCHECK=1

输入实体编辑选项 [面(F)/边(E)/体(B)/放弃(U)/退出(X)] <退出>: _edge
输入边编辑选项 [复制(C)/着色(L)/放弃(U)/退出(X)] <退出>: _copy
选择边或 [放弃(U)/删除(R)]: （选取圆柱底面边线）
选择边或 [放弃(U)/删除(R)]:
指定基点或位移: 0,0,0
指定位移的第二点: 0,0,0
输入边编辑选项 [复制(C)/着色(L)/放弃(U)/退出(X)] <退出>:
实体编辑自动检查:　SOLIDCHECK=1
输入实体编辑选项 [面(F)/边(E)/体(B)/放弃(U)/退出(X)] <退出>:
结果如图 15-2 所示。

③ 绘制辅助线。单击"绘图"工具栏中的"构造线"按钮，绘制一条过原点的与水平成 135° 的辅助线，结果如图 15-3 所示。

④ 修剪对象。单击"修改"工具栏中的"修剪"按钮，将图形中相应的部分进行修剪。修剪辅助线内侧的圆柱体底边的部分，以及辅助线在圆柱底边外侧的部分。

⑤ 创建面域。单击"绘图"工具栏中的"面域"按钮，将修剪后的图形创建为面域，结果如图 15-4 所示。

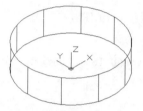
图 15-2　复制圆柱体底边

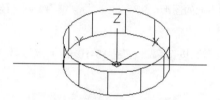
图 15-3　绘制辅助线后的图形

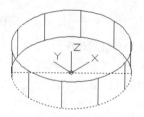
图 15-4　创建面域

⑥ 拉伸面域。单击"建模"工具栏中的"拉伸"按钮，将步骤⑤创建的面域拉伸 3。

⑦ 差集处理。单击"实体编辑"工具栏中的"差集"按钮，将创建的面域拉伸与圆柱体进行差集处理，结果如图 15-5 所示。

⑧ 绘制圆柱体。单击"建模"工具栏中的"圆柱体"按钮，绘制以坐标原点（0，0，0）为圆心，创建直径为 14，高 10 的圆柱体。

⑨ 绘制长方体。单击"建模"工具栏中的"长方体"按钮，以（0，0，5）为中心点绘制长为 11，宽度为 11，高度为 10 的正方体，结果如图 15-6 所示。

⑩ 交集处理。单击"实体编辑"工具栏中的"交集"按钮，将步骤⑧和步骤⑨绘制的圆柱体和长方体进行交集处理。

⑪ 差集处理。单击"实体编辑"工具栏中的"差集"按钮，将绘制的圆柱体外形轮廓和交集后的图形进行差集处理，结果如图 15-7 所示。

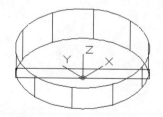
图 15-5　差集后的图形

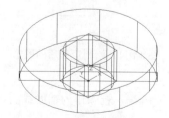
图 15-6　绘制长方体后的图形

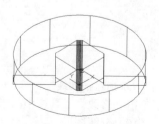
图 15-7　差集后的图形

（5）设置视图方向

单击"视图"工具栏中的"俯视"按钮 🔲，将当前视图设置为俯视图方向，结果如图 15-8 所示。

注意 此处绘制直线，是为下一步绘制矩形做准备，因为矩形的坐标不是整数坐标。这种绘制方法在 AutoCAD 中比较常用。

（6）绘制直线

单击"绘图"工具栏中的"直线"按钮 ▨，绘制一条线段作为辅助线，直线的起点为（0, -8），终点为（@20, 0），结果如图 15-9 所示。

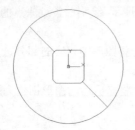

图 15-8　俯视图方向的图形

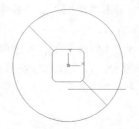

图 15-9　绘制直线后的图形

（7）绘制矩形

单击"绘图"工具栏中的"矩形"按钮 🔲，在图 15-10 的 1 点以及点（@60, 16）之间绘制一个矩形，结果如图 15-10 所示。

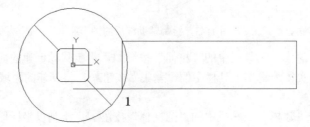

图 15-10　绘制矩形后的图形

（8）绘制矩形

单击"绘图"工具栏中的"矩形"按钮 🔲，在图 15-11 的 2 点以及点（@100, 16）之间绘制一个矩形，结果如图 15-11 所示。

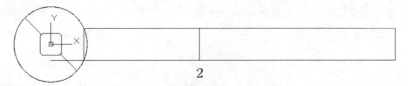

图 15-11　绘制矩形后的图形

（9）删除辅助线

单击"修改"工具栏中的"删除"按钮 ▨，删除作为辅助线的直线。

（10）分解图形

单击"修改"工具栏中的"分解"按钮 🔲，将右边绘制的矩形分解。

（11）圆角处理

单击"修改"工具栏中的"圆角"按钮 ⬜，将右边矩形的两边进行圆角处理，半径为 8mm。

（12）创建面域

单击"绘图"工具栏中的"面域"按钮 ⬛，将左、右两个矩形创建为面域，结果如图 15-12 所示。

图 15-12 创建面域后的图形

（13）拉伸面域

单击"建模"工具栏中的"拉伸"按钮 ⬜，分别将两个面域拉伸 6mm。

（14）设置视图方向

单击"视图"工具栏中的"前视"按钮 ⬜，将当前视图设置为前视图方向，结果如图 15-13 所示。

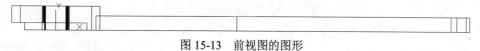

图 15-13 前视图的图形

（15）三维旋转

单击"建模"工具栏中的"三维旋转"按钮 ⬛，将图中矩形绕点（20, 0, 0）旋转 30°，结果如图 15-14 所示。

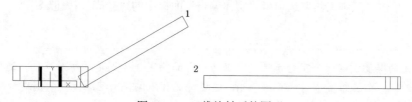

图 15-14 三维旋转后的图形

（16）移动矩形

单击"修改"工具栏中的"移动"按钮 ⬛，将右边的矩形从图 15-14 中的点 2 移动到点 1，结果如图 15-15 所示。

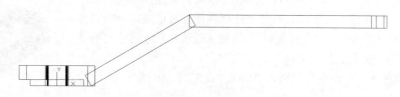

图 15-15 移动矩形后的图形

（17）并集处理

单击"实体编辑"工具栏中的"并集"按钮 ⬛，将视图中的所有图形作并集处理。

（18）设置视图方向

单击"视图"工具栏中的"西南等轴测"按钮 ⬛，将当前视图设置为西南等轴测视图。

（19）切换坐标系

在命令行中输入"UCS"命令，切换到世界坐标系。

（20）绘制圆柱体

单击"建模"工具栏中的"圆柱体"按钮，以右端圆弧圆心为中心点，绘制直径为 8，高为 6 的圆柱体。

（21）差集处理

单击"实体编辑"工具栏中的"差集"按钮，将实体与圆柱体进行差集运算，结果如图 15-16 所示。

（22）关闭坐标系

选择菜单栏中的"视图"→"显示"→"UCS 图标"→"开"命令，完全显示图形。

（23）最终效果

选择菜单栏中的"视图"→"视觉样式"→"真实"命令，最终效果如图 15-1 所示。

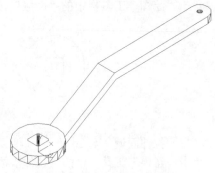

图 15-16　差集处理后的图形

15.1.2　抽壳

【执行方式】

☑　命令行：SOLIDEDIT。
☑　菜单栏：选择菜单栏中的"修改"→"实体编辑"→"抽壳"命令。
☑　工具栏：单击"实体编辑"工具栏中的"抽壳"按钮。
☑　功能区：单击"三维工具"选项卡"实体编辑"面板中的"抽壳"按钮。

举一反三

抽壳是用指定的厚度创建一个空的薄层。可以为所有面指定一个固定的薄层厚度，通过选择面可以将这些面排除在壳外。一个三维实体只能有一个壳，通过将现有面偏移出其原位置来创建新的面。

【操作实践——绘制闪盘立体图】

绘制如图 15-17 所示的闪盘立体图。操作步骤如下：

（1）建立新文件。启动 AutoCAD 2015，使用默认设置绘图环境。单击"标准"工具栏中的"新建"按钮，打开"选择样板"对话框，单击"打开"按钮右侧的下拉按钮，以"无样板打开-公制（毫米）"方式建立新文件；将新文件命名为"闪盘立体图.dwg"，并保存。

（2）设置线框密度。在命令行中输入"ISOLINES"命令，默认值为 8，设置系统变量值为 10。

图 15-17　闪盘

（3）设置视图方向。单击"视图"工具栏中的"西南等轴测"按钮，切换到西南等轴测视图。

（4）单击"建模"工具栏中的"长方体"按钮，再以（0,0,0）为角点，绘制另一角点坐标为（50,20,9）的长方体 1。

（5）单击"修改"工具栏中的"圆角"按钮，对长方体进行倒圆角，圆角半径为 3。此时窗口图形如图 15-18 所示。

（6）单击"建模"工具栏中的"长方体"按钮 ，再以（50，1.5，1）为角点，绘制长度为 3，宽度为 17，高度为 7 的长方体 2。

（7）单击"建模"工具栏中的"并集"按钮 ，将上面绘制的两个长方体合并在一起。

（8）选择菜单栏中的"修改"→"三维操作"→"剖切"命令，对合并后的实体进行剖切，结果如图 15-19 所示，命令行提示与操作如下。

```
命令: SLICE✓
选择要剖切的对象:（选择合并的实体）
选择要剖切的对象: ✓
指定切面的起点或 [平面对象(O)/曲面(S)/Z 轴(Z)/视图(V)/XY/YZ/ZX/三点(3)] <三点>: XY✓
指定 XY 平面上的点 <0, 0, 0>: 0, 0, 4.5✓
在要保留的一侧指定点或 [保留两侧(B)]: B✓
```

（9）单击"建模"工具栏中的"长方体"按钮 ，再以（53，4，2.5）为角点，绘制长度为 13，宽度为 12，高度为 4 的长方体 3。

（10）改变视图方向。选择菜单栏中的"视图"→"动态观察"→"自由动态观察"命令，将实体旋转到易于观察的角度。

（11）单击"实体编辑"工具栏的"抽壳"按钮 ，对步骤（9）绘制的长方体 3 进行抽壳，命令行提示与操作如下。

```
命令: _solidedit
实体编辑自动检查:　SOLIDCHECK=1
输入实体编辑选项 [面(F)/边(E)/体(B)/放弃(U)/退出(X)] <退出>: _body
输入体编辑选项[压印(I)/分割实体(P)/抽壳(S)/清除(L)/检查(C)/放弃(U)/退出(X)] <退出>: _shell
选择三维实体:（选择步骤（9）绘制的长方体）
删除面或 [放弃(U)/添加(A)/全部(ALL)]:（选择长方体的右顶面作为删除面）
删除面或 [放弃(U)/添加(A)/全部(ALL)]: ✓
输入抽壳偏移距离: 0.5✓
已开始实体校验
已完成实体校验
输入实体编辑选项[压印(I)/分割实体(P)/抽壳(S)/清除(L)/检查(C)/放弃(U)/退出(X)] <退出>: X✓
实体编辑自动检查:　SOLIDCHECK=1
输入实体编辑选项 [面(F)/边(E)/体(B)/放弃(U)/退出(X)] <退出>: X✓
```

结果如图 15-20 所示。

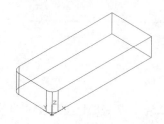
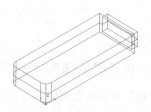
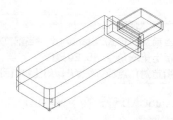

图 15-18　倒圆角后的长方体　　　　图 15-19　剖切后的实体　　　　图 15-20　"抽壳"操作

（12）改变视图方向。单击"视图"工具栏中的"西南等轴测"按钮 ，切换到西南等轴测视图。

（13）单击"建模"工具栏中的"长方体"按钮 ，再以（60，5.75，4.5）为角点，绘制长度为 2，宽度为 2.5，高度为 10 的长方体 4。

（14）单击"修改"工具栏中的"复制"按钮，对步骤（13）绘制的长方体 4 从（60, 5.75, 4.5）处复制到（@0, 6, 0）处，得到长方体 5。

（15）单击"建模"工具栏中的"差集"按钮，将步骤（13）和步骤（14）的两个长方体 4、5 从抽壳后的实体中减去。此时窗口图形如图 15-21 所示。

（16）单击"建模"工具栏中的"长方体"按钮，再以（53.5, 4.5, 3）为角点，绘制长度为 12.5，宽度为 11，高度为 1.5 的长方体。

（17）改变视图方向。选择菜单栏中的"视图"→"动态观察"→"自由动态观察"命令，将实体旋转到易于观察的角度。

（18）改变视图方向。单击"视图"工具栏中的"西南等轴测"按钮，切换到西南等轴测视图。

（19）单击"渲染"工具栏中的"隐藏"按钮，对实体进行消隐。此时图形如图 15-22 所示。

（20）单击"建模"工具栏中的"圆柱体"按钮，绘制一个椭圆柱体。命令行提示与操作如下。

```
命令: CYLINDER↙
指定底面的中心点或 [三点(3P)/两点(2P)/切点、切点、半径(T)/椭圆(E)]: E↙
指定第一个轴的端点或 [中心(C)]: C↙
指定中心点: 25, 10, 8↙
指定到第一个轴的距离: @15, 0, 0↙
指定第二个轴的端点: 8↙（打开"正交"开关，把鼠标移向 Y 轴方向）
指定高度或 [两点(2P)/轴端点(A)]: 2↙
```

（21）单击"绘图"工具栏中的"圆角"按钮，对椭圆柱体的上表面进行倒圆角，圆角半径为 1mm。

（22）单击"渲染"工具栏中的"隐藏"按钮，对实体进行消隐。此时窗口图形如图 15-23 所示。

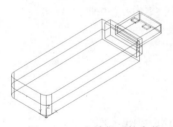 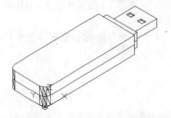 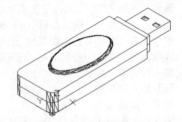

图 15-21　求差集后的实体　　　图 15-22　旋转消隐后的图形　　　图 15-23　倒圆角后的椭圆柱体

（23）改变视图方向。单击"视图"工具栏中的"俯视"按钮，显示俯视图。

（24）单击"绘图"工具栏中的"多行文字"按钮，在椭圆柱体的上表面编辑文字。命令行提示与操作如下。

```
命令: MTEXT↙
当前文字样式:"Standard"　当前文字高度: 2.5
指定第一角点: 15, 20, 10↙
指定对角点或 [高度(H)/对正(J)/行距(L)/旋转(R)/样式(S)/宽度(W)/栏(C)]: 40, -16↙
```

AutoCAD 弹出文字编辑框，其中'闪盘'的字体是宋体，文字高度是 2.5，'V.128M'的字体是 TXT，文字高度是 1.5。

（25）单击"渲染"工具栏中的"隐藏"按钮，对实体进行消隐。此时窗口图形如图 15-24 所示。

（26）关闭坐标系。选择菜单栏中的"视图"→"显示"→"UCS 图标"→"开"命令，完全显示图形。

（27）改变视图方向。单击"视图"工具栏中的"西南等轴测"按钮，切换到西南等轴测视图。

（28）单击"渲染"工具栏中的"隐藏"按钮，对实体进行消隐。此时图形如图 15-25 所示。

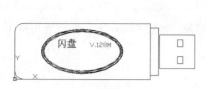

图 15-24 闪盘俯视图

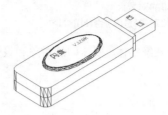

图 15-25 闪盘消隐图

（29）改变视觉样式。利用"材质浏览器"命令，对实体附着对应材质。选择菜单栏中的"视图"→"视觉样式"→"真实"命令，最终效果如图 15-17 所示。

15.1.3 着色边

【执行方式】

☑ 命令行：SOLIDEDIT。

☑ 菜单栏：选择菜单栏中的"修改"→"实体编辑"→"着色边"命令。

☑ 工具栏：单击"实体编辑"工具栏中的"着色边"按钮。

☑ 功能区：单击"三维工具"选项卡"实体编辑"面板中的"着色边"按钮。

【操作步骤】

```
命令: _solidedit
实体编辑自动检查: SOLIDCHECK=1
输入实体编辑选项 [面(F)/边(E)/体(B)/放弃(U)/退出(X)] <退出>: _edge
输入边编辑选项 [复制(C)/着色(L)/放弃(U)/退出(X)] <退出>: _color
选择边或 [放弃(U)/删除(R)]:（选择要着色的边）
选择边或 [放弃(U)/删除(R)]:（继续选择或按 Enter 键结束选择）
```

选择好边后，AutoCAD 将打开"选择颜色"对话框。根据需要选择合适的颜色作为要着色边的颜色。

15.1.4 压印边

【执行方式】

☑ 命令行：SOLIDEDIT。

☑ 菜单栏：选择菜单栏中的"修改"→"实体编辑"→"压印边"命令。

☑ 工具栏：单击"实体编辑"工具栏中的"压印"按钮。

☑ 功能区：单击"三维工具"选项卡"实体编辑"面板中的"压印"按钮。

【操作步骤】

```
命令: SOLIDEDIT
实体编辑自动检查:  SOLIDCHECK=1
输入实体编辑选项 [面(F)/边(E)/体(B)/放弃(U)/退出(X)] <退出>: B
输入体编辑选项[压印(I)/分割实体(P)/抽壳(S)/清除(L)/检查(C)/放弃(U)/退出(X)] <退出>: I
```

选择三维实体:
选择要压印的对象:
是否删除源对象[是(Y)/否(N)]<N>

依次选择三维实体、要压印的对象和设置是否删除源对象。如图 15-26 所示为将五角星压印在长方体上的图形。

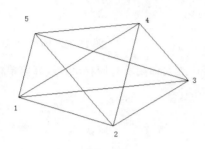 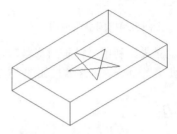

（a）五角星和五边形　　　　（b）压印后的长方体和五角星

图 15-26　压印对象

15.1.5　拉伸面

【执行方式】

☑　命令行：SOLIDEDIT。
☑　菜单栏：选择菜单栏中的"修改"→"实体编辑"→"拉伸面"命令。
☑　工具栏：单击"实体编辑"工具栏中的"拉伸面"按钮。
☑　功能区：单击"三维工具"选项卡"实体编辑"面板中的"拉伸面"按钮。

【操作实践——绘制壳体】

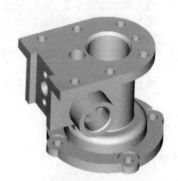

绘制如图 15-27 所示的壳体。操作步骤如下：

（1）启动系统。启动 AutoCAD 2015，使用默认设置画图。

（2）设置线框密度。在命令行中输入"ISOLINES"命令，设置线框密度为 10。切换视图到西南等轴测视图。

（3）创建底座圆柱。

① 单击"建模"工具栏中的"圆柱体"按钮，以（0，0，0）为圆心，创建直径为 84，高为 8 的圆柱。

图 15-27　壳体

② 单击"绘图"工具栏中的"圆"按钮，以（0，0）为圆心，绘制直径为 76 的辅助圆。

③ 单击"建模"工具栏中的"圆柱体"按钮，捕捉φ76 圆的象限点为中心点，创建直径为 16、高为 8 及直径为 7、高为 6 的圆柱；捕捉φ16 圆柱顶面圆心为中心点，创建直径为 16、高为-2 的圆柱。

④ 单击"修改"工具栏中的"环形阵列"按钮，将创建的 3 个圆柱进行阵列，阵列角度为 360°，阵列数目为 4，阵列中心为坐标原点。

⑤ 单击"实体编辑"工具栏中的"并集"按钮，将φ84 圆柱与高为 8 的φ16 圆柱进行并集运算；单击"实体编辑"工具栏中的"差集"按钮，将实体与其余圆柱进行差集运算。消隐后结果如图 15-28 所示。

⑥ 单击"建模"工具栏中的"圆柱体"按钮，以（0,0,0）为圆心，分别创建直径为 60、高为 20 及直径为 40、高为 30 的圆柱。

⑦ 单击"实体编辑"工具栏中的"并集"按钮，将所有实体进行并集运算。

⑧ 删除辅助圆，消隐后结果如图 15-29 所示。

（4）创建壳体中间部分。

① 单击"建模"工具栏中的"长方体"按钮，在实体旁边创建长为 35、宽为 40、高为 6 的长方体。

② 单击"建模"工具栏中的"圆柱体"按钮，长方体底面右边中点为圆心，创建直径为 40、高为 6 的圆柱。

③ 单击"实体编辑"工具栏中的"并集"按钮，将实体进行并集运算，如图 15-30 所示。

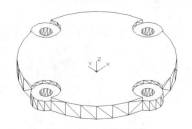

图 15-28　壳体底板

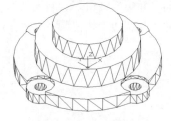

图 15-29　壳体底座

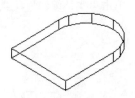

图 15-30　壳体中部

④ 单击"修改"工具栏中的"复制"按钮，以创建的壳体中部实体底面圆心为基点，将其复制到壳体底座顶面的圆心处。

⑤ 单击"实体编辑"工具栏中的"并集"按钮，将壳体底座与复制的壳体中部进行并集运算，如图 15-31 所示。

（5）创建壳体上部。

① 单击"实体编辑"工具栏中的"拉伸面"按钮，将创建的壳体中部，顶面拉伸 30，左侧面拉伸 20，结果如图 15-32 所示。

② 单击"建模"工具栏中的"长方体"按钮，以实体左下角点为角点，创建长为 5、宽为 28、高为 36 的长方体。

③ 单击"修改"工具栏中的"移动"按钮，以长方体左边中点为基点，将其移动到实体左边中点处，结果如图 15-33 所示。

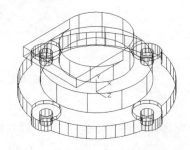

图 15-31　并集壳体中部后的实体

图 15-32　拉伸面操作后的实体

图 15-33　移动长方体

④ 单击"实体编辑"工具栏中的"差集"按钮，将实体与长方体进行差集运算。

⑤ 单击"绘图"工具栏中的"圆"按钮，捕捉实体顶面圆心为圆心，绘制半径为 22 的辅助圆。

⑥ 单击"建模"工具栏中的"圆柱体"按钮，捕捉 R22 圆的右象限点为中心点，创建半径为 6，高

为-16 的圆柱。

⑦ 单击"实体编辑"工具栏中的"并集"按钮，将实体进行并集运算，如图 15-34 所示。

⑧ 删除辅助圆。

⑨ 单击"修改"工具栏中的"移动"按钮，以实体底面圆心为基点，将其移动到壳体顶面圆心处。

⑩ 单击"实体编辑"工具栏中的"并集"按钮，将实体进行并集运算，如图 15-35 所示。

（6）创建壳体顶板。

① 单击"建模"工具栏中的"长方体"按钮，在实体旁边创建长为 55、宽为 68、高为 8 的长方体。

② 单击"建模"工具栏中的"圆柱体"按钮，长方体底面右边中点为圆心，创建直径为 68、高为 8 的圆柱。

③ 单击"实体编辑"工具栏中的"并集"按钮，将实体进行并集运算。

④ 单击"实体编辑"工具栏中的"复制边"按钮，如图 15-36 所示，选取实体底边，在原位置进行复制。

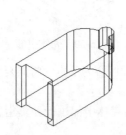 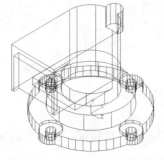 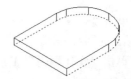

图 15-34　并集圆柱后的实体　　图 15-35　并集壳体上部后的实体　　图 15-36　选取复制的边线

⑤ 利用合并多段线命令（PEDIT），将复制的实体底边合并成一条多段线。

⑥ 单击"修改"工具栏中的"偏移"按钮，将多段线向内偏移 7。

⑦ 单击"绘图"工具栏中的"构造线"按钮，过多段线圆心绘制水平辅助线。

⑧ 单击"修改"工具栏中的"偏移"按钮，将辅助线分别向左下方偏移 24 及 24，如图 15-37 所示。

⑨ 单击"建模"工具栏中的"圆柱体"按钮，捕捉辅助线与多段线的交点为圆心，分别创建直径为 7、高为 8，及直径为 14、高为 2 的圆柱；选择菜单栏中的"修改"→"三维操作"→"三维镜像"命令，将圆柱以 ZX 面为镜像面，以底面圆心为 ZX 面上的点，进行镜像操作；单击"实体编辑"工具栏中的"差集"按钮，将实体与所有圆柱体进行差集运算。

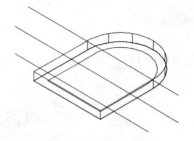

图 15-37　偏移辅助线

⑩ 删除辅助线。单击"修改"工具栏中的"移动"按钮，以壳体顶板底面圆心为基点，将其移动到壳体顶面圆心处。

⑪ 单击"实体编辑"工具栏中的"并集"按钮，将实体进行并集运算，如图 15-38 所示。

（7）拉伸壳体面。单击"实体编辑"工具栏中的"拉伸面"按钮，命令行提示与操作如下。

命令:_SOLIDEDIT
实体编辑自动检查: SOLIDCHECK=1

输入实体编辑选项 [面(F)/边(E)/体(B)/放弃(U)/退出(X)] <退出>: _face
输入面编辑选项[拉伸(E)/移动(M)/旋转(R)/偏移(O)/倾斜(T)/删除(D)/复制(C)/颜色(L)/材质(A)/放弃(U)/退出(X)] <退出>: _extrude
选择面或 [放弃(U)/删除(R)]: （选取如图 15-39 所示的面）
指定拉伸高度或 [路径(P)]: -8↙
指定拉伸的倾斜角度 <0>:↙

消隐后结果如图 15-40 所示。

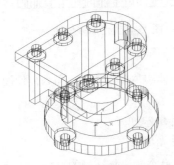
图 15-38　并集壳体顶板后的实体

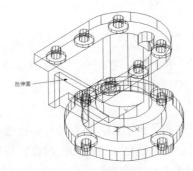
图 15-39　选取拉伸面

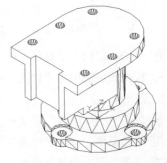
图 15-40　拉伸面后的壳体

（8）创建壳体竖直内孔。

① 单击"建模"工具栏中的"圆柱体"按钮，以（0，0，0）为圆心，分别创建直径为 18、高为 14，及直径为 30、高为 80 的圆柱；以（-25，0，80）为圆心，创建直径为 12、高为-40 的圆柱；以（22，0，80）为圆心，创建直径为 6、高为-18 的圆柱。

② 单击"实体编辑"工具栏中的"差集"按钮，将壳体与内形圆柱进行差集运算。

（9）创建壳体前部凸台及孔。

① 设置用户坐标系。在命令行中输入"UCS"命令，将坐标原点移动到（-25，-36，48），并将其绕 X 轴旋转 90°。

② 单击"建模"工具栏中的"圆柱体"按钮，以（0，0，0）为圆心，分别创建直径为 30、高为-16，直径为 20、高为-12 及直径为 12、高为-36 的圆柱。

③ 单击"实体编辑"工具栏中的"并集"按钮，将壳体与φ30 圆柱进行并集运算。

④ 单击"实体编辑"工具栏中的"差集"按钮，将壳体与其余圆柱进行差集运算，如图 15-41 所示。

（10）创建壳体水平内孔。

① 设置用户坐标系。将坐标原点移动到（-25，10，-36），并绕 Y 轴旋转 90°。

② 单击"建模"工具栏中的"圆柱体"按钮，以（0，0，0）为圆心，分别创建直径为 12，高为 8，及直径为 8、高为 25 的圆柱；以（0，10，0）为圆心，创建直径为 6、高为 15 的圆柱。

③ 选择菜单栏中的"修改"→"三维操作"→"三维镜像"命令，将φ6 圆柱以当前 ZX 面为镜像面，进行镜像操作。

④ 单击"实体编辑"工具栏中的"差集"按钮，将壳体与内形圆柱进行差集运算，如图 15-42 所示。

（11）创建壳体肋板。

① 切换视图到前视图。

② 单击"绘图"工具栏中的"多段线"按钮，如图 15-43 所示，从点 1（中点）→点 2（垂足）→点 3（垂足）→点 4（垂足）→点 5（@0,-4）→点 1，绘制闭合多段线。

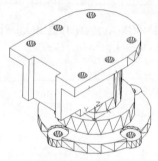

图 15-41 壳体凸台及孔

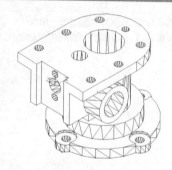

图 15-42 差集水平内孔后的壳体

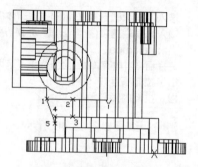

图 15-43 绘制多段线

③ 单击"建模"工具栏中的"拉伸"按钮 🔲，将闭合的多段线拉伸 3。

④ 选择菜单栏中的"修改"→"三维操作"→"三维镜像"命令，将拉伸实体以当前 XY 面为镜像面进行镜像操作。

⑤ 单击"实体编辑"工具栏中的"并集"按钮 🔲，将壳体与肋板进行并集运算。

⑥ 圆角操作。单击"修改"工具栏中的"圆角"按钮 🔲，对壳体进行圆角操作。

⑦ 渲染处理。选择菜单栏中的"视图"→"渲染"→"材质浏览器"命令，选择适当的材质，然后选择菜单栏中的"视图"→"渲染"→"渲染"命令，对图形进行渲染，渲染后的效果如图 15-27 所示。

【选项说明】

（1）指定拉伸高度：按指定的高度值来拉伸面。指定拉伸的倾斜角度后，完成拉伸操作。

（2）路径(P)：沿指定的路径曲线拉伸面。如图 15-44 所示为拉伸长方体的顶面和侧面的结果。

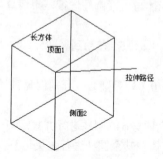

（a）拉伸前的长方体

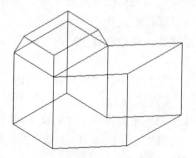

（b）拉伸后的三维实体

图 15-44 拉伸长方体

15.1.6 移动面

【执行方式】

☑ 命令行：SOLIDEDIT。

☑ 菜单栏：选择菜单栏中的"修改"→"实体编辑"→"移动面"命令。

☑ 工具栏：单击"实体编辑"工具栏中的"移动面"按钮 🔲。

☑ 功能区：单击"三维工具"选项卡"实体编辑"面板中的"移动面"按钮 🔲。

【操作步骤】

命令: _solidedit
实体编辑自动检查: SOLIDCHECK=1
输入实体编辑选项 [面(F)/边(E)/体(B)/放弃(U)/退出(X)] <退出>: _face
输入面编辑选项 [拉伸(E)/移动(M)/旋转(R)/偏移(O)/倾斜(T)/删除(D)/复制(C)/颜色(L)/材质(A)/放弃(U)/退出(X)]
<退出>: _move
选择面或 [放弃(U)/删除(R)]: 选择要进行移动的面
选择面或 [放弃(U)/删除(R)/全部(ALL)]: 继续选择移动面或按 Enter 键结束选择
指定基点或位移: 输入具体的坐标值或选择关键点
指定位移的第二点: 输入具体的坐标值或选择关键点

各选项的含义在前面介绍的命令中都有涉及，如有问题，请查询相关命令（拉伸面、移动等）。如图 15-45 所示为移动三维实体的结果。

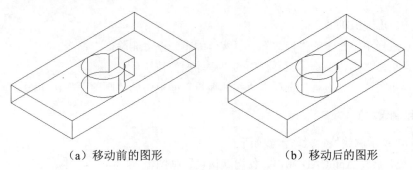

（a）移动前的图形　　　　　　　（b）移动后的图形

图 15-45　移动三维实体

15.1.7　偏移面

【执行方式】

- ☑　命令行：SOLIDEDIT。
- ☑　菜单栏：选择菜单栏中的"修改"→"实体编辑"→"偏移面"命令。
- ☑　工具栏：单击"实体编辑"工具栏中的"偏移面"按钮。
- ☑　功能区：单击"三维工具"选项卡"实体编辑"面板中的"偏移面"按钮。

【操作步骤】

命令: _solidedit
实体编辑自动检查: SOLIDCHECK=1
输入实体编辑选项 [面(F)/边(E)/体(B)/放弃(U)/退出(X)] <退出>: _face
输入面编辑选项 [拉伸(E)/移动(M)/旋转(R)/偏移(O)/倾斜(T)/删除(D)/复制(C)/颜色(L)/材质(A)/放弃(U)/退出(X)]
<退出>: _offset
选择面或 [放弃(U)/删除(R)]: 选择要进行偏移的面
指定偏移距离: 输入要偏移的距离值

如图 15-46 所示为通过偏移命令改变哑铃手柄大小的结果。

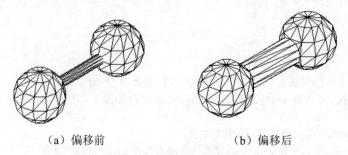

（a）偏移前 （b）偏移后

图 15-46 偏移对象

15.1.8 删除面

【执行方式】

☑ 命令行：SOLIDEDIT。
☑ 菜单栏：选择菜单栏中的"修改"→"实体编辑"→"删除面"命令。
☑ 工具栏：单击"实体编辑"工具栏中的"删除面"按钮🔳。
☑ 功能区：单击"三维工具"选项卡"实体编辑"面板中的"删除面"按钮🔳。

【操作实践——绘制镶块】

绘制如图 15-47 所示的镶块。操作步骤如下：

（1）启动系统。启动 AutoCAD 2015，使用默认设置画图。

（2）设置线框密度。在命令行中输入"ISOLINES"命令，设置线框密度为 10。单击"视图"工具栏中的"西南等轴测"按钮 ◎，切换到西南等轴测视图。

（3）绘制长方体。单击"建模"工具栏中的"长方体"按钮 🔳，以坐标原点为角点，创建长为50、宽为100、高为20的长方体。

（4）绘制圆柱体。单击"建模"工具栏中的"圆柱体"按钮 🔳，以长方体右侧面底边中点为圆心，创建半径为50、高为20的圆柱。

（5）并集运算。单击"建模"工具栏中的"并集"按钮 🔳，将长方体与圆柱进行并集运算，结果如图 15-48 所示。

（6）剖切处理。选择菜单栏中的"修改"→"三维操作"→"剖切"命令，以 ZX 面为剖切面，分别指定剖切面上的点为（0, 10, 0）及（0, 90, 0），对实体进行对称剖切，保留实体中部，结果如图 15-49 所示。

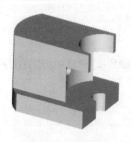

图 15-47 镶块

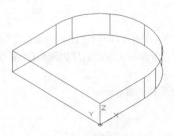

图 15-48 并集后的实体

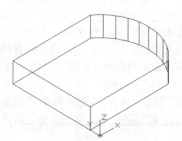

图 15-49 剖切后的实体

（7）复制对象。单击"修改"工具栏中的"复制"按钮，如图 15-50 所示，将剖切后的实体向上复制一个。

（8）拉伸面处理。单击"实体编辑"工具栏中的"拉伸面"按钮。选取实体前端面拉伸高度为-10。继续将实体后侧面拉伸-10，如图 15-51 所示，结果如图 15-52 所示。

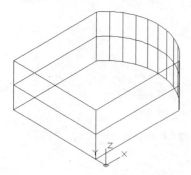

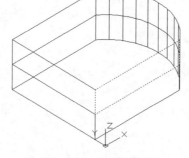

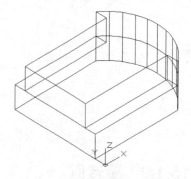

图 15-50　复制实体　　　　　　图 15-51　选取拉伸面　　　　图 15-52　拉伸面操作后的实体

（9）删除面。单击"实体编辑"工具栏中的"删除面"按钮，删除实体上的面，如图 15-53 所示。继续将实体后部对称侧面删除，结果如图 15-54 所示。

（10）拉伸面。单击"实体编辑"工具栏中的"拉伸面"按钮，将实体顶面向上拉伸 40，结果如图 15-55 所示。

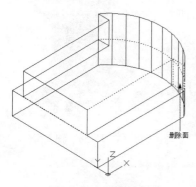

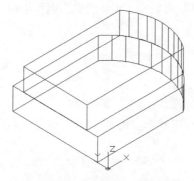

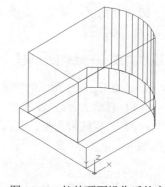

图 15-53　选取删除面　　　　　图 15-54　删除面操作后的实体　　图 15-55　拉伸顶面操作后的实体

（11）绘制圆柱体。单击"建模"工具栏中的"圆柱体"按钮，以实体底面左边中点为圆心，创建半径为 10、高为 20 的圆柱。同理，以 R10 圆柱顶面圆心为中心点继续创建半径为 40、高为 40 及半径为 25、高为 60 的圆柱。

（12）差集运算。单击"建模"工具栏中的"差集"按钮，将实体与 3 个圆柱进行差集运算，结果如图 15-56 所示。

（13）坐标设置。在命令行中输入"UCS"命令，将坐标原点移动到（0, 50, 40），并将其绕 Y 轴选择 90°。

（14）绘制圆柱体。单击"建模"工具栏中的"圆柱体"按钮，以坐标原点为圆心，创建半径为 5、高为 100 的圆柱，结果如图 15-57 所示。

（15）差集运算。单击"建模"工具栏中的"差集"按钮，将实体与圆柱进行差集运算。

（16）渲染处理。单击"渲染"工具栏中的"渲染"按钮，渲染图形。渲染后的结果如图 15-47 所示。

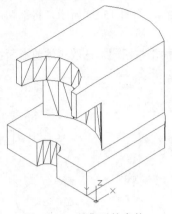

图 15-56 差集后的实体

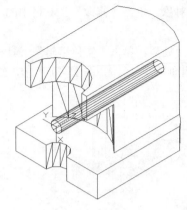

图 15-57 创建圆柱

15.1.9 旋转面

【执行方式】

- ☑ 命令行：SOLIDEDIT。
- ☑ 菜单栏：选择菜单栏中的"修改"→"实体编辑"→"旋转面"命令。
- ☑ 工具栏：单击"实体编辑"工具栏中的"旋转面"按钮。
- ☑ 功能区：单击"三维工具"选项卡"实体编辑"面板中的"旋转面"按钮。

【操作实践——绘制轴支架】

绘制如图 15-58 所示的轴支架。操作步骤如下：

（1）启动 AutoCAD 2015，使用默认设置绘图环境。

（2）设置线框密度。在命令行中输入"ISOLINES"命令，命令行提示与
操作如下。

图 15-58 轴支架

```
命令: ISOLINES
输入 ISOLINES 的新值 <4>: 10✓
```

（3）切换视图。单击"视图"工具栏中的"西南等轴测"按钮，将当前视图方向设置为西南等轴测
视图。

（4）绘制底座。单击"建模"工具栏中的"长方体"按钮，以角点坐标为（0,0,0），长、宽、高分
别为 80、60、10，绘制连接立板长方体。

（5）圆角操作。单击"修改"工具栏中的"圆角"按钮，选择要圆角的长方体进行圆角处理，半径
为 10。

（6）绘制圆柱体。单击"建模"工具栏中的"圆柱体"按钮，以底面中心点为（10,10,0），半径为
6，指定高度为 10，绘制圆柱体，结果如图 15-59 所示。

（7）复制对象。单击"修改"工具栏中的"复制"按钮，选择步骤（6）绘制的圆柱体复制到其他 3
个圆角处，结果如图 15-60 所示。

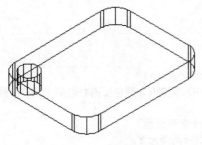

图 15-59　创建圆柱体

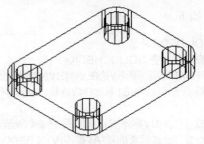

图 15-60　复制圆柱体

（8）差集运算。单击"建模"工具栏中的"差集"按钮，将长方体和圆柱体进行差集运算。

（9）设置用户坐标系。在命令行中输入"UCS"命令，命令行提示与操作如下。

命令：UCS✓
当前 UCS 名称：*世界*
指定 UCS 的原点或 [面(F)/命名(NA)/对象(OB)/上一个(P)/视图(V)/世界(W)/X/Y/Z/Z 轴(ZA)] <世界>：40, 30, 60✓
指定 X 轴上的点或 <接受>：✓

（10）绘制长方体。单击"建模"工具栏中的"长方体"按钮，以坐标原点为长方体的中心点，分别创建长为 40、宽为 10、高为 100 及长为 10、宽为 40、高为 100 的长方体，结果如图 15-61 所示。

（11）坐标系设置。在命令行中输入"UCS"命令，移动坐标原点到（0, 0, 50），并将其绕 Y 轴旋转 90°。

（12）绘制圆柱体。单击"建模"工具栏中的"圆柱体"按钮，以坐标原点为圆心，创建半径为 20、高为 25 的圆柱体。

（13）镜像处理。选择菜单栏中的"修改"→"三维操作"→"三维镜像"命令。选取圆柱绕 XY 轴进行旋转，结果如图 15-62 所示。

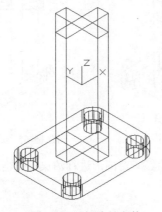

图 15-61　创建长方体

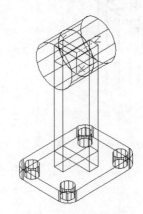

图 15-62　镜像圆柱体

（14）并集运算。单击"建模"工具栏中的"并集"按钮，选择两个圆柱体与两个长方体进行并集运算。

（15）绘制圆柱体。单击"建模"工具栏中的"圆柱体"按钮，捕捉 R20 圆柱的圆心为圆心，创建半径为 10、高为 50 的圆柱体。

（16）差集运算。单击"建模"工具栏中的"差集"按钮，将并集后的实体与圆柱进行差集运算。消隐处理后的图形如图 15-63 所示。

（17）旋转面。单击"实体编辑"工具栏中的"旋转面"按钮，旋转支架上部十字形底面。命令行提示与操作如下。

命令: SOLIDEDIT↙
实体编辑自动检查:SOLIDCHECK=1
输入实体编辑选项 [面(F)/边(E)/体(B)/放弃(U)/退出(X)] <退出>: F↙
输入面编辑选项[拉伸(E)/移动(M)/旋转(R)/偏移(O)/倾斜(T)/删除(D)/复制(C)/颜色(L)/材质(A)/放弃(U)/退出(X)] <退出> : R↙
选择面或 [放弃(U)/删除(R)]:（如图 15-64 所示，选择支架上部十字形底面）
指定轴点或 [经过对象的轴(A)/视图(V)/X 轴(X)/Y 轴(Y)/Z 轴(Z)] <两点>: Y↙
指定旋转原点 <0,0,0>:_endp 于 （捕捉十字形底面的右端点）
指定旋转角度或 [参照(R)]: 30↙

结果如图 15-64 所示。

（18）在命令行中输入"Rotate3D"命令，旋转底板。命令行提示与操作如下。

命令: Rotate3D↙
选择对象:（选取底板）
指定轴上的第一个点或定义轴依据 [对象(O)/最近的(L)/视图(V)/X 轴(X)/Y 轴(Y)/Z 轴(Z)/两点(2)]: Y↙
指定 Y 轴上的点 <0,0,0>:_endp 于 （捕捉十字形底面的右端点）
指定旋转角度或 [参照(R)]: 30↙

（19）设置视图方向。单击"视图"工具栏中的"前视"按钮▣，将当前视图方向设置为主视图。消隐处理后的图形如图 15-65 所示。

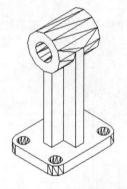
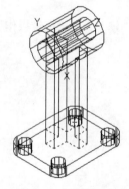
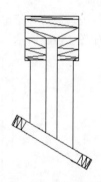

图 15-63　消隐后的实体　　　图 15-64　选择旋转面　　　图 15-65　旋转底板

（20）渲染处理。单击"渲染"工具栏中的"渲染"按钮▣，对图形进行渲染。渲染后的结果如图 15-58 所示。

15.1.10　倾斜面

【执行方式】

☑　命令行：SOLIDEDIT。
☑　菜单栏：选择菜单栏中的"修改"→"实体编辑"→"倾斜面"命令。
☑　工具栏：单击"实体编辑"工具栏中的"倾斜面"按钮▣。
☑　功能区：单击"三维工具"选项卡"实体编辑"面板中的"倾斜面"按钮▣。

【操作实践——绘制机座】

绘制如图 15-66 所示的机座。操作步骤如下：

（1）启动 AutoCAD 2015，使用默认设置绘图环境。

（2）设置线框密度。设置对象上每个曲面的轮廓线数目为 10。

（3）单击"视图"工具栏中的"西南等轴测"按钮，将当前视图方向设置为西南等轴测视图。

图 15-66   机座

（4）单击"建模"工具栏中的"长方体"按钮，指定角点为（0,0,0），长、宽、高分别为 80、50、20 绘制长方体。

（5）单击"建模"工具栏中的"圆柱体"按钮，绘制底面中心点，长方体底面右边中点，半径为 25，指定高度为 20。

同样方法，指定底面中心点的坐标为（80, 25, 0），底面半径为 20，圆柱体高度为 80，绘制圆柱体。

（6）单击"建模"工具栏中的"并集"按钮，选取长方体与两个圆柱体进行并集运算，结果如图 15-67 所示。

（7）设置用户坐标系。命令行提示与操作如下。

```
命令: UCS↙
当前 UCS 名称: *世界*
指定 UCS 的原点或 [面(F)/命名(NA)/对象(OB)/上一个(P)/视图(V)/世界(W)/X/Y/Z/Z 轴(ZA)] <世界>: （用鼠标点取实体顶面的左下顶点）
指定 X 轴上的点或 <接受>:↙
```

（8）单击"建模"工具栏中的"长方体"按钮，以（0, 10）为角点，创建长为 80、宽为 30、高为 30 的长方体，结果如图 15-68 所示。

（9）单击"实体编辑"工具栏中的"倾斜面"按钮，对长方体的左侧面进行倾斜操作。命令行提示与操作如下。

```
命令: SOLIDEDIT↙
实体编辑自动检查: SOLIDCHECK=1
输入实体编辑选项 [面(F)/边(E)/体(B)/放弃(U)/退出(X)] <退出>: F↙
输入面编辑选项 [拉伸(E)/移动(M)/旋转(R)/偏移(O)/倾斜(T)/删除(D)/复制(C)/颜色(L)/材质(A)/放弃(U)/退出(X)] <退出>: T↙
选择面或 [放弃(U)/删除(R)]: （如图 15-69 所示，选取长方体左侧面）
指定基点: _endp 于 （如图 15-69 所示，捕捉长方体端点 2）
指定沿倾斜轴的另一个点:_endp 于 （如图 15-69 所示，捕捉长方体端点 1）
指定倾斜角度: 60↙
```

结果如图 15-70 所示。

（10）单击"建模"工具栏中"并集"按钮，将创建的长方体与实体进行并集运算。

（11）方法同前，在命令行中输入"UCS"命令，将坐标原点移回到实体底面的左下顶点。

（12）单击"建模"工具栏中的"长方体"按钮，以（0, 5）为角点，创建长为 50、宽为 40、高为 5 的长方体；继续以（0, 20）为角点，创建长为 30、宽为 10、高为 50 的长方体。

（13）单击"建模"工具栏中的"差集"按钮，将实体与两个长方体进行差集运算，结果如图 15-71 所示。

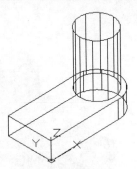

图 15-67　并集后的实体

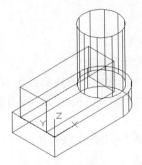

图 15-68　创建长方体

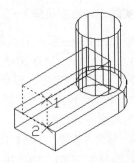

图 15-69　选取倾斜面

（14）单击"建模"工具栏中的"圆柱体"按钮，捕捉 R20 圆柱顶面圆心为中心点，分别创建半径为 15、高为-15 及半径为 10、高为-80 的圆柱体。

（15）单击"建模"工具栏中的"差集"按钮，将实体与两个圆柱进行差集运算。消隐处理后的图形如图 15-72 所示。

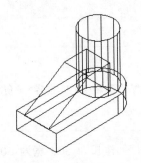

图 15-70　倾斜面后的实体

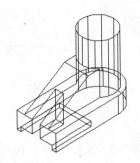

图 15-71　差集后的实体

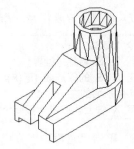

图 15-72　消隐后的实体

（16）渲染处理。单击"渲染"工具栏中的"材质浏览器"按钮，选择适当的材质，对图形进行渲染。渲染后的结果如图 15-66 所示。

15.1.11　复制面

【执行方式】

☑　命令行：SOLIDEDIT。
☑　菜单栏：选择菜单栏中的"修改"→"实体编辑"→"复制面"命令。
☑　工具栏：单击"实体编辑"工具栏中的"复制面"按钮。
☑　功能区：单击"三维工具"选项卡"实体编辑"面板中的"复制面"按钮。

图 15-73　办公椅立体图

【操作实践——绘制办公椅立体图】

绘制如图 15-73 所示的办公椅立体图。操作步骤如下：

（1）单击"绘图"工具栏中的"多边形"按钮，绘制中心点为（0,0），外切圆半径为 30 的五边形。

（2）单击"建模"工具栏中的"拉伸"按钮，拉伸五边形，设置拉伸高度为 50。

（3）单击"视图"工具栏中的"西南等轴测"按钮，将当前视图设为西南等轴测视图，结果如图 15-74 所示。

（4）单击"实体编辑"工具栏中的"复制面"按钮，复制如图 15-75 所示的阴影面，命令行提示与操作如下。

```
命令: _solidedit
实体编辑自动检查:  SOLIDCHECK=1
输入实体编辑选项 [面(F)/边(E)/体(B)/放弃(U)/退出(X)] <退出>: _face
输入面编辑选项 [拉伸(E)/移动(M)/旋转(R)/偏移(O)/倾斜(T)/删除(D)/复制(C)/颜色(L)/材质(A)/放弃(U)/退出(X)] <
退出>: _copy
选择面或 [放弃(U)/删除(R)]（选择如图 15-75 所示的阴影面）
选择面或 [放弃(U)/删除(R)/全部(ALL)]:
指定基点或位移:（在阴影位置处指定一端点）
指定位移的第二点:（继续在基点位置处指定端点）
输入面编辑选项 [拉伸(E)/移动(M)/旋转(R)/偏移(O)/倾斜(T)/删除(D)/复制(C)/颜色(L)/材质(A)/放弃(U)/退出(X)]
<退出>:
实体编辑自动检查:  SOLIDCHECK=1
输入实体编辑选项 [面(F)/边(E)/体(B)/放弃(U)/退出(X)] <退出>:
```

（5）单击"建模"工具栏中的"拉伸"按钮，选择复制的面进行拉伸，设置倾斜角度为 3，拉伸高度为 200，结果如图 15-76 所示。

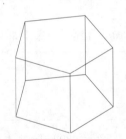

图 15-74　绘制五边形并拉伸

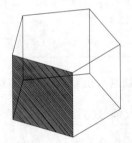

图 15-75　复制阴影面

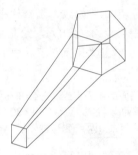

图 15-76　拉伸面

重复上述工作，将其他 5 个面也进行复制拉伸，如图 15-77 所示。

（6）在命令行中输入"UCS"命令，将坐标系绕 X 轴旋转 90°。

（7）单击"绘图"工具栏中的"圆"按钮，捕捉办公室底座一个支架界面上一条边的中点为圆心，捕捉其端点为半径，绘制结果如图 15-78 所示。

（8）单击"绘图"工具栏中的"直线"按钮，绘制圆的直径。

（9）单击"修改"工具栏中的"修剪"按钮，将图 15-78 剪切为如图 15-79 所示。

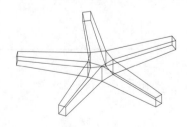

图 15-77　拉伸面

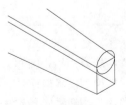

图 15-78　绘制圆

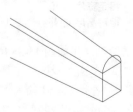

图 15-79　剪切

（10）单击"绘图"工具栏中的"直线"按钮，绘制直线，选择如图 15-80 所示的两个端点。

（11）单击"三维工具"选项卡"建模"面板中的"直纹曲面"按钮，绘制直纹曲线，结果如图 15-81 所示。

（12）选择菜单栏中的"工具"→"新建 UCS"→"世界"命令，将坐标系还原为原坐标系。

（13）单击"建模"工具栏中的"球体"按钮，绘制一个球体，命令行提示与操作如下。

命令: _sphere
指定中心点或 [三点(3P)/两点(2P)/切点、切点、半径(T)]: 0,-230,-19
指定半径或 [直径(D)]: 30

绘制结果如图 15-82 所示。

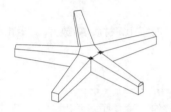

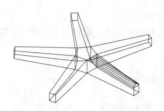

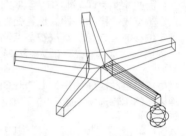

图 15-80　绘制直线　　　　图 15-81　绘制直纹曲线　　　　图 15-82　绘制球体

（14）单击"修改"工具栏中的"环形阵列"按钮，选择上述直纹曲线与球体为阵列对象，阵列总数为 5，中心点为（0,0），绘制结果如图 15-83 所示。

（15）单击"建模"工具栏中的"圆柱体"按钮，绘制一个圆柱体，命令行提示与操作如下。

命令: _cylinder
指定底面的中心点或 [三点(3P)/两点(2P)/切点、切点、半径(T)/椭圆(E)]: 0,0,50
指定底面半径或 [直径(D)] <30.0000>: 30
指定高度或 [两点(2P)/轴端点(A)] <200.0000>: 200

同理，继续利用圆柱体命令，绘制底面中心点为（0,0,250），半径为 20，高度为 80 的圆柱体，结果如图 15-84 所示。

（16）绘制长方体。

① 单击"建模"工具栏中的"长方体"按钮，绘制一个长方体，命令行提示与操作如下。

命令: _box
指定第一个角点或 [中心(C)]: c
指定中心: 0,0,350
指定角点或 [立方体(C)/长度(L)]: l
指定长度: 350
指定宽度: 350
指定高度或 [两点(2P)] <80.0000>: 40

绘制结果如图 15-85 所示。

② 单击"绘图"工具栏中的"圆"按钮，指定圆心为（-330,0,0），绘制半径为 25 的圆。

③ 在命令行中输入"UCS"命令，切换到世界坐标系。

④ 单击"绘图"工具栏中的"多段线"按钮，绘制一条多段线。

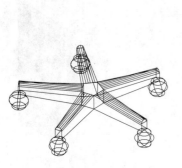

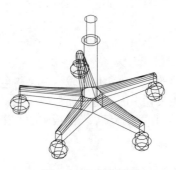

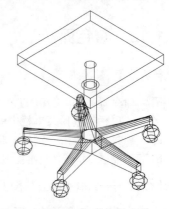

图 15-83　阵列处理　　　　图 15-84　绘制圆柱　　　　图 15-85　绘制长方体

⑤ 单击"建模"工具栏中的"拉伸"按钮，拉伸图形，命令行提示与操作如下。

```
命令: _extrude
当前线框密度:　ISOLINES=4，闭合轮廓创建模式 = 实体
选择要拉伸的对象或 [模式(MO)]: _MO 闭合轮廓创建模式 [实体(SO)/曲面(SU)] <实体>: _SO
选择要拉伸的对象或 [模式(MO)]: （选择上述圆）
选择要拉伸的对象或 [模式(MO)]:
指定拉伸的高度或 [方向(D)/路径(P)/倾斜角(T)/表达式(E)] <4.0000>: p
选择拉伸路径或 [倾斜角(T)]: （选择多线段）
```

删除拉伸路径，绘制结果如图 15-86 所示。

⑥ 单击"建模"工具栏中的"长方体"按钮，绘制中心为（200,0,630），长度为 50，宽度为 200，高度为 200 的长方体。

⑦ 单击"修改"工具栏中的"圆角"按钮，将长度为 50 的棱边进行圆角处理，圆角半径为 50。再将座椅的椅面做圆角处理，圆角半径为 10，结果如图 15-87 所示。

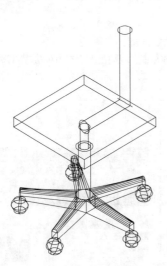

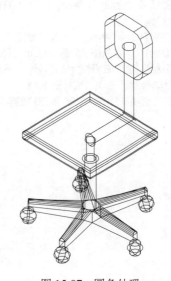

图 15-86　拉伸图形　　　　　　　图 15-87　圆角处理

⑧ 单击"渲染"工具栏中的"渲染"按钮，渲染实体，最终效果如图 15-73 所示。

15.1.12　着色面

图 15-88　牌匾立体图

【执行方式】

☑　命令行：SOLIDEDIT。
☑　菜单栏：选择菜单栏中的"修改"→"实体编辑"→"着色面"命令。
☑　工具栏：单击"实体编辑"工具栏中的"着色面"按钮 。
☑　功能区：单击"三维工具"选项卡"实体编辑"面板中的"着色面"按钮 。

【操作实践——绘制牌匾立体图】

绘制如图 15-88 所示的牌匾立体图。操作步骤如下：

（1）单击"建模"工具栏中的"长方体"按钮 ，绘制一个长方体，命令行提示与操作如下。

```
命令: _box
指定第一个角点或 [中心(C)]: 0,0,0
指定其他角点或 [立方体(C)/长度(L)]: 50,10,100
```

同理，继续利用长方体命令，绘制角点为（5,0,5）和（@40,5,90）的长方体。

（2）单击"视图"工具栏中的"西南等轴测"按钮 ，设置视图方向，结果如图 15-89 所示。

（3）单击"实体编辑"工具栏中的"差集"按钮 ，将小长方体从大长方体中减去。

（4）单击"三维工具"选项卡"实体编辑"面板中的"着色面"按钮 ，将如图 15-90 所示的阴影面进行着色，命令行提示与操作如下。

```
命令: _solidedit
实体编辑自动检查：  SOLIDCHECK=1
输入实体编辑选项 [面(F)/边(E)/体(B)/放弃(U)/退出(X)] <退出>: _face
输入面编辑选项 [拉伸(E)/移动(M)/旋转(R)/偏移(O)/倾斜(T)/删除(D)/复制(C)/颜色(L)/材质(A)/放弃(U)/退出(X)]
<退出>: _color
选择面或 [放弃(U)/删除(R)]: （选择如图 15-90 所示的阴影面）
选择面或 [放弃(U)/删除(R)/全部(ALL)]:（弹出如图 15-91 所示的对话框）
输入面编辑选项 [拉伸(E)/移动(M)/旋转(R)/偏移(O)/倾斜(T)/删除(D)/复制(C)/颜色(L)/材质(A)/放弃(U)/退出(X)] <退出>:
实体编辑自动检查：  SOLIDCHECK=1
输入实体编辑选项 [面(F)/边(E)/体(B)/放弃(U)/退出(X)] <退出>:
```

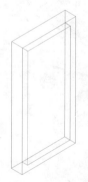

图 15-89　绘制长方体

图 15-90　阴影面

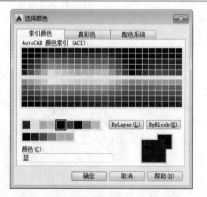

图 15-91　"选择颜色"对话框

重复上述步骤，将牌匾边框着色为褐色。

（5）单击"修改"工具栏中的"圆角"按钮，将牌匾边框圆角处理，圆角半径为 1，绘制结果如图 15-92 所示。

（6）单击"视图"工具栏中的"前视"按钮，将当前视图设为前视图。

（7）单击"绘图"工具栏中的"多行文字"按钮，输入文字，命令行提示与操作如下。

命令: _mtext
当前文字样式: "Standard"　文字高度: 2.5　注释性: 否
指定第一角点: 15,0
指定对角点或 [高度(H)/对正(J)/行距(L)/旋转(R)/样式(S)/宽度(W)/栏(C)]: h
指定高度 <2.5>: 10
指定对角点或 [高度(H)/对正(J)/行距(L)/旋转(R)/样式(S)/宽度(W)/栏(C)]: 35,90（输入文字"富豪大厦"，将字体设为华文行楷）

绘制结果如图 15-93 所示。

（8）渲染处理。

① 单击"视图"工具栏中的"西南等轴测"按钮，将当前视图设为西南等轴测视图。

② 单击"渲染"工具栏中的"渲染"按钮，渲染实体，效果如图 15-88 所示。

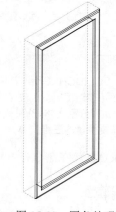

图 15-92　圆角处理　　图 15-93　编辑文字

15.1.13　清除

【执行方式】

- ☑ 命令行：SOLIDEDIT。
- ☑ 菜单栏：选择菜单栏中的"修改"→"实体编辑"→"清除"命令。
- ☑ 工具栏：单击"实体编辑"工具栏中的"清除"按钮。
- ☑ 功能区：单击"三维工具"选项卡"实体编辑"面板中的"清除"按钮。

【操作步骤】

命令: _solidedit
实体编辑自动检查: SOLIDCHECK=1
输入实体编辑选项 [面(F)/边(E)/体(B)/放弃(U)/退出(X)] <退出>: _body
输入体编辑选项 [压印(I)/分割实体(P)/抽壳(S)/清除(L)/检查(C)/放弃(U)/退出(X)] <退出>: _clean
选择三维实体: （选择要删除的对象）

15.1.14　分割

【执行方式】

- ☑ 命令行：SOLIDEDIT。
- ☑ 菜单栏：选择菜单栏中的"修改"→"实体编辑"→"分割"命令。
- ☑ 工具栏：单击"实体编辑"工具栏中的"分割"按钮。
- ☑ 功能区：单击"三维工具"选项卡"实体编辑"面板中的"分割"按钮。

【操作步骤】

命令: _solidedit
实体编辑自动检查: SOLIDCHECK=1
输入实体编辑选项 [面(F)/边(E)/体(B)/放弃(U)/退出(X)] <退出>: _body
输入体编辑选项 [压印(I)/分割实体(P)/抽壳(S)/清除(L)/检查(C)/放弃(U)/退出(X)] <退出>: _sperate
选择三维实体:（选择要分割的对象）

15.1.15　检查

【执行方式】

☑　命令行：SOLIDEDIT。
☑　菜单栏：选择菜单栏中的"修改"→"实体编辑"→"检查"命令。
☑　工具栏：单击"实体编辑"工具栏中的"检查"按钮🔳。
☑　功能区：单击"三维工具"选项卡"实体编辑"面板中的"检查"按钮🔳。

【操作步骤】

命令: _solidedit
实体编辑自动检查: SOLIDCHECK=1
输入实体编辑选项 [面(F)/边(E)/体(B)/放弃(U)/退出(X)] <退出>: _body
输入体编辑选项 [压印(I)/分割实体(P)/抽壳(S)/清除(L)/检查®/放弃(U)/退出(X)] <退出>: _check
选择三维实体:（选择要检查的三维实体）

选择实体后，AutoCAD 将在命令行中显示出该对象是否是有效的 ACIS 实体。

15.1.16　夹点编辑

利用夹点编辑功能，可以很方便地对三维实体进行编辑，与二维对象夹点编辑功能相似。

其方法很简单，单击要编辑的对象，系统显示编辑夹点，选择某个夹点，按住鼠标拖动，则三维对象随之改变，选择不同的夹点，可以编辑对象的不同参数，红色夹点为当前编辑夹点，如图 15-94 所示。

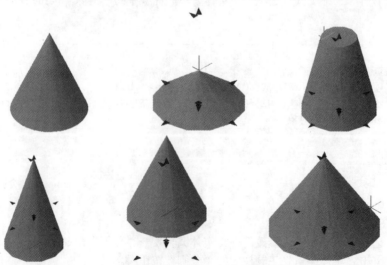

图 15-94　圆锥体及其夹点编辑

15.2　网　格　编　辑

AutoCAD 2015 极大地加强在网格编辑方面的功能，本节简要介绍这些新功能。

【预习重点】

☑　了解网格编辑的应用范围。
☑　熟练掌握网格编辑的绘制方法。

15.2.1　提高（降低）平滑度

利用 AutoCAD 2015 提供的新功能，可以提高（降低）网格曲面的平滑度。

【执行方式】

☑　命令行：MESHSMOOTHMORE（或 MESHSMOOTHLESS）。
☑　菜单栏：选择菜单栏中的"修改"→"网格编辑"→"提高平滑度（或降低平滑度）"命令。
☑　工具栏：单击"平滑网格"工具栏中的"提高网格平滑度"按钮█或"降低网格平滑度"按钮█。
☑　功能区：单击"三维工具"选项卡"网格"面板中的"提高网格平滑度"按钮█或"降低网格平滑度"按钮█。

【操作步骤】

```
命令: MESHSMOOTHMORE↙
选择要提高平滑度的网格对象: 选择网格对象
选择要提高平滑度的网格对象: ↙
```

选择对象后，系统将对对象网格提高平滑度，如图 15-95 和图 15-96 所示为提高网格平滑度前后的对比。

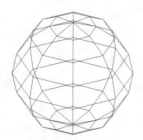
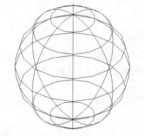

图 15-95　提高网格平滑度前　　　　　图 15-96　提高网格平滑度后

15.2.2　锐化（取消锐化）

锐化功能能使平滑的曲面选定的局部变得尖锐，取消锐化功能则是锐化功能的逆过程。

【执行方式】

☑　命令行：MESHCREASE（或 MESHUNCREASE）。

☑ 菜单栏：选择菜单栏中的"修改"→"网格编辑"→"锐化（取消锐化）"命令。
☑ 工具栏：单击"平滑网格"工具栏中的"锐化网格"按钮🔲或"取消锐化网格"按钮🔲。

【操作步骤】

命令：_MESHCREASE
选择要锐化的网格子对象：（选择曲面上的子网格，被选中的子网格高亮显示，如图 15-97 所示）
选择要锐化的网格子对象：✓
指定锐化值 [始终(A)] <始终>：12✓

结果如图 15-98 所示，如图 15-99 所示则为渲染后的曲面锐化前后的对比。

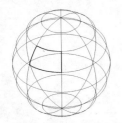 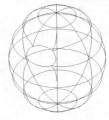 

图 15-97 选择子网格对象   图 15-98 锐化结果   图 15-99 渲染后的曲面锐化前后对比

15.2.3 优化网格

优化网格对象可增加可编辑面的数目，从而提供对精细建模细节的附加控制。

【执行方式】

☑ 命令行：MESHREFINE。
☑ 菜单栏：选择菜单栏中的"修改"→"网格编辑"→"优化网格"命令。
☑ 工具栏：单击"平滑网格"工具栏中的"优化网格"按钮🔲。
☑ 功能区：单击"三维工具"选项卡"网格"面板中的"优化网格"按钮🔲。

【操作步骤】

命令：_MESHREFINE
选择要优化的网格对象或面子对象：（选择如图 15-100 所示的球体曲面）
选择要优化的网格对象或面子对象：✓

结果如图 15-101 所示，可以看出可编辑面增加了。

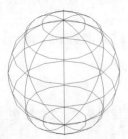 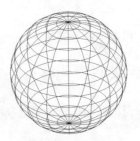

图 15-100 优化前   图 15-101 优化后

15.2.4　分割面

分割面功能可以把一个网格分割成两个网格，从而增加局部网格数。

【执行方式】

☑　命令行：MESHSPLIT。
☑　菜单栏：选择菜单栏中的"修改"→"网格编辑"→"分割面"命令。

【操作步骤】

命令: _MESHSPLIT
选择要分割的网格面：（选择如图 15-102 所示的网格面）
指定面边缘上的第一个分割点或 [顶点(V)]：（指定一个分割点）
指定面边缘上的第二个分割点 [顶点(V)]：（指定另一个分割点，如图 15-103 所示）

结果如图 15-104 所示，一个网格面被以指定的分割线为界线分割成两个网格面，并且生成的新网格面与原来的整个网格系统匹配。

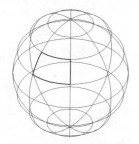
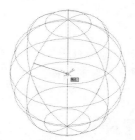
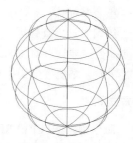

图 15-102　选择网格面　　　　图 15-103　指定分割点　　　　图 15-104　分割结果

15.2.5　其他网格编辑命令

AutoCAD 2015 的修改菜单下的网格编辑子菜单还提供了以下几个菜单命令。

（1）转换为具有镶嵌面的实体：将图 15-105 所示网格转换成图 15-106 所示的具有镶嵌面的实体。

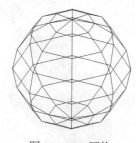

图 15-105　网格　　　　　　　　图 15-106　具有镶嵌面的实体

（2）转换为具有镶嵌面的曲面：将图 15-105 所示网格转换成图 15-107 所示的具有镶嵌面的曲面。
（3）转换成平滑实体：将图 15-107 所示网格转换成图 15-108 所示的平滑实体。
（4）转换成平滑曲面：将图 15-108 所示网格转换成图 15-109 所示的平滑曲面。

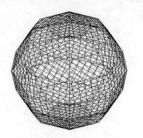

图 15-107　具有镶嵌面的曲面

图 15-108　平滑实体

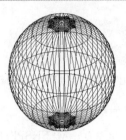

图 15-109　平滑曲面

15.3　三维装配

干涉检查常用于检查装配体立体图是否干涉，从而判断设计是否正确。在绘制三维实体装配图中有很大应用。

【预习重点】

☑　检查装配体。

☑　练习干涉检查使用。

干涉检查主要通过对比两组对象或一对一地检查所有实体来检查实体模型中的干涉（三维实体相交或重叠的区域）。系统将在实体相交处创建和亮显临时实体。

【执行方式】

☑　命令行：INTERFERE（快捷命令：INF）。

☑　菜单栏：选择菜单栏中的"修改"→"三维操作"→"干涉检查"命令。

【操作实践——绘制球阀装配立体图】

绘制如图 15-110 所示的球阀装配立体图。操作步骤如下：

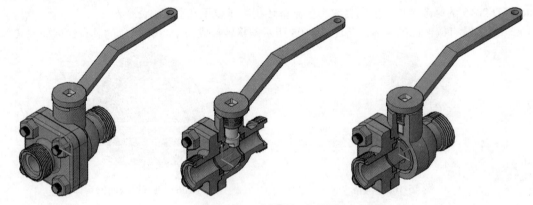

图 15-110　球阀装配立体图

（1）建立装配体文件。启动 AutoCAD 2015，使用默认设置绘图环境。单击"标准"工具栏中的"新建"按钮，打开"选择样板"对话框，以"无样板打开-公制（毫米）"方式建立新文件；将新文件命名

为 ".dwg"，并保存。

（2）打开阀体立体图。单击"标准"工具栏中的"打开"按钮，打开光盘中的"源文件\第 15 章\三维球阀装配图\阀体立体图.dwg"文件，如图 15-111 所示。

（3）设置视图方向。将当前视图方向设置为左视图方向。

（4）复制阀体立体图。选择菜单栏中的"编辑"→"复制"命令，复制"阀体立体图"图形，选择菜单栏中的"窗口"→"球阀装配立体图"命令，打开装配图文件。

（5）选择菜单栏中的"编辑"→"粘贴"命令，将"阀体立体图"图形复制到"球阀装配立体图"中。指定的插入点为"0，0"，结果如图 15-112 所示。

（6）打开阀盖立体图。单击"标准"工具栏中的"打开"按钮，打开光盘中的"源文件\第 15 章\三维球阀装配图\阀盖立体图.dwg"，结果如图 15-113 所示。

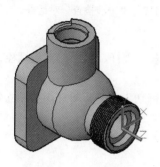
图 15-111　打开阀体零件

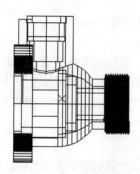
图 15-112　装入阀体后的图形

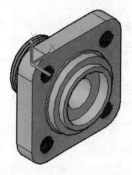
图 15-113　阀盖三维设计

（7）设置视图方向。将当前视图方向设置为左视图方向，如图 15-114 所示。

（8）复制阀盖立体图。采用同样的方法，将"阀盖立体图"图形复制到"球阀装配立体图"中。将插入点指定在合适的位置，如图 15-115 所示。

（9）移动阀盖零件。单击"修改"工具栏中的"移动"按钮，将"阀盖三维设计"从图 15-115 中的 1 点移动到图 15-115 中的 2 点，如图 15-116 所示。

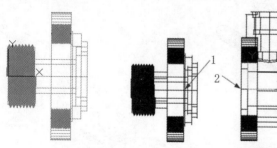
图 15-114　左视图的图形

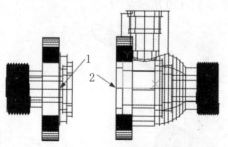
图 15-115　阀盖三维设计

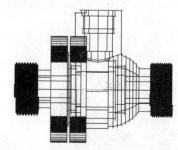
图 15-116　装入阀盖后的图形

（10）干涉检查。选择菜单栏中的"修改"→"三维操作"→"干涉检查"命令，对"阀体立体图"和"阀盖立体图"进行干涉检查，命令行提示与操作如下。

```
命令: interfere✓
选择第一组对象或 [嵌套选择(N)/设置(S)]：（选择阀体立体图）
选择第一组对象或 [嵌套选择(N)/设置(S)]：✓
选择第二组对象或 [嵌套选择(N)/检查第一组(K)] <检查>：（选择阀盖立体图）
选择第二组对象或 [嵌套选择(N)/检查第一组(K)] <检查>：✓
```

对象未干涉
因此装配的两个零件没有干涉

　　如果存在干涉，则弹出"干涉检查"对话框，如图 15-117 所示，该对话框显示检查结果。同时装配图上会亮显干涉区域，这时就要检查装配是否到位，调整相应的装配位置，直到不发生干涉为止。

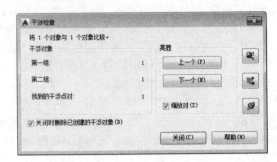

图 15-117　　"干涉检查"对话框

　　（11）旋转阀体模型。单击"建模"工具栏中的"三维旋转"按钮⊕，选择阀体零件，指定基点为（0，0，0），拾取 X 轴为旋转轴，设置角度为 90°。

　　（12）设置视图方向。单击"视图"工具栏中的"西南等轴测"按钮◈，观察阀体、阀盖装配后西南等轴测方向的渲染视图，如图 15-118 所示。

　　（13）打开随书光盘中的相应文件，继续插入密封圈、阀芯、压紧套、阀杆、扳手、双头螺栓、螺母等三维立体图并进行位置调整，最后完成的球阀装配图如图 15-119 所示。

　　（14）1/2 剖切视图：选择菜单栏中的"修改"→"三维操作"→"剖切"命令，对球阀装配立体图进行 1/2 剖切处理。命令行提示与操作如下。

```
命令:SLICE↙
选择要剖切的对象:（选择阀盖、阀体、两个密封圈和阀芯立体图）
选择要剖切的对象:↙
指定切面的起点或 [平面对象(O)/曲面(S)/Z 轴(Z)/视图(V)/XY 平面(XY)/YZ 平面(YZ)/ZX 平面(ZX)/三点(3)] <三点>:YZ↙
指定 XY 平面上的点 <0, 0, 0>:↙
在要保留的一侧指定点或 [保留两个侧面(B)]<保留两个侧面>:-1,0, 0,↙
```

　　（15）删除对象。单击"修改"工具栏中的"删除"按钮☒，将 YZ 平面右侧的两个"螺栓立体图"和两个"螺母立体图"删除。消隐后结果如图 15-120 所示。

图 15-118　　阀盖三维设计　　　　　　图 15-119　　球阀装配图　　　　　　图 15-120　　1/2 剖切视图

　　（16）重新打开"球阀装配立体图.dwg"文件，继续利用"剖切"命令，生成 1/4 剖切视图，如图 15-121 所示。

【选项说明】

（1）嵌套选择(N)：选择该选项，用户可以选择嵌套在块和外部参照中的单个实体对象。

（2）设置(S)：选择该选项，系统打开"干涉设置"对话框，如图 15-122 所示，可以设置干涉的相关参数。

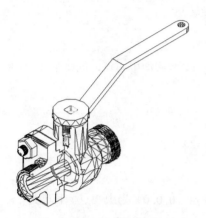

图 15-121　1/4 剖切视图

图 15-122　"干涉设置"对话框

15.4　综合演练——阀盖立体图

本实例绘制如图 15-123 所示的阀盖。

图 15-123　阀盖立体图

【操作步骤】

1．建立新文件

启动 AutoCAD 2015，使用默认设置绘图环境。单击"标准"工具栏中的"新建"按钮，打开"选择样板"对话框，以"无样板打开-公制（毫米）"方式建立新文件；将新文件命名为"阀盖立体图.dwg"，并保存。

2．设置线框密度

在命令行中输入"ISOLINES"命令，默认值为 8，设置系统变量值为 10。

3．设置视图方向

单击"视图"工具栏中的"西南等轴测"按钮 ，切换到西南等轴测视图。

4．设置用户坐标系

在命令行中输入"UCS"命令，将坐标系原点绕 X 轴旋转 90°。

5．绘制圆柱体

单击"建模"工具栏中的"圆柱体"按钮 ，以（0，0，0）为底面中心点，创建半径为 18、高为 15 以及半径为 16、高为 26 的圆柱体 1 和圆柱体 2。

6．设置用户坐标系

在命令行中输入"UCS"命令，将坐标系移动到（0，0，32）处。

7．绘制长方体

单击"建模"工具栏中的"长方体"按钮 ，绘制以原点（0，0，0）为中心点，长度为 75，宽度为 75，高度为 12 的长方体。

8．倒圆角操作

单击"修改"工具栏中的"圆角"按钮 ，圆角半径为 12.5，对长方体的 4 个 Z 轴方向边倒圆角。

9．绘制圆柱体

单击"建模"工具栏中的"圆柱体"按钮 ，捕捉圆角圆心（25，25，-6）为中心点，创建直径为 10、高为 12 的圆柱体 3。

10．复制圆柱体

单击"修改"工具栏中的"复制"按钮 ，将步骤 10 绘制的圆柱体以圆柱体的圆心（25，25，6）为基点，复制到其余 3 个圆角圆心（25，-25，6）、（-25，25，6）、（-25，-25，6）处。

11．差集处理

单击"实体编辑"工具栏中的"差集"按钮 ，将步骤 9 和步骤 10 绘制的圆柱体从步骤 8 后的图形中减去。消隐结果如图 15-124 所示。

12．绘制圆柱体

单击"建模"工具栏中的"圆柱体"按钮 ，以（0，0，0）为圆心，分别创建直径为 53、高为 7，直径为 50、高为 12，及直径为 42、高为 16 的圆柱体。

13．并集处理

单击"实体编辑"工具栏中的"并集"按钮 ，将所有图形进行并集运算。消隐结果如图 15-125 所示。

14．绘制内形圆柱体

单击"建模"工具栏中的"圆柱体"按钮 ，捕捉实体前端面圆心（0，0，16）为中心点，分别创建直径为 35、高为-7 及直径为 20、高为-48 的圆柱体；捕捉实体后端面圆心（0，0，-32）为中心点，创建直径为 28.5、高为 5 的圆柱体。

15．差集处理

单击"实体编辑"工具栏中的"差集"按钮 ⑩，将实体与步骤 14 绘制的圆柱进行差集运算。结果如图 15-126 所示。

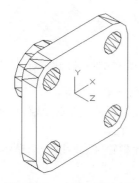
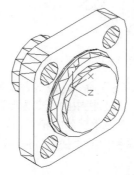
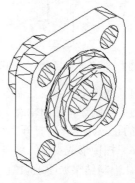

图 15-124　差集后的图形　　　　图 15-125　并集后的图形　　　　图 15-126　差集后的图形

16．圆角处理

单击"修改"工具栏中的"圆角"按钮 ⚪，设置圆角半径分别为 1、3、5，对需要的边进行圆角。

17．倒角处理

单击"修改"工具栏中的"倒角"按钮 ⚪，倒角距离为 1.5，对实体后端面进行倒角。

18．设置视图方向

单击"视图"工具栏中的"左视"按钮 ⬜，设置视图方向，结果如图 15-127 所示。

19．绘制螺纹

（1）设置视图方向。单击"视图"工具栏中的"西南等轴测"按钮 ◆，设置视图方向，如图 15-128 所示。

（2）切换坐标系。在命令行中输入"UCS"命令，绕 Y 轴旋转 90°。

（3）绘制螺纹线。单击"建模"工具栏中的"螺旋"按钮 ▤，绘制螺纹轮廓，命令行提示与操作如下。

```
命令:_Helix
圈数 = 8.0000        扭曲=CCW
指定底面的中心点: 0, 0, 98
指定底面半径或 [直径(D)] <1.0000>:18
指定顶面半径或 [直径(D)] <18.0000>:
指定螺旋高度或 [轴端点(A)/圈数(T)/圈高(H)/扭曲(W)] <1.0000>: t
输入圈数 <3.0000>: 12
指定螺旋高度或 [轴端点(A)/圈数(T)/圈高(H)/扭曲(W)] <1.0000>: 25
```

结果如图 15-129 所示。

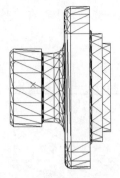

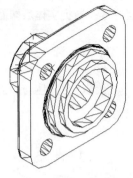

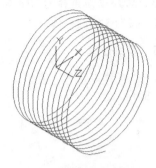

图 15-127　倒角及倒圆角后的图形　　　图 15-128　切换视图　　　图 15-129　绘制螺纹线

　　（4）切换坐标系。在命令行中输入"UCS"命令，绕 X 轴旋转 90°，设置新坐标系。

　　（5）绘制牙型截面轮廓。单击"绘图"工具栏中的"多边形"按钮 ⬟，捕捉螺旋线的上端点，绘制边长为 2 的正三角形，（打开"正交"模式）作为牙型截面轮廓，如图 15-130 所示。

　　（6）扫掠形成实体。单击"建模"工具栏中的"扫掠"按钮 🔷，选择牙型轮廓为轮廓，选择螺旋线作为路径，消隐结果如图 15-131 所示。

　　（7）创建圆柱体。

① 切换坐标系。在命令行中输入"UCS"命令，将坐标系绕 X 轴旋转-90°。

② 单击"建模"工具栏中的"圆柱体"按钮 ⬜，绘制圆柱体。

③ 圆柱体 1。底面中心点为（0，0，101.5），半径为 25，高度为-10。

④ 圆柱体 2。底面中心点为（0，0，115），半径为 25，高度为 15。

结果如图 15-132 所示。

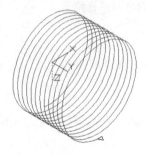

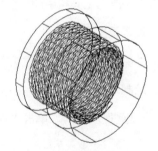

图 15-130　绘制牙型截面　　　图 15-131　扫掠实体　　　图 15-132　绘制辅助圆柱体

　　（8）差集运算。

① 单击"实体编辑"工具栏中的"差集"按钮 ◫，从螺纹主体中减去半径为 25 的两个圆柱体，消隐结果如图 15-133 所示。

② 单击"修改"工具栏中的"移动"按钮 ✛，捕捉点（0，0，100），移动到点（0，0，0）处。

　　（9）并集运算。单击"实体编辑"工具栏中的"并集"按钮 ◫，合并基体与螺纹实体，消隐结果如图 15-134 所示。

20．附着材质

　　（1）单击"渲染"工具栏中的"材质浏览器"按钮 ▦，弹出"材质浏览器"选项板，如图 15-135 所示，在窗口中选中图形，在"收藏夹"下的"金属"栏中选择"半抛光"选项，将其拖动到"文档材质"栏，右击，在弹出的快捷菜单中选择"指定给当前选择"命令，完成材质附着。

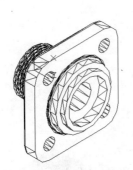
图 15-133　差集结果

图 15-134　创建阀体外螺纹图

图 15-135　"材质浏览器"选项板

（2）选择菜单栏中的"视图"→"动态观察"→"自由动态观察"命令，将实体旋转到易观察的角度。

（3）选择菜单栏中的"视图"→"显示"→"UCS 图标"→"开"命令，关闭坐标系。

（4）单击"渲染"工具栏中的"渲染"按钮，渲染实体，渲染后的效果如图 15-136 所示。

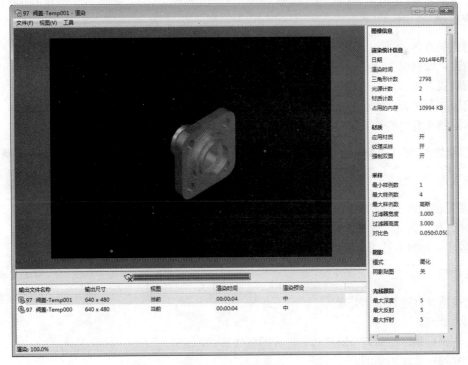
图 15-136　渲染结果

（5）选择菜单栏中的"视图"→"视觉样式"→"真实"命令，最终效果如图 15-123 所示。

15.5 名师点拨——渲染妙用

渲染功能代替了传统的建筑、机械和工程图形使用水彩、有色蜡笔和油墨等生成最终演示的渲染结果图。渲染图形的过程一般分为以下 4 步。

（1）准备渲染模型：包括遵从正确的绘图技术，删除消隐面，创建光滑的着色网格和设置视图的分辨率。

（2）创建和放置光源以及创建阴影。

（3）定义材质并建立材质与可见表面间的联系。

（4）进行渲染，包括检验渲染对象的准备、照明和颜色的中间步骤。

15.6 上 机 实 验

【练习1】创建如图 15-137 所示的回形窗。

1. 目的要求

三维图形具有形象逼真的优点，但是三维图形的创建比较复杂，需要读者掌握的知识比较多。本练习要求读者掌握实体编辑功能的"倾斜面"选项操作技巧。

图 15-137　回形窗

2. 操作提示

（1）创建长方体。

（2）利用"倾斜面"命令进行倾斜处理。

（3）绘制长方体，差集运算后再进行倾斜处理。

（4）绘制并复制长方体。

（5）将绘制和复制的长方体进行三维旋转处理，并移动。

【练习2】创建如图 15-138 所示的镂空圆桌。

1. 目的要求

轴是最常见的机械零件。本练习需要创建的轴集中了很多典型的机械结构形式，如轴体、孔、轴肩、键槽、螺纹、退刀槽、倒角等，因此需要用到的三维命令也比较多。通过本练习，可以使读者进一步熟悉三维绘图的技能。

图 15-138　镂空圆桌

2. 操作提示

（1）绘制球体并进行剖切处理。

（2）抽壳处理。

（3）旋转坐标系，绘制两个圆柱体并进行差集处理。

（4）绘制圆柱体作为桌面。

（5）圆角处理。

（6）渲染处理。

15.7 模拟考试

（1）绘制如图 15-139 所示的台灯。

（2）绘制如图 15-140 所示的摇杆。

（3）绘制如图 15-141 所示的脚踏座。

图 15-139 台灯　　　　　　图 15-140 摇杆　　　　　　图 15-141 脚踏座

（4）绘制如图 15-142 所示的双头螺柱。

（5）绘制如图 15-143 所示的顶针，并进行渲染处理。

（6）绘制如图 15-144 所示的支架并赋材渲染。

图 15-142 双头螺柱　　　　图 15-143 顶针　　　　　　图 15-144 支架

模拟考试答案

第1章

| （1）A | （2）A | （3）C | （4）C |
| （5）A | （6）A | （7）A | （8）D |

第2章

| （1）A | （2）B | （3）D | （4）C |

第3章

| （1）A | （2）B | （3）A | （4）D |
| （5）C | （6）B | | |

第4章

| （1）B | （2）B | （3）A | （4）A |

第5章

| （1）C | （2）B | （3）B | （4）A |
| （5）C | （6）D | （7）C | （8）A |

第6章

| （1）D |

第7章

（1）A	（2）C	（3）B	（4）B
（5）C	（6）D	（7）C	（8）A
（9）A			

第8章

| （1）B | （2）B | （3）A | （4）B |
| （5）B | （6）B | （7）B | |

第9章

（1）D	（2）C	（3）A	（4）C
（5）A	（6）A	（7）A	（8）A
（9）C			

第 10 章

（1）B　　　　　（2）B　　　　　（3）A　　　　　（4）C

第 11 章

（1）A　　　　　（2）C　　　　　（3）A　　　　　（4）C

第 12 章

（1）B　　　　　（2）B　　　　　（3）A　　　　　（4）B

（5）A　　　　　（6）B

第 13 章

（1）C　　　　　（2）D

第 14 章

（1）C　　　　　（2）D

精品图书 推荐阅读

  "高效办公视频大讲堂"系列丛书为清华社"视频大讲堂"大系中的子系列，是一套旨在帮助职场人士高效办公的从入门到精通类丛书。全系列包括 8 个品种，含行政办公、数据处理、财务分析、项目管理、商务演示等多个方向，适合行政、文秘、财务及管理人员使用。各品种均配有高清同步视频讲解，可帮助读者快速入门，在成就精英之路上助你一臂之力。
另外，本系列图书还有如下特点：

成就职场精英
享受美好生活

1. 职场案例＋拓展练习，让学习和实践无缝衔接
2. 应用技巧＋疑难解答，有问有答让你少走弯路
3. 海量办公模板，让你工作事半功倍
4. 常用实用资源随书送，随看随用，真方便

（本系列图书在各地新华书店、书城及当当网、亚马逊、京东商城等网店有售）

精 品 图 书　推 荐 阅 读

　　"善于工作讲方法，提高效率有捷径。"清华大学出版社"高效随身查"系列就是一套致力于提高职场人员工作效率的"口袋书"。全系列包括11个品种，含图像处理与绘图、办公自动化及操作系统等多个方向，适合于设计人员、行政管理人员、文秘、网管等读者使用。

　　一两个技巧，也许能解除您一天的烦恼，让您少走很多弯路；一本小册子，也可能让您从职场中脱颖而出。"高效随身查"系列图书，教你以一当十的"绝活"，教你不加班的秘诀。

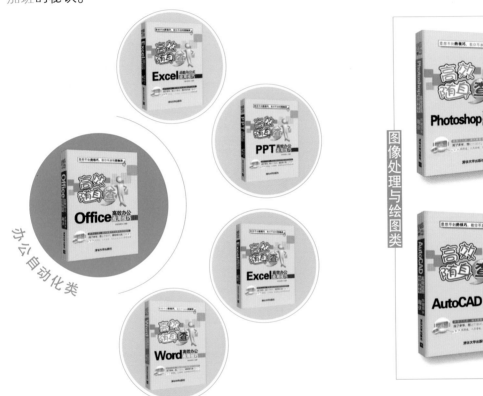

（本系列图书在各地新华书店、书城及当当网、亚马逊、京东商城等网店有售）

精 品 图 书 推 荐 阅 读

　　《CAD/CAM/CAE 自学视频教程》是一套面向自学的 CAD 行业应用入门类丛书，该丛书由 Autodesk 中国认证考试中心首席专家组织编写，科学、专业、实用性强。

　　丛书细分为入门、建筑、机械、室内装潢设计、电气设计、园林设计、建筑水暖电等。每个品种都尽可能通过实例讲述，并结合行业案例，力求"好学"、"实用"。

　　另外，本丛书还配套自学视频光盘，为读者配备了极为丰富的学习资源，具体包括以下内容：

- 应用技巧汇总
- 典型练习题
- 常用图块集
- 快捷键速查

- 疑难问题汇总
- 全套图纸案例
- 快捷命令速查
- 工具按钮速查

（以上图书在各地新华书店、书城及当当网、亚马逊、京东商城等网店有售）

精 品 图 书　　推 荐 阅 读

　　在当前的社会环境下，很多用人单位越来越注重员工的综合实力，恨不得你是"十项全能"。所以在做好本职工作的同时，利用业余时间自学掌握一种或几种其他技能，是很多职场人的选择。

　　以下图书为艺术设计专业讲师和专职设计师联合编写的、适合自学读者使用的参考书。共 8 个品种，涉及图像处理（Photoshop）、效果图制作（Photoshop、3ds Max 和 VRay）、平面设计（Photoshop 和 CorelDRAW）、三维图形绘制和动画制作（3ds Max）、视频编辑（Premiere 和会声会影）等多个方向。作者编写时充分考虑到自学的特点，以"实例 + 视频"的形式，确保读者看得懂、学得会，非常适合想提升自己的读者选择。

部分案例效果展示

（以上图书在各地新华书店、书城及当当网、亚马逊、京东商城等网店有售）